普通高等教育机电类系列教材

电工学 上册

电工技术

第2版

林　珊　编
蔡述庭　主审

机 械 工 业 出 版 社

本书是依据教育部颁布的高等学校非电类专业“电工学”课程的基本要求，结合新的课程体系和教学内容的需要，在编者近30年教学过程中，通过探索、改革和总结实践经验编写而成的。

全书共7章，主要内容有：电路的基本概念与基本定律、电路的常用定理及基本分析方法、暂态电路分析、正弦稳态交流电路分析、三相交流电路及安全用电常识、变压器与三相异步电动机、继电接触器控制系统。每章增设了章前预习提要，配有一定数量、难易适当、紧扣教学内容的例题、课堂限时习题及课后习题。书末附有习题答案。另外，本书还配有课前预习课件、课堂授课课件以及课后小结课件等，非常有利于教师施教和学生学习。

本书以工程实践中正在使用的电工学基础理论为主，在突出基本理论、基本分析方法的同时，注重理论联系实际，并将复杂问题简单化，理论问题工程化。书中包含了许多工程和生活中的电路应用实例，有利于提高学生对该学科的兴趣和加深学生对理论知识的理解。

本书可作为工科非电类专业电工学相关课程的教材，尤其适用于希望将“雨课堂”等现代智慧教学工具引入电工学教学中的教师，也可作为广大自学读者学习电工学课程时的辅导参考书及电子爱好者自学和实践的指导性参考书，还可供相关专业技术人员使用和参考。

图书在版编目（CIP）数据

电工学．上册，电工技术/林珊编．—2版．—北京：机械工业出版社，2020.12（2024.8重印）

普通高等教育机电类系列教材

ISBN 978-7-111-67595-2

Ⅰ.①电…　Ⅱ.①林…　Ⅲ.①电工技术－高等学校－教材　Ⅳ.①TM

中国版本图书馆CIP数据核字（2021）第031935号

机械工业出版社（北京市百万庄大街22号　邮政编码100037）

策划编辑：王玉鑫　责任编辑：王玉鑫　韩　静

责任校对：李　杉　封面设计：张　静

责任印制：常天培

固安县铭成印刷有限公司印刷

2024年8月第2版第2次印刷

184mm×260mm・17印张・420千字

标准书号：ISBN 978-7-111-67595-2

定价：53.80元

电话服务	网络服务
客服电话：010-88361066	机　工　官　网：www.cmpbook.com
010-88379833	机　工　官　博：weibo.com/cmp1952
010-68326294	金　书　网：www.golden-book.com
封底无防伪标均为盗版	机工教育服务网：www.cmpedu.com

序

对于非电类专业的学生而言，“电工学”是什么、为什么要学习“电工学”等疑问很可能出现在他们的脑海中。虽然答案似乎显而易见，当今的科技都离不开电，无论是各类计算机，还是各种加工器械，甚至各种各样的传感器，都是依靠电来驱动的，因此了解电学是了解自身学科必不可少的一个环节，但在我自己接触了很多非电类工科学生，在自己学校也参与了部分教学任务后，这个理由又似乎有些牵强。毕竟以电力驱动科技早已经是公认的了，而在“电工学”里学到的很多还是更为基础的知识，跟他们本专业并不一定有直接的联系。

在我看来，与其说“电工学”这门课程教授的是电学的基础知识，不如说是教授电学中的分析方法。这些分析方法可能和很多学科，比如机械学科，是不完全相同的。机械学科，很多强调力学的分析，是能够很直观地体现出来的，比如物体的受力导致的形变等。但是电学不一样，电不能触碰，不可能直观地感受电所带来的能量。如何在电学中进行分析自然就不能像在机械或者其他学科中那么直接。这些分析方法，乍一看上去，确实很不相同；但仔细品味，又会发现它们很多的出发点，甚至内在的方法还是异曲同工的，很多情况下是类似的问题从不一样的角度出发。相比起电学本身的知识，这种分析方法对于之后的工作、学习才是更为重要的。

这本《电工学》面对的是非电类专业的学生，那么如何写好它，让非电类专业学生能感受到电类专业的魅力就是重中之重。过去的两年我自己也在不断地和各类学生打交道，为他们教授“电工学”或者“电路分析”课程。我觉得如今的教学要想获得成功，能让学生对课程感兴趣并愿意为这门课付出时间和心血，关键在于老师要能与学生有效地沟通。老师的作用不仅仅在于教授，更在于引导学生自主学习，在于启发学生学习的兴趣。同时，学生也并非只是在学习，他们也是老师的帮手，可能他们的问题和观点也是前所未有的，是具有突破性的。以上目标的实现，需要老师把课堂上宝贵的时间专注于最为重要的知识，以及正确地引导学习思路和学习方向，而不是纠结于细枝末节；同时，学生要充分利用课外时间进行学习和交流。这种交流不仅仅局限于学生与老师之间，更需要延伸到学生与学生之间。只有当学生与学生、学生与老师都建立了有效的交流，课堂效率才能得到有效提高，学生的学习兴趣才能得到积极提升，而学生的学习自主性才能得到大大提高。这不仅仅是对“电工学”课程有益，更是对学生的整个大学生涯都是有益的。

基于此，在第1版的《电工学》广受好评之后，林珊老师并没有止步不前。虽然已经有近30年的实际教学经验，但是林老师依然坚定地深入开展教学改革，并针对“如何进一步启发学生自主学习，进一步提高学生的学习效率”这个课题下了很大的功夫。尤其是以“雨课堂”为代表的智慧教学工具的出现，更是激发了她对利用这些完善的工具辅助并提高教学质量的热情。很荣幸能在本书出版前先睹为快，从而也深深地感受到“雨课堂”智慧教学工具与课堂教学结合后的惊艳。相比第1版，第2版对教与学都更为友好，尤其体现在对课堂的知识点的细分：哪些是可以自学的，哪些是需要先学的，哪些是需要重点学的。正是这些课程设计能更好地引导老师和学生进行有效的沟通：学生更清楚自己应该如何学习，老师也清楚自己该如何备课。相信这诸多的改变能帮助老师教得更有效率，学生学得更有热情！

希望本书能让非电类专业的学生领略到电学的魅力，并对电学产生兴趣。同时也希望这本教材能展现“雨课堂”智慧教学工具在大学课堂教育的作用，为“雨课堂”更进一步的推广起到积极作用。作为林珊老师的儿子，她最长时间的学生，我希望这本教材能帮助更多的人！希望各位读者积极评价这本书。相信这本书会是一本经典的而又与时俱进的《电工学》教材。

许悦聪

于新加坡南洋理工大学

前　　言

“电工学”是工科非电类专业重要的技术基础课程，其所蕴含的知识是工科学生的整体知识结构、能力结构、素质教育的重要组成部分。通过学习本课程，学生能够获得电工电子技术方面的基本理论、基本知识和基本实验技能，从而为学习后续课程及从事相关的工程技术工作和科学研究打下坚实的基础。

在当前“新工科”的背景下，以应用型人才培养为导向，以学生学习与发展成效为核心，其着力点之一就在于变革传统的课堂教学模式。通过将信息技术有效地融合在课堂的实体教学过程来营造一种信息化教学环境，实现一种既能充分发挥教师主导作用，又能突出体现学生认知主体地位的、以“自主、探究、合作”为特征的新型教与学方式，从而把学生学习的主动性、积极性、创造性较充分地发挥出来。只有通过任课教师在课堂教学过程中设计并实施有效的智慧教学模式，才有可能实现学科教学质量的大幅提升。要真正有效地实现这种转变，重要任务之一就是进行教材改革。本书就是针对新的教学大纲、新的课程体系，在多年教学实践的基础上，总结丰富的教改经验和科研成果，消化吸收国内外优秀教材的长处编写而成的。

本书共分7章，按新教学大纲要求，结合国际相关学科的研究进展及发展需要，对传统的教学内容进行了合理的精选、改写、补充和整合。内容由浅入深，系统地介绍了电工技术的理论基础、分析方法及实际应用。全书力求概念准确、内容新颖、深入浅出、语言流畅、可读性强，既注重基本原理必要的讲解，又力求突出工程上的实用性。本书有以下特点：明确指出本课程的重点和难点内容，以及学习中常见的疑难之处与易混淆的概念，以便使读者理解深刻、熟练掌握；不过分强调理论的系统性和完整性，尽量做到内容“少、精、宽、新”，以保证课程的前沿性与先进性；增加了典型实例电路剖析的内容，这些实例注重理论联系实际，搭建了从理论到应用的桥梁，突出了电工电子技术在实际生活、生产中的应用。这些特点既增加了学生的学习兴趣，又引导学生思考，有利于培养学生应用所学电工电子知识解决实际问题的意识与综合分析能力。本书的体系结构注重基础知识的内在关系，突出基本概念和基本原理，以“基础性、实用性、先进性”为原则，将基础理论知识与应用更好地结合，较好地解决了知识“膨胀”与课时紧张的矛盾。

在目前大教改的背景下，以“雨课堂”为代表的现代智慧教学工具以惊人的速度在高校得到大力提倡和推广。通过多年的教学实践，我深刻体会到充分灵活地运用好“雨课堂”这个强大的教学工具，对有效提高教学质量、提高学生分析问题和解决问题的能力是极为有利的。编者结合三年来实施智慧教学课堂模式的实践经验，对整个课程教学方案进行了精心设计，将现代智慧教学工具——“雨课堂”的相关手段融入了本书及配套的电子课件中，主要体现在以下几方面：

(1) 每章前增设了“章前预习提要”，每节后增设了“课堂限时习题”，并配套设置在授课课件中，可以在教学过程中进行实时推送，以便及时了解学生对知识点相关基本概念的掌握程度，根据学生实际的答题情况做出教学上的实时调整。

(2) 与本书配套的“雨课堂”电子课件，包括课前预习课件、课堂授课课件以及课后小结课件三部分，体现了对整个课程教学方案的精心设计。其中，课前预习课件中提供了教学内容的相关背景知识，对一些相对简单、学生可以自学的教学内容有较详细的阐述，还添加了有关的慕课、网络视频等元素，特别是设计了检测学生预习效果的自测题。这些内容有利于提高学生的学习能力和学习主动性，节省出一些课堂上的宝贵时间，以便教师突出重点、集中精力讲解比较难的知识点，进而积极引导学生思考讨论，进行高层次的双向交流，从而使以学生为主体的启发式互动教学模式得以实施。课堂授课课件则与课前预习课件相辅相成，对预习课件中已有的详细内容只做概括总结，重点放在把书中隐藏的知识点提取出来，把知识点间的内在联系提炼出来，提出不同难度层次的思考题，引导学生进行交流讨论，帮助学生构建完整的知识体系。课后小结课件是对课堂授课课件的概括总结，以利于学生课后复习。在教学过程中，这些精心设计的与教材相配套的电子课件既有利于教师发挥主导作用，又能突出体现学生认知主体的地位，以便充分调动和发挥学生学习的主动性。

另外，与上一版相比，本书在内容上做了以下调整：

(1) 第4章正弦稳态交流电路分析是课程的难点和重点，把其中的功率问题独立出来单独讲述，采用更有效和精练的方式把问题交代清楚，遵循认知规律，更有利于学生按照严谨的思维方式接受相关的知识点。

(2) 将上一版中第6章和第7章整合为一章，除保留基础的主要内容外，削减了有关磁路的复杂理论推导和应用较少的难记公式。通过例题进一步说明基本理论在实际中的应用，增强学生的工程意识与创新能力。将学科和行业的新知识、新技术、新成果融入本书，更有利于宽口径人才创新能力的培养。

(3) 所配例题更具有典型性，并能适当兼顾工程实际，例题解答过程更详尽清楚。每章节配有适量的且有针对性的、难易适当的课堂限时习题以及课后习题。课后习题与例题类型尽量密切结合，学生参考相关例题的解答能够较顺利地完成习题，书中标有星号（*）的内容属于加深加宽的参考内容，可根据实际需要而有所取舍。习题中也有少量是标有星号（*）的，可供选用，以便在使用时具有一定的灵活性。

广东工业大学自动化学院的蔡述庭教授以及多位同行老师对本书的编写给予了大力的支持和帮助，在此，谨向他们致以衷心的感谢！

在本书的编写过程中，我的儿子许悦聪给予了极大的精神鼓励和支持，众多过去的、现在的学生们给予了鼓励和支持。

在此，表示最诚挚、最衷心的感谢！

作为一名普通平凡的高校教师，谨以此书献给我所挚爱的高等教育事业！

本书由广东工业大学自动化学院林珊编写，由蔡述庭教授主审。

本书及其配套的电子课件和课程设计是编者的用心尝试，希望能够为将“雨课堂”等智慧教学工具引入到教学模式中、实施翻转或部分翻转课堂教学的师生们提供一些帮助。

由于编者水平有限和经验不足，书中难免有疏漏和不妥之处，恳请广大读者提出宝贵意见并予以指正，在此，表示诚挚的感谢！联系邮箱：alice333. happy@ 163. com。

林珊

于广东工业大学

目　　录

第 1 章　电路的基本概念与基本定律

【章前预习提要】

(1) 建立电路模型的概念；了解电路的组成、功能及工作状态。

(2) 理解电流、电压、电位和电功率等概念；重点理解电流、电压参考方向的含义及其设置参考方向的必要性。

(3) 学习电阻元件及欧姆定律；理解独立电源及其特性。

(4) 重点掌握基尔霍夫定律；学习电路中电位的计算方法。

电路是电工技术和电子技术的理论基础。电路理论研究的对象是由理想元件构成的电路模型。本章首先介绍电路的组成、功能及工作状态，重点介绍电路中的基本概念、基本物理量和基本定律，主要讨论电流和电压的参考方向、基尔霍夫定律以及电路中电位的计算等。通过本章的学习，为后续复杂电路的分析打下坚实的基础。

1.1　实际电路概述

1.1.1　实际电路

1. 电路的功能以及组成

实际电路（Circuit）是由各种电气设备如发电机、蓄电池、变压器、电动机、晶体管、集成元件、各种电阻器和电容器等设备，通过导线相互连接而构成电流通路的实际装置，人们使用不同的实际电路来实现各种控制过程、完成各种任务。在电力系统、自动控制、电子通信、计算机以及其他各类系统中，电路的作用和功能有不同的表现形式，但概括起来，主要有两方面的作用。一方面是进行能量的转换，并实现电能的传输和分配。如图 1-1a 所示的电力系统，首先，发电机将其他形式的能转换成电能，电能通过输电线进行传输，为了减少远距离传输过程中电能的损耗，要先利用升压变压器升压，进行高压传输，用户使用前，必须通过降压变压器降压，达到正常的工作电压后，才可以供给负载使用。显然，在电力系统整个工作过程中，通过电源、负载和中间环节三个组成部分来实现电能的转换和传输。电路另一方面的作用是实现信号的采集、传递和处理。如图 1-1b 所示的扩音机，传声器（俗称话筒）先把语音或音乐等信息转换为相应的电压和电流，形成电信

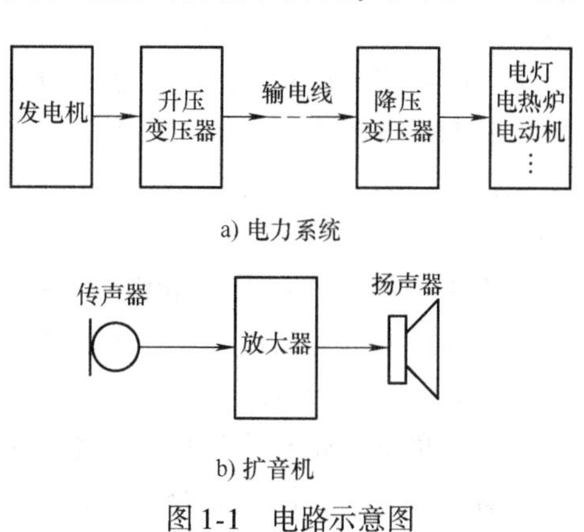

图 1-1　电路示意图

号，显然，传声器是提供电信号的信号源。但这种电信号很微弱，必须通过中间环节——放大器进行“加工处理”，放大成足够大的电信号，然后通过电路传递到作为负载的扬声器，推动扬声器工作，把电信号还原成人们所需要的语音或音乐信号。又如收音机和电视机，它们的接收天线（信号源）把载有语言、音乐、图像信息的电磁波接收后转换为相应的电信号，然后通过电路对信号进行传递和处理（调谐、变频、检波、放大等），送到扬声器和显像管（负载），还原为原始信息。无论是扩音机、收音机还是电视机电路，都具有对信号进行转换、传递和处理的作用。

因此，电路具有传输和变换电能，采集、传递和处理电信号等基本功能。又如，滤波电路可以滤除无用信号，而让有用信号通过；整流电路可以将交流电变换成直流电输出；计算机的存储电路可用来存放数据等。比较复杂的电路呈网状，常称为**网络**（Network）。实际上，电路与网络这两个名词并无明显的区别，一般可以通用。

实际电路的组成方式很多，结构形式多种多样，电路器件的品种千差万别、日新月异。例如，用导线和开关将电池和小灯泡连接起来组成了照明用的手电筒，就是一个十分简单的电路。而有些实际电路非常复杂，例如，电能的产生、输送和分配是通过发电机、变压器、输电线等完成的，它们形成了一个庞大而复杂的电力系统电路。但是，任何一个完整的实际电路，无论结构是十分简单，还是非常复杂，通常都是由**电源**、**负载**和**中间环节**三个部分组成。

电源（Power Source）是为电路提供能量或电信号的电气设备。例如，把机械能、热能、水能或核能等其他形式的能转换为电能的发电机，将化学能转换成电能的蓄电池，将光能转化为电能的太阳能电池等，都是常见的提供电能的电源。另外，用来提供各类电信号的信号源也属于电源。无论是电能的传输和转换，还是信号的传递和处理，推动电路工作的电源或信号源所提供的电压或电流都称为**激励**（Excitation）。所以，电源或信号源也称为激励电源，简称**激励源**。由于激励源而在电路中形成的电压和电流称为**响应**（Response）。有时也根据激励与响应之间的因果关系，把激励源称为**输入**，响应称为**输出**。所谓电路分析，就是在已知电路的结构和元件参数的条件下，讨论电路的激励与响应之间的关系。

负载（Load）是电路中将电能转化为其他形式的能或将电信号转换为非电信号、并利用电能或电信号进行工作的用电设备。例如，将电能转化为光能的电灯，将电能转化为机械能的电动机，将电能转化为内能的电炉，将电能转化为声音输出的扬声器等，都是常见的负载。

除了电源和负载外，电路中还有用来连接电源和负载的**中间环节**，它起传输、分配、控制电能和电信号的作用，例如开关、导线、控制电路中的保护设备、变压器等。

根据电路的实际几何尺寸和电路的工作信号波长，电路可分为**集中参数电路**和**分布参数电路**。

2. 集中参数电路以及分布参数电路

当实际电路的几何尺寸远小于其使用时信号最高工作频率所对应的波长时，电磁波传送过程在瞬间完成，即电磁波沿电路传播的时间几乎为零，此时电路尺寸可以忽略不计，这样的电路称为**集中（也称为集总）参数电路**。集中参数电路的特点是电路中任意两点间的电压和任意支路上的电流是完全确定的，只是时间的函数，而与器件的几何尺寸和空间位置无关。

以常见的中波段收音机电路为例，如某广播电台工作信号的最高频率为$f=1600\text{kHz}$，传播速度为光速$c=3\times10^8\text{m/s}$，则该频率信号的波长λ为

$$\lambda=c/f=[3\times10^8/(1600\times10^3)]\text{m}=187.5\text{m}$$

收音机电路的实际尺寸远远小于此波长，显然满足集中参数电路条件。又如，某一计算机CPU芯片的尺寸为3.5cm×3.5cm，工作频率为$f=200\text{MHz}$，则相应的波长$\lambda=1.5\text{m}$，可见芯片的尺寸也远小于工作频率的波长，因此该芯片也视为集中参数电路。

如果实际电路的几何尺寸大于其工作信号的波长时，电路中的电压和电流不仅是时间的函数，还与器件的几何尺寸和空间位置有关，这样的电路称为**分布参数电路**。在电力系统中，远距离的高压电力传输线是典型的分布参数电路，因为50Hz电压的波长$\lambda=6000\text{km}$，但输电线路长达几百甚至几千千米（公里），实际电路的尺寸接近或大于工作信号的波长。在通信系统中发射天线的实际尺寸虽不太大，但发射信号的频率很高，波长很短，也应作为分布参数电路处理。例如，某手机的信号工作频率为$f=1800\text{MHz}$，对应的波长$\lambda=0.167\text{m}$。因此，如果手机天线的尺寸达到20mm，就不能视为集中参数电路，而是分布参数电路。

由于工作信号频率越低，波长越长，所以工作信号频率较低的电路，它的实际电路尺寸一般远小于其工作频率的波长。本书中所讨论的电路和电路元件均满足集中参数电路的条件，为叙述方便，把集中参数电路简称为电路。分布参数电路与集中参数电路的分析方法完全不同，分布参数电路将在其他课程中讨论。

3. 电路的工作状态

电路可能具有三种工作状态，即**通路**、**开路**和**短路**。

1）通路，也称为闭路。一般指电源与负载接通，电路构成闭合回路。电路中有电流通过，电气设备或元器件获得一定的电压和电功率，处于工作状态，进行能量的转换。

2）开路，也称为断路。是指不构成闭合回路、电路中某处无电流流过的情况。

3）短路，是指电路中的两点经电阻近似为零的导线直接相连的情况。

需要说明的是，开路和短路有时是人为的、正常的状态，有时可能是故障状态。当根据需要，通过控制电器切断电路，就是正常的开路，而其他偶尔的原因使电路切断则是故障状态。根据需要，将电路中某一部分短接，这是正常的短路，而由于其他意外的原因，使电路的两个不同点短接，则是故障状态。发生短路故障时，电路中可能形成较大的短路电流，对电路的设备造成一定程度的损坏。特别是当电源两端用导线直接连接时，输出电流过大，对电源来说属于严重过载，如果没有采取保护措施，电源或电器会被烧毁，甚至发生火灾，所以通常要在电路或电气设备中安装熔断器等保险装置，以防止短路故障发生时出现不良后果。

电路理论所研究的对象并不是由实际器件构成的实际电路，而是实际电路的科学抽象——**电路模型**（Circuit Model）。

1.1.2　电路模型

实际电路是由电磁特性相当复杂的各种实际电气器件通过导线相互连接而构成电流通路的装置。它们在电路中工作时，所表现的物理特性并不是单一的。例如，一个实际的绕线电阻器，当有电流通过时，除了对电流呈现阻碍作用之外，还在导线的周围产生磁场，因而兼

有电感器的性质。同时还会在各匝线圈间存在电场，因而又兼有电容器的性质。所以，直接对由实际电气器件构成的实际电路进行讨论和研究，往往很困难，有时甚至无法进行计算。

为了便于分析，常常在一定条件下对实际器件加以近似化、理想化（或称模型化）。所谓理想化就是只考虑其中起主要作用的某些电磁性质，而忽略其他次要现象，或者将一些电磁现象分别表示。例如在图 1-2a 所示的手电筒实际电路中，小灯泡不但发热而消耗电能，并且在其周围还产生一定的磁场，但是可以只考虑其消耗电能的性能而忽略其磁场；闭合的开关和较短的导线则只考虑导电性能而忽略其本身的电能损耗；干电池不仅在正负极间能保持一定的电压对外部提供电能，同时，内部也有一定的电能损耗，但可以将它提供电能的性能与内部电能损耗分别表示。

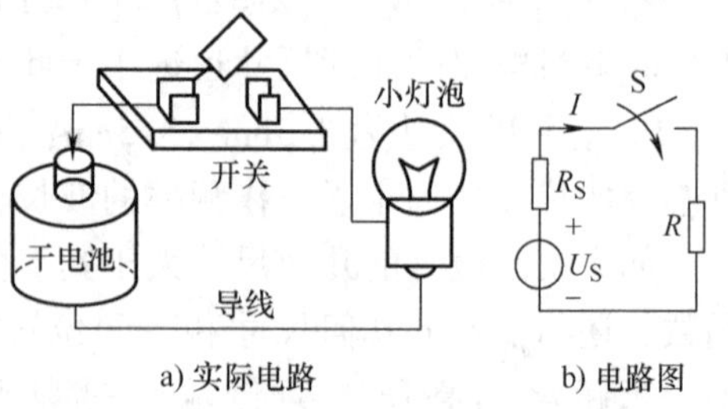

图 1-2　手电筒的实际电路及电路图

此外，为了便于使用数学方法对电路进行分析，也需要将实际电路中的各种电气设备和元器件用一些能够表征它们主要电磁特性的理想元件模型来代替，这些定义的**理想电路元件模型**，简称为**电路元件**（Circuit Element）。在一定的工作条件下，由理想电路元件或它们的组合代替实际电路器件、按照一定的结构连接而成的电路，就是实际电路的**电路模型**。它是对实际电路电磁性质的科学抽象和概括。（理想）电路元件是组成电路模型的最小单元，是具有某种确定电磁性质的基本结构。电路元件及它们的组合足以模拟实际电路中发生的物理过程。将各种电路元件用统一规定的图形符号表示，并用电阻为零的“理想导线”连接各电路元件的端子，就构成**电路模型图**，也叫电路原理图，简称**电路图**或电路。电路图是进行电路分析计算的研究对象。

图 1-2a 所示为一个简单的手电筒实际电路。用导线将干电池、开关、小电池连接起来，为电流流通提供了路径。其电路图如图 1-2b 所示，图中的电阻元件 R 作为小灯泡的电路模型，反映了小灯泡将电能转换为光能的电磁特性。用电压源 U_S 和电阻元件 R_S 的串联组合作为干电池的电路模型，分别反映了将干电池内储存的化学能转换为电能以及电池本身消耗能量的物理过程。用线段表示连接导线，用 S 表示忽略本身电能损耗的开关。

用理想电路元件或它们的组合模拟实际器件就是建立实际电路的理想电路模型的过程，简称建模。实际器件和电路的种类繁多，而电路元件却只有有限的几种，用电路元件建立的电路模型给实际电路的分析带来了方便，大大简化了电路的分析。建立实际器件的理想元件模型时，必须考虑工作条件，并按不同精确度的要求把给定工作情况下的主要物理特征和电学性能反映出来。理想元件与相应的实际器件主要的电磁特性应相同或接近。为了突出主要特性、使问题简化，往往忽略实际器件的一些次要的性能，因此，理想电路元件和实际器件不一定也不可能完全相同。例如，一个线圈在直流环境下工作，就只需考虑线圈内电流引起的能量消耗，它的模型就是一个电阻元件；在电流变化的情况下（包括交变电流），线圈电流产生的磁场会引起感应电压，此时相应的电路模型除电阻元件外，还应包含一个与之串联的电感元件；当电流变化很快时（包括高频交流），则还要考虑线圈导体表面的电荷作用，即电容效应，所以其模型中还需要包含电容元件。可见，在不同的工作条件下，同一实际器件可能采用不同的模型。模型取得恰当，对电路进行分析计算的结果就与实际情况接近；模型取得不恰当，则会造成很大误差，甚至导致错误的结果。如果模型取得过于复杂则会造成分析困难，取得过于简单则可能无法反映真实的物理现象。一般地说，对电路模型的近似程度要求越高，电路模型也越复杂。所以建立电路模型一般应指明它们的工作条件，如频率、电压、电流和温度范围等。另一方面，不同的实际器件在不同条件下，只要主要的电磁特性相同，就可以用相同的理想元件模型来代替。例如，电热炉、电烙铁、风扇等不同的电器，当只考虑它们消耗电能的电磁特性时，都可以用一个电阻元件来代替。

通常，由理想电路元件构成的电路也称为**网络**，有时也把实际电路中的电器称为“电路元件”，本书中所涉及的电路或网络均指由理想元件构成的电路模型。

【课堂限时习题】

1.1.1 下面哪个系统不包含电路？（ ）

A）电气化铁道系统 B）电工学纸质教材 C）智能手机 D）空调

1.1.2 当电路中某部分发生断路，没有电流流过时，该电路一定发生了故障。（ ）

A）对 B）错

1.1.3 理想元件模型和实际的各种电气设备与元器件是（ ）。

A）相等的 B）近似的 C）相同的

1.2 电路的基本物理量

实际电路的特性由电流、电压、电功率等物理量来描述，常借助于电压、电流、功率来完成电能或信号传输、信号处理、测量、控制、计算等功能。电路分析的任务就是研究电路中电流、电压和功率等基本物理量，分析它们之间的关系及基本规律。

1.2.1 电流及其参考方向

电荷的有规则的定向运动就形成**电流**（Current）。电流产生的必要条件是电路必须是有电源的闭合路径。电流是一种物理现象，又是一个既有大小又有方向的基本物理量。电流定义为通过导体横截面的电荷量与所需时间之比，即电流在大小上等于单位时间内通过导体横截面的电荷量，用公式表示为

$$i(t)=\frac{\mathrm{d}q}{\mathrm{d}t} \tag{1-1}$$

式中，i 表示电流；q 表示电荷量或电量；t 表示时间；$\mathrm{d}q$ 是在 $\mathrm{d}t$ 时间内通过导体横截面的电荷量。

国际单位制（SI）中，电流 i 的单位为 A（安培），电荷量 q 的单位为 C（库仑），时间 t 的单位为 s（秒）。规定 1s 内通过导体横截面的电量为 1C 时，电流为 1A。电流常用的单位还有 kA（千安）、mA（毫安）、μA（微安）等。它们之间的关系为

$$1\text{kA}=10^3\text{A}=10^6\text{mA}=10^9\mu\text{A}$$

如果电流的大小和方向都不随时间而变，则这种电流称为**直流电流**（Direct Current），简称直流（DC）。直流电流通常用大写字母 I 表示，则式(1-1) 改写为

$$I=\frac{q}{t}$$

式中，q 是在 t 时间内通过导体横截面的电荷量。

若电流的方向随时间变化，称为变化电流，用小写字母 i 或 $i(t)$ 表示。如果电流随时间按正弦或余弦规律变化，一个周期内电流的平均值为零，这样的变化电流称为**正弦交流电流**（Alternate Current），简称交流（AC），也用 i 或 $i(t)$ 表示。

规定正电荷运动的方向或负电荷运动的相反方向作为电流的**实际方向**，也就是电路中电流的**正方向**。

当电路确定后，电路中的电流的方向是客观存在的，分析简单电路时，可以由电源的极性判断电路中电流的实际方向。但在分析较为复杂的电路时，往往难以事先判定电流的方向。另外，对于方向随时间而变的交流电流，无法用一个固定方向表示它的实际方向。为此，先任意假定电流的某个方向作为分析与计算时的参考，称为电流的**参考方向**（Reference Direction）。设定了参考方向以后，电流就是一个有正负值的代数量。在参考方向下，若通过电路定律或定理计算求得的电流为正值，则电流的实际方向与参考方向一致；若计算出的电流为负值，则说明电流的实际方向与参考方向相反。这样就可以根据电流值的正负以及选定的参考方向来确定电流的实际方向。应当注意，在未规定参考方向的情况下，电流的正负号是没有意义的。

电路中电流的参考方向一般用箭头表示在电路图上，并标以电流符号 i 或 I，如图 1-3a 所示。也可以用双下标表示，i_{ab} 表示电流参考方向是由 a 到 b，如图 1-3b 所示；如果参考方向选为由 b 指向 a，则为 i_{ba}，如图 1-3c 所示，显然

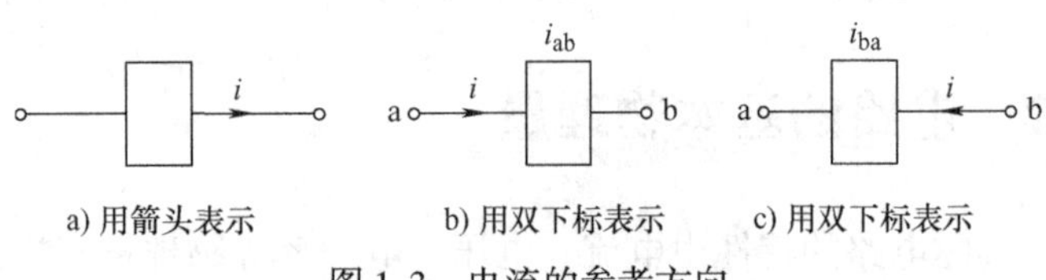

图 1-3　电流的参考方向

$$i_{ab} = -i_{ba}$$

在测量电流时，应该把电流表串联在待测电路中，而不能与待测电路并联。

1.2.2 电压、电位及电动势

1. 电压及其参考方向

正电荷在电场力的作用下，由 a 点转移到 b 点，电场力所做的功与电荷量的比值，称为**电压**（Voltage），用公式表示为

$$u_{ab} = \frac{dW}{dq} \tag{1-2}$$

式中，u_{ab} 表示 a、b 两点间的电压；dq 表示由 a 点转移到 b 点的电荷量；dW 为转移过程中电场力所做的功。电压反映了将单位正电荷由 a 点转移到 b 点所需要的能量。在转移过程中正电荷具有的电势能减少，电势能减少意味着从高电势点到低电势点，所以电势降低的方向为**电压的实际正方向**。电压也是既有大小又有方向的基本物理量。

在国际单位制（SI）中，电压的单位是 V（伏特）。当电场力把 1C 的正电荷从一点转移到另一点所做的功为 1J（焦耳）时，则该两点间的电压为 1V。计量小的电压时，则以 mV（毫伏）或 μV（微伏）为单位；计量高电压时，则以 kV（千伏）为单位。它们之间的换算关系为 $1kV = 10^3 V = 10^6 mV = 10^9 \mu V$。

按电压随时间变化的情况，可分为直流电压和交流电压。通常，直流电压用大写字母 U 表示，交流电压用小写字母 u 表示。

与电流类似，在分析电路时，也需要先选定**电压的参考方向**。选定电压的参考方向后，经分析计算得到的电压也成为有正、负的代数量。若电压为正值，则电压的实际方向与参考方向一致；若电压为负值，则电压的实际方向与参考方向相反。这样，就可以利用电压的正、负值和假定的参考方向来确定电压的实际方向（极性）。电压的参考方向可任意设定，一般有三种表示方式：

（1）参考极性表示法　在电路图上标出正（+）、负（-）极性，并标以电压符号 u 或 U。如图1-4a所示，电压的参考方向从正（+）极性指向负（-）极性。

（2）箭头表示法　采用箭头表示电压的参考方向，并标以电压符号 u 或 U。如图1-4b所示。

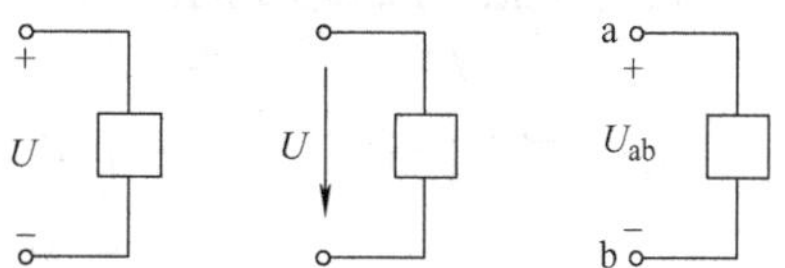

a) 用极性表示　b) 用箭头表示　c) 用双下标表示

图1-4　电压的参考方向

（3）双下标表示法　如图1-4c所示，U_{ab}表示电压的参考方向是由a指向b。而U_{ba}则表示电压的参考方向是由b指向a，有

$$U_{ab} = -U_{ba}$$

选定参考方向后，才能对电路进行分析计算，电压的正、负值才有意义。

关于电流、电压的参考方向，需要注意以下几个问题：

1）电流、电压的实际方向是客观存在的，但往往难以事先判断。在分析问题时需要先假定电流、电压的参考方向，也就是要先人为选定参考方向，然后根据设定的参考方向进行电路分析计算，列写关于电流、电压的方程。

2）没标明参考方向的情况下，电流或电压的正、负值是没有意义的。

3）参考方向一经选定，整个分析计算过程都以此为基准，不能随意变动。

4）参考方向可以任意选定而不会影响计算结果，选择的参考方向相反时，求解出的电流或电压值相差一个负号，但最后得到的实际结果是相同的。

5）电流参考方向和电压参考方向可以分别独立地任意设定。但为了分析方便，常使同一元件的电流参考方向与电压参考方向一致，即电流从电压的正极性（参考高电势）端流入该元件，而从它的负极性（参考低电势）端流出，如图1-5a所示。当同一元件的电流参考方向与电压参考方向一致时，称为**关联**（Associated）参考方向。反之，当电流的参考方向与电压的参考方向相反时，则为**非关联**参考方向，如图1-5b所示。一般情况下，同一个元件的电流和电压的参考方向选为关联方向，可以只标注其中一个量的参考方向，另一个量的参考方向默认为相一致的关联方向，不需标注出来。

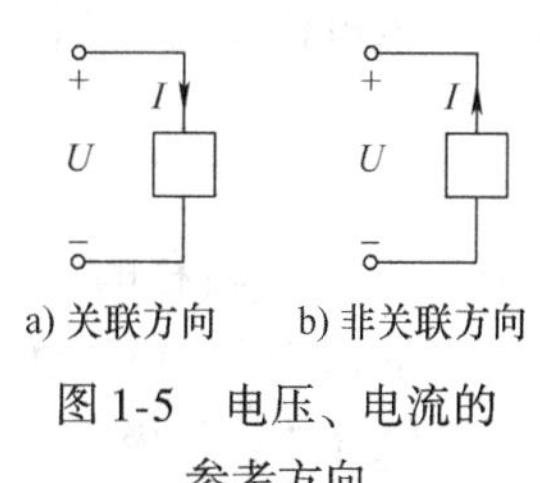

a) 关联方向　b) 非关联方向

图1-5　电压、电流的参考方向

2. 电位

在电路中任选一点o为**参考点**（Reference Node），则某点a到参考点o的电压 u_{ao}就称为a点（相对于参考点）的**电位**（Potential），用 V_a表示。参考点o的电位为零，即 $V_o=0$。

电位是一个相对的量，其大小一般随着参考点的改变而变化。所以在计算电路中各点电位时，必须先选定电路中某一点作为电位参考点，即参考零电位点。电位的参考点可以任意选取，选择的参考点不同，各点电位的量值也就不同。但为了测量的方便，通常以大地为参考点，线路中所有接地的点均为零电位点。一些有金属外壳的设备，由于外壳接了地，所有与外壳相接的点也就是零电位点了。而采用塑料外壳的仪器设备的电路一般与大地没有直接连通的点，通常规定电路中许多元件汇集的公共点为零电位点。如电子电路中的“地”就是这样的公共点。任何一个电路，无论复杂程度如何，电位参考点只能选一个。参考点在电路图中标上“接地”符号，或用“⊥”符号标记。所谓“接地”，并非都真与大地相接，只是该点为参考零电位点。

电路中任意两点 a、b 间的电压等于这两点电位之差，所以，电压又称电位差。即

$$U_{ab}=V_a-V_b \tag{1-3}$$

显然，电路中任意一点 a 的电位实际上就是该点与参考点 o 间的电压，即

$$U_{ao}=V_a-V_o=V_a-0=V_a \tag{1-4}$$

引入电位的概念之后，电压的实际方向规定为由高电位（“+”极性）端指向低电位（“-”极性）端，即为电位降低的方向。

根据式(1-3)，可由电路上各点电位求得相应各段的电压；电压是针对电路中某两点而言的，与路径无关，与参考零电位点的选取也无关。在电路中选定参考点后，也可由电路各段电压求得电路各点的电位。而电位的量值与参考点的选择有关，电位是有正、负值的代数量。电路中各点电位的正、负、大、小都是相对选定的零参考点而言的，比零参考点高，电位为正；比零参考点低，电位为负。正数值越大则电位越高，负数的绝对值越大则电位越低。这就如同地球上各处的海拔都是相对某一海平面而言的一样。

在国际单位制（SI）中，电位的单位与电压一样，也为 V（伏特）。

3. 电动势

电路中，在电场力作用下，正电荷一般总是从高电位点向低电位点运动。为了形成连续的电流，就要求在电源中有一个电源力作用在正电荷上，使正电荷逆着电场力方向运动，从低电位点移到高电位点，并把其他能量转换成电能。用来描述电源将其他形式的能量转换成电能能力的物理量称为**电动势**（**Electromotive Force**），它反映了单位正电荷在电源力作用下，从低电位点转移到高电位点时所增加的电能。用符号 e 表示，即

$$e=\frac{\mathrm{d}W_S}{\mathrm{d}q} \tag{1-5}$$

式中，$\mathrm{d}q$ 表示转移的电荷量；$\mathrm{d}W_S$表示转移过程中正电荷增加的电能。

电能增加体现为电位从低电位点升高到高电位点，所以电动势的方向规定为在电源内部由低电位（“-”极性）端指向高电位（“+”极性）端，即为电位升高的方向。而电压 u 的方向是从高电位（“+”极性）端指向低电位（“-”极性）端，即为电位降低的方向，两者刚好相反。根据能量守恒定律，如果不考虑电源内部还可能有其他形式的能量转换，则电动势 e 在量值上应等于电压 u。虽然电动势与电压的物理意义并不相同，但就其对外部的效果而言，一个电源既可以用从负极性指向正极性的电动势表示，也可以用正极性指向负极性的电压表示，二者量值相同，是没有区别的，所以近代电路理论中逐渐淡化了电动势这个量，但在电力工程和专业课程中，电动势这个概念还有着广泛的应用。

与电压相同，电动势也可分为直流、交流两大类，分别用符号 E 和 e 表示。电动势的单位也是（V）伏特。

当采用电动势分析电路时，同样需要先假定电动势的参考方向。它也有三种表示方式：

1）参考极性表示法　电动势的参考方向是从负（－）极性指向正（＋）极性，并标以电动势符号 e 或 E。

2）箭头表示法　采用箭头表示电动势的参考方向，并标以电动势符号 e 或 E。

3）双下标表示法　e_{ab}表示电动势的参考方向是由 a 指向 b。

1.2.3　电能和电功率

当电流通过元件（或部分电路）时，电场力做功，该元件（或部分电路）总会和外部电路发生能量交换，元件（或部分电路）中伴随电压、电流的电磁场的能量，称为**电能**，用 W 表示。元件（或部分电路）在单位时间内所转换的电能或电场力所做的功称为**瞬时功率**，简称为**电功率或功率（Power）**，用字母 p 表示。电功率是电功对时间的导数，即

$$p(t)=\frac{\mathrm{d}W}{\mathrm{d}t} \tag{1-6}$$

电功率是衡量电能转换速率的一个物理量，它反映了电能转换的快慢。在国际单位制（SI）中，功率的单位是 W（瓦特，简称瓦）。规定 1s 内提供或消耗 1J 能量时的功率为 1W，常用的功率单位还有 kW（千瓦）。

电路中，设 a、b 两点间的电压为 u，在电场力的作用下，正电荷 $\mathrm{d}q$ 从高电位点 a 移向低电位点 b，则在转移过程中 $\mathrm{d}q$ 转换的电能为

$$\mathrm{d}W=u\mathrm{d}q \tag{1-7}$$

把式(1-1) 和式(1-7) 代入式(1-6) 中，整理得

$$p(t)=u(t)i(t) \tag{1-8}$$

直流电路中，功率的计算式表示为

$$P=UI \tag{1-9}$$

利用式(1-8) 或式(1-9) 对电路进行功率计算时，必须注意电压、电流的参考方向为关联方向，也就是假设正电荷沿电势降方向运动做正功。如果电压、电流的参考方向选为非关联方向，则功率的计算式要加一个负（－）号，即

$$p(t)=-u(t)i(t)\quad 或\quad P=-UI \tag{1-10}$$

在 t_0到 t 的时间内，元件（或部分电路）吸收的能量为

$$W(t)=\int\mathrm{d}W=\int_{q(t_0)}^{q(t)}u\mathrm{d}q=\int_{t_0}^{t}u(\xi)i(\xi)\mathrm{d}\xi \tag{1-11}$$

电功率与电压和电流的方向密切相关。当正电荷从电路或元件上高电位端（即电压的“＋”极）运动到低电位端（即电压的“－”极）时，与此电压相应的电场力要对电荷做正功，说明将电能转化为其他形式的能量，因此该部分电路或元件吸收能量和功率；反之，则这部分电路或元件向外释放电能。

利用式(1-8)、式(1-9) 或式(1-10) 计算所得的功率值可正可负。如果功率为正值，即当 $p>0$，$W>0$ 时，表示该元件（或部分电路）吸收或消耗了功率，也可以认为它发出了负值功率，该元件（或部分电路）为负载。例如，一个元件若吸收功率 100W，即发出了功率 －100W，这两种说法是一致的。如果功率为负值，即当 $p<0$，$W<0$ 时，则表示该元件（或部分电路）提供或产生了功率，该元件（或部分电路）为电源。同理，一个元件发出功

率100W，也可以认为它吸收功率-100W。根据能量守恒定律，在一个完整的电路中，所有电源产生的总功率等于所有负载吸收功率的总和，用公式表示为

$$\sum P_{\text{产生}} = \sum P_{\text{吸收}}$$

在电路的分析中，功率的计算是十分重要的。这是因为电路在工作状况下总伴随有电能与其他形式能量的相互交换；另外，电气设备、电路器件本身都有额定功率的限制，在使用时要注意其电流值或电压值是否超过额定值。所谓额定值，就是制造厂为了使各种电气器件能在给定的工作条件下，可靠又能充分发挥性能地运行而规定的正常容许值，包括额定电压、额定电流和额定功率等参数。许多器件在额定电压或额定电流下才能正常、合理、可靠地工作，电压超过额定值过多时，器件容易损坏。也不应超过其额定电流或额定功率，否则时间稍长就可能因过热而烧坏。反之，如果电压和电流远低于其额定值，则功率不足，不仅不能正常工作，而且也不能充分利用设备的能力，例如白炽灯变暗、电烙铁温度较低等。因此，制造厂在制定产品的额定值时，要全面考虑使用的经济性、可靠性以及寿命等因素，特别要保证设备的工作温度不能超过规定的容许值。由于功率、电压和电流之间有一定的关系，所以在给出额定值时，没有必要全部给出。例如，对白炽灯、电烙铁等通常给出额定电压和额定功率，而对于电阻器除给出电阻值外，只给出额定功率。电气设备或器件的额定值常标在铭牌上或写在其他说明中。额定电压、额定电流和额定功率分别用U_N、I_N和P_N表示。例如一把电烙铁，标有“220V 45W”，则使用时不能接到380V的电源上。

在一定电压下电源输出的功率和电流决定于负载的大小，就是负载需要多少功率和电流，电源就给多少，所以电源会出现波动，电气设备或器件通常不一定处于额定工作状态，但是一般不应超过额定值。对于电动机也是这样，它的实际功率和电流也决定于它轴上所带的机械负载的大小，通常也不一定处于额定工作状态。所以，电压、电流和功率的实际值不一定等于它们的额定值。但要保证实际工作电压、电流或功率不应超过额定值，也不能过多地低于额定值。

输出功率（P_o）与输入功率（P_i）的比率，称为**效率**（**Efficiency**），通常用百分比表示，即

$$\eta = \frac{P_o}{P_i} \times 100\%$$

例如，如果输入功率为200W，输出功率为50W，则效率为

$$\eta = \frac{50}{200} \times 100\% = 25\%$$

在电路中，输出功率总是小于输入功率，因为电路内部总要消耗功率，这种内部消耗的功率称为功率损耗。输出功率等于输入功率减去功率损耗，即

$$P_o = P_i - P_{loss}$$

例1-1 在图1-6a所示电路中，有5个元件。每个元件流经的电流以及每个元件两端电压的参考方向如图所示。$I_1 = -4A$、$I_2 = 6A$、$I_3 = 10A$、$U_1 = 140V$、$U_2 = -90V$、$U_3 = 60V$、$U_4 = -80V$、

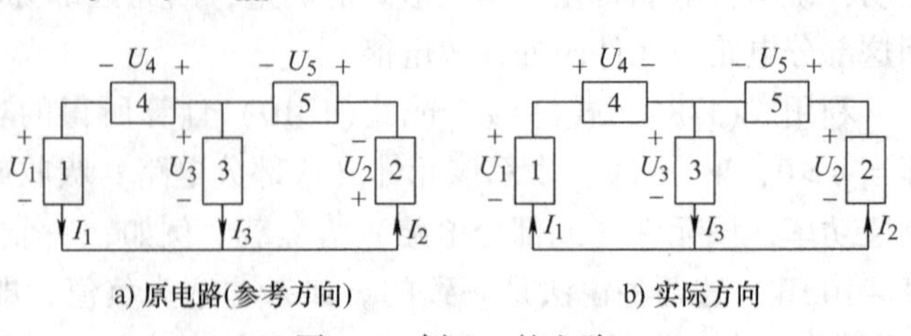

图1-6 例1-1的电路

$U_5=30\text{V}$。(1) 试标出各电流和各电压的实际方向（可另画一图）；(2) 计算各元件的功率，并判断各元件是产生功率还是吸收功率；(3) 计算元件3的效率；(4) 验证电路是否满足能量守恒定律。

解：(1) 当电流或电压的数值大于零时，其实际方向与所标的参考方向相同；数值小于零时，其实际方向与所标的参考方向相反。则各电流的实际方向和各电压的实际方向如图1-6b所示。

(2) 图1-6a中各元件的电压、电流参考方向一致，由式(1-9) 计算关联方向下的功率：

$$P_1=U_1I_1=140\times(-4)\text{W}=-560\text{W} \qquad \text{产生功率}$$
$$P_2=U_2I_2=(-90)\times6\text{W}=-540\text{W} \qquad \text{产生功率}$$
$$P_3=U_3I_3=60\times10\text{W}=600\text{W} \qquad \text{吸收功率}$$
$$P_4=U_4I_1=(-80)\times(-4)\text{W}=320\text{W} \qquad \text{吸收功率}$$
$$P_5=U_5I_2=30\times6\text{W}=180\text{W} \qquad \text{吸收功率}$$

(3) 由 (2) 计算的结果知，元件1和元件2共产生了1100W功率，相当于电路的输入功率，元件3消耗600W，相当于电路的输出功率，故元件3的效率为

$$\eta=\frac{P_o}{P_i}\times100\%=\frac{600}{1100}\times100\%\approx54.5\%$$

(4) 由 (2) 计算的结果可得：

$$\sum P_{\text{产生}}=P_1+P_2=(560+540)\text{W}=1100\text{W}$$
$$\sum P_{\text{吸收}}=P_3+P_4+P_5=(600+320+180)\text{W}=1100\text{W}$$
$$\sum P_{\text{产生}}=\sum P_{\text{吸收}}$$

显然，电源产生的功率和负载吸收的功率平衡，验证了能量守恒定律。

例1-2　图1-7所示的部分电路中，$I=4\text{A}$、$U_1=2\text{V}$、$U_2=-4\text{V}$、$U_3=3\text{V}$，试求各元件的功率 P_1、P_2 和 P_3，并求整个电路的功率 P。

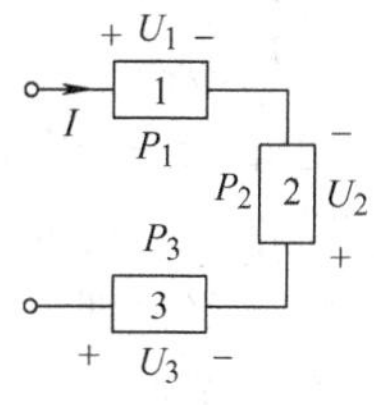

图1-7　例1-2的电路

解：元件1的电压与电流为关联参考方向，由式(1-9) 得

$$P_1=U_1I=2\times4\text{W}=8\text{W} \qquad (\text{消耗功率})$$

元件2和元件3为非关联参考方向，由式(1-10) 得

$$P_2=-U_2I=-(-4)\times4\text{W}=16\text{W} \qquad (\text{消耗功率})$$
$$P_3=-U_3I=-3\times4\text{W}=-12\text{W} \qquad (\text{提供功率})$$

整个电路的功率为

$$P=P_1+P_2+P_3=(8+16-12)\text{W}=12\text{W} \qquad (\text{消耗功率})$$

所消耗的这部分功率由外电路提供。

【课堂限时习题】

1.2.1　$I_{ab}=-3\text{A}$ 说明真实电流方向是（　　）。

A) 从a到b　　　B) 从b到a

1.2.2　图1-8所示电路中，A元件的电位情况是（　　）。

A) a比b高　　　B) b比a高

1.2.3　图1-9所示电路中，A元件上电压和电流为（　　）。

A）关联方向　　　　B）非关联方向

1.2.4 图1-10所示电路中，A元件吸收的功率为（　　）。

A）-6W　　　　B）6W

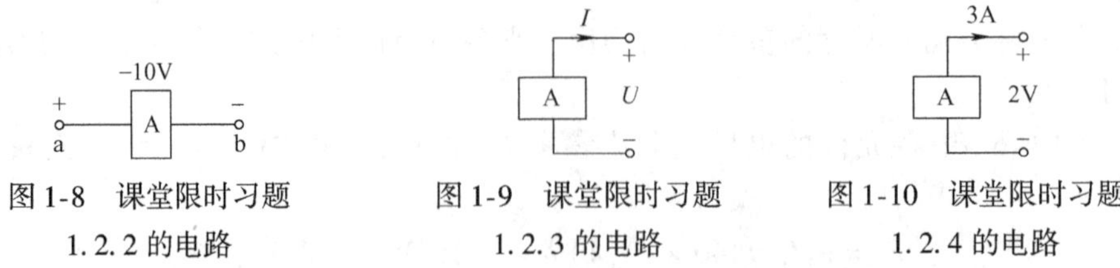

图1-8 课堂限时习题1.2.2的电路　　图1-9 课堂限时习题1.2.3的电路　　图1-10 课堂限时习题1.2.4的电路

1.3 电路元件

前文已提及，电路理论研究讨论的对象并不是由实际器件构成的实际电路，而是实际电路的电路模型。电路模型是由理想电路元件通过其**端子**（Terminal）按一定的结构相互连接而成。理想电路元件是组成电路模型的最小单元，是具有某种确定电磁特性并有相应数学定义的基本结构，简称为**电路元件**。每种电路元件体现了某种电学现象，具有某种确定的电磁性能和精确的数学定义，而对器件实际上的结构、材料、形状等非电磁特性不予考虑。例如，电阻元件是一种反映将电能转换成内能或其他能量，即消耗电能的元件；电感元件是反映电路周围存在磁场，而且可以存储磁场能量的元件；电容元件是反映电路附近存在电场，而且可以存储电场能量的元件；电压源是一种表示以电压形式向电路提供电能的元件等。在一定的工作条件下，理想电路元件及它们的组合足以模拟实际电路中电气部件、器件中发生的物理过程。在电路模型中各理想元件的端子是用电阻为零的“理想导线”连接起来的。电路元件按与外部连接的端子数目可以分为二端、三端、四端元件等，通常两个以上端子的元件，称为多端元件。

电路元件是电路中最基本的组成单元，研究电路必须先明确各电路元件的电磁特性，而电磁特性是通过元件端子间相关的基本物理量（如电压、电流等）来描述的。元件的两个端子的电路物理量之间的代数函数关系称为**元件特性**，亦称为端子特性。如果表征元件特性的代数关系是一个线性关系，则该元件称为线性元件。如果表征元件特性的代数关系是一个非线性关系，则该元件称为**非线性元件**。电路元件还可分为时不变元件和时变元件，无源元件和有源元件等。

电路元件的端子电流、端子间的电压分别称为元件电流、元件电压。元件的电学特性可以用元件电压与元件电流间的函数关系表示，这个函数关系称为**电压电流关系**（Voltage Current Relationship），简写为VCR。由于电压、电流的SI（国际单位制）单位是伏（特）和安（培），所以电压电流关系也称为**伏安特性（VCR）**。在u-i坐标平面上，表示电路元件电压电流关系的曲线称为**伏安特性曲线**，也称为**外特性曲线**。

1.4 电阻元件

电阻器是实际电路中应用最广泛的一类元器件。电荷在电场力作用下做定向运动形成电流时，器件对电流产生阻碍作用，**电阻元件**就是对电流呈现阻碍作用的实际耗能器件的电路模型，是由实际电阻器抽象出来的理想电路元件，用来反映实际器件消耗电能的物理特征。电阻器、灯泡、电炉、扬声器、电动机等实际器件都能等效成电阻元件。图1-11为几种常见的电阻器实物图例。

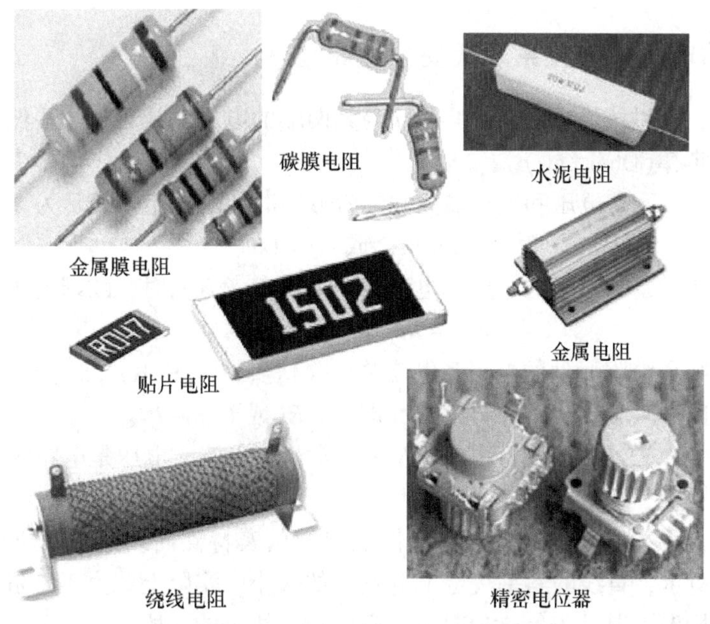

图1-11　几种常见的电阻器实物图例

若电阻的电压电流关系不随时间而变，则称为时不变电阻，否则称为时变电阻。例如电阻式传声器在有语音信号时就是时变电阻。如果电阻值不随电阻两端的电压或流过电阻的电流的改变而改变、是个不随时间而变的常数时，这种电阻元件就称为**时不变线性电阻**（Linear Resistance），简称**电阻**（Resistor），电阻用符号 R 表示。其图形符号如图1-12a所示。符号 R 一方面表示一个电阻元件，另一方面也表示此元件的参数，即电阻值的大小，体现了元件的导电能力。用于表征实际元器件电能损耗的时不变线性电阻 R 是一个正常数。本书中所涉及的电阻在没有特别指明的情况下，一般都是时不变线性电阻。

如果电阻阻值随电压、电流而变化，则称为**非线性电阻**（Nonlinear Resistance）。例如晶体管、二极管等半导体器件就能等效成非线性电阻元件，其图形符号如图1-12b所示。

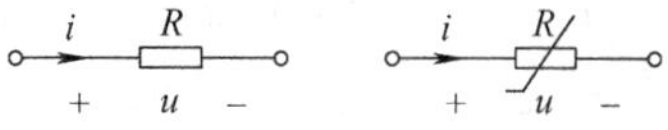

a) 线性电阻的图形符号　　b) 非线性电阻的图形符号

图1-12　电阻元件的图形符号

在国际单位制中，电阻 R 的单位是Ω（欧姆）。当电路两端的电压为1V，通过的电流为1A时，则该段电路的电阻为1Ω。计量大电阻时，则以kΩ（千欧）或MΩ（兆欧）为单位。它们之间的换算关系为

$$1\text{M}\Omega = 10^3\text{k}\Omega = 10^6\Omega$$

电导（Conductance）也是一个表征材料导电能力的参数，定义为电阻 R 的倒数，用符号 G 表示。即

$$G = \frac{1}{R}$$

电导 G 的单位是 S（西门子，简称西）。R 和 G 都是电阻元件的参数。

在串联电路中用电阻比较方便，在并联电路中用电导比较方便。而在工程中一般习惯用电阻。

1.4.1 电阻的电压电流关系及伏安特性曲线

在任何时刻，流过线性电阻 R 的电流 i 与其两端的电压 u 成正比。显然，电阻的电压电流关系服从**欧姆定律**(Ohm Law)。

如图 1-13a 所示，在电压和电流取关联参考方向时，欧姆定律表示为

$$u = Ri \quad 或 \quad i = Gu \tag{1-12}$$

如图 1-13b 所示，当电阻的电压和电流为非关联参考方向时，欧姆定律表示为

$$u = -Ri \quad 或 \quad i = -Gu \tag{1-13}$$

欧姆定律反映了电阻元件的电压和电流关系（伏安特性 VCR），是分析电路的基本定律之一。在直流电路中一般用大写字母表示，即 $U = RI$ 或 $U = -RI$。

注意，欧姆定律只适用于线性电阻，R 是个常量。电流、电压是电路的变量，它们可以是直流也可以是交流，可以是正值也可以是负值。

当电压和电流取关联参考方向时，线性电阻的伏安特性曲线是一条通过坐标原点的直线，如图 1-14a 所示，直线的斜率决定了电阻 R 的大小。实际上，由于电阻元件都有额定功率、额定电压的限制，其伏安特性应是过坐标原点直线上的线段。

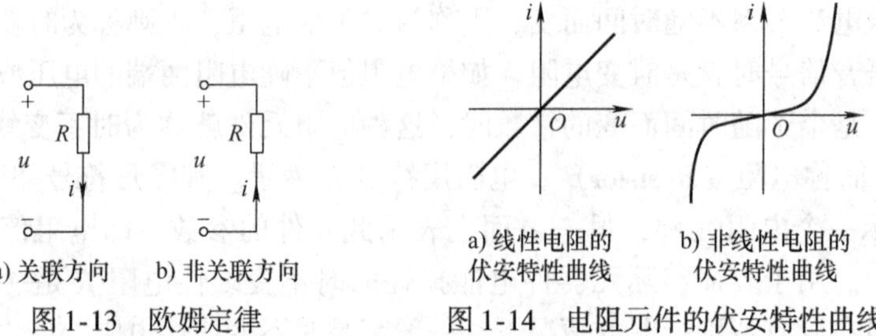

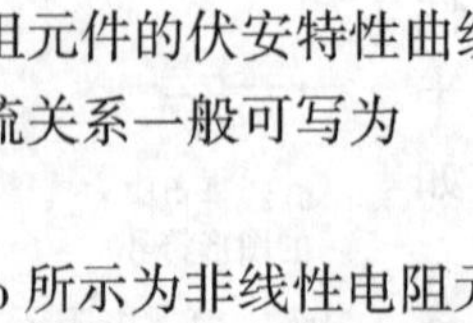

a) 关联方向 b) 非关联方向

图 1-13 欧姆定律

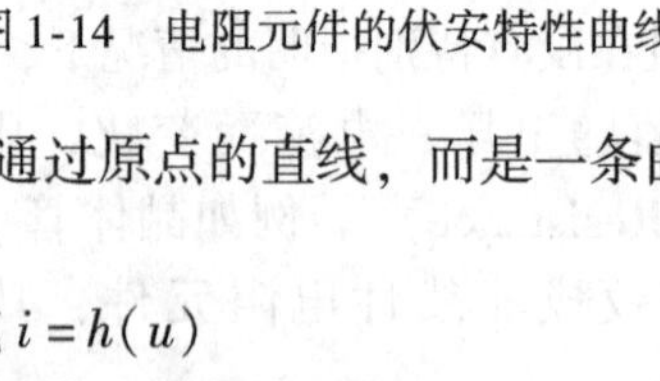

a) 线性电阻的伏安特性曲线 b) 非线性电阻的伏安特性曲线

图 1-14 电阻元件的伏安特性曲线

非线性电阻元件的伏安特性曲线不是一条通过原点的直线，而是一条曲线。非线性电阻元件的电压电流关系一般可写为

$$u = f(i) 或 i = h(u)$$

如图 1-14b 所示为非线性电阻元件二极管的伏安特性曲线。

当一个线性电阻元件两端的电压为任意值时，流过它的电流恒为零，称为电阻"**开路**"(Open Circuit)，开路的伏安特性曲线在 u-i 坐标平面上与电压轴重合，它相当于电阻值为无限大或电导为零，即 $R = \infty$ 或 $G = 0$，如图 1-15a 所示。当流过一个线性电阻元件的电流为任意值时，它两端的电压恒为零，称为电阻"**短路**"(Short Circuit)。短路的伏安特性曲线在 u-i 坐标平面上与电流轴重合，它相当于电阻值为零或电导为无限大，即 $R = 0$ 或 $G = \infty$，如图 1-15b 所示。如果电路中的一对端子 1-1′之间呈断开状态，如图 1-15c 所示，相当于 1-1′之间接有 $R = \infty$ 的电阻，此时称 1-1′处于"开路"。如果把端子 1-1′用理想导线连接起

来，相当于1-1′之间电阻为零($R=0$)，则称这对端子被短路，如图1-15d所示。

例1-3　如图1-16所示，列出各电路的欧姆定律表达式，并求电阻R。

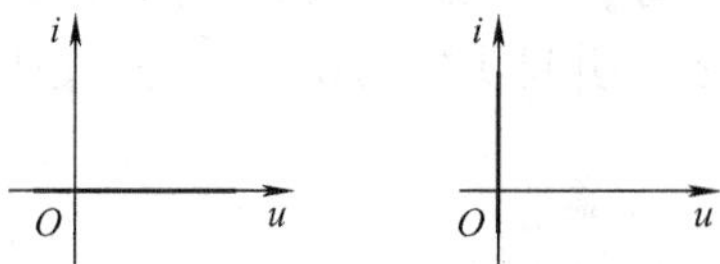

a) 开路的伏安特性曲线　b) 短路的伏安特性曲线

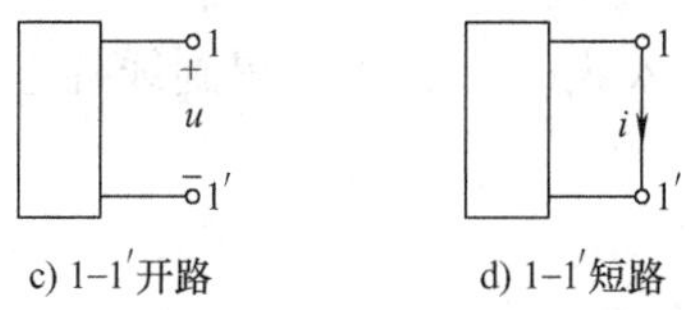

c) 1-1′开路　d) 1-1′短路

图1-15　电阻开路和短路及其伏安特性曲线

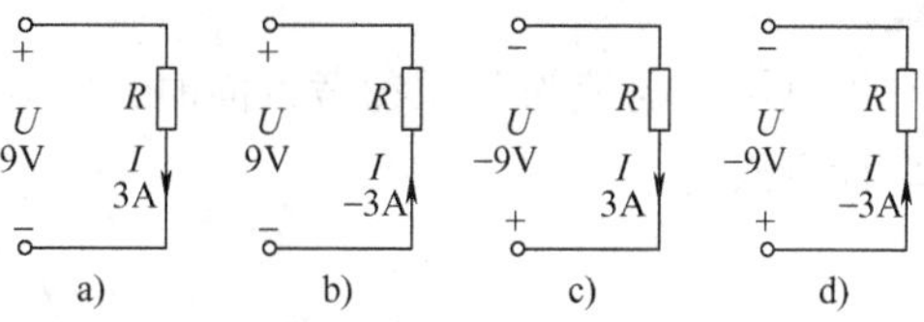

图1-16　例1-3的电路

解：图1-16a为关联参考方向，由式$U=RI$得欧姆定律表达式为

$$9=3R$$㊀

解得

$$R=\frac{U}{I}=\frac{9}{3}\Omega=3\Omega$$

图1-16b为非关联参考方向，由式$U=-RI$得欧姆定律表达式为

$$9=-(-3)R$$

解得

$$R=-\frac{U}{I}=-\frac{9}{-3}\Omega=3\Omega$$

图1-16c也为非关联参考方向，由式$U=-RI$得欧姆定律表达式为

$$-9=-3R$$

解得

$$R=-\frac{U}{I}=-\frac{-9}{3}\Omega=3\Omega$$

图1-16d为关联参考方向，由式$U=RI$得欧姆定律表达式为

$$-9=(-3)R$$

解得

$$R=\frac{U}{I}=\frac{-9}{-3}\Omega=3\Omega$$

实际上，所有电阻器、白炽灯、电炉等器件，由于制作材料的电阻率与温度有关，（实

㊀ 为使运算简洁便于阅读，本书在运算过程中述及的方程，如对量的单位无标注及特殊说明，则此方程均为数值方程。而方程中的物理量均采用SI单位，例如，电压$U(u)$的单位为V；电流$I(i)$的单位为A；功率P的单位为W；无功功率Q的单位为var；视在功率S的单位为V·A；电阻R的单位为Ω；电导G的单位为S；电感L的单位为H；电容C的单位为F；时间t的单位为s等。

际）电阻器通过电流后因发热会使温度改变，因此，严格说，所有电阻器及各种器件都带有非线性因素，它们的伏安特性曲线或多或少都是非线性的。但是在正常工作条件下，温度变化有限，许多实际器件如金属膜电阻器、线绕电阻器等，它们的伏安特性曲线近似为一条直线。所以用线性电阻元件作为它们的理想电路模型不会引起明显的误差，是合适的。

1.4.2 电阻元件的功率和能量

电阻对电流具有阻碍作用，电流流过电阻元件时，电阻要消耗吸收能量，将电能转换成内能。

当电压和电流为关联参考方向时，将式(1-12) 代入式(1-9) 中，得到线性电阻元件的功率计算式为

$$\left.\begin{aligned} p = ui = Ri^2 = \frac{u^2}{R} \\ p = ui = \frac{i^2}{G} = u^2 G \end{aligned}\right\} \tag{1-14}$$

当电压和电流为非关联参考方向时，将式(1-13) 代入式(1-10) 中，同样可以得到电阻的功率计算式为

$$p = -ui = -(-Ri)i = Ri^2 = \frac{u^2}{R} = u^2 G$$

由此可知，不论是关联参考方向还是非关联参考方向，正值电阻的功率恒为非负值，即电路中正值电阻元件一定吸收功率，并把吸收的电能转换成内能或其他形式能量消耗掉，因此电阻是无源的耗能元件。电阻元件从时间 t_1 到 t_2 吸收的电能为

$$w = \int_{t_1}^{t_2} ui\mathrm{d}t = R\int_{t_1}^{t_2} i^2 \mathrm{d}t \tag{1-15}$$

电阻元件的电压（或电流）完全取决于该时刻的电流（或电压），而与过去时刻的电流（或电压）无关。这种性质称为无记忆性，故电阻也是一种无记忆性元件。

1.4.3 特殊的电阻元件

热敏电阻（Thermistor）和光敏电阻（Photoresistor）是最常见的两种特殊电阻元件，实物图例如图 1-17 所示。

热敏电阻

光敏电阻

图 1-17 特殊电阻实物图例

热敏电阻是一种随温度变化的可变电阻，按其电阻与温度特性关系，可分为正温度系数和负温度系数。正温度系数热敏电阻的电阻变化与温度成正比。反之，若电阻变化与温度成反比，则为负温度系数的热敏电阻。

热敏电阻用途十分广泛，常利用电阻的温度特性来测量、控制温度，以及进行元器件和电路的温度补偿。

光敏电阻是用半导体光电效应制成，它的阻值随光的强度变化而变化。光强时，电阻减小；光弱时，电阻增大。利用这一原理可以做成各种光电控制系统，如光电计数器、光电自动开关门、光电跟踪系统、机械上的自动保护装置和位置检测器、自动给水和自动停水装

置、路灯和其他照明系统的自动亮灭、航标灯、照相机自动曝光装置、烟雾报警器等。

1.4.4　电阻元件的工程应用基础

电阻是应用最广泛的一种电路元件，在电子设备中约占元件总数的30%以上，其质量的好坏对电路工作的稳定性有极大的影响。电阻常作为分流器、分压器或者负载使用。

对于定值电阻，可以用色环表示法来表示电阻值和电阻值的允许偏差；在色环电阻（也称为色标电阻）中，根据色环的环数多少，可分为三色环、四色环和五色环表示法。在识别电阻值时，要从色环离引出线较近一端的色环读起。色环电阻色标的基本色码及意义如附录A中的表A-2所示。常用电阻器的标称值系列如附录A中的表A-3所示。

假设周围空气不流通，在规定的环境温度和湿度下长期连续工作，不损坏或基本不改变性能的情况下，电阻上允许消耗的最大功率称为电阻的额定功率。为保证安全使用，一般选额定功率是电阻器在电路中消耗功率的1~2倍。常用电阻器的功率等级如附录A中的表A-4所示。

例1-4　如图1-18所示电路中，已知电阻R两端的电压$U=20V$，欲使流过R的电流$I=10mA$，如何选取电阻R？

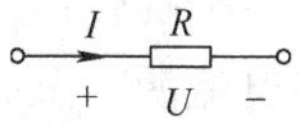

I　R
\+　U　−

图1-18　例1-4的电路

解： 图1-18为关联参考方向，据欧姆定律$U=RI$得

$$R=\frac{U}{I}=\frac{20V}{10\times10^{-3}A}=2k\Omega$$

电阻R消耗的功率为

$$P=I^2R=(0.01^2\times2\times10^3)W=0.2W$$

考虑到留有一定的安全裕量，所以选用2kΩ、0.5W的精密电阻较为合适。

【课堂限时习题】

1.4.1　图1-19所示电路中，电阻的电压$U=$________V：

A）2　　B）−2

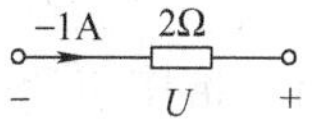

−1A　2Ω
−　U　+

图1-19　课堂限时习题1.4.1的电路

1.4.2　伏安特性曲线是一条直线的电阻元件称为线性电阻。

A）对　　B）错

1.4.3　电阻“开路”意味着该电阻值为（　　）。

A）零　　B）无限大　　C）无法确定

1.5　独立源

电源是电路的主要组成部分，所谓**独立电源**（Independent Source）是指能够独立将其他形式的能转换成电能，或将非电信号转换成电信号的信号源，以便独立为电路提供工作所需要的能量或电信号的有源电路元件，且提供的电压或电流不受外电路的控制而独立存在，故称为独立电源，简称**独立源**。它们往往是发电机、电池、稳压源、信号发生器等实际装置的电路模型。图1-20所示为几种常见的实际独立电源的实物图例。另外像扩音器用的传声器（话筒）、收音机磁棒上的线圈都能提供电信号，统称为信号源，也属于独立源。

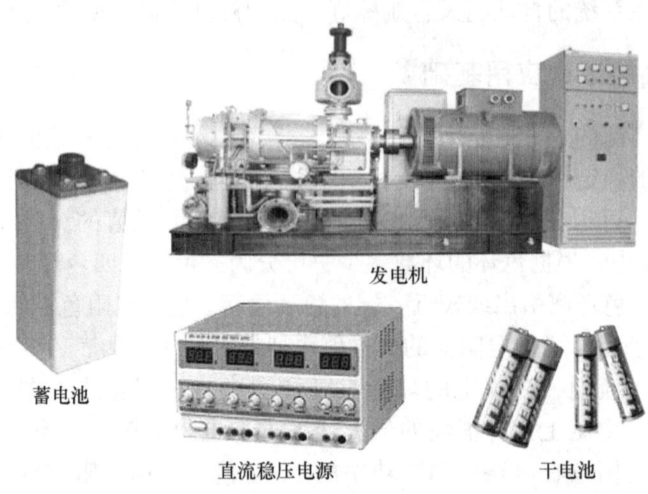

图 1-20 几种常见的实际独立电源实物图例

根据提供电压、电流的不同，独立源可分为独立电压源和独立电流源，分别简称为电压源和电流源。又按是否考虑内部损耗，把独立电源分为理想电源和实际电源两类。

1.5.1 理想电压源和实际电压源

1. 理想电压源

理想电压源(Ideal Voltage Source) 是电压保持为某给定值或给定的时间函数的二端理想电路元件。该元件的电压不随电路中电流的改变而改变，即与通过它的电流无关。由于能够提供确定的电压，所以理想电压源也称为**恒压源**。恒压源是一个理想电路元件，它两端输出的电压 $u(t)$ 为

$$u(t)=u_S(t)=e_S(t) \tag{1-16}$$

式中，$u_S(t)$为给定的时间函数，称为电压源的激励电压（源电压)，即电压源的电动势$e_S(t)$。恒压源的电压 $u(t)$ 与通过元件的电流无关，总保持为给定的时间函数，而电流则由外电路决定。恒压源的图形符号如图 1-21a 所示。当 $U_S(t)$不随时间而变，为恒定值时，称为直流恒压源，通常用 U_S 或 E_S 表示。有时也可以用图 1-21b 所示蓄电池的图形符号表示直流恒压源，图中恒压源两端的电压用 U_S（或 u_S）表示时，方向从正极指向负极，其中长线表示电源的正极（或“+”极)；用电源内部的电动势 E_S（或 e_S）表示时，方向从负极指向正极。图 1-21c 为直流恒压源的伏安特性曲线（即外特性曲线)，是一条与电流轴平行的直线，它反映了恒压源对外电压和电流的关系。在图 1-21c 中，E_S 为直流恒压源提供的确定的电动势，与电流大小无关。当电流为零，即恒压源开路时，其电动势仍为 E_S。把 $E_S\neq0$ 的理想电压源短路是没有意义的，因为短路时端电压 $U=0$，这与恒压源的特性不相容。图 1-21d 表示恒压源外接电路，端子 1、2 之间的电压 $u(t)$ 等于 E_S，不受外电路的影响。电流可以从不同的方向流过电源，因此，理想电压源可以对电路提供能量（起电源作用)，也可以从外电路接收能量（当作其他电源的负载)，可以根据电压和电流的参考方向，应用功率计算公式，由算得的功率的正、负值来判定该恒压源是产生功率还是吸收功率。

常见的电池是一种实际电源，如果电池的内电阻（简称内阻）为零，则不论电流为任何值，电池的电压均为定值，那么它的模型就是一个理想直流电压源。交流发电机的电压虽

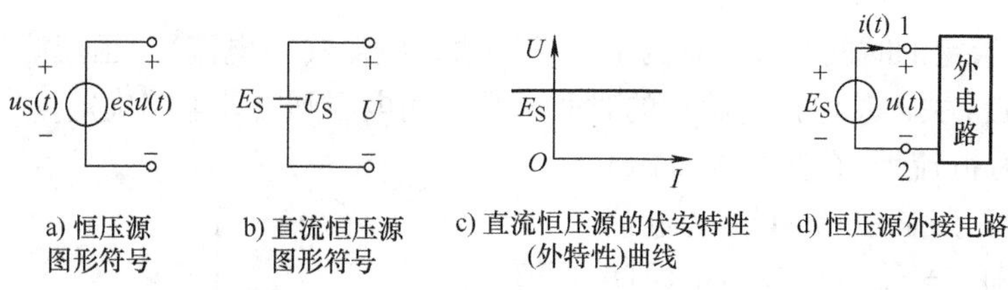

图1-21 理想电压源（恒压源）

然是时间的函数，但如果内阻小到可以忽略、输出电压不受电流影响时，其模型也可以看作是理想电压源。

2. 实际电压源

实际电压源(Voltage Source)：实际电气设备中所用的电压源需要输出较为稳定的电压，即当负载电流改变时，电压源所输出的电压值尽量保持或接近不变。但任何实际电源工作时总是存在内部损耗，都有内阻，理想的电压源并不存在。当实际电压源接入负载后，电压源两端输出的电压与电流均随外部电路情况的不同而变化，因此实际电压源模型往往不能用一个单一的恒压源来表示，而是要用理想电压源的电动势 E_S 与反映电压源内部损耗的电阻（即内阻）R_S 组成串联的电路结构来表示，如图1-22a所示，图中 R_L 是电路的负载电阻。实际电压源也简称为**电压源**，其两端输出电压 u 随着电流 i 的不同而发生变化，伏安特性表示为

$$u = E_S - R_S i \tag{1-17}$$

电压源的伏安特性（外特性）曲线是一条有一定斜率的直线，如图1-22b所示。它与电压轴（纵轴）的交点为电动势 E_S，即电流 i 等于零时，a、b两端开路时的开路电压 U_{OC}；与电流轴（横轴）的交点是 E_S/R_S，也就是电压 u 等于零时，a、b两端短路的短路电流 i_{SC}。

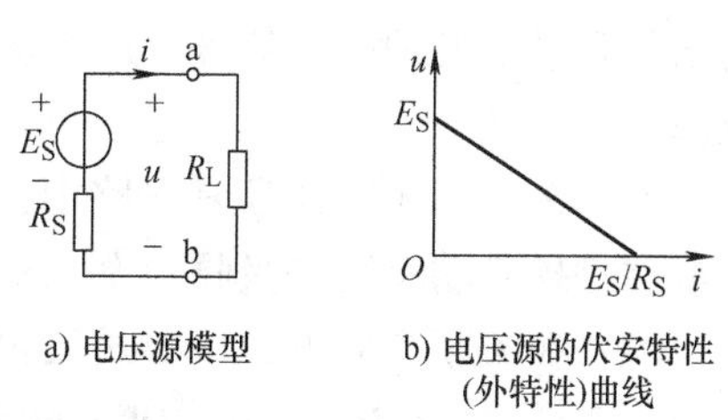

图1-22 实际电压源（电压源）模型及其伏安特性曲线

理想电压源是理想的电源，真正的恒压源在实际中是不存在的。如果实际电压源的内阻 R_S 远远小于外电路的负载电阻 R_L，即 $R_S \ll R_L$ 时，则内阻压降远远小于输出电压，即 $R_S i \ll u$，于是 $u \approx u_S$，内部损耗基本为零，其输出的电压 u 基本保持不变，这样的实际电压源可以视作理想电压源（恒压源）。为了使设备能够稳定运行，工程应用中希望电压源的内阻越小越好。由于实际电压源的内阻很小，若将其直接短路，则短路电流很大，超过电压源的额定电流，导致电源损坏。

1.5.2 理想电流源和实际电流源

1. 理想电流源

理想电流源（Ideal Current Source）是电流保持为某给定值或给定的时间函数的二端理想电路元件。该元件的电流不随电路中电压的改变而改变，与它两端的电压无关。由于能够提供确定的电流，所以理想电流源也称为**恒流源**。恒流源是一个理想电路元件，它输出的电流 $i(t)$ 为

$$i(t)=i_S(t) \tag{1-18}$$

式中，$i_S(t)$ 为给定的时间函数，称为电流源的激励电流（源电流）。恒流源的电流 $i(t)$ 与通过元件的电压无关，总保持为给定的时间函数，而电压则由外电路决定。

图 1-23a 为恒流源（理想电流源）的图形符号，箭头是恒流源输出电流 $i(t)$ 的参考方向。当 $i_S(t)$ 为不随时间而变的恒定值时，称为直流恒流源，通常用 I_S 表示。图 1-23b 为直流恒流源的伏安特性（即外特性）曲线，它是一条与电压轴平行的直线，图中 I_S 为理想电流源提供的确定的电流，表明其电流恒等于 I_S，与电压无关。当电压为零，即电流源短路时，它输出的电流仍为 I_S。把 $I_S \neq 0$ 的理想电流源开路是没有意义的，因为开路时端电流 $I=0$，这与恒流源的特性不相容。图 1-23c 表示恒流源外接电路，端子输出的电流 $i(t)$ 等于 $i_S(t)$，不受外电路的影响。

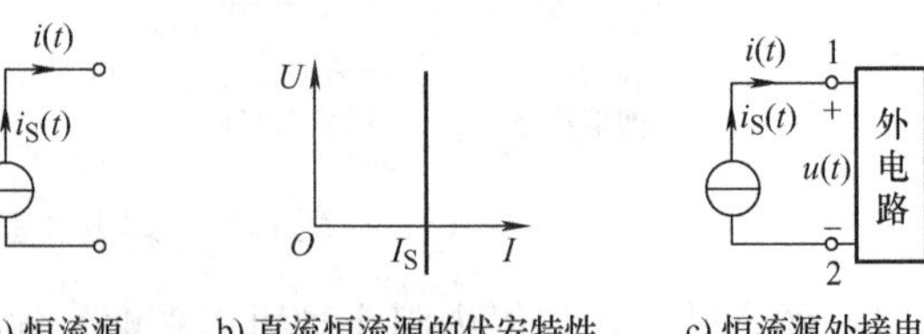

a) 恒流源图形符号　b) 直流恒流源的伏安特性(外特性)曲线　c) 恒流源外接电路

图 1-23 理想电流源（恒流源）

与恒压源一样，恒流源可对电路提供功率，但有时也从电路吸收功率，可以根据电压、电流的参考方向，应用功率计算公式，由计算所得功率的正负来判定。

在实际应用中，有些电源近似具有这样的性质。例如在具有一定照度的光线照射时，光电池（太阳能电池）将被激发产生一定值的电流，这个电流与照度成正比而与它的电压无关。又如，交流电流互感器二次侧输出电流由一次侧决定，是时间的正弦函数。有些信号源输出是几乎不变的电流信号，这类实际电源的电路模型都可以看作是理想电流源，也就是恒流源。

例 1-5 在图 1-24 所示电路中，计算各独立电源的功率，并说明该独立电源是提供功率还是吸收功率。

解： 在关联方向下，根据式(1-9)，恒压源的功率为

$$P_{U_S}=20\times3\text{W}=60\text{W} \quad \text{恒压源吸收功率}$$

在非关联方向下，根据式(1-10)，恒流源的功率为

$$P_{I_S}=-20\times3\text{W}=-60\text{W} \quad \text{恒流源提供功率}$$

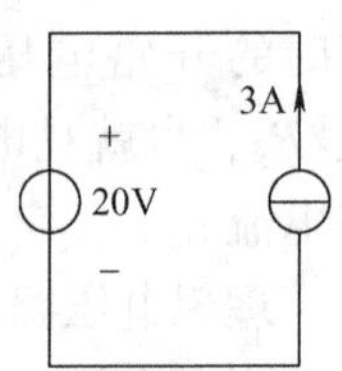

图 1-24 例 1-5 的电路

2. 实际电流源

实际电流源（Current Source）是实际电源的另一种抽象模型，要用恒流源 i_S 与反映内部损耗的内阻 R_S 相并联组合来表示，简称**电流源**，如图 1-25a 所示。图中 R_L 是电路的负载电阻。实际电流源输出的电流 i 随着电路电压 u 的不同而发生变化，其伏安特性表示为

$$i=i_S-u/R_S \tag{1-19}$$

电流源的伏安特性（外特性）曲线也是一条有一定斜率的直线，如图 1-25b 所示。它与电压轴（纵轴）的交点为 $i_S R_S$，也就是电流 i 等于零时，a、b 两端开路的开路电压 U_{OC}；与电流轴（横轴）的交点为 i_S，也就是电压 u 等于零时，a、b 两端短路的短路电流 i_{SC}。

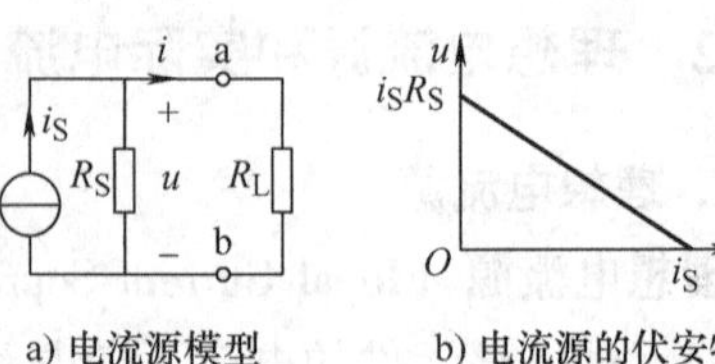

a) 电流源模型　b) 电流源的伏安特性(外特性)曲线

图 1-25 实际电流源（电流源）模型及其伏安特性曲线

理想电流源是理想的电源，真正的恒流源在实际中是不存在的。如果实际电流源的内阻 R_S 远远大于外电路的负载电阻 R_L，即 $R_S \gg R_L$，则 $i \approx i_S$，内部损耗基本为零，其输出的电流 i 基本保持不变，这样的实际电流源可以视作理想电流源（恒流源）。为了使设备能够稳定运行，工程应用中希望电流源的内阻越大越好。由于实际电流源的内阻很大，若将其直接开路，则电流源两端的电压很大，超过其额定电压，导致电流源损坏。

理论上，图1-22a、图1-25a所示的电压源和电流源电路都可以作为实际电源的电路模型，实际应用时，则从使用方便来选择。像蓄电池、发电机这类电源，使用中由于内电阻比外电阻小得多，它的电压接近等于开路电压而变化不大，所以常用恒压源、电阻串联的电压源模型，而且在一定电流范围内可以近似看作恒压源。通常用的稳压电源一般可近似看作恒压源。像光电池这样的电源，由于内电阻比外电阻大得多，它的电流接近短路电流而且变化不大，所以常用恒流源、电阻并联的电流源模型来表示，在一定电压范围内可以近似看作恒流源。另外，专门设计的电子电路也可作为电流源而广泛应用于集成电路之中。

【课堂限时习题】

1.5.1　实际电压源在使用时，通常不可以将其________，否则容易因电流过大导致电源损坏。

A）直接短路　　　　B）直接开路

1.5.2　在图1-26所示电路中，恒压源吸收的功率为______。

A）-30W　　　　B）30W

1.5.3　在图1-27所示电路中，理想电流源发出的功率为______。

A）-135W　　　　B）135W

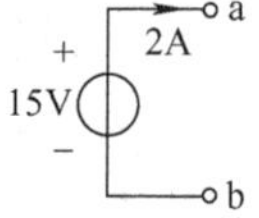

图1-26　课堂限时习题1.5.2的电路

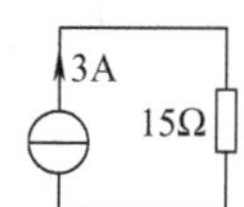

图1-27　课堂限时习题1.5.3的电路

1.6　受控电源

与独立电源不同，电子电路中常遇到的晶体管、运算放大器、集成电路等实际元件，虽不能独立地为电路提供能量，但在电路中其他元件或某一支路的电流或电压控制下仍然可以提供一定的电压或电流输出，这类元件的电路模型被称为**受控电源**（Dependent Source），简称**受控源**。

受控源是一种双端口元件，它由控制支路和受控支路组成。其中，受控支路为一个电压源，称为受控电压源；若受控支路为一个电流源，则称为受控电流源。起控制作用的可以是电流或电压，或者说受控源可以受电压控制，也可以受电流控制。因此，根据控制量和被控制量的关系，受控源可以分为四种类型：电压控制电压源（Voltage Controlled Voltage Source，简称**压控压源** VCVS）、电流控制电压源（Current Controlled Voltage Source，简称**流控压源** CCVS）、电压控制电流源（Voltage Controlled Current Source，简称**压控流源** VCCS）

和电流控制电流源（Current Controlled Current Source，简称**流控流源** CCCS）。图 1-28 所示是四种受控电源模型，其中μ、γ、g 和β 称为控制系数，μ 和β 是没有量纲（单位）的常数，γ 是具有电阻量纲的常数，g 是具有电导量纲的常数。当控制系数为常数时，控制作用是线性的，可以用控制量与被控制量之间的正比关系来表达，称为线性受控电源。本书中只考虑线性受控电源，故一般略去“线性”二字。如果一个受控源两端的电压与流过该受控源的电流成正比，该受控源就可看作一个电阻，其阻值为受控源上电压与关联方向电流的比值。如果这个比值是个正数，受控源就相当于一个正电阻；如果比值是负数，受控源就相当于一个负电阻。在电路图中受控源用菱形符号表示，以便与独立电源的圆形符号相区别。

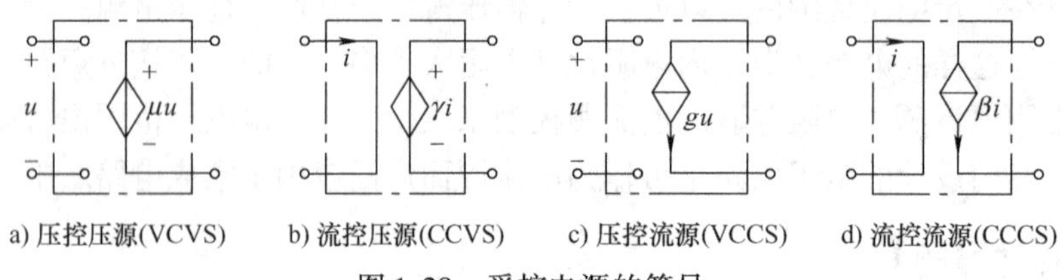

图 1-28 受控电源的符号

电子电路中常见的晶体管工作在放大区时，其集电极输出电流 i_c是受基极 i_b所控制，对应的电路模型就是一个如图 1-28d 所示的流控流源（CCCS），晶体管的图形符号及其受控源模型如图 1-29a、b 所示。另一类常用的电子器件场效应晶体管（例如 MOS 管）则是用栅源电压 u_{gs}控制漏极电流 i_d的压控流源（VCCS），如图 1-29c、d 所示。又如在扩音系统中，扩音部分常使用的理想运算放大器是一个由输入电压控制输出电压的压控压源（VCVS）。

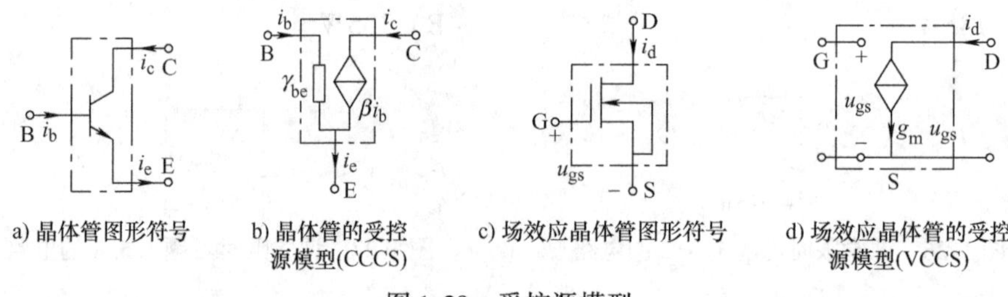

a) 晶体管图形符号
b) 晶体管的受控源模型(CCCS)
c) 场效应晶体管图形符号
d) 场效应晶体管的受控源模型(VCCS)

图 1-29 受控源模型

独立电源是电路中的“输入”，它表示外界对电路的作用，电路中电压或电流是由于独立源起的“激励”作用而产生的响应。受控源则不同，它用来反映电路中某处的电压或电流对另一处的电压或电流的控制关系，受控电源对外提供的能量，并非取自控制量，也不是受控电源内部产生的，而是取自维持其正常工作的各种形式的能源，如向晶体管供电的干电池等，因而受控源实际上是一种能量转换装置。

受控源不能单独存在，受控源输出的电压或电流，是受控于电路中其他元件或某一支路的电流或电压的。当作为控制量的电压或电流等于零时，受控电源的电压或电流输出也将为零。若控制量改变方向，受控源的输出也改变方向。判断电路中受控电源的类型时，应看它的图形符号和控制量。例如图 1-30 所示的电路中，由图形符号和控制量可知，电路中的受控源为流控压源（CCVS），其大小为 $3I$，单位为伏特，而不是安培。

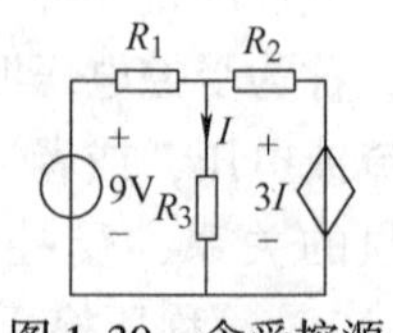

图 1-30 含受控源的电路

分析计算含受控源的电路时，可以把受控电压源作为独立电压源处理、把受控电流源作为独立电流源处理。但必须注意，受控源输出的电压或电流取决于控制量，在分析计算过程中应保持受控源的控制量不变。

例 1-6　如图 1-31 所示的受控源电路中，已知 $i_S=2A$，VCCS 的控制系数 $g=2S$，求电压 u。

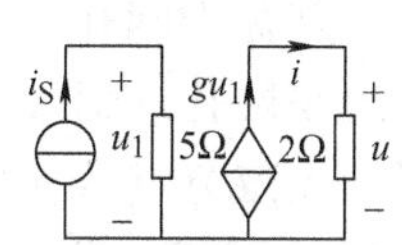

图 1-31　例 1-6 的电路

解：由图 1-31 左边电路先求作为受控源控制量的电压 u_1，有

$$u_1=5i_S=5\times2V=10V$$

从图 1-31 右部电路可求得电压 u 为

$$u=2gu_1=2\times2\times10V=40V$$

【课堂限时习题】

1.6.1　线性受控源是二端子元件吗？

A）是　　　　　　　　B）不是

1.6.2　图 1-32 所示电路中受控电流源的电流值等于____。

A）1A　　　　　　　　B）−1A

C）4A　　　　　　　　D）2A

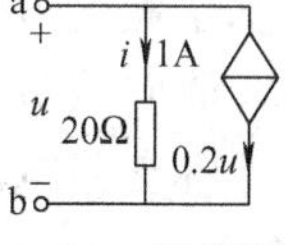

图 1-32　课堂限时习题 1.6.2 的电路

1.6.3　受控电源对外提供能量时，该能量取自控制量所在的支路。（　　）

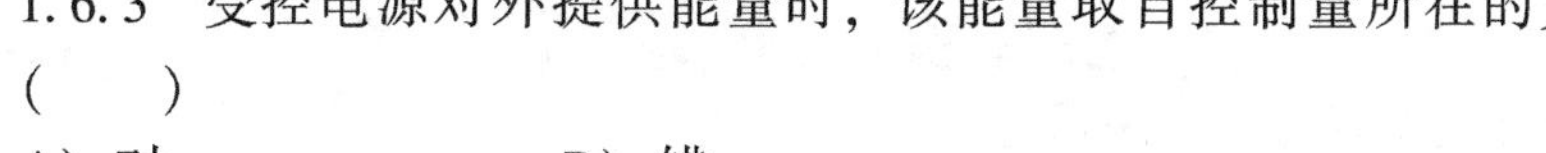

A）对　　　　　　　　B）错

1.7　基尔霍夫定律

电路分析中，如果将电路元件的基本物理量电流和电压作为变量，则这些变量之间的关系受到两类约束。一类是元件本身的伏安特性造成的约束，例如线性电阻元件的电压与电流必须满足欧姆定律，这种元件的电压和电流关系（即伏安特性 VCR）称为元件约束，是电路分析的一个重要依据。而电路是由元件按一定的方式连接构成的，从电路的结构特征来看，由于元件的相互连接给电流或电压带来的约束关系，称为结构约束，这类约束由基尔霍夫定律来体现。它包括基尔霍夫电流定律和基尔霍夫电压定律。基尔霍夫定律是电路分析计算的基本定律，其适应性不受电路元件的性质及电源类型的限制。

介绍基尔霍夫定律之前，首先结合图 1-33 所示电路介绍几个有关电路结构的名词。

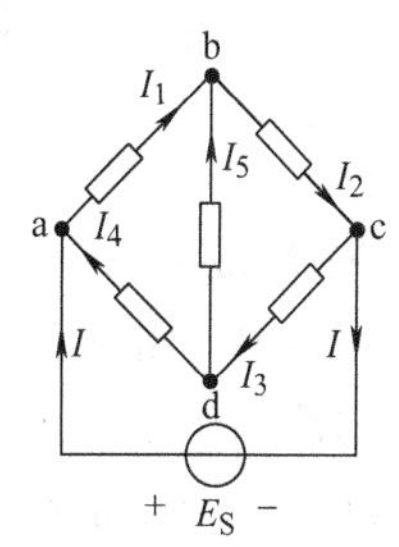

图 1-33　电路名词说明

（1）**支路**(Branch)　电路中至少含有一个元件的每一分支称为支路，支路具有两个端子，且流过同一电流。如图 1-33 所示电路中一共有 6 条支路，分别为 ab、bc、cd、da、ca、db。一般用 b 表示支路的数目。图中支路数为 6，记为 $b=6$。流过支路的电流称为支路电流，支路两端间的电压称为支路电压。

（2）**节点**(Node)　三条或三条以上支路的连接点称为节点。在图 1-33 所示电路中一共有 a、b、c、d 四个节点。一般用 n 表示节点的数目。图中节点数为 4，记为 $n=4$。

（3）**回路**(Loop)　电路中由若干条支路组成的闭合路径称为回路。在图 1-33 中一共有7条回路，分别是abda、dbcd、adca、abdca、adbca、abcda、abca。

（4）**网孔**(Mesh)　网孔是回路的一种。将电路画在平面上，在回路内部不包含其他支路的回路称为网孔。在图1-33中，共有3个网孔，分别是abda、dbcd、adca，它们既是回路，也是网孔。但abdca、adbca、abcda、abca只是回路，而不是网孔。电路的网孔数等于支路数b减节点数n再加上1，即$(b-n+1)$。在图1-33中，这个结论显然可以得到验证。

（5）**网络**（Network）　一般指较多元件组成的电路。至少含有一个独立电源的网络称为有源网络，也称为有源电路。不含独立电源的网络称为无源网络，也称为无源电路。通常网络和电路这两个名词没有严格的区别，可以通用。

1.7.1 基尔霍夫电流定律

根据电荷守恒定律，在任意时刻，电路中流入任意一点的电荷量一定等于从该点流出的电荷量，这就是电流的连续性原理。而基尔霍夫电流定律正是电荷守恒定律的体现，是电流的连续性原理在电路中的表现。

基尔霍夫电流定律(Kirchhoff′s Current Law) 指出：对于电路中任意一个节点，在任意时刻，流向该节点的电流之和等于由该节点流出的电流之和。该定律是用来确定连接在同一节点上各支路电流之间的约束关系，简写为KCL。其关系式表示为

$$\sum i_{\text{in}} = \sum i_{\text{out}} \tag{1-20}$$

在直流电路中，KCL关系式通常也表示为

$$\sum I_{\text{in}} = \sum I_{\text{out}}$$

以图1-34所示电路为例，对于节点a，按各支路电流的参考方向知：流入节点的电流为I_1和I_4，流出节点的电流为I_6，则

$$I_1 + I_4 = I_6$$

上式变形为

$$I_1 + I_4 - I_6 = 0 \tag{1-21}$$

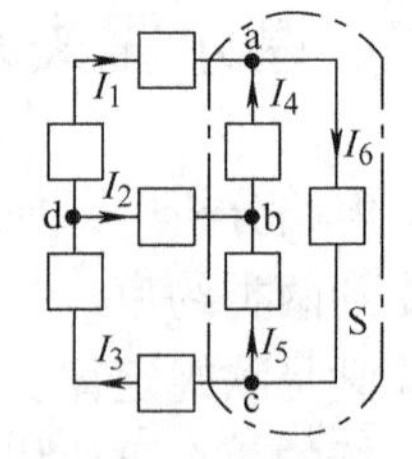

图1-34　说明基尔霍夫电流定律的电路

基尔霍夫电流定律（KCL）还可以归纳为：任何时刻流入或流出任意一个节点的所有支路电流的代数和恒等于零。其关系式表示为

$$\sum_{k=1}^{b} i_k = 0 \tag{1-22}$$

式中，i_k为流入或流出节点的第k条支路的电流；b为该节点处的支路数。

在直流电路中，KCL关系式通常表示为

$$\sum_{k=1}^{b} I_k = 0 \tag{1-23}$$

式(1-22)或式(1-23)称为**节点的电流方程**。式中，按电流的参考方向列写方程。这里“代数和”的正负是根据电流的参考方向判断的。可以规定流入节点的电流前面取“+”号，则流出节点的电流前面取“-”号；当然，也可以选择流出节点的电流前面取“+”号，则流入节点的电流前面取“-”号。两种方案计算的结果是相同的。

若选取流入节点的电流为正，流出为负，根据式(1-23)，列出图1-34所示电路中另外两个节点b和c的基尔霍夫电流方程分别为

$$\left.\begin{aligned} I_2 - I_4 + I_5 &= 0 \\ -I_3 - I_5 + I_6 &= 0 \end{aligned}\right\} \tag{1-24}$$

将方程（1-21）和方程组（1-24）相加，得

$$I_1 + I_2 - I_3 = 0 \tag{1-25}$$

式(1-25) 说明在图1-34所示电路中，a、b、c三个节点围成的封闭电路，即图中点画线封闭面包围的电路S中有三条支路与电路的其余部分连接，其支路电流 I_1、I_2、I_3 之间的关系也满足基尔霍夫电流定律（KCL）。

因此，通常应用于节点的基尔霍夫电流定律，也可以把它推广应用于包围部分电路的任一假设的闭合面，也称为**广义节点**。根据电流连续性原理，对于一个封闭面（广义节点）的电荷守恒，电流仍然必须是连续的，所以通过任一封闭面的电流的代数和也应等于零。

注意：在建立节点的基尔霍夫电流（KCL）方程时，必须先设定支路电流的参考方向，并在图上明确标示出来，流入节点和流出节点一律以参考方向为准，然后再按基尔霍夫电流定律对节点列写关于支路电流的方程。

例1-7 在图1-35所示电路中，已知 $i_1 = 5\text{A}$，$i_4 = 3\text{A}$，$i_B = 2\text{A}$，试求电路中其他未知电流的值。

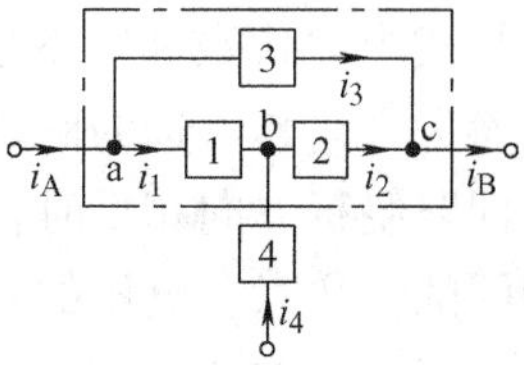

图1-35 例1-7的电路

解：选流入节点的电流为正，流出为负，根据基尔霍夫电流定律，可列出图中点画线封闭面的KCL方程为

$$i_A + i_4 - i_B = 0$$

则 $$i_A = -i_4 + i_B = (-3+2)\text{A} = -1\text{A}$$

图中节点a的KCL方程为

$$i_A - i_1 - i_3 = 0$$

则 $$i_3 = i_A - i_1 = (-1-5)\text{A} = -6\text{A}$$

图中节点c的KCL方程为

$$i_2 + i_3 - i_B = 0$$

则 $$i_2 = i_B - i_3 = [2-(-6)]\text{A} = 8\text{A}$$

在应用KCL分析电路时，实际使用了两套"+、-"符号：

1）在式(1-22) 或式(1-23) 中各项电流前面的符号，其正负由支路电流的参考方向确定。

2）每项电流本身数值的"+、-"符号，其正负取决于电流的实际方向与参考方向是否一致，一致取正号，反之取负号。

1.7.2 基尔霍夫电压定律

电荷在电场力的作用下，从一点转移到另一点时，它所具有能量的改变量只与这两点的位置有关，而与路径无关。也就是在电路中，任一时刻，从任一节点出发经过两个不同的路径到达另一个节点，两点间电位差相等，即电压相同。基尔霍夫电压定律正是电压与路径无关这一性质在电路中的体现。

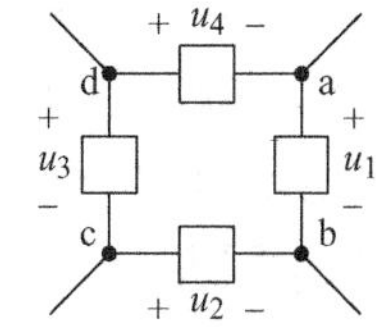

在图1-36所示的电路中，各支路电压参考方向如图所示。以回路abcda为例，顺着电场力方向做正功，相应的电压取正；逆着电场力方向做负功，相应的电压取负。从节点a出发经过回路abcda回到节点a，电场力对正电荷做的总功为零，即各部分电压代数和为零，表示为

图1-36 说明基尔霍夫电压定律的电路

$$u_1 - u_2 - u_3 + u_4 = 0 \tag{1-26}$$

通过上述分析，**基尔霍夫电压定律（KVL）**可以归纳为：在任何时刻沿电路中任一回路，组成该回路各段支路上的所有元件电压的代数和恒等于零。该定律是用来确定同一回路中各部分元件电压之间的关系，常简写为 KVL。其关系式表示为

$$\sum_{k=1}^{m} u_k = 0 \tag{1-27}$$

式中，u_k为回路中第 k 个元件的电压；m 为该回路的元件数。

在直流电路中，KVL 关系式通常表示为

$$\sum_{k=1}^{m} U_k = 0 \tag{1-28}$$

式(1-27) 或式(1-28) 称为 KVL（即基尔霍夫电压）方程，也称为回路的电压方程。先任意选择顺时针或逆时针作为回路的绕行方向，以便确定各元件电压前面的正、负号。也就是式中“代数和”的正负与选取的绕行方向有关。当元件由“+”极指向“-”极的电压参考方向与所选的回路的绕行方向一致时，该电压前面取“+”号；当电压的参考方向与回路绕行方向相反时，该电压前面取“-”号。取不同的绕行方向，最终计算的结果是相同的。注意，电压的参考方向是由“+”极指向“-”极。

以图 1-37 所示电路为例，列出相应回路的电压方程。在所选的回路内画一个环绕箭头，表示设定的回路绕行方向。图 1-37 中，在两个网孔中分别选择顺时针和逆时针作绕行方向。由基尔霍夫电压定律（KVL）得回路Ⅰ的电压方程为

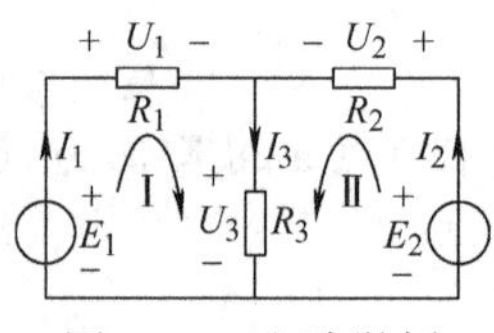

图 1-37 电路举例

$$U_1 + U_3 - E_1 = 0$$

回路Ⅱ的电压方程为

$$U_2 + U_3 - E_2 = 0$$

将电阻的伏安特性（VCR，即欧姆定律）分别代入上面两个电压方程并整理，得

$$I_1R_1 + I_3R_3 = E_1$$

$$I_2R_2 + I_3R_3 = E_2$$

由此可见，在直流电路中，基尔霍夫电压定律又可以表示为回路中电阻电压的代数和等于该回路中电源电动势的代数和，用公式表示为

$$\sum RI = \sum E \tag{1-29}$$

在建立回路的基尔霍夫电压（KVL）方程时，必须先设定电路各部分电流、电压或电动势的参考方向，并在图上明确标示出来，同一个电阻元件的电流、电压参考方向通常取关联方向，只需标注其中任意一个参考方向，另一个与它相关联的参考方向也就确定了，因此，在图中只标注其中任意一个参考方向就可以了。注意：电动势的参考方向是由负极指向正极。式(1-29) 中，若电动势的参考方向与所选定的回路绕行方向相同，则取“+”号；若相反，则取“-”号。若电流的参考方向与回路绕行方向相同，则该电流在电阻上所产生的电压降取“+”号；若相反，则取“-”号。

基尔霍夫电压定律不仅应用于闭合回路，也可以推广应用到没有闭合的开口电路，这种结构没有闭合的开口电路称为广义回路。如图 1-38 所示，根据式(1-29) 列出开口电路电压方程为

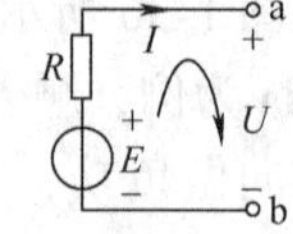

图 1-38 基尔霍夫电压定律的推广应用

$$E = RI + U$$

注意，在列开口部分电路的KVL电压方程时，不要遗漏了开口两端的电压。

例1-8　在图1-39所示电路中，$U_1 = 3\text{V}$，$U_2 = -4\text{V}$，$U_3 = 2\text{V}$。试求电压U_x、U_y以及U_{ab}。

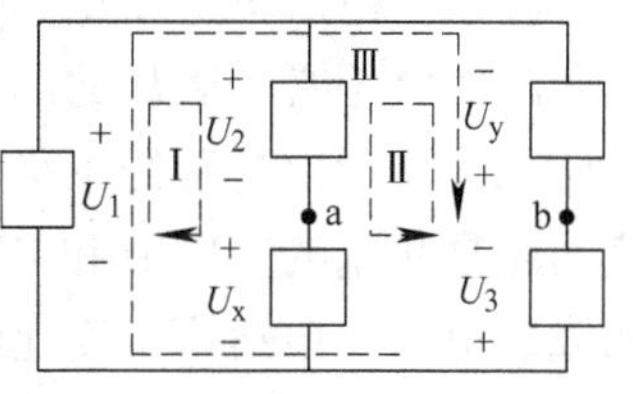

图1-39　例1-8的电路

解：先在图1-39所示的电路中，任意选择回路的绕行方向，并标注于图中（如图网孔Ⅰ、网孔Ⅱ、回路Ⅲ）。再根据式(1-28)列KVL电压方程。

对于网孔Ⅰ，KVL电压方程为

$$-U_1 + U_2 + U_x = 0$$

将各已知电压值代入该方程，得数值方程为

$$-3 + (-4) + U_x = 0$$

解得

$$U_x = 7\text{V}$$

对于网孔Ⅱ，KVL电压方程为

$$U_2 + U_x + U_3 + U_y = 0$$

将各已知电压值代入该方程，得数值方程为

$$(-4) + 7 + 2 + U_y = 0$$

解得

$$U_y = -5\text{V}$$

也可以对于回路Ⅲ列KVL电压方程，有

$$-U_1 - U_y - U_3 = 0$$

亦可解得

$$U_y = -U_1 - U_3 = (-3 - 2)\text{V} = -5\text{V}$$

a、b间没有构成闭合回路，也可以应用基尔霍夫电压定律列出KVL数值方程

$$U_2 + U_{ab} + U_y = 0$$

即

$$(-4) + U_{ab} + (-5) = 0$$

解得

$$U_{ab} = 9\text{V}$$

显然，KVL电压方程和KCL电流方程一样，也使用了两套“+、-”符号：

1）在基尔霍夫电压定律表达式(1-27)或式(1-28)中，各电压的参考方向与回路的绕行方向是否一致决定了“+、-”号。当电压的参考方向与绕行方向一致时取“+”号；反之，取“-”号。

2）每项电压本身数值的“+、-”符号，其正负取决于电压的实际方向与参考方向是否一致，一致取“+”号；反之，取“-”号。

因此，在应用基尔霍夫定律或欧姆定律分析电路时，不论是建立关于节点电流的KCL方程，还是建立关于回路电压的KVL方程，或者是建立元件的电压电流伏安关系的VCR方程，首先都要在电路图上标出电流、电压或电动势的参考方向，并指定有关回路的绕行方向。同一元件两端的电压和流过该元件的电流一般取关联参考方向。因为所列方程中各项前

的正负号是由它们的参考方向决定的，如果参考方向选得相反，则会相差一个负号，但最后计算的结果是相同的。

注意：KCL 规定了电路中任意节点的电流必须服从的约束关系，KVL 规定了电路中任意回路的电压必须服从的约束关系。这两个定律只与元件的相互连接方式有关，而与元件的性质无关，所以这种约束称为结构约束。不论元件是线性的还是非线性的，电流、电压是直流的还是交流的，KCL 和 KVL 总是成立的。即基尔霍夫两个定律适用于由各种不同元件所构成的电路，也适用于变化的电流和电压，它们具有普遍性。

【课堂限时习题】

1.7.1 在图 1-40 所示的电路中，已知 $I_1=5\text{A}$，$I_2=-1\text{A}$，$I_3=2\text{A}$，$I_4=-2\text{A}$，则电流 I_5 等于（ ）。

A）1A B）-6A C）4A D）2A

1.7.2 在图 1-41 所示的电路中，电压 U 等于（ ）。

A）13V B）-5V C）5V D）2V

1.7.3 在图 1-42 所示的电路中，电压 U 等于（ ）。

A）14V B）-6V C）6V D）12V

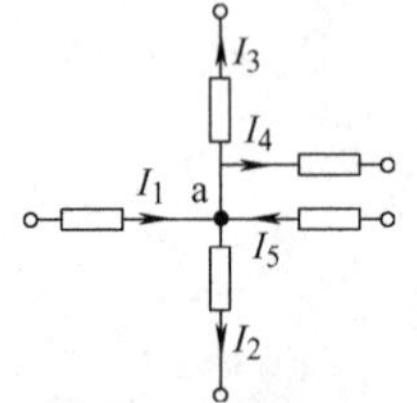

图 1-40 课堂限时习题 1.7.1 的电路

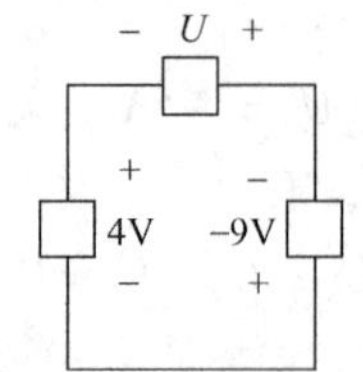

图 1-41 课堂限时习题 1.7.2 的电路

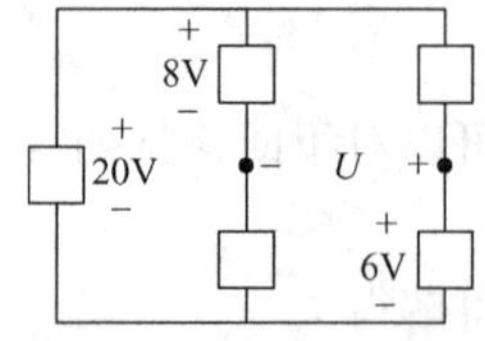

图 1-42 课堂限时习题 1.7.3 的电路

1.8 电路中电位的计算

在前面 1.2 节中，介绍了电位这个物理量，它是个与电压密切相关的概念。两点间的电压就是这两点的电位差。电压只能说明一点的电位高、另一点的电位低，以及两点的电位相差多少，而无法确定电路中某一点的电位究竟是多少。电路分析时，除了需要经常计算电路中的电压外，也会涉及电位的计算。特别是在电子电路中，通常用电位的高低来判断元件的工作状态。例如，当二极管的阳极电位高于阴极电位时，管子才能导通；晶体管基极电位与发射极电位的高低决定了它是否具有电流的放大作用等。

由于电路中任一点的电位就是该点与参考电位点间的电压，所以，在计算电路中各点电位时，必须先选择一个电位参考点并假定电压、电流的参考方向，然后根据欧姆定律和基尔霍夫定律来计算。下面通过几例来说明电路中各点电位的计算方法。

例 1-9 如图 1-43a 所示电路，（1）以 o 点为参考点；

（2）以 a 点为参考点；分别在这两种情况下求电路中各点的电位及电压 U_{bc}。

解：取顺时针为绕行方向，根据式(1-28)，得 KVL 数值方程为

$$(8+8+4)I=20\text{V}$$

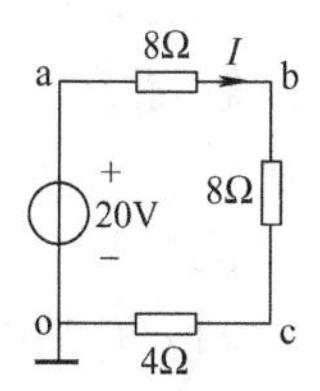

图 1-43 例 1-9 的电路

解得

$$I=\frac{20}{8+8+4}\text{A}=1\text{A}$$

(1) 以 o 点为参考点，即 $V_o=0$，则 $V_a=20\text{V}$

由式(1-4) 得 b、c 两点的电位分别为

$$V_b=U_{bo}=U_{bc}+U_{co}=(8+4)I=(8+4)\times1\text{V}=12\text{V}$$

$$V_c=U_{co}=4I=4\times1\text{V}=4\text{V}$$

由式(1-3) 得电压 U_{bc} 为

$$U_{bc}=V_b-V_c=(12-4)\text{V}=8\text{V}$$

(2) 以 a 点为参考点，即 $V_a=0$，则 $V_o=-20\text{V}$

同理，得 b、c 两点的电位分别为

$$V_b=U_{ba}=-8I=-8\times1\text{V}=-8\text{V}$$

$$V_c=U_{ca}=U_{cb}+U_{ba}=-(8+8)I=-16\times1\text{V}=-16\text{V}$$

则电压 U_{bc} 为

$$U_{bc}=V_b-V_c=[-8-(-16)]\text{V}=8\text{V}$$

由此可见，参考点选得不同，电路中各点的电位也不同，电位只与参考点的选择有关，而与路径无关。任意两点间的电压是不变的，与参考点的选择无关，作为两点间电位差的电压也与路径无关。

例 1-10 如图 1-44a 所示电路，求在开关 S 断开和闭合的两种情况下 a 点的电位。

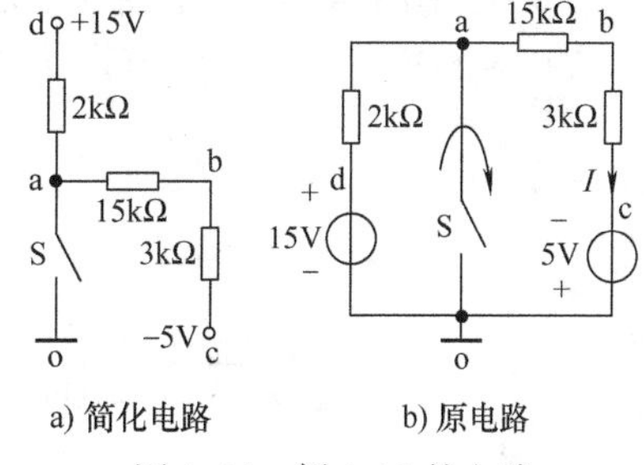

图 1-44 例 1-10 的电路

解：图 1-44a 所示电路是电子电路中的一种简化的习惯画法，即不画出电源符号，而改为标注电位的极性和数值。可将图 1-44a 改画为 1-44b 所示电路。

(1) 当开关 S 断开时，如图 1-44b 所示，取顺时针为绕行方向，对回路列 KVL 数值方程，得

$$(2+15+3)I=(5+15)\text{V}$$

解得

$$I=\frac{5+15}{2+15+3}\text{mA}=1\text{mA}$$

由式(1-4) 得 a 点电位为

$$V_a=U_{ao}=U_{ab}+U_{bc}+U_{co}=(15+3)\text{k}\Omega\times I-5\text{V}=(18\times1-5)\text{V}=13\text{V}$$

或者

$$V_a=U_{ao}=U_{ad}+U_{do}=-2I+15\text{V}=(-2\times1+15)\text{V}=13\text{V}$$

(2) 当开关 S 闭合时，a 点通过开关 S 直接与参考零电位点 o 相连，所以

$$V_a=0$$

例 1-11 如图 1-45 所示电路，已知 $E_1=6\text{V}$，$E_2=4\text{V}$，$R_1=4\Omega$，$R_2=R_3=2\Omega$。试求 a 点电位 V_a。

解：对左侧闭合回路 I 列 KVL 电压方程为

$$(R_1+R_2)I_1=E_1$$

解得

$$I_1=\frac{E_1}{R_1+R_2}=\frac{6}{4+2}\text{A}=1\text{A}$$

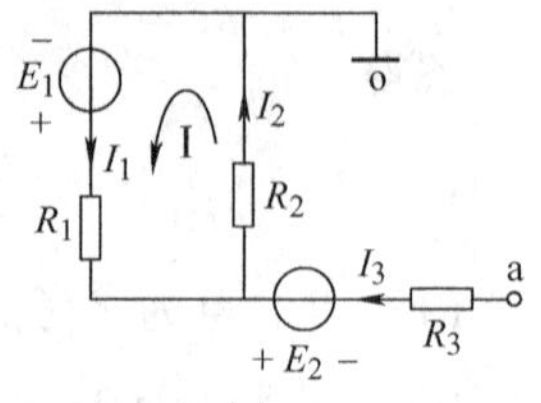

图 1-45 例 1-11 的电路

因为右侧电路没有构成回路，则

$$I_3=0$$

由式(1-4) 得 a 点的电位 V_a 为

$$V_a=U_{ao}=R_3I_3-E_2+R_2I_2=(0-4+2\times1)\text{V}=-2\text{V}$$

或者

$$V_a=U_{ao}=R_3I_3-E_2-R_1I_1+E_1=(0-4-4\times1+6)\text{V}=-2\text{V}$$

【课堂限时习题】

1.8.1 图 1-46 所示电路 a 点的电位 V_a 为（ ）。

A）0V B）4V C）6V D）10V

1.8.2 电路中的电位具有（ ）的特点。

A）与参考点有关、与路径有关

B）与参考点有关、与路径无关

C）与参考点无关、与路径无关

D）与参考点无关、与路径有关

1.8.3 图 1-47 所示电路 a 点的电位 V_a 为（ ）。

A）-25V B）+15V C）20V D）-5V

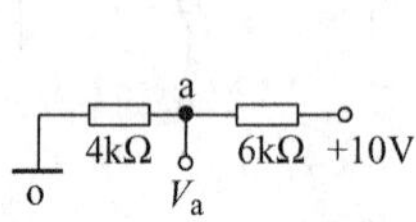

图1-46 课堂限时习题 1.8.1 的电路

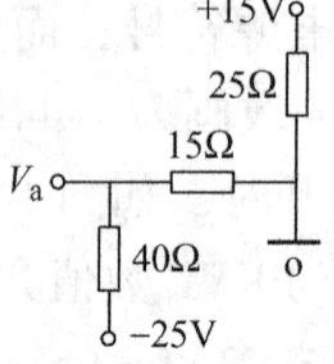

图 1-47 课堂限时习题 1.8.3 的电路

习题

【习题 1-1】 在图 1-48 所示电路中，计算各元件的功率，问哪个元件为电源？哪个元件为负载？哪个元件在吸收功率？哪个元件在产生功率？

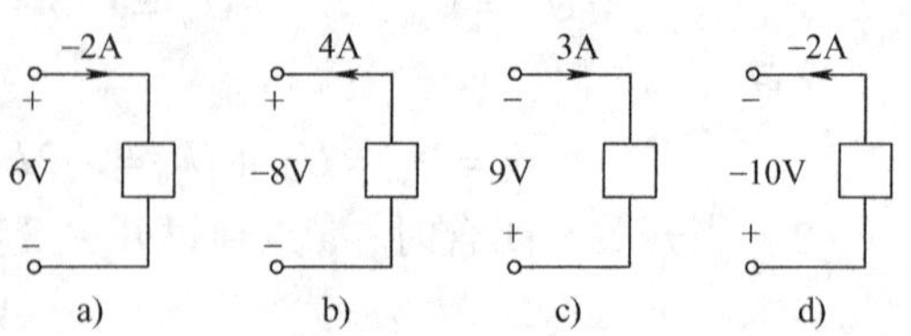

图 1-48 习题 1-1 的电路

【习题 1-2】 在图 1-49 中，3 个元件代表电源或负载，各元件电流、电压的参考方向如图所示，已知：$I_1=-8\text{A}$，$I_2=8\text{A}$，$I_3=8\text{A}$，$U_1=70\text{V}$，$U_2=-45\text{V}$，$U_3=25\text{V}$。要求：（1）标出各电流和各电压的实际方向（可另画一

图)；(2) 计算各元件的功率，并判断哪些元件是电源，哪些是负载；(3) 电源产生的功率和负载吸收的功率是否平衡？

【习题1-3】 如图1-50所示电路，关联方向下，如果已知 $P_1=-300W$，$P_2=40W$，$P_4=80W$，$P_5=50W$，计算元件3的功率，并判断它是吸收功率还是产生功率。

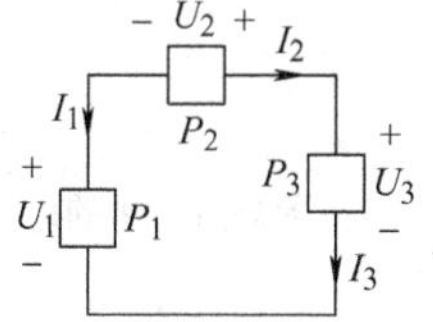

图1-49　习题1-2的电路

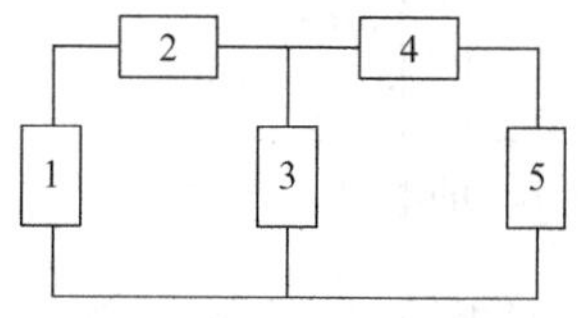

图1-50　习题1-3的电路

【习题1-4】 如图1-51所示，已知电阻 R 吸收的功率为8W，$I=-2A$。求电压 U 及电阻 R 的值。

【习题1-5】 有一个20Ω、5W的电阻，使用时电流、电压不得超过多少？

【习题1-6】 在图1-52所示电路中，标出电流、电压和电动势的实际方向，并判断A、B、C三点电位的高低。

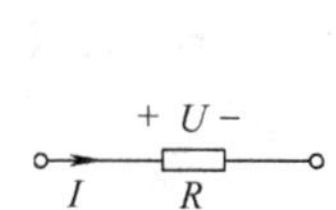

图1-51　习题1-4的电路

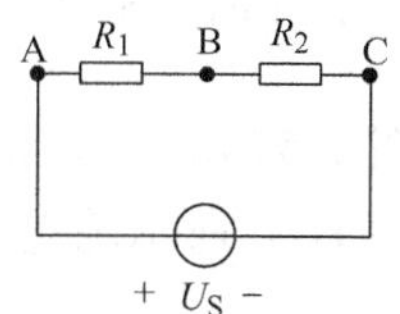

图1-52　习题1-6的电路

【习题1-7】 在图1-53所示的各电路中，分别计算各恒压源、恒流源及电阻的功率，并说明该元件是提供功率还是吸收功率。

【习题1-8】 在图1-54所示各电路中，若流过20Ω电阻的电流 i 均为1A，则图中受控电流源的电流值或受控电压源的电压值等于多少？

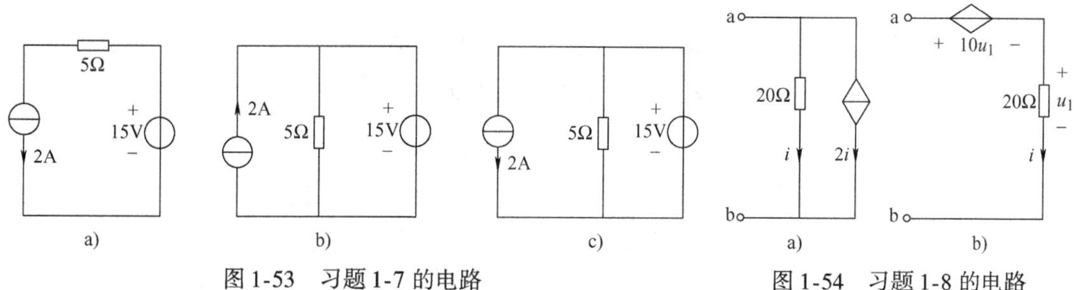

图1-53　习题1-7的电路　　图1-54　习题1-8的电路

【习题1-9】 在图1-55所示电路中，已知 $I_1=2A$，试求电流 I_2 和 I_3。

【习题1-10】 指出图1-56中两电路各有几个节点，几条支路，几个回路，几个网孔。

【习题1-11】 图1-57电路的节点a处，$I_1=4A$，$I_2=-1A$，$I_3=3A$，$I_4=6A$，各支路电流如图所示，试求电流 I_5。

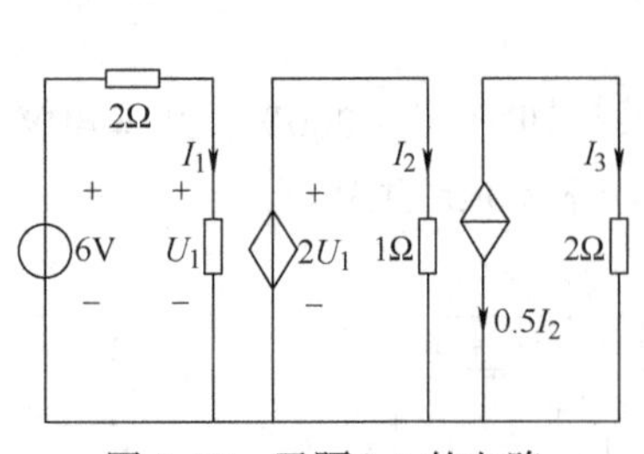

图 1-55 习题 1-9 的电路

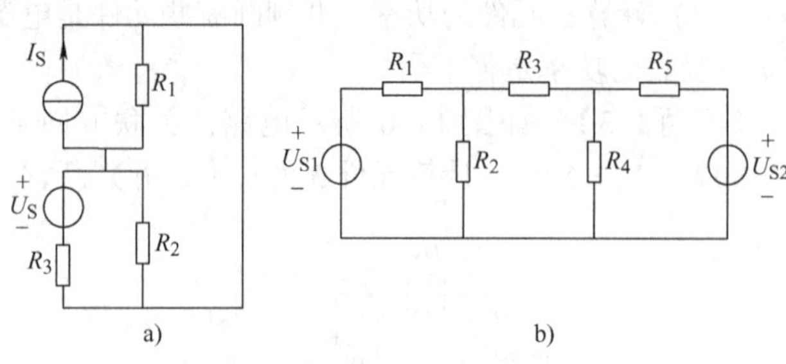

图 1-56 习题 1-10 的电路

【习题 1-12】 在图 1-58 所示的电路中，已知 $I_1=3A$，$I_2=6A$，$I_5=10A$，试求电流 I_3、I_4 和 I_6。

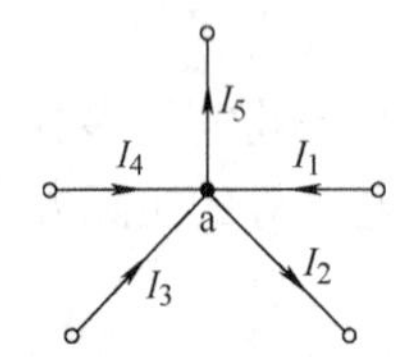

图 1-57 习题 1-11 的电路

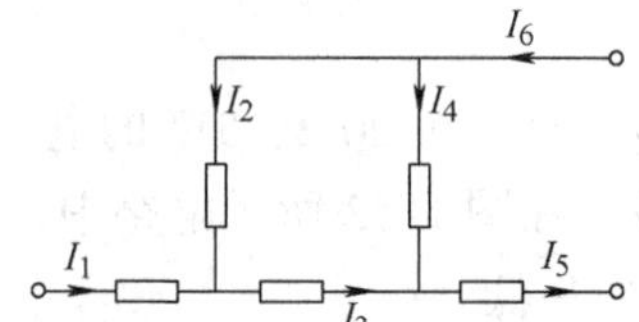

图 1-58 习题 1-12 的电路

【习题 1-13】 在图 1-59 所示的电路中，已知 $I_1=5A$，$I_2=9A$，$I_3=-8A$，试求 I_4。

【习题 1-14】 在图 1-60 所示的电路中，试求电压 U_1 和 U_2。

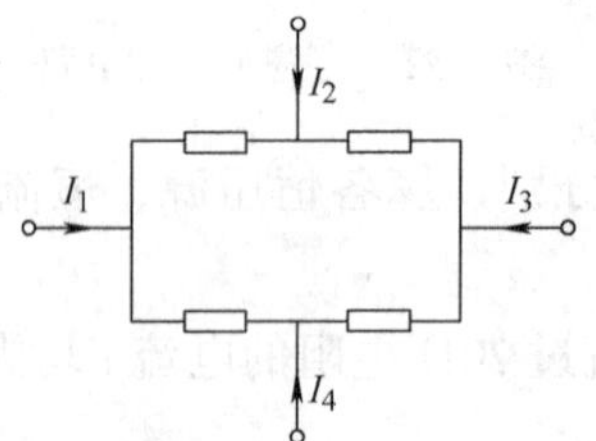

图 1-59 习题 1-13 的电路

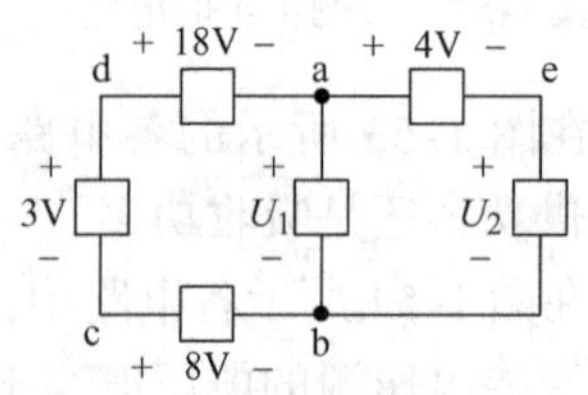

图 1-60 习题 1-14 的电路

【习题 1-15】 如图 1-61 所示电路，试求开关 S 闭合前及闭合后的电压 U_{ab} 和 U_{cd}。

【习题 1-16】 试求图 1-62 所示电路中的电流 I_1 和 I_2。

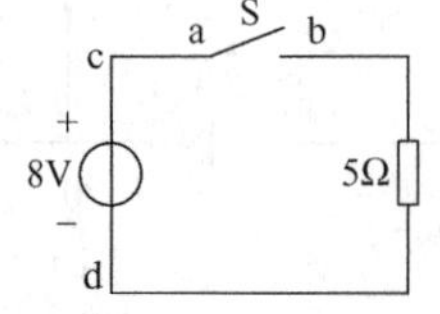

图 1-61 习题 1-15 的电路

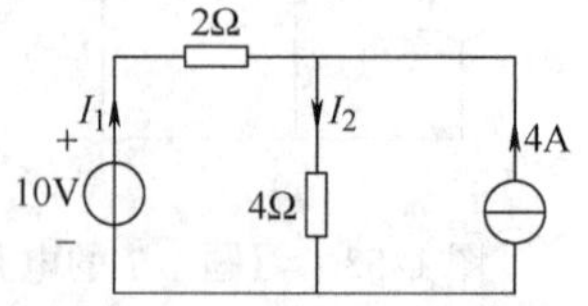

图 1-62 习题 1-16 的电路

【习题 1-17】 如图 1-63 所示电路，已知 $U_S=80V$，$R_1=6k\Omega$，$R_2=4k\Omega$。当：

（1）S 断开时

（2）S 闭合且 $R_3=0$ 时

分别求电路电压 U_2 和电流 I_2。

【习题1-18】　如图1-64所示，求开关S闭合时及S打开后的电压U_{ab}和电流I_1、I_2、I_3。

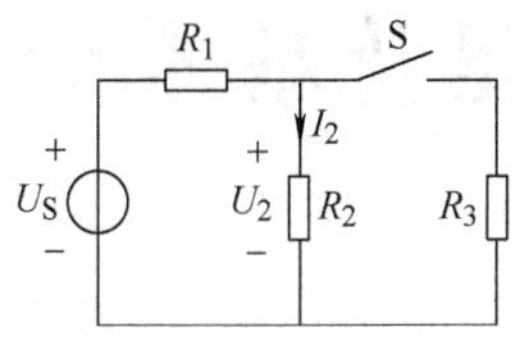

图1-63　习题1-17的电路

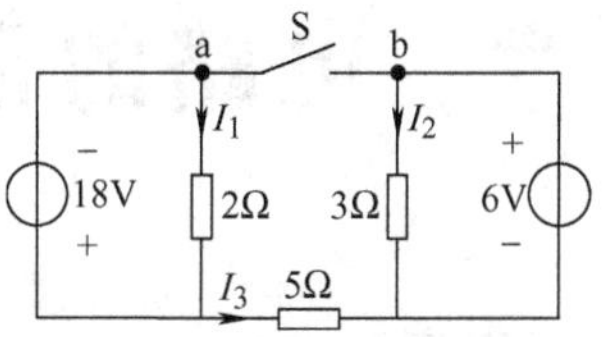

图1-64　习题1-18的电路

【习题1-19】　如图1-65所示电路，已知$U_{S1}=8V$，$U_{S2}=16V$，$R_1=2\Omega$，$R_2=3\Omega$，$I=2A$，试求a点电位V_a。

【习题1-20】　如图1-66所示电路，试求在开关S断开和闭合两种情况下a点的电位。

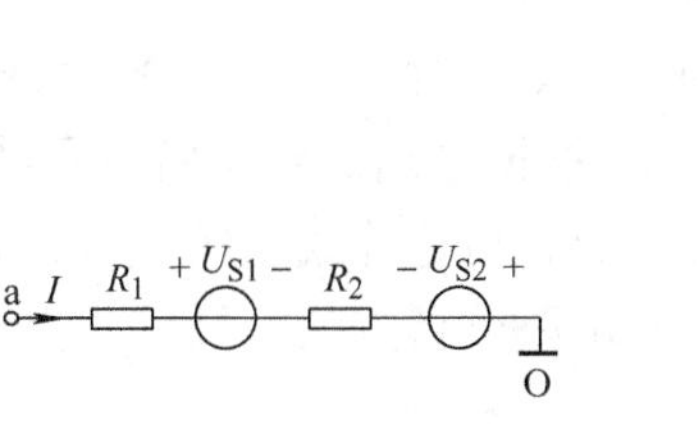

图1-65　习题1-19的电路

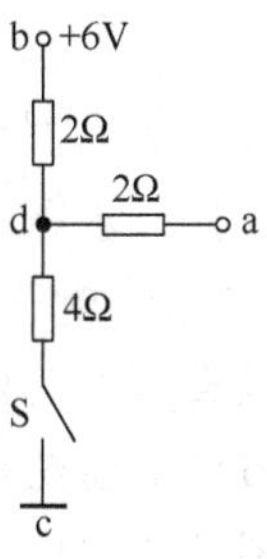

图1-66　习题1-20的电路

【习题1-21】　在图1-67所示的电路中求a点的电位V_a。

【习题1-22】　试求图1-68所示电路中a点的电位V_a。

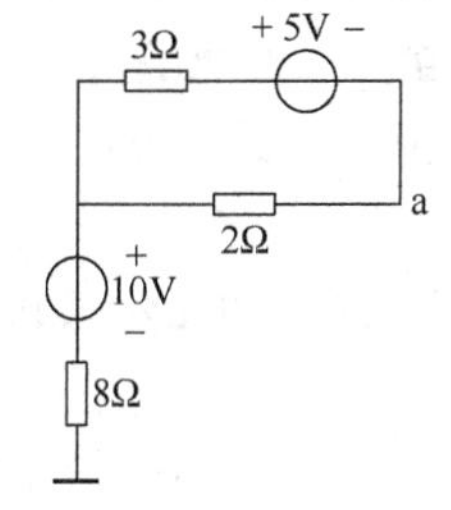

图1-67　习题1-21的电路

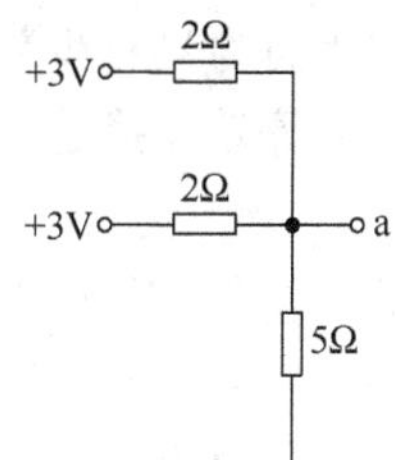

图1-68　习题1-22的电路

第 2 章　电路的常用定理及基本分析方法

【章前预习提要】

(1) 建立等效变换的概念；掌握电阻、独立电源的等效变换方法。

(2) 理解等效电源定理和叠加定理。

(3) 学习支路电流法、节点电压法等常用的线性电路的基本分析法。

(4) 了解受控源电路的分析计算。

分析电路的基本方法是根据元件的伏安特性（VCR）和基尔霍夫定律（KCL、KVL）列写关于电压、电流的方程并求解，但当电路结构比较复杂时，计算就较为烦琐。因此，要在 KCL、KVL 及 VCR 这电路分析三大支柱的基础上，根据电路的结构特点寻找分析电路的简便方法。在本章中，以直流稳态电阻电路为研究对象，讨论等效变换、等效电源定理、叠加定理、支路电流法、节点电压法等几种常用的基本电路分析方法。最后对含受控源的电路以及非线性电阻电路的图解法也做了简单的介绍。

2.1　等效变换

等效变换是电路分析中非常重要的思想，应用**等效**(Equivalent）的概念，可以把多个元件组成的复杂电路等效化简为只有少数几个元件、甚至是一个元件组成的简单电路，从而使电路分析计算得到简化。等效变换是电路分析中应用相当广泛的方法，在电路理论中有着相当重要的地位。

具有两个端子的部分电路，称为**二端网络**，或称为**二端子电路**，如图 2-1a 所示。在集总电路中根据 KCL，若流入二端网络一个端子的电流等于流出另一端子的电流，这样的两个端子构成了一个“端口”，因此二端网络又称为**一端口网络**，或称为**单端口电路**，如图 2-1b 所示，通常也可用图 2-1a 表示一端口网络。一端口网络两个端子间的电压 u 和流经端子的电流 i 分别称为**端口电压**和**端口电流**，它们之间的关系称为端口的伏安特性，简称端口特性，用 $u=f(i)$ 或 $i=f(u)$ 来表示。若一端口网络仅由无源元件构成，则称为**无源一端口网络**；若一端口网络内部含有独立电源，则称为**有源一端口网络**，或称为含源一端口网络。

内部元件的种类、参数及电路结构不相同的两个一端口网络 A 和 B，若它们具有相同的端口伏安特性，即 $i=i_1$、$u=u_1$，则称这两个一端口网络 A 与 B 是相互等效的，如图 2-2 所示。当用 A 代替 B 时，将不会改变 B 所在电路外部的电流或电压。反之，用 B 代替 A 亦成立。这种先用一种网络代替另一种相等效的网络，再对网络进行分析计算的方法称为电路的**等效变换**。等效的本质是两个一端口网络的端口伏安特性曲线相同。尽管这两个网络可以具有完全不同的结构，但对外电路来说却具有相同的影响，就是说满足同一伏安约束关系的网络不是唯一的。用简单网络等效代替复杂网络，可以简化电路的分析计算过程。

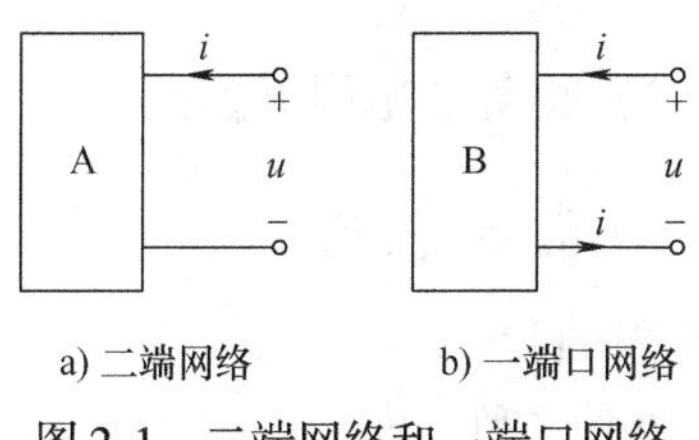

图 2-1　二端网络和一端口网络

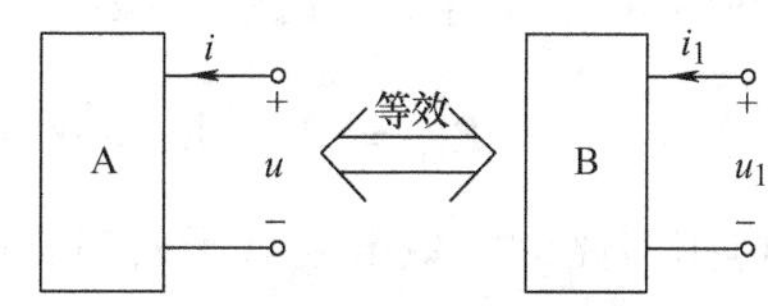

图 2-2　一端口网络的等效

需要注意的是，等效仅对网络的外部电路而言。等效电路只能用来计算端口及端口外部电路的电流和电压。

以图 2-3a 所示的电路为例，若计算 a、b 两端左侧支路中的电流 I，可将 a、b 两端右侧 5 个电阻连接而成的部分电路 A 用一个如图 2-3b 所示的部分电路 B（即 4Ω 的电阻）等效代替。两个电路的伏安特性相同，都为 $U=4I$。在图 2-3b 中计算的电流 I 与图 2-3a 中的电流 I 相等。

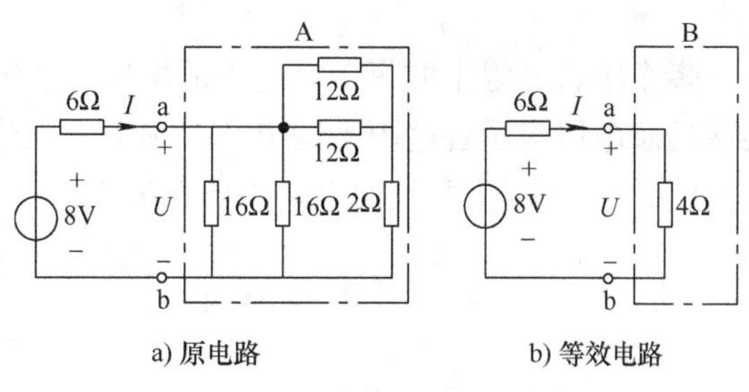

图 2-3　电路等效变换的实例

2.1.1　电阻的等效变换

电路中电阻元件的连接形式多种多样，其中最简单、最常用的连接就是电阻的串联和并联。利用等效变换的方法，可以将任意多个电阻连接而成的复杂电路，等效变换为一个具有某个阻值的电阻。

1. 电阻的串联

由若干个电阻依次首尾连接成一个无分支的一端口网络，各电阻中流过同样的电流，这种连接方式称为电阻的串联。通过等效变换的方法可以将 n 个电阻串联的一端口网络 A 等效为一个电阻的一端口网络 B，如图 2-4 所示。图 2-4a、b 两个电路互相等效，等效的条件是端口在同一电压 u 的作用下，电流 i 保持不变，即它们的伏安特性相同。

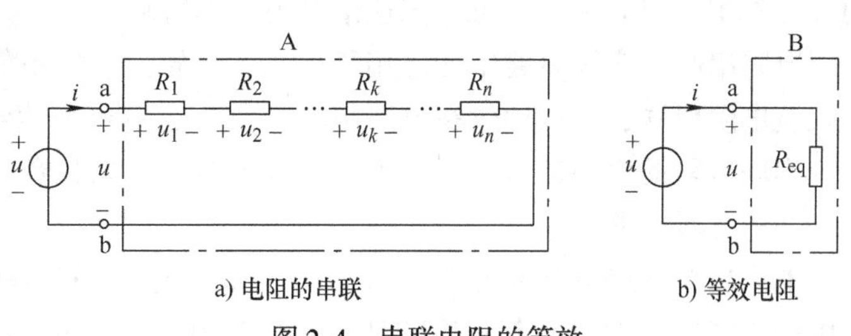

图 2-4　串联电阻的等效

对于图 2-4a 所示的 n 个电阻串联电路，根据基尔霍夫电压定律（KVL），有

$$u=u_1+u_2+\cdots+u_k+\cdots+u_n$$

根据电阻元件的伏安特性（VCR，即欧姆定律），得图 2-4a 所示一端口网络 A 中 a、b 两端的电压为

$$u=R_1i+R_2i+\cdots+R_ki+\cdots+R_ni=(R_1+R_2+\cdots+R_k+\cdots+R_n)i \tag{2-1}$$

在图 2-4b 所示电路中，一端口网络 B 的 a、b 两端电压为

$$u = R_{eq} i \tag{2-2}$$

一端口网络 A 与 B 等效，比较式(2-1) 和式(2-2) 得等效电阻 R_{eq}为

$$R_{eq} = R_1 + R_2 + \cdots + R_k + \cdots + R_n = \sum_{k=1}^{n} R_k \tag{2-3}$$

所以，串联电阻电路的等效电阻等于所串联的所有电阻的和。

等效电阻 R_{eq}所消耗的功率等于各串联电阻消耗功率之和，即

$$P = P_1 + P_2 + \cdots + P_k + \cdots + P_n = \sum_{k=1}^{n} P_k \tag{2-4}$$

多个串联电阻中的每一个电阻的电压对总电压具有分压的特性。用已知的串联电阻电路两端的总电压表示各电阻上的电压，称为串联分压公式。

图 2-4a 所示串联电阻电路中的电流为

$$i = \frac{u}{R_1 + R_2 + \cdots + R_k + \cdots + R_n} = \frac{u}{\sum_{k=1}^{n} R_k} = \frac{u}{R_{eq}}$$

则串联电阻中第 k 个电阻 R_k 上的分压公式为

$$u_k = R_k i = \frac{R_k}{R_{eq}} u \tag{2-5}$$

若只有两个电阻串联，分压公式为

$$u_1 = \frac{R_1}{R_1 + R_2} u \qquad u_2 = \frac{R_2}{R_1 + R_2} u$$

电阻串联电路中，各电阻上的电压与该电阻值成正比，电阻值越大，分得的电压就越大。因此串联电阻电路可用作分压电路，在实际电路中对电压的大小加以控制。当其中某个电阻比其他电阻小很多时，在它两端的电压也比其他电阻上的电压低很多，因此，这个电阻的分压作用常忽略不计，可以把这个电阻看作短路。

电阻串联在实际电路中的应用很广泛。例如为了限制负载中过大的电流，常将负载与一个限流电阻串联；可以通过在电路中串联一个变阻器来达到调节电路中电流的目的；另外，改变串联电阻的大小还可以得到不同的输出电压。如收音机、电视机的音量控制等都用到串联电阻的分压电路。

电风扇调速的电路原理图如图 2-5 所示。通过调节串联接入电路的电阻的大小，改变电路中的电流，从而改变电动机的功率，以达到控制电风扇转速的目的。当调速开关与“低速”连接时，三个串联电阻接入电路中，电阻值最大，电流最小，电动机的功率也最小，转速最慢。而当调速开关与“高速”连接时，电路中电阻最小，电流最大，电动机的功率也最大，转速最快。

例 2-1 今有一个满刻度偏转电流为 50μA、内阻 R_g 为 2kΩ 的表头，如图 2-6 所示，若要改装为能测量 10V 量程的直流电压表，则串联的分压电阻 R_k 应取多大?

解：本题为表头与外接电阻串联以扩大电压量程，按给定的条件求外接电阻的阻值。要改装成 10V 量程的直流电压表，即当电压表两端加 10V 电压时，表头指针刚好满偏。

根据基尔霍夫电压定律（KVL），有

$$U = U_g + U_k = IR_g + IR_k$$

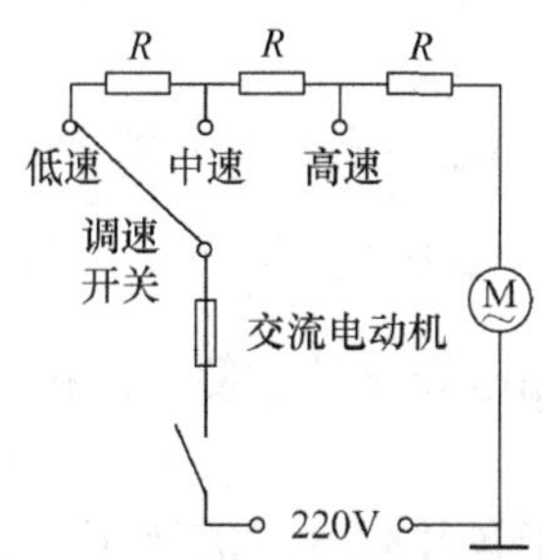

图 2-5 电风扇调速的电路原理图

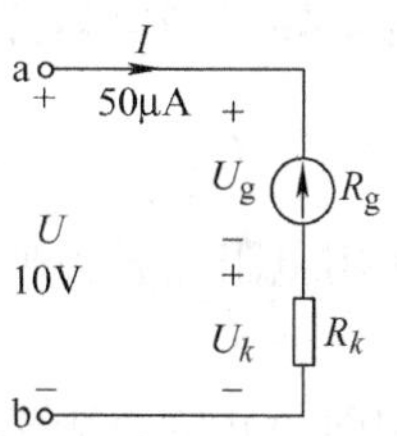

图 2-6 例 2-1 的电路

数值方程为

$$10 = (50 \times 10^{-6}) \times (2 \times 10^3 + R_k)$$

解得

$$R_k = 198\text{k}\Omega$$

即串联一个 198kΩ 的分压电阻，就可以将电压表的量程扩大为 10V。

2. 电阻的并联

由若干个电阻两端分别连接在一起构成一个一端口网络，各电阻两端的电压相同，这种连接方式称为电阻的并联。通过等效变换的方法可以将 n 个电阻并联的一端口网络 A 等效为一个电阻的一端口网络 B，如图 2-7 所示。图 2-7a、b 两个电路互相等效，它们的伏安特性相同。

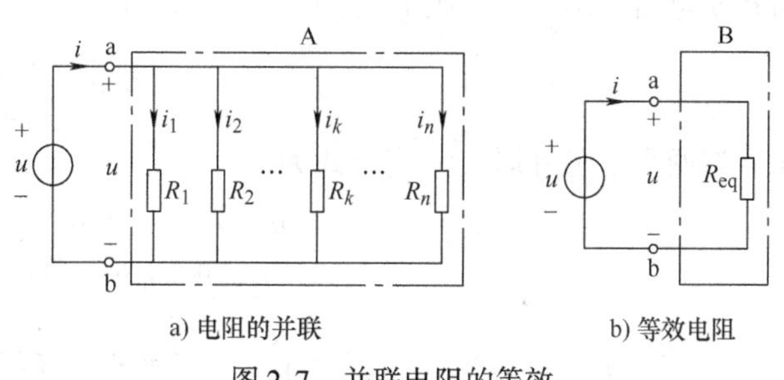

a) 电阻的并联　　b) 等效电阻

图 2-7 并联电阻的等效

对于图 2-7a 所示的 n 个电阻并联电路，根据基尔霍夫电流定律（KCL），有

$$i = i_1 + i_2 + \cdots + i_k + \cdots + i_n$$

根据电阻元件的伏安特性（VCR，即欧姆定律），得图 2-7a 一端口网络 A 中的端口电流为

$$i = \frac{u}{R_1} + \frac{u}{R_2} + \cdots + \frac{u}{R_k} + \cdots + \frac{u}{R_n} = \left(\frac{1}{R_1} + \frac{1}{R_2} + \cdots + \frac{1}{R_k} + \cdots + \frac{1}{R_n}\right)u \tag{2-6}$$

在图 2-7b 所示的电路中，一端口网络 B 的端口电流为

$$i = \frac{1}{R_{eq}}u \tag{2-7}$$

一端口网络 A 与 B 等效，比较式(2-6) 和式(2-7) 得等效电阻 R_{eq}满足

$$\frac{1}{R_{eq}} = \frac{1}{R_1} + \frac{1}{R_2} + \cdots + \frac{1}{R_k} + \cdots + \frac{1}{R_n} = \sum_{k=1}^{n} \frac{1}{R_k} \tag{2-8}$$

所以，并联电阻电路的等效电阻的倒数等于并联的所有电阻的倒数的和。

当有两个电阻并联时，可用 $R_1 /\!/ R_2$ 表示，等效电阻 R_{eq}为

$$R_{eq}=R_1//R_2=\frac{R_1R_2}{R_1+R_2}$$

电阻的倒数为电导，则电阻并联电路的等效电导 G_{eq} 等于并联的各个电导之和，即

$$G_{eq}=G_1+G_2+\cdots+G_k+\cdots+G_n=\sum_{k=1}^{n}G_k \tag{2-9}$$

在串联电路中用电阻比较方便，在并联电路中用电导比较方便。而在工程中一般习惯用电阻。

与串联电阻相同，并联电阻消耗的总功率也等于各并联电阻消耗功率之和，即

$$P=P_1+P_2+\cdots+P_k+\cdots+P_n=\sum_{k=1}^{n}P_k$$

多个并联电阻中的每一个电阻所在支路的电流对端口的总电流具有分流特性。用已知并联电阻电路的总电流表示各电阻支路中的电流，称为并联**分流公式**。

图 2-7a 所示并联电阻电路两端中的电压为

$$u=\frac{i}{G_1+G_2+\cdots+G_k+\cdots+G_n}=\frac{i}{\sum_{k=1}^{n}G_k}=\frac{i}{G_{eq}}$$

则并联电阻中第 k 个电阻 R_k 上的分流公式为

$$i_k=G_ku=\frac{G_k}{G_{eq}}i \tag{2-10}$$

若只有两个电阻并联，分流公式为

$$\left.\begin{aligned}i_1&=\frac{u}{R_1}=\frac{R_{eq}i}{R_1}=\frac{R_2}{R_1+R_2}i=\frac{G_1}{G_1+G_2}i\\ i_2&=\frac{u}{R_2}=\frac{R_{eq}i}{R_2}=\frac{R_1}{R_1+R_2}i=\frac{G_2}{G_1+G_2}i\end{aligned}\right\} \tag{2-11}$$

并联电路也有广泛的应用。当用电压表测量电路中某两点间的电压时，需将电压表并联在所要测量的两点间。一般情况下，工厂里的动力负载、家用电器和照明电器等负载都以并联的方式连接在电网上，它们承受相同的电压，以保证负载在额定电压下正常工作，任何一个负载的工作情况基本上不受其他负载的影响。

汽车照明系统的电路原理图如图 2-8 所示。照明灯（包括尾灯和近光灯）、远光灯以及制动灯相当于电阻并联电路，彼此独立。当照明开关合上时，作为照明灯的尾灯和近光灯都会打开；当照明开关和远光灯开关都闭合时，远光灯才会打开；只要驾驶人踩下制动踏板，即合上制动灯开关时，制动灯就亮。如果其中任何一盏灯烧掉（开路），其他各灯都不会受到影响。

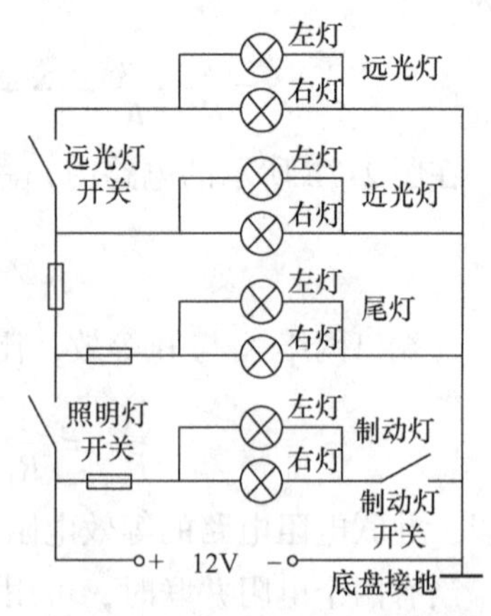

图 2-8 汽车照明系统的电路原理图

例 2-2 常利用并联分流电阻使电流表满足多量程的要求。图 2-9 是一个两量程的电流表电路，表头内阻 $R_g=2.0\Omega$，满量程时表头电流为 $I_g=37.5\mu A$。求当电流表量程为 0 ~ 50μA（位置 1）和 0 ~ 500μA（位置 2）时，分流电阻 R_1、R_2 的值。

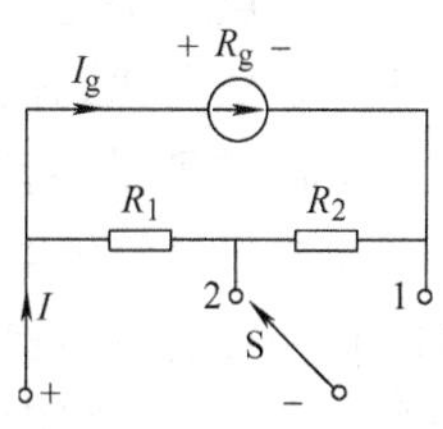

图2-9 例2-2的电路

解：当开关S在位置“1”时，量程为0～50μA，这时，(R_1 + R_2) 与 R_g 并联分流，由式(2-11) 得

$$I_g = \frac{R_1 + R_2}{R_g + R_1 + R_2} I$$

代入数值得

$$37.5\mu A = 50\mu A \times \frac{R_1 + R_2}{2.0\Omega + R_1 + R_2}$$

当开关S在位置“2”时，量程为0～500μA，这时 R_1 与 (R_g + R_2) 并联分流，同理，由式(2-11) 得

$$I_g = \frac{R_1}{R_g + R_1 + R_2} I$$

代入数值得

$$37.5\mu A = 500\mu A \times \frac{R_1}{2.0\Omega + R_1 + R_2}$$

联解两个方程，得

$$R_1 = 0.6\Omega \qquad R_2 = 5.4\Omega$$

3. 电阻的串并联（混联）

当电阻的连接中既有串联又有并联时，称为电阻串并联，或简称混联。

电阻的串并联在实际工作中应用很广，形式多种多样。它的串联部分具有串联电阻电路的特点，并联部分具有并联电阻电路的特点。关键是要准确判断电阻的连接是串联还是并联，再用串、并联电阻电路的分析方法进行计算。在判别电阻电路的连接方式时要注意以下几点：

1）由电路的结构特点确定电阻的串、并联。若电阻是首尾相连就是串联；若电阻是两端分别相连就是并联。

2）由电压、电流关系特点确定电阻的串、并联。流经同一个电流的电阻就是串联；承受同一个电压的电阻就是并联。

3）对电路结构做适当的等效变形调整，使电阻的串联或并联连接清晰直观。

4）电路中的短路线可以任意压缩或伸长；多点接地可以用短路线相连。

5）注意区分哪些电阻是短接的或是开路的。

6）对于结构具有对称特点的电路，找出等电位点，可以用短路线将等电位点相连，也可以断开电流为零的支路。

通过等效简化电路结构，从而得到清晰的电阻串并联关系。

例2-3 如图2-10所示的混联电路，试求a、b端的等效电阻 R_{ab}。

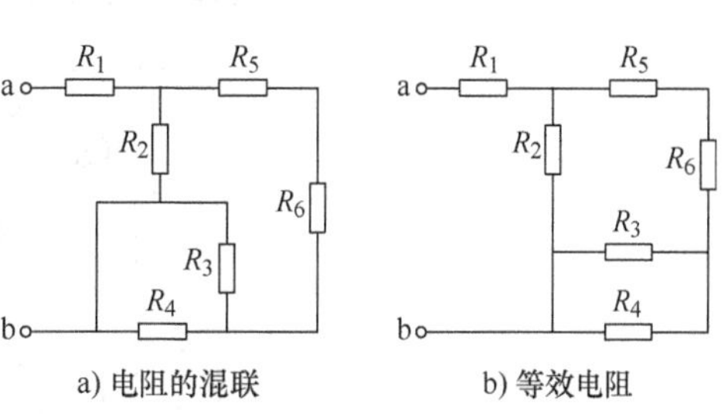

图2-10 例2-3的电路

解：观察电路的连接方式可知，R_3 与 R_4 并联后与 R_5、R_6 串联，再与 R_2 并联，最后与 R_1 串联。这六个混联电阻等效成电阻 R_{ab} 表示为

$$R_{ab} = R_1 + R_2 /\!/ [(R_3 /\!/ R_4) + R_5 + R_6]$$

在对称电路中处于对称位置的点通常是自

然等电位点。于是可利用自然等电位点的性质，或将这些对称点短接，或将连于对称点的支路断开，从而达到化简电路的目的。

＊4. 电阻的星形联结（Y联结）与三角形联结（△联结）

在分析计算电路时，将串联或并联的电阻简化为等效电阻最为简便。但是当遇到如图2-11所示的电阻电路时，其结构较为复杂，就无法直接用简单的电阻串、并联来等效化简了。

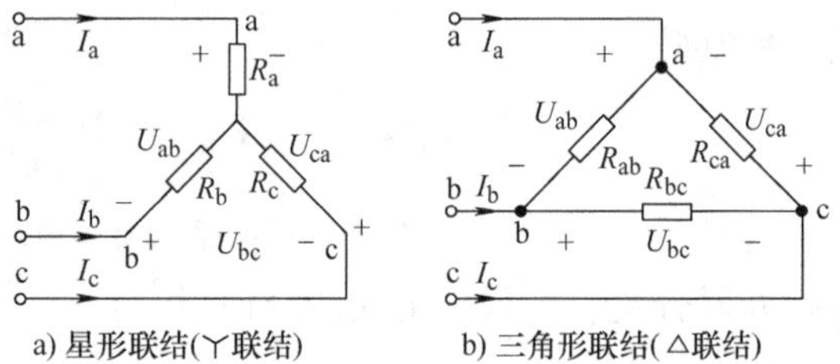

图2-11 电阻的星形联结和三角形联结

如果三个电阻的一端连接在一个电路节点，另一端分别连接于三个不同的电路端子上，这种连接方式称为电阻的**星形联结**（Star-Connection），简称Y联结，如图2-11a所示。如果三个电阻依次首尾相接，形成一个三角形闭环，由三个连接点分别引出三个接线端子，这种连接方式称为电阻的**三角形联结**（Delta-Connection），简称△联结，如图2-11b所示。星形联结和三角形联结都是通过三个节点与外部电路相连。如果在它们的对应端子之间具有相同的电压，而流入对应端子的电流也分别相等，这两种连接方式的电阻电路相互“等效”，即它们可以等效变换。如果将星形（Y）联结和三角形（△）联结的电阻相互等效变换，就可以转换成电阻的串、并联，达到等效化简的目的。

如图2-11a、b所示，Y联结的电阻与△联结的电阻等效变换的条件是：对应端子（如a、b、c）流入或流出的电流（如I_a、I_b、I_c）一一相等，对应端子间的电压（如U_{ab}、U_{bc}、U_{ca}）也一一相等。也就是经过等效变换后，不影响电路其他部分的电压和电流。当满足上述等效条件后，在Y联结和△联结两种接法中，对应的任意两端间的等效电阻也必然相等。

设当c端开路时，a、b两端间的等效电阻在Y和△两种接法中也相等，即

$$R_a + R_b = R_{ab} // (R_{bc} + R_{ca}) = \frac{R_{ab}(R_{bc} + R_{ca})}{R_{ab} + R_{bc} + R_{ca}} \tag{2-12}$$

当a端开路时，b、c两端间的等效电阻在Y和△两种接法中也相等，有

$$R_b + R_c = R_{bc} // (R_{ca} + R_{ab}) = \frac{R_{bc}(R_{ca} + R_{ab})}{R_{ab} + R_{bc} + R_{ca}} \tag{2-13}$$

当b端开路时，c、a两端间的等效电阻在Y和△两种接法中也必然相等，有

$$R_c + R_a = R_{ca} // (R_{ab} + R_{bc}) = \frac{R_{ca}(R_{ab} + R_{bc})}{R_{ab} + R_{bc} + R_{ca}} \tag{2-14}$$

联立求解式(2-12)、式(2-13)及式(2-14)三式，可得

1）将Y联结等效变换为△联结，即已知Y联结电路中的三个电阻R_a、R_b和R_c，通过变换公式求出△联结电路的三个电阻R_{ab}、R_{bc}和R_{ca}，有

$$\begin{cases} R_{ab} = \dfrac{R_aR_b + R_bR_c + R_cR_a}{R_c} \\ R_{bc} = \dfrac{R_aR_b + R_bR_c + R_cR_a}{R_a} \\ R_{ca} = \dfrac{R_aR_b + R_bR_c + R_cR_a}{R_b} \end{cases} \tag{2-15}$$

2）将△联结等效变换为Y联结，即已知△联结电路中的三个电阻 R_{ab}、R_{bc} 和 R_{ca}，通过变换公式求出Y电路的三个电阻 R_a、R_b 和 R_c，有

$$\begin{cases} R_a = \dfrac{R_{ab}R_{ca}}{R_{ab}+R_{bc}+R_{ca}} \\ R_b = \dfrac{R_{bc}R_{ab}}{R_{ab}+R_{bc}+R_{ca}} \\ R_c = \dfrac{R_{ca}R_{bc}}{R_{ab}+R_{bc}+R_{ca}} \end{cases} \tag{2-16}$$

以上等效变换公式可归纳为

$$\triangle\text{联结的电阻} = \frac{\text{Y联结的电阻两两乘积之和}}{\text{Y联结的不相邻电阻}}$$

$$\text{Y联结的电阻} = \frac{\triangle\text{联结的相邻电阻的乘积}}{\triangle\text{联结的电阻之和}}$$

若Y联结中三个电阻对称相等，即 $R_a = R_b = R_c = R_Y$，则△联结中三个电阻也对称相等，它们之间的关系为

$$R_{ab} = R_{bc} = R_{ca} = R_{\triangle} = 3R_Y$$

或

$$R_Y = \frac{1}{3}R_{\triangle}$$

Y联结也常称为 T 形联结，△联结也常称为 Π 形联结，如图 2-12 所示。

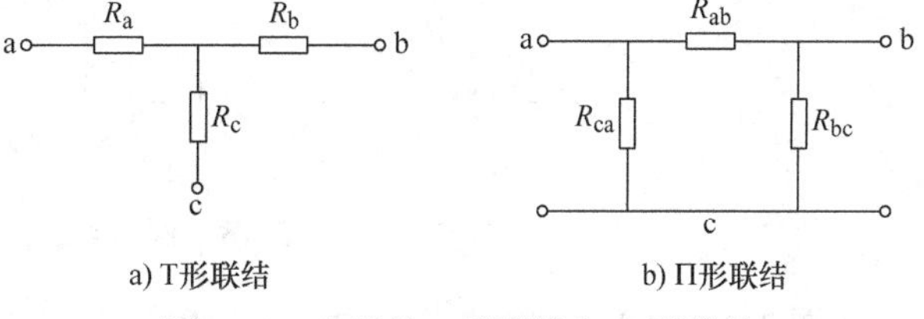

a) T形联结　b) Π形联结

图 2-12　电阻的 T 形联结和 Π 形联结

例 2-4　求图 2-13a 所示电阻电路的等效总电阻 R_{12}。

解：将节点①、③、④内的△电路用等效Y电路替代，得到图 2-13b 所示电路，根据式(2-16) 得

$$R_2 = \frac{14\times21}{14+14+21}\Omega = 6\Omega \qquad R_3 = \frac{14\times14}{14+14+21}\Omega = 4\Omega \qquad R_4 = \frac{14\times21}{14+14+21}\Omega = 6\Omega$$

然后用电阻的串、并联等效，依次得到如图 2-13c、d、e 所示电路，从而求得总电阻 R_{12} 为

$$R_{12} = 15\Omega$$

另一种解法是以节点③为Y联结的内部公共节点，将节点①、③、⑤内的Y电路用等效△电路替代，根据式(2-15) 可得到图 2-13f 所示电路，然后用电阻的串、并联等效，依次得到如图 2-13g、h、i、j 所示电路，同样可求得总电阻 R_{12} 为

$$R_{12} = 15\Omega$$

例 2-5　求图 2-14a 所示电路的电流 I 和 I_1。

解：图 2-14a 所示的电路中的五个电阻既非串联，又非并联，如果将右侧 a、b、c 三端子间连成三角形的三个电阻等效变换为星形联结的另外三个电阻，那么，电路的结构形式就变为如图 2-14b 所示。显然，该电路中五个电阻是明显的串、并联，可以等效成图 2-14c 所示的混联电路，这样就很容易计算出电流 I 和 I_1 了。

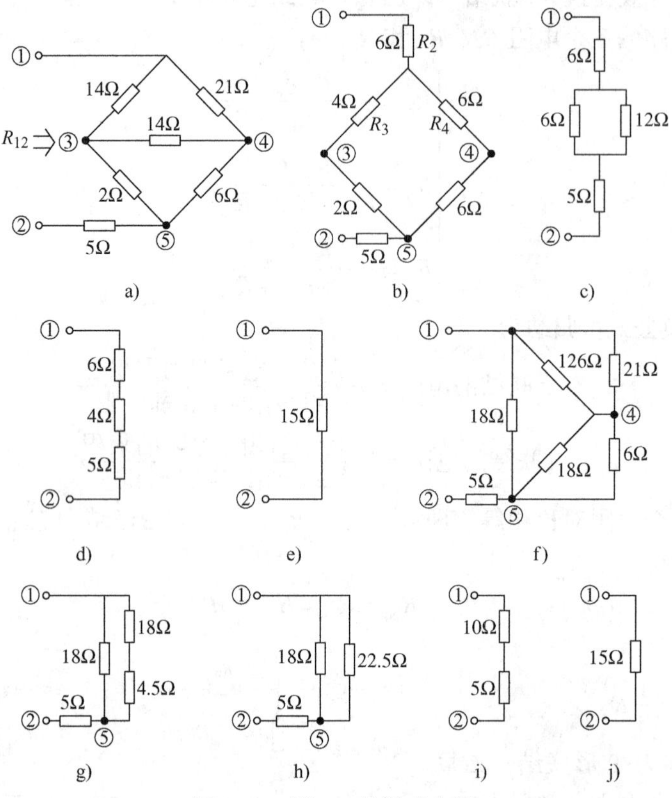

a) b) c) d) e) f) g) h) i) j)

图 2-13 例 2-4 的桥式电路

在图 2-14a 中，将三节点 a、b、c 间以三角形方式联结的三个电阻等效变换为星形联结的 R_a、R_b 和 R_c，如图 2-14b 所示。根据式(2-16) 得

$$R_a = \frac{4\times 8}{4+4+8}\Omega = 2\Omega \qquad R_b = \frac{4\times 4}{4+4+8}\Omega = 1\Omega \qquad R_c = \frac{8\times 4}{4+4+8}\Omega = 2\Omega$$

将图 2-14b 化简为图 2-14c 所示的混联电路，其中

$$R_{dao} = (4+2)\Omega = 6\Omega \qquad R_{dbo} = (5+1)\Omega = 6\Omega$$

在图 2-14c 中，得

$$I = \frac{12}{\frac{6\times 6}{6+6}+2}\text{A} = 2.4\text{A} \qquad I_1 = \frac{1}{2}\times 2.4\text{A} = 1.2\text{A}$$

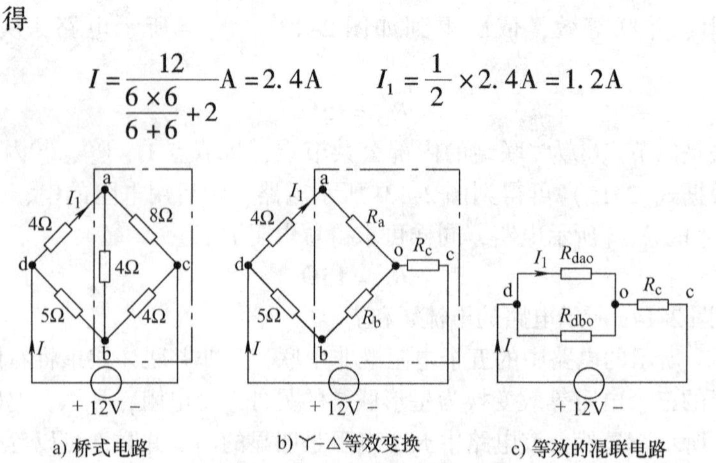

a) 桥式电路 b) Y-△等效变换 c) 等效的混联电路

图 2-14 例 2-5 的桥式电路

在图2-15a所示电路中，各个电阻的连接方式既非流过相同电流的串联，又非承受同一个电压的并联，是由Y和△联结的组合，这样的电路结构称为**电桥电路**，简称为电桥。如图2-15a所示，整个电桥由四个桥臂和两条对角线组成，R_1、R_2、R_3和R_4叫作电桥电路的四个桥臂；在四个桥臂中间对角线上的电阻R构成桥支路；一个理想电压源与一个电阻相串联构成电桥电路的另一条对角线。

图2-15a所示电路中，当四个桥臂上的电阻满足$R_1R_3=R_2R_4$的关系时，电桥的c、d两点电位相等，即桥支路电阻R中的电流为零，这种情况称为**电桥平衡**。这时，可以用导线短接电阻R支路，如图2-15b所示；也可以将电阻R开路，如图2-15c所示；这两种方法得到的平衡电桥电路图2-15b和图2-15c是等效的。

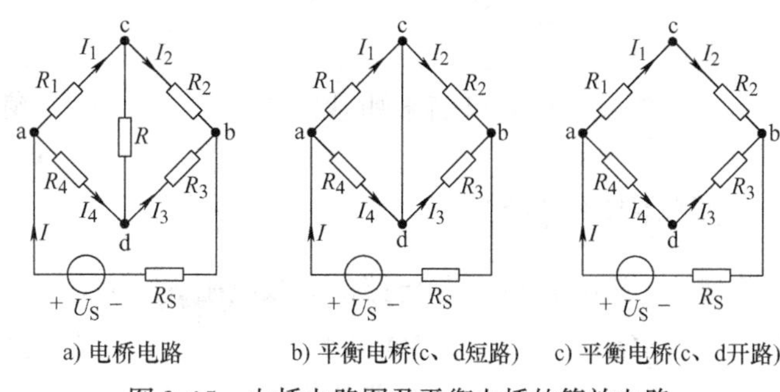

a) 电桥电路
b) 平衡电桥(c、d短路)
c) 平衡电桥(c、d开路)

图2-15　电桥电路图及平衡电桥的等效电路

直流电桥是一种精密的电阻测量电路，在电子测量电路中具有重要的应用价值。按电桥的测量方式可分为平衡电桥和非平衡电桥。平衡电桥是将待测电阻与标准电阻进行比较，通过调节电桥平衡，从而精确测得待测电阻值，如**惠斯通电桥**(旧称单臂直流电桥)、**开尔文电桥**(旧称双臂直流电桥)，它们只能用于测量相对稳定的物理量。而在实际工程和科学实验中，很多物理量是连续变化的，只能采用非平衡电桥才能测量。非平衡电桥的基本原理是通过桥式电路来测量电阻，根据电桥输出的不平衡电压，再进行运算处理，从而得到引起电阻变化的其他物理量，如温度、压力、形变等物理量。

图2-16为惠斯通电桥的原理电路，a、b两端外接恒压源U_S，c、d之间接检流计G。R_1、R_x、R_3和R_4构成电桥的四个桥臂，其中R_3为标准比较电阻，R_x为待测电阻。根据电桥平衡条件$R_1R_3=R_4R_x$，可得

$$R_x=\frac{R_1}{R_4}R_3=KR_3 \tag{2-17}$$

式中，$K=R_1/R_4$称为比率，一般惠斯通电桥的K取为0.001、0.01、0.1、1、10、100、1000等。根据待测电阻大小选择K后，只要调节R_3，使电桥平衡，即检流计G中的电流为零，就可以由式(2-17)得到待测电阻R_x的值。

根据电桥平衡原理，工程上常把测量温度、压力等物理量的传感器接入电桥电路。图2-17为电子温度计的原理电路，电路中的R_2是热敏电阻传感器，其电阻值随温度变化而变化，输出电压U_o为

$$U_o=\frac{R_2}{R_1+R_2}U_S-\frac{R_3}{R_3+R_4}U_S$$

可见，输出电压U_o随热敏电阻传感器R_2变化，即随温度T而变化。因此，可根据输出电压U_o的变化值来确定温度的值。

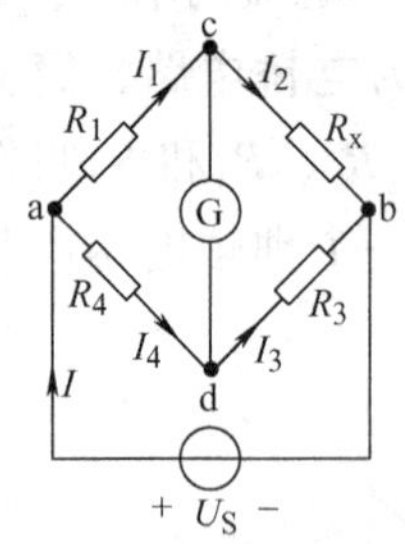

图 2-16 惠斯通电桥原理电路

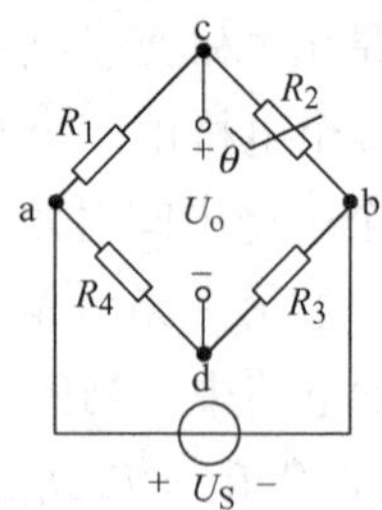

图 2-17 电子温度计原理电路

【课堂限时习题】

2.1.1 如图 2-18 所示电路的等效电阻 R_{ab} 为（ ）。

A）1.5Ω B）2Ω C）3Ω D）10Ω

2.1.2 如图 2-19 所示电路的等效电阻 R_{ab} 为（ ）。

A）20Ω B）14Ω C）10Ω D）8Ω

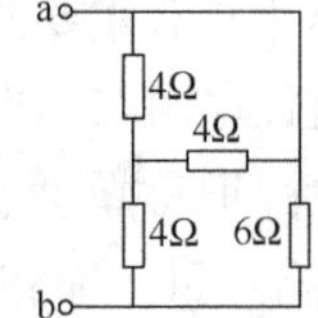

图 2-18 课堂限时习题 2.1.1 的电路

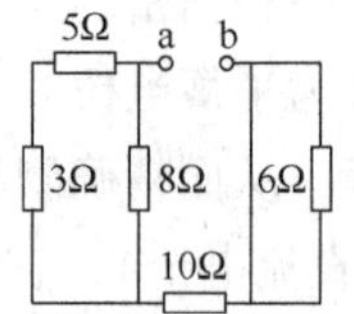

图 2-19 课堂限时习题 2.1.2 的电路

2.1.3 在一个混联电路中，电阻间的串并联关系总是保持不变的。（ ）

A）对 B）错

2.1.2 独立电源的等效变换

在第 1 章中介绍了两种电源模型，一种是理想电压源与电阻相串联的电压源模型，另一种是理想电流源与电阻相并联的电流源模型。也可以利用等效变换的方法，将多个电源共同作用的电路等效成只有一个电源作用的简单电路进行分析计算。

1. 电压源与电流源的等效变换

对于外电路，一个有内阻的实际电源可以用电动势 E_S 和内阻 R_S 相串联的电压源模型来表示，如图 2-20a 所示。也可以用理想电流源 I_S 与内阻 R'_S 相并联的电流源模型来表示，如图 2-20b 所示。只要满足这两种电源的外特性（伏安特性）相同，如图 2-20c、d 所示，那么这两种含有内阻的实际电源模型就可以互相等效变换。

在图 2-20a 所示的电压源模型电路中，由基尔霍夫电压定律（KVL）得 a、b 两端的电压 U 为

$$U = E_S - IR_S \tag{2-18}$$

根据式(2-18) 得电压源的外特性（即伏安特性）曲线如图 2-20c 所示。

在图 2-20b 所示的电流源模型电路中，由基尔霍夫电流定律（KCL）得 a 端的电流 I 为

$$I = I_S - \frac{U}{R'_S} \qquad (2\text{-}19)$$

将式(2-19) 进行变换，得

$$U = I_S R'_S - IR'_S \qquad (2\text{-}20)$$

由式(2-20) 得电流源的外特性(即伏安特性) 曲线如图 2-20d 所示。

两种电源模型等效变换的条件是对应的端口 a、b 的外特性 (伏安特性) 完全相等，即当端口具有相同的电压 U 时，端口电流 I 也必须相等。比较式(2-18) 和式(2-20) 得

$$\begin{cases} R_S = R'_S \\ E_S = I_S R'_S \end{cases} \qquad (2\text{-}21)$$

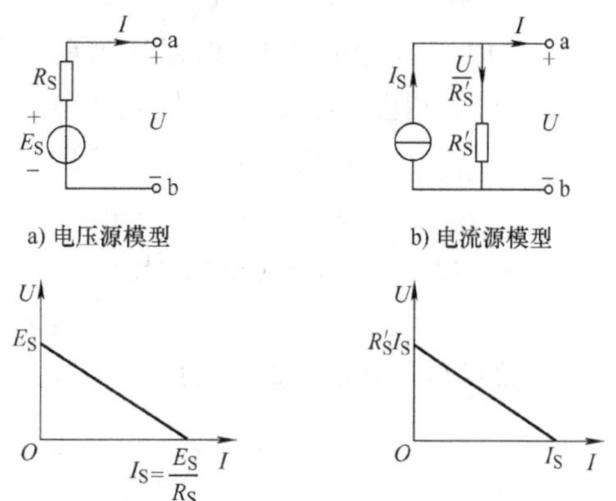

a) 电压源模型
b) 电流源模型
c) 电压源的外特性(伏安特性)曲线
d) 电流源的外特性(伏安特性)曲线

图 2-20　两种电源模型的等效变换

式(2-21) 就是两种电源模型等效变换需要满足的条件。必须注意的是：应用式(2-21) 时，E_S 和 I_S 的参考方向应如图 2-20a、b 所示，即电流源 I_S 的参考方向应由电压源 E_S 的正极流出，这样才能保证两个等效电路对外输出的电压及电流方向一致。两种等效电源模型中的电阻值相等，理想电压源电动势 E_S 等于理想电流源电流 I_S 与内阻 R_S 的乘积。

两种电源之间等效变换的结论可推广到任意有源电路中。任意一条支路上的一个恒压源与一个电阻的串联结构都可以用一个恒流源与这个电阻的并联结构来等效代替，恒流源的大小是恒压源的电压与电阻的比值，方向从恒压源的正极流出。反之，亦成立。

电压源模型和电流源模型的等效关系只是对电源的外部电路而言的，对于外电路，伏安特性一致，它们吸收或提供的功率也是一样的。但对于电源内部，则两者并没有等效关系。例如，在图 2-20 中，当 a、b 两端开路时，流过电压源内阻的电流为零，则电压源内部消耗的功率为零，而电流源内部电阻的电流不为零，其内部消耗的功率也不为零。当 a、b 两端短路时，电压源内部电阻的电流不为零，内部要消耗功率，而电流源内部电阻被短路，电流为零，则电流源内部消耗的功率也为零。显然，两种等效电源模型内部功率情况并不相同。应用等效的方法只能计算等效电源以外各部分的电压和电流。

另外，不考虑内阻的理想电压源和理想电流源之间并没有等效的关系。因为理想电压源的内阻 R_S 等于零，短路电流 I_{SC} 为无穷大，理想电流源的内阻 R_S 为无穷大，其开路电压 U_{OC} 也为无穷大，都不能得到有限的数值，故两者之间不存在等效变换的条件。

2. 电压源的串联

如图 2-21a 所示，n 个电压源串联时，通过等效变换，可以等效简化成只有一个电压源电路，如图 2-21b 所示。

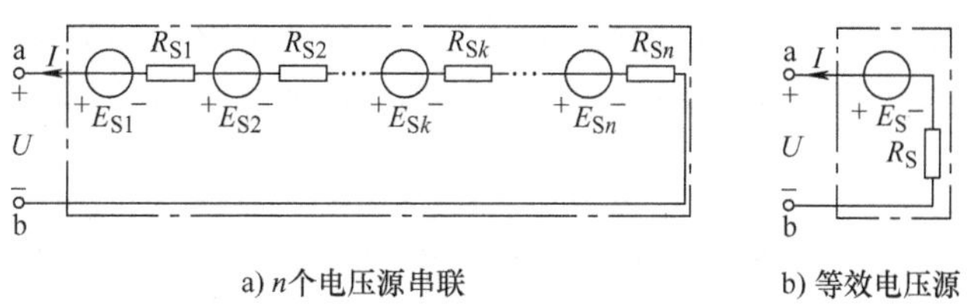

图 2-21　电压源的串联及其等效变换

在图2-21中，两个电路等效，等效条件是端口a、b的外特性（伏安特性）完全相等，即具有相同的电压U和电流I。根据基尔霍夫电压定律（KVL）及电阻元件的伏安特性（即欧姆定律VCR），得图2-21a电路中a、b两端的电压为

$$\begin{aligned}U &= E_{S1}-R_{S1}I+E_{S2}-R_{S2}I+\cdots+E_{Sk}-R_{Sk}I+\cdots+E_{Sn}-R_{Sn}I\\ &=(E_{S1}+E_{S2}+\cdots+E_{Sk}+\cdots+E_{Sn})-(R_{S1}+R_{S2}+\cdots+R_{Sk}+\cdots+R_{Sn})I\end{aligned} \tag{2-22}$$

图2-21b电路中a、b两端的电压为

$$U=E_S-R_SI \tag{2-23}$$

比较式(2-22)和式(2-23)得

$$\begin{cases}E_S = E_{S1}+E_{S2}+\cdots+E_{Sk}+\cdots+E_{Sn}=\sum\limits_{k=1}^{n}E_{Sk}\\ R_S = R_{S1}+R_{S2}+\cdots+R_{Sk}+\cdots+R_{Sn}=\sum\limits_{k=1}^{n}R_{Sk}\end{cases} \tag{2-24}$$

所以，n个电压源串联时，可以用一个电压源等效替代，这个等效电压源的电动势E_S等于各个串联电压源电动势的代数和，即E_{Sk}与等效电压源E_S的参考方向一致时取“+”号，相反时取“-”号；等效电压源的内阻R_S为各个电压源内阻串联的等效电阻。

如果不考虑电压源的内阻，n个理想电压源（恒压源）串联等效成一个没有内阻的理想电压源，这个理想电压源的电动势E_S也等于各个串联恒压源电动势的代数和。即

$$E_S = E_{S1}+E_{S2}+\cdots+E_{Sk}+\cdots+E_{Sn}=\sum_{k=1}^{n}E_{Sk}$$

3. 电压源的并联

1）在实际应用中，只有电压相等、极性一致的理想电压源（恒压源）才能并联，等效成一个输出电压数值相等的理想电压源，即$E_S=E_{S1}=E_{S2}=\cdots=E_{Sk}=\cdots=E_{Sn}$，如图2-22所示。不同值或不同极性的理想电压源是不允许并联的，否则违背基尔霍夫电压定律（KVL）。

2）在实际应用中，当有内阻的实际电压源并联时，也必须保证源电压值相等、内阻值相等、极性一致。否则，由于实际电压源的内阻一般都很小，空载时在实际电压源并联支路间会形成很大的内部环流，将电压源烧毁。大小相等的电压源并联后仍等效为一个具有相同电压值的电压源，输出电流为各个并联电压源支路的电流和，以此来获得较大的电流输出。例如，旅游景点常见的电瓶车，就是将多个蓄电池并联使用，以获得较大的工作电流。

3）当理想电压源（恒压源）与其他任意元件或支路并联时，其他支路元件都不能影响其输出电压，只影响其输出电流，对外电路而言，依然可等效成理想电压源，如图2-23所示。

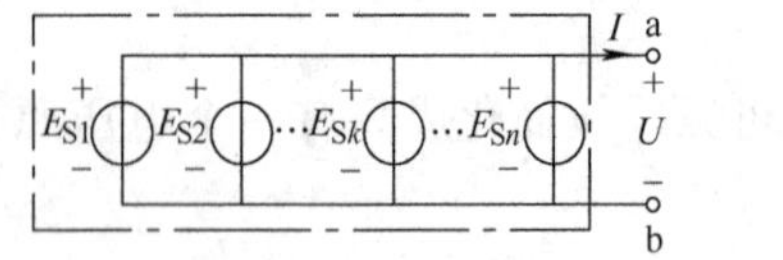

a) n个理想电压源的并联

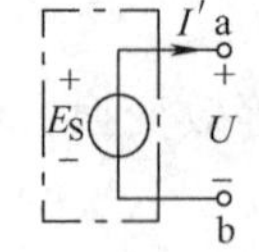

b) 等效的理想电压源

图2-22 理想电压源的并联及其等效变换

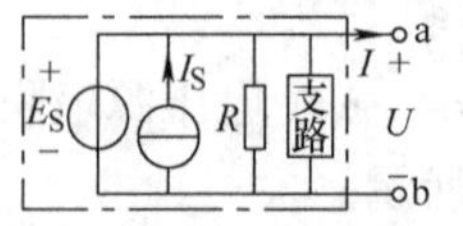

a) 理想电压源与其他元件并联

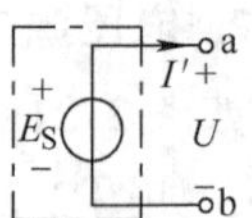

b) 等效变换

图2-23 理想电压源与其他元件并联及其等效变换

4. 电流源的并联

如图2-24a所示，n个电流源并联时，通过等效变换，可以等效简化成只有一个电流源电路，如图2-24b所示。

在图 2-24 中，两个电路等效，端口 a、b 具有相同的电压 U 和电流 I。根据基尔霍夫电流定律（KCL）及电阻元件的伏安特性（即欧姆定律 VCR），得图 2-24a 电路中的端口电流为

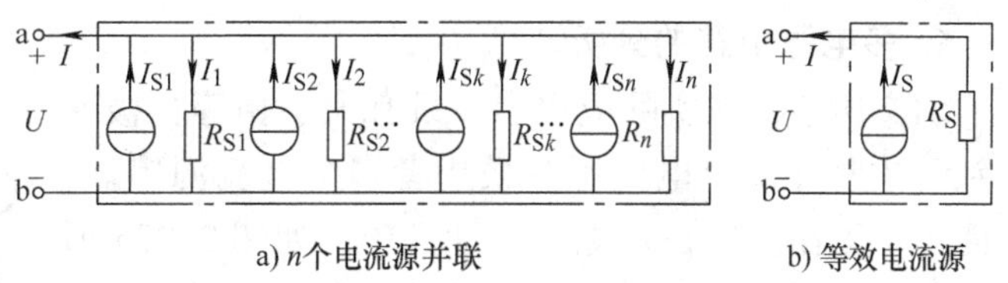

a) n个电流源并联　　b) 等效电流源

图 2-24　电流源的并联及其等效变换

$$
\begin{aligned}
I &= I_{S1} - I_1 + I_{S2} - I_2 + \cdots + I_{Sk} - I_k + \cdots + I_{Sn} - I_n \\
&= I_{S1} - \frac{U}{R_{S1}} + I_{S2} - \frac{U}{R_{S2}} + \cdots + I_{Sk} - \frac{U}{R_{Sk}} + \cdots + I_{Sn} - \frac{U}{R_{Sn}} \\
&= (I_{S1} + I_{S2} + \cdots + I_{Sk} + \cdots + I_{Sn}) - \left(\frac{1}{R_{S1}} + \frac{1}{R_{S2}} + \cdots + \frac{1}{R_{Sk}} + \cdots + \frac{1}{R_{Sn}}\right)U
\end{aligned} \tag{2-25}
$$

图 2-24b 电路中端口电流为

$$
I = I_S - \frac{1}{R_S}U \tag{2-26}
$$

比较式(2-25) 和式(2-26) 得

$$
\begin{cases}
I_S = I_{S1} + I_{S2} + \cdots + I_{Sk} + \cdots + I_{Sn} = \sum\limits_{k=1}^{n} I_{Sk} \\
\dfrac{1}{R_S} = \dfrac{1}{R_{S1}} + \dfrac{1}{R_{S2}} + \cdots + \dfrac{1}{R_{Sk}} + \cdots + \dfrac{1}{R_{Sn}} = \sum\limits_{k=1}^{n} \dfrac{1}{R_{Sk}}
\end{cases} \tag{2-27}
$$

如果用电导表示，则等效电流源的电导 G_S 为各个并联电流源的电导之和，即

$$
G_S = G_{S1} + G_{S2} + \cdots + G_{Sk} + \cdots + G_{Sn} = \sum_{k=1}^{n} G_{Sk}
$$

所以，n 个电流源并联时，可以用一个电流源等效替代，这个等效电流源的源电流 I_S 等于各个并联电流源的源电流代数和，即 I_{Sk} 与等效电流源 I_S 的参考方向一致时取“+”号，相反时取“-”号；等效电流源的内阻 R_S 为各个电流源内阻并联的等效电阻。如果不考虑电流源的内阻，n 个理想电流源（恒流源）并联等效成一个没有内阻的理想电流源，这个理想电流源的电流 I_S 也等于各个并联恒流源电流的代数和。即

$$
I_S = I_{S1} + I_{S2} + \cdots + I_{Sk} + \cdots + I_{Sn} = \sum_{k=1}^{n} I_{Sk}
$$

5. 电流源的串联

1）只有电流相等、极性一致的理想电流源（恒流源）才能串联，等效成一个输出电流数值相等的理想电流源，即 $I_S = I_{S1} = I_{S2} = \cdots = I_{Sk} = \cdots = I_{Sn}$，如图 2-25 所示。不同值或方向不同的理想电流源是不允许串联的，否则违背基尔霍夫电流定律。

2）当理想电流源（恒流源）与其他任意元件或支路串联时，其他支路元件都不能影响其输出电流，只影响其输出电压，对外电路而言，依然可等效成理想电流源，如图 2-26 所示。

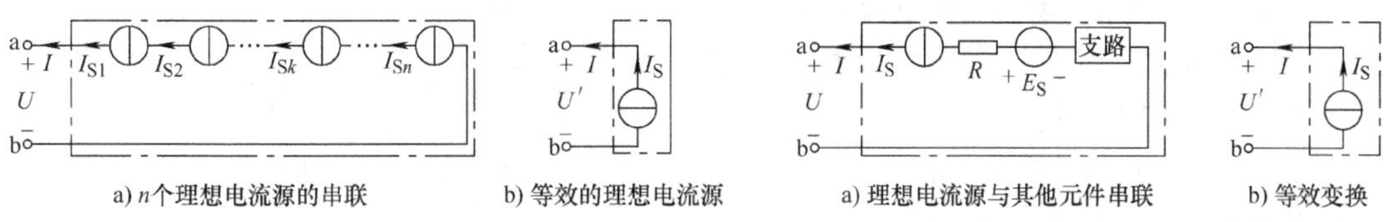

a) n个理想电流源的串联　　b) 等效的理想电流源

图 2-25　理想电流源的串联及其等效变换

a) 理想电流源与其他元件串联　　b) 等效变换

图 2-26　理想电流源与其他元件串联及其等效变换

6. 多电源电路的分析计算

前文所述，在实际应用中，只有大小相等且极性一致时才允许多个电压源并联或者多个电流源串联，才能正常工作。但在理论分析计算中，如图 2-27a 所示的多个不同的电压源支路并联时，可以先利用实际电压源和实际电流源之间的等效变换，用等效的电流源支路代替原来的电压源支路，得到如图 2-27b 所示的电路，再将并联的电流源支路合并为一个电流源支路，得到如图 2-27c 所示的电路，最后再次将电流源变换为等效的电压源支路，得到如图 2-27d 所示的电路。这样，就可以将多个并联的电压源等效成一个电流源或者电压源。

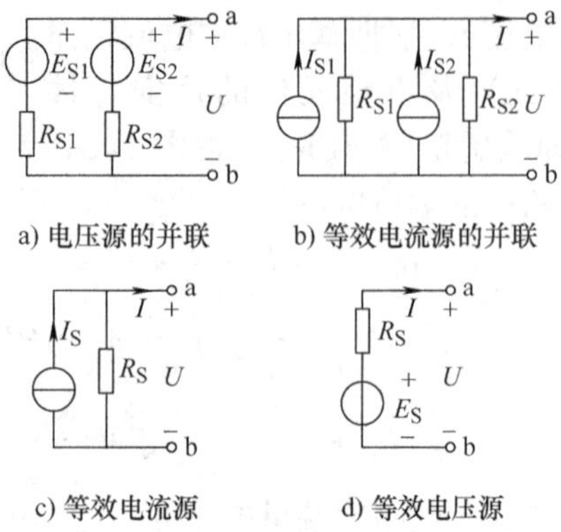

a) 电压源的并联　b) 等效电流源的并联

c) 等效电流源　d) 等效电压源

图 2-27　电压源并联的等效

如图 2-27b 所示，图 2-27a 中电压源对应的等效电流源电流分别为

$$I_{S1}=\frac{E_{S1}}{R_{S1}}\qquad I_{S2}=\frac{E_{S2}}{R_{S2}}$$

如图 2-27c 所示，合并的等效电流源的电流及内阻分别为

$$I_S=I_{S1}+I_{S2}\qquad R_S=\frac{R_{S1}R_{S2}}{R_{S1}+R_{S2}}$$

如图 2-27d 所示，最后等效的电压源支路为

$$E_S=I_SR_S=(I_{S1}+I_{S2})R_S=\left(\frac{E_{S1}}{R_{S1}}+\frac{E_{S2}}{R_{S2}}\right)R_S$$

$$R_S=\frac{R_{S1}R_{S2}}{R_{S1}+R_{S2}}$$

同理，理论分析计算多个不同的电流源串联时，先利用实际电流源和实际电压源之间的等效变换，用等效的电压源代替原来的电流源，再将串联的电压源合并为一个电压源支路，最后再次将电压源变换为等效的电流源支路。这样，就可以将多个串联的电流源等效成一个电压源或者电流源。

例 2-6　利用电源等效变换的方法求图 2-28a 所示电路中的电流 I。

解：利用电源模型的等效变换，根据图 2-28a、b、c、d 的变换次序，将图 2-28a 的电路最后等效化简成如图 2-28d 所示的单回路电路。变换过程中应注意电流源电流的方向和电压源电压的极性。在图 2-28d 中，根据基尔霍夫电压定律（KVL）得

$$I(1+2+7)=9-4$$

求得电流 I 为

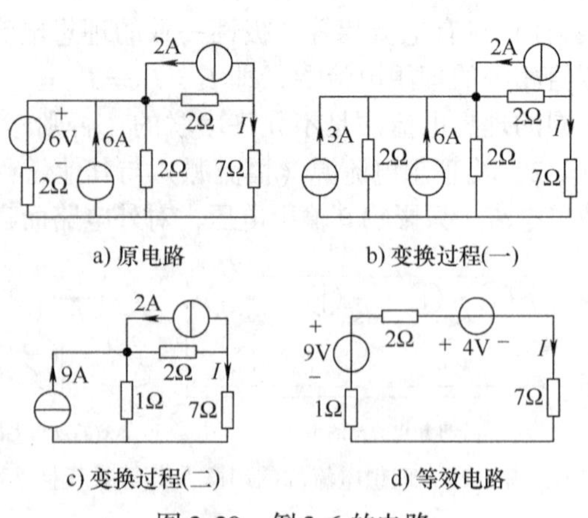

图 2-28　例 2-6 的电路

$$I=\frac{9-4}{1+2+7}\text{A}=0.5\text{A}$$

【课堂限时习题】

2.1.4　将图2-29所示的电流源电路等效成电压源模型，其等效电动势及电阻分别为（　　）。

A）3V，3Ω　　B）27V，6Ω　　C）9V，3Ω　　D）3V，6Ω

2.1.5　将图2-30所示电压源电路等效成电流源模型，其等效电流及电阻分别为（　　）。

A）32A，4Ω　　B）2A，4Ω　　C）2A，2Ω　　D）2A，8Ω

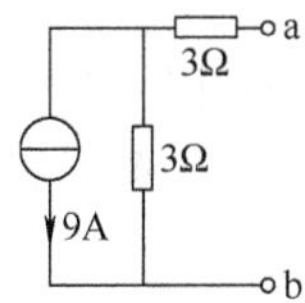
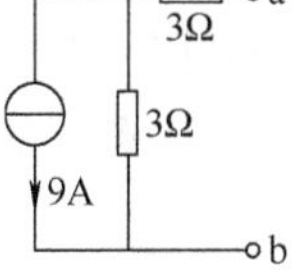

图2-29　课堂限时习题2.1.4的电路

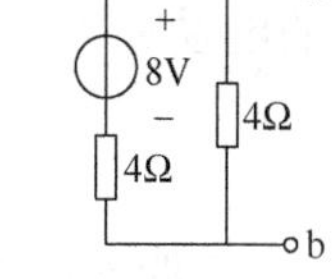

图2-30　课堂限时习题2.1.5的电路

2.1.6　与理想电压源并联的电阻或电流源，在等效化简时可以断开，对端口伏安特性没有影响。（　　）

A）对　　B）错

2.2　等效电源定理

凡是具有两个端子的线性电路，不管其复杂程度如何，均称为**线性二端网络**(Two-Terminal Net-Work)；如果线性二端网络内部含有能独立提供电能的电源（即独立源），就称为线性有源二端网络。任何一个线性有源二端网络，对于其外部电路来说，总可以用一个等效电源模型来代替，这就是**等效电源定理**。因为电源模型分为电压源模型和电流源模型两种，相应地等效电源定理也有两个。如果将线性有源二端网络等效为电压源形式，应用的是**戴维南定理**(Thevenin's Theorem)；如果将线性有源二端网络等效为电流源形式，应用的是**诺顿定理**(Norton's Theorem)。

2.2.1　戴维南定理

如图2-31所示，任何一个线性有源二端网络N的对外作用可以用一个电动势为E_0的理想电压源和一个内阻R_0相串联的电压源模型来等效代替。这个等效电源的电动势E_0等于该有源线性二端网络的开路电压U_{OC}，就是将外电路（负载）断开后a、b两端之间的电压。等效电源的内阻R_0等于该有源二

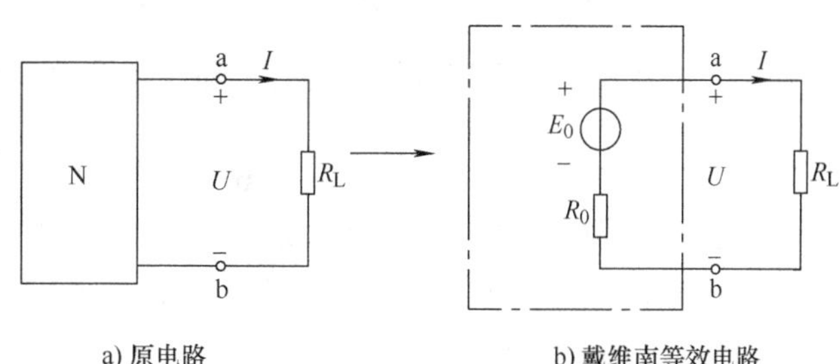

图2-31　戴维南定理

端网络内部独立电源均不起作用，就是将所有理想电压源短路、理想电流源开路后所得到的无源二端网络 a、b 两端之间的等效电阻，这个等效电阻 R_0 也称为端口的输入电阻，这就是**戴维南定理**，也称**等效电压源定理**。

当只需要计算一个复杂线性电路中某支路的电流 I 时，可以将这个支路划出，其余部分看作一个有源线性二端网络 N，利用戴维南定理就可以将图 2-31a 所示的复杂电路 N 等效变换成图 2-31b 所示的简单电路进行分析计算。经过这种等效变换后所得到的图 2-31b 所示电路称为**戴维南等效电路**，所求支路的电流 I 及其两端的电压 U 在该等效电路中保持不变。

在图 2-31b 所示电路中，根据 KVL 可求得 ab 支路中 R_L 的电流 I 为

$$I=\frac{E_0}{R_0+R_L}$$

这里，等效电源的电动势 E_0 等于图 2-31a 中 a、b 两点间的开路电压 U_{OC}，即

$$I=\frac{E_0}{R_0+R_L}=\frac{U_{OC}}{R_0+R_L} \tag{2-28}$$

求等效电源内阻 R_0（即输入电阻）的方法有三种：

1）将线性有源二端网络内所有独立电源设为零，即理想电压源的电压等于零，将其短路。理想电流源的电流等于零，将其开路。实际电源的内阻保持不变。这样就得到相应的线性无源二端网络，再利用电阻串并联或电阻的三角形与星形等效变换，计算该线性无源二端网络的等效电阻作为等效电源内阻 R_0。

2）将线性有源二端网络内所有独立电源设为零，在端口外施加一个新的电压源 U，计算或测量输入端口的电流 I。或者是在端口外施加一个新的电流源 I，计算或测量该端口间的电压 U，则等效电源内阻 $R_0=\frac{U}{I}$。

3）用实验方法测量或用计算方法求得该二端网络的开路电压 U_{OC} 和短路电流 I_{SC}，则等效电源内阻为 $R_0=\frac{U_{OC}}{I_{SC}}$。

例 2-7 试用戴维南定理求图 2-32a 所示电路的电流 I。

解： 由图 2-32b 知，线性有源二端网络的开路电压 U_{OC} 为

$$U_{OC}=12\times\frac{80}{20+80}\text{V}-12\times\frac{40}{40+40}\text{V}=3.6\text{V}$$

将恒压源短路得到图 2-32c，该线性无源二端网络的等效电阻 R_0 为

$$R_0=20\Omega/\!/80\Omega+40\Omega/\!/40\Omega=\frac{20\times80}{20+80}\Omega+\frac{40\times40}{40+40}\Omega=36\Omega$$

如图 2-32d 所示，得到戴维南等效电路。由该电路计算得电流 I 为

$$I=\frac{3.6}{36+14}\text{A}=0.072\text{A}$$

例 2-8 利用戴维南定理求图 2-33a 所示电路的电流 I。

解： 将电路分成三部分：端子 a、b 左侧是个有源二端网络，应用戴维南定理求其等效电压源电路。端子 c、d 右侧是电阻的混联，应用电阻的串并联等效为一个电阻。最后将图 2-33a 所示的复杂电路等效变换成一个简单的电路，如图 2-33d 所示。

由图 2-33b 求得有源二端网络的开路电压 U_{OC} 为

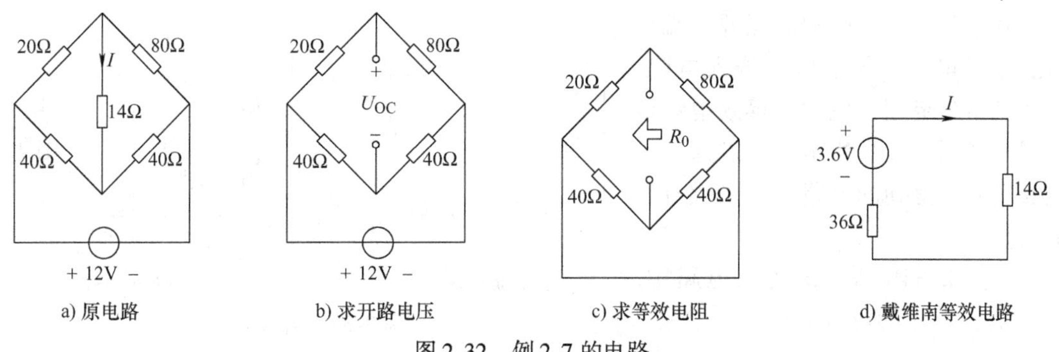

a) 原电路　　b) 求开路电压　　c) 求等效电阻　　d) 戴维南等效电路

图 2-32　例 2-7 的电路

$$U_{OC}=40\text{V}+2I_1=\left(40+2\times\frac{50-40}{2+2}\right)\text{V}=45\text{V}$$

将图 2-33a 所示的有源二端网络中的恒压源短路，求得等效电阻 R_0 为

$$R_0=2\Omega/\!/2\Omega=\frac{2\times2}{2+2}\Omega=1\Omega$$

由图 2-33c 得端子 c、d 右侧串并联电阻（混联）的等效电阻 R 为

$$R=16\Omega/\!/(13\Omega+3\Omega)=\frac{16\times(13+3)}{16+(13+3)}\Omega=8\Omega$$

由图 2-33d 的戴维南等效电路可求得电流 I 为

$$I=\frac{U_{OC}}{2\Omega+R+R_0}=\frac{45}{2+8+1}\text{A}\approx4.09\text{A}$$

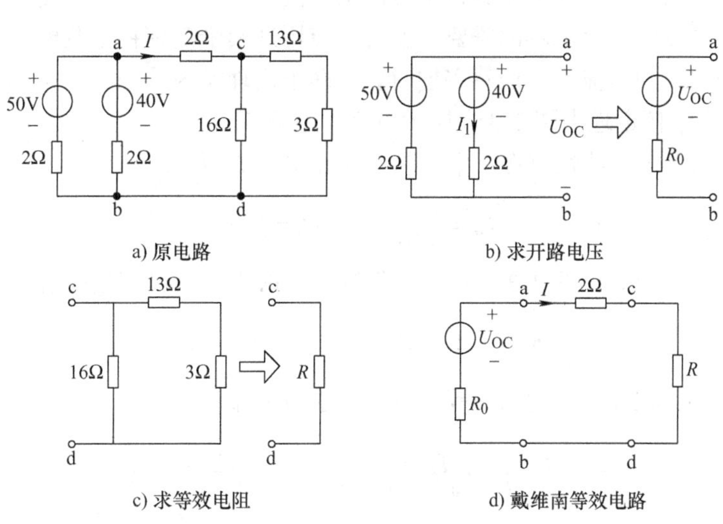

a) 原电路　　b) 求开路电压

c) 求等效电阻　　d) 戴维南等效电路

图 2-33　例 2-8 的电路

2.2.2　诺顿定理

如图 2-34 所示，任何一个线性有源二端网络 N 的对外作用也可以用一个电流为 I_S 的理想电流源和一个内阻 R_0 相并联的电流源模型来等效代替。这个等效电流源的电流 I_S 等于该线性有源二端网络的短路电流 I_{SC}，就是将 a、b 两端短接后，其中流过的电流。等效电源的内阻 R_0 等于该线性有源二端网络内部独立电源都为零时，即所有理想电压源短路、理想电

流源开路后，相应得到的无源二端网络的等效电阻，即端口的输入电阻。这就是**诺顿定理**，也称为**等效电流源定理**。如图 2-34b 所示，经过这种等效变换后所得到的电路称为诺顿等效电路。

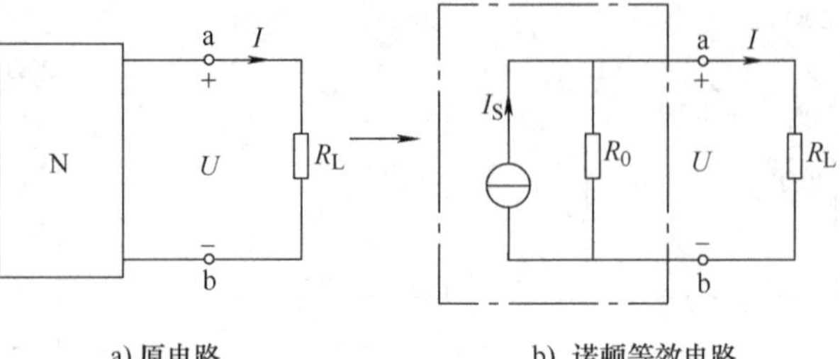

a) 原电路　　b) 诺顿等效电路

图 2-34　诺顿定理

在图 2-34b 所示的等效电路中，R_L 所在支路中的电流 I 为

$$I=\frac{R_0}{R_0+R_L}I_S$$

通常情况下，当一个线性有源二端网络的等效电阻 R_0 为非零的有限值时，它既可用戴维南定理等效为图 2-31 所示的等效电压源电路模型，也可用诺顿定理等效为图 2-34 所示的等效电流源电路模型。两者对外电路是等效的，彼此间的关系是

$$E_0=R_0I_S \quad 或 \quad I_S=\frac{E_0}{R_0} \tag{2-29}$$

但是，如果一个线性有源二端网络的等效电阻 $R_0=\infty$，则它只能等效为一个理想电流源电路模型，所以它只有诺顿等效电源电路而无戴维南等效电源电路。同理，如果一个线性有源二端网络的等效电阻 $R_0=0$，则它只能等效为一个理想电压源电路模型，它也只有戴维南等效电源电路而没有诺顿等效电源电路。

戴维南定理和诺顿定理在电路分析中应用很广泛。在一个复杂的电路中，如果对某些电路内部的电压、电流响应无求解的需要，就可以应用这两个定理将这些电路简化。特别是仅对电路的某一个元件的电流、电压感兴趣时，这两个定理尤为适用。

例 2-9　利用诺顿定理求图 2-35a 所示电路的电流 I。

解：由图 2-35b 知，线性有源二端网络的短路电流 I_{SC} 为

$$I_{SC}=\left(\frac{70}{10}+\frac{180}{10}\right)\text{A}=25\text{A}$$

将恒压源短路，得到如图 2-35c 所示的无源二端网络，求得等效电阻 R_0 为

$$R_0=10\Omega /\!/ 10\Omega=\frac{10\times10}{10+10}\Omega=5\Omega$$

最后得到如图 2-35d 所示的诺顿等效电路，求得电流 I 为

$$I=\frac{R_0}{5+R_0}I_{SC}=\frac{5}{5+5}\times25\text{A}=12.5\text{A}$$

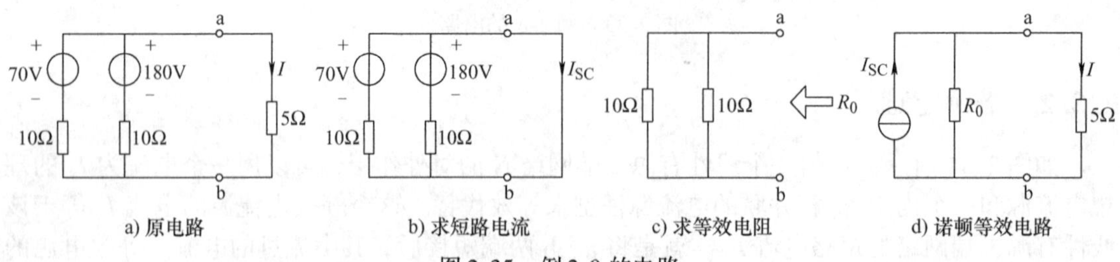

a) 原电路　　b) 求短路电流　　c) 求等效电阻　　d) 诺顿等效电路

图 2-35　例 2-9 的电路

【课堂限时习题】

2.2.1　利用戴维南定理将图 2-36 所示的电路等效成电压源模型，其等效电动势及电阻分别为（　　）。

A）10V，10Ω　　　B）100V，4Ω

C）-10V，2.4Ω　　D）-2V，5Ω

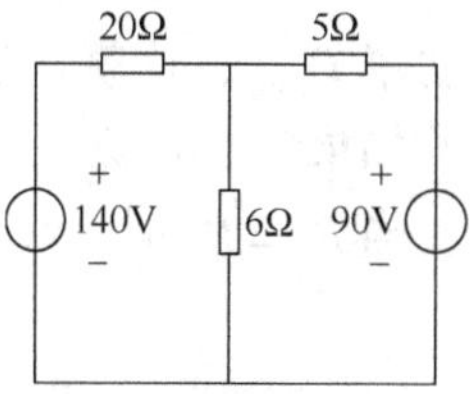

图 2-36　课堂限时习题 2.2.1 的电路

2.2.2　有源二端网络的开路电压为 10V，短路电流为 2A，则该有源二端网络的等效电源内阻为（　　）。

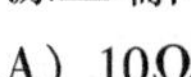

A）10Ω　　　B）20Ω

C）5Ω　　　D）2Ω

2.2.3　有源二端网络若存在戴维南等效电路，就一定有诺顿等效电路。（　　）

A）对　　　B）错

2.3　最大功率传输定理

实际电路中，许多电子设备所用的电源，无论是直流电源，还是各种波形的信号发生源，其内部结构都是相当复杂的，但它们在向外提供激励源时，都是通过两个端子与负载相连，实质上就是一个有源二端网络。一个有源二端网络产生的功率通常分为两部分：一部分消耗在电源及线路的内阻上；另一部分输出给负载。当所接负载不同时，这个有源二端网络向负载输出的功率就不同。在测量、电子通信和信息工程的各种实际电路中，希望负载从电路上得到的功率越大越好。那么，对于给定的线性有源二端网络，在什么条件下才能使负载获得最大功率呢？负载所得到的最大功率又是多少呢？

图 2-37a 所示电路中，网络 N 表示供给负载电阻 R_L 能量的线性有源二端网络，根据戴维南定理，可以用一个电压源电路模型来等效代替线性有源二端网络 N，如图 2-37b 所示。

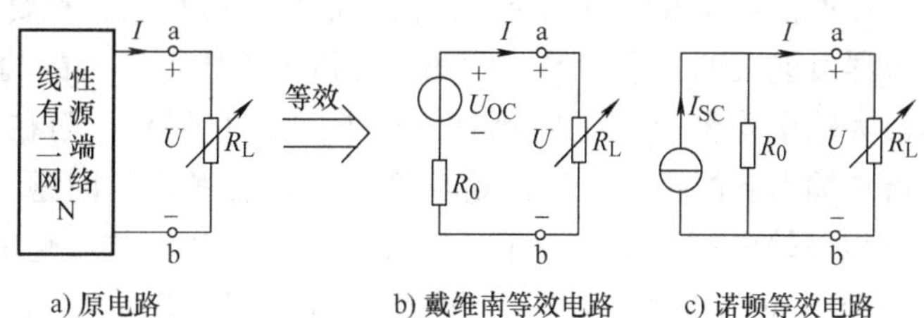

图 2-37　最大功率传输定理

在图 2-37b 所示电路中，负载电阻 R_L 所获得的功率 P_L 为

$$P_L = I^2 R_L = \left(\frac{U_{OC}}{R_0 + R_L}\right)^2 R_L \tag{2-30}$$

为了确定 P_L 的极值点，令 $dP_L/dR_L = 0$，由式(2-30) 得

$$\frac{dP_L}{dR_L} = \frac{(R_0 + R_L)^2 - 2R_L(R_0 + R_L)}{(R_0 + R_L)^4} U_{OC}^2 = \frac{(R_0 - R_L) U_{OC}^2}{(R_0 + R_L)^3} = 0$$

解上式得

$$R_L = R_0 \tag{2-31}$$

将式(2-31) 代入式(2-30)，得到负载 R_L 上的最大功率为

$$P_{\text{Lmax}}=\frac{U_{\text{OC}}^{2}}{4R_{0}} \tag{2-32}$$

所以，当负载电阻 R_L 与线性有源二端网络的戴维南等效电阻 R_0 相等时，负载将获得最大功率 P_{Lmax}，这就是**最大功率传输定理**(Maximum Power Transfer Theorem)。

如果线性有源二端网络等效为如图2-37c所示的电流源电路模型（诺顿定理），同理可得，当 $R_L=R_0$ 时，线性有源二端网络传输给负载的功率最大，且此时负载 R_L 的最大功率为

$$P_{\text{Lmax}}=\frac{1}{4}R_0I_{\text{SC}}^{2} \tag{2-33}$$

满足 $R_L=R_0$ 时，负载获得最大功率 P_{Lmax}，负载与电源匹配。因此，通常称 $R_L=R_0$ 为**最大功率匹配条件**。

应注意，最大功率传输定理的先决条件是有源二端网络是确定的，也就是等效内阻 R_0、等效电压源的电动势 E_0，或者等效电流源的电流 I_S 是一定的，而负载 R_L 是可调的，则当负载 R_L 调到与确定的等效电源内阻 R_0 相等时，在负载 R_L 上可以获得最大功率。如果负载电阻不可调，即 R_L 一定，而等效内阻 R_0 是变化的，显然，对于图2-37b所示的等效电压源电路，只有当内阻 $R_0=0$ 时，方能使负载 R_L 获得最大功率；而对于图2-37c所示的等效电流源电路，只有当 $R_0=\infty$ 时，方能使负载 R_L 获得最大功率。这时，最大功率传输定理因其前提条件不同也就不能适用了。

线性有源二端网络和它的戴维南或诺顿等效电源电路，只是外部电路的伏安特性相同，即外部等效，而有源二端网络内部电路并不等效，可以用等效电源电路求得负载电阻 R_L 获得的最大功率 P_{omax}。但有源二端网络内部独立电源输出的总功率一般并不等于等效电路中等效电源输出的功率。因此，不能用等效电路来计算电路的效率，而应该在原电路中计算当负载获得最大功率时的传输效率 η。

在通信系统和测量系统中，由于信号一般很弱，首要考虑的问题是如何从给定的信号源获得尽可能大的信号功率（例如收音机中供给扬声器的功率），因而必须满足匹配条件，获得最大输出功率 P_{omax}，但此时传输效率 η 并不高。而在电力工程系统中，传输功率很大，使得传输引起的损耗、传输效率等成为首要考虑的问题，效率 η 非常重要，故应使电源内阻（以及输电线电阻）远小于负载电阻 R_L，以便提高传输效率 η。

例2-10 如图2-38a所示电路：(1) 问负载 R_L 取多大时能获得最大功率 P_{Lmax}；最大功率 P_{Lmax} 等于多少？(2) 当负载匹配时，其效率 η 为多少？

解：(1) 在图2-38b所示电路中，求得线性有源二端网络的开路电压 U_{OC} 为

$$U_{\text{OC}}=2\times\frac{1}{1+1}\text{V}=1\text{V}$$

由图2-38c所示电路，求得相应的无源二端网络的等效电阻 R_0 为

$$R_0=1\Omega/\!/1\Omega=0.5\Omega$$

戴维南等效电路如图2-38d所示。根据最大功率传输定理，当 $R_L=R_0=0.5\Omega$ 时，获得最大功率，即电路负载匹配。由式(2-32)得匹配时的最大功率为

$$P_{\text{Lmax}}=\frac{U_{\text{OC}}^{2}}{4R_0}=\frac{1^2}{4\times0.5}\text{W}=0.5\text{W}$$

(2) 由图2-38e所示电路，计算当电路负载匹配时的效率 η。

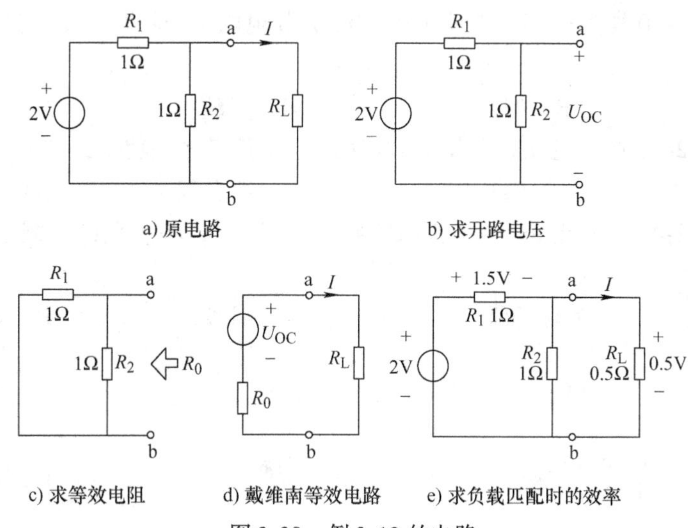

图 2-38　例 2-10 的电路

由 2-38d 所示电路得

$$R_L = R_0 = 0.5\Omega \text{ 时}, \ U_{R_L} = \frac{1}{2}U_{OC} = \frac{1}{2}\times 1\text{V} = 0.5\text{V}$$

在图 2-38e 所示电路中，根据 KVL 得

$$U_{R_1} = 2\text{V} - U_{R_L} = (2-0.5)\text{V} = 1.5\text{V}$$

$$U_{R_2} = U_{R_L} = 0.5\text{V}$$

根据功率计算公式 $P=\frac{U^2}{R}$ 求各电阻的功率分别为

$$P_{R_L} = \frac{U_{R_L}^2}{R_L} = \frac{0.5^2}{0.5}\text{W} = 0.5\text{W}$$

$$P_{R_2} = \frac{U_{R_2}^2}{R_2} = \frac{0.5^2}{1}\text{W} = 0.25\text{W}$$

$$P_{R_1} = \frac{U_{R_1}^2}{R_1} = \frac{1.5^2}{1}\text{W} = 2.25\text{W}$$

所以，当电路负载匹配时的效率 η 为

$$\eta = \frac{P_{R_L}}{P_{R_1}+P_{R_2}+P_{R_L}}\times 100\% = \frac{0.5}{2.25+0.25+0.5}\times 100\% \approx 16.7\%$$

可见，对于图 2-38a 所示电路，在负载匹配状态下，可以获得最大输出功率，但效率 η 很低，仅为 16.7%。

【课堂限时习题】

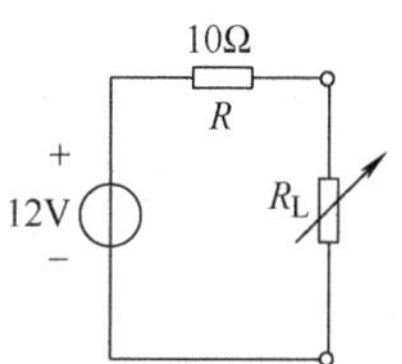

图 2-39　课堂限时习题 2.3.1 的电路

2.3.1　如图 2-39 所示电路，电阻 R 为定值电阻，要使可调的负载电阻 R_L 能获得最大功率，则 R_L 应取（　　）。

A）12Ω　　B）1.2Ω

C）10Ω　　D）∞

2.3.2 如图2-40所示电路，要使不可调的负载电阻 R_L 能获得最大功率，则可调的电阻 R 应取（　　）。

A）10Ω　　B）0Ω　　C）12Ω　　D）∞

2.3.3 如图2-41所示电路，要使负载电阻 R_L 能获得最大功率，则 R_L 应取（　　）。

A）2kΩ　　B）0Ω　　C）4kΩ　　D）∞

2.3.4 如图2-42所示电路，当电阻 R 为（　　）时，不可调的负载电阻 R_L 能获得最大功率。

A）2kΩ　　B）0Ω　　C）4kΩ　　D）∞

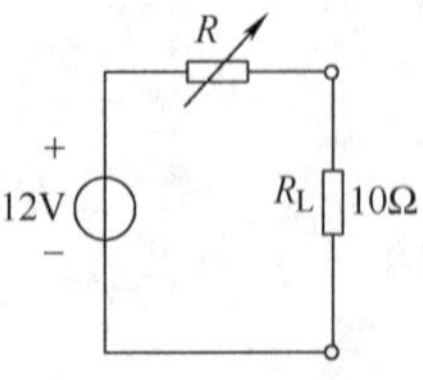

图2-40 课堂限时习题2.3.2的电路

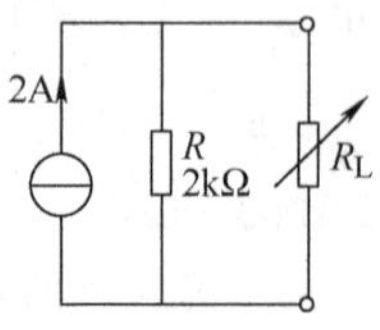

图2-41 课堂限时习题2.3.3的电路

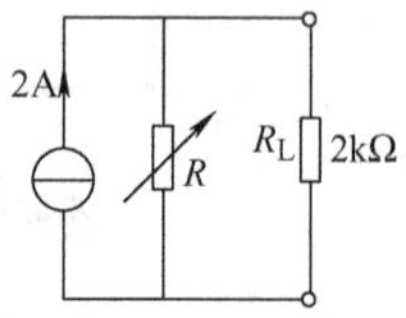

图2-42 课堂限时习题2.3.4的电路

2.4 叠加定理

叠加定理（Superposition Theorem）是分析线性电路的基础，该定理是线性电路的一个基本定理，许多线性电路的定理可以从叠加定理导出，它在线性电路分析中起着重要作用。

先分析图2-43a所示电路中支路电流 I_2 的特点。根据基尔霍夫电流定律（KCL）对节点a列出电流方程为

$$I_1+I_S-I_2=0$$

根据基尔霍夫电压定律（KVL），对图2-43a左边的回路列出电压方程为

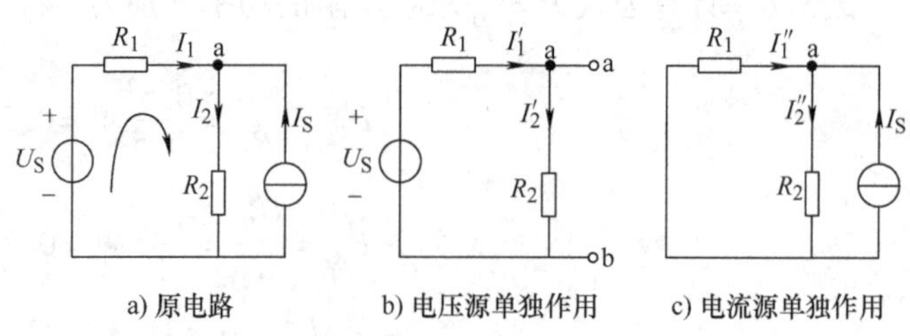

图2-43 叠加定理

$$R_1I_1+R_2I_2-U_S=0$$

联立求解上面两个方程得

$$I_2=\frac{U_S}{R_1+R_2}+\frac{R_1I_S}{R_1+R_2}=I_2'+I_2''$$

可见，I_2 是由两部分叠加而成，其中

$$I_2'=\frac{U_S}{R_1+R_2}$$

显然，I_2' 是在理想电流源 $I_S=0$，即电流源支路开路，只有电压源 U_S 单独作用时，在 R_2 上产生的电流响应，如图2-43b所示。

I_2 的另一部分为

$$I_2'' = \frac{R_1 I_S}{R_1 + R_2}$$

I_2'' 是在理想电压源 $U_S = 0$，即电压源短路，只有电流源 I_S 单独作用时，在 R_2 上产生的电流响应，如图 2-43c 所示。

R_2 为线性元件，根据欧姆定律得

$$U_2 = R_2 I_2 = R_2(I_2' + I_2'') = U_2' + U_2''$$

同理，这个结论也适用于其他支路中的电流或电压响应。上述分析过程就是叠加定理的体现。

线性电路中有多个独立电源共同作用时，在任意支路中产生的电压或电流响应，等于各个独立电源单独作用下，相应支路中电压或电流响应的代数和，这一原理称为**叠加定理**。用叠加定理分析线性电路，就是把多个独立电源共同作用的复杂线性电路，先分解转换为单个独立电源作用的简单电路，分别对单电源电路进行分析计算，然后把相应的响应分量叠加起来作为多电源作用下原电路的总响应。

在使用叠加定理分析计算电路时应注意以下几点：

1）当某个独立电源单独作用时，不起作用的其他独立电源要置零。即当电压源不起作用时，源电压为零，用短路线替代理想电压源；当电流源不起作用时，源电流为零，将理想电流源开路。独立电源的内阻及其他电路结构和参数都保持不变。

2）受控电源不能置零，要保留在电路中。

3）电压或电流叠加时，应特别注意各分量的参考方向。若分量的参考方向与原电路的参考方向一致，叠加时该分量取正号；反之，取负号。

4）当电路中有三个或三个以上的独立电源时，为了求解方便，可先将独立电源分组，再用叠加定理求解。

5）叠加定理只能用来叠加计算电流和电压，功率不能叠加。由于功率不是电压或电流的一次函数，元件上的功率不等于各个独立电源单独作用时在该元件产生功率的代数和。所以，不能用叠加定理来计算功率。功率必须根据元件上的总电流和总电压进行计算。

例如在图 2-43a 中，电阻 R_2 上的功率为

$$P_2 = R_2 I_2^2 = R_2(I_2' + I_2'')^2 \neq R_2 I_2'^2 + R_2 I_2''^2$$

即

$$P_2 \neq P_2' + P_2''$$

应用叠加定理对电路进行分析，可以分别体现出各个电源对电路的影响，尤其是不同性质电源（例如直流电源和交流电源）共同存在的电路。因此，此定理常用于分析电路中某一电源对电路响应产生的影响。

例 2-11　如图 2-44a 所示电路，利用叠加定理求电流源 I_S 两端的电压 U。

解：根据叠加定理，图 2-44a 所示电路可以看作两个电源 I_S 和 U_S 分别单独作用，产生响应的代数叠加。图 2-44b 是电流源 I_S 单独作用的电路，图 2-44c 是电压源 U_S 单独作用的电路。

在图 2-44b 中，电压源 U_S 不起作用，电压为零，将其短路。电流源 I_S 单独作用，在电流源 I_S 的两端产生的电压 U' 为

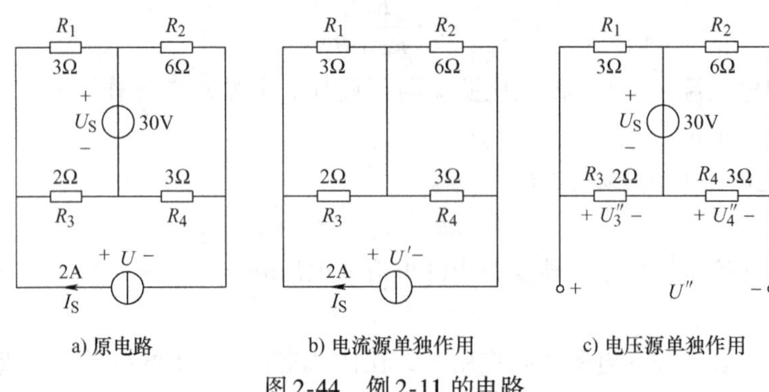

图 2-44 例 2-11 的电路

$$U' = I_S[(R_1 /\!/ R_3) + (R_2 /\!/ R_4)] = I_S\left(\frac{R_1R_3}{R_1+R_3} + \frac{R_2R_4}{R_2+R_4}\right) = 2\times\left(\frac{3\times2}{3+2}+\frac{6\times3}{6+3}\right)\text{V} = 6.4\text{V}$$

在图 2-44c 中，电流源 I_S 不起作用，电流为零，将其开路。电压源 U_S 单独作用，在电流源 I_S 的两端产生的电压 U''为

$$U'' = U_3'' + U_4'' = \frac{R_3}{R_1+R_3}U_S + \frac{R_4}{R_2+R_4}(-U_S) = \frac{2}{3+2}\times30\text{V} + \frac{3}{6+3}\times(-30)\text{V} = 2\text{V}$$

根据叠加定理，求得电流源 I_S 的两端电压 U 为

$$U = U' + U'' = (6.4+2)\text{V} = 8.4\text{V}$$

【课堂限时习题】

2.4.1 在图 2-45 所示电路中，利用叠加定理可求得电压 U 等于（ ）。

A）8V B）4V C）16V D）20V

2.4.2 在图 2-46 所示电路中，利用叠加定理可求得电流 I 等于（ ）。

A）1A B）2A C）3A D）4A

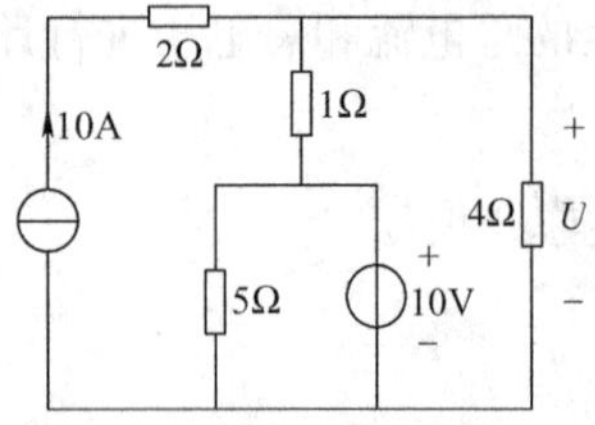

图 2-45 课堂限时习题 2.4.1 的电路

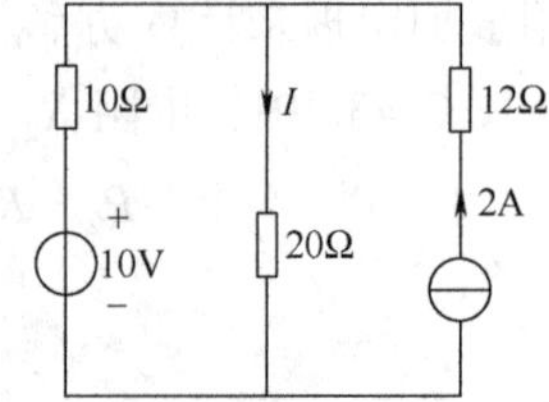

图 2-46 课堂限时习题 2.4.2 的电路

2.4.3 含两个独立源的线性网络中，某一支路的电流、电压和功率等于每个独立源单独作用时，在该支路中所产生的电流、电压和功率的代数和。（ ）

A）对 B）错

2.5 线性电路的基本分析方法

在前面几节中介绍的电路分析方法，主要是利用等效变换，将电路化简成单回路电路，然后计算出待求的电流或电压。用这种方法分析结构较为简单的电路是行之有效的。但对于结构较为复杂的电路（例如有些多回路电路），等效变换法对简化电路并不太有效，甚至会使分析计算过程更为复杂。另外，在复杂的电路中，如果利用等效电源定理（戴维南定理或诺顿定理），只适合求电路中某条支路的电流或电压，无法将电路内部各处的响应（电流或电压）同时求解出来。为此，在本节中，介绍电路的两种常见的基本分析方法——支路电流法和节点电压法。

电流和电压响应是电路的基本变量，首先选择一组合适的电路变量，例如支路电流、节点电压等作为电路分析中待求的变量，也就是未知量。在不改变电路结构的前提下，根据基尔霍夫定律（KCL 和 KVL）以及元件的伏安特性（VCR），建立关于该组变量（即未知量）的独立方程组，这种方程称为电路方程。对于线性电阻电路，它是一组线性的独立代数方程。所谓的独立方程是指其中任何一个方程不能由其他方程推出。独立的电路方程数应与变量数相同，通过联解电路方程组，从而求得所需的变量，即电路中的电流或电压响应。

2.5.1　支路电流法

支路电流法(Branch Current Analysis）是以电路中的支路电流作为独立变量，对节点列基尔霍夫电流方程（KCL），对回路列基尔霍夫电压方程（KVL），联立求解两类独立方程构成的方程组，从而求得各支路中的电流响应。

对于一个具有 b 条支路和 n 个节点的电路，以 b 个支路电流作为未知变量，需列出含 b 个支路电流变量的 b 个独立方程。其中，根据 KCL 可列出$(n-1)$个独立的节点电流方程，根据 KVL 可列出$(b-n+1)$个独立的回路电压方程。为了确保所列的回路电压方程是独立方程，要求所有被选择的回路中，各有自己独有的支路。由于每个网孔都有一条不属于其他网孔的独有支路，所以通常选择电路中的网孔列电压方程，这些电压方程一定是独立的。由$(n-1)$个 KCL 电流方程和$(b-n+1)$个 KVL 电压方程组成了关于这 b 个支路电流变量的方程组。联解这个方程组就可以求得各个支路电流，再利用元件的伏安特性(VCR)得到各个支路电压，从而将电路各处的电流、电压响应都求解出来。

例 2-12　在图 2-47 所示电路中，试用支路电流法计算各支路电流。

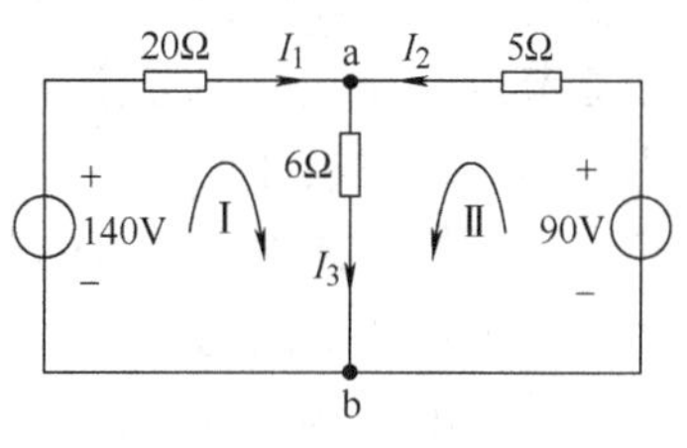

图 2-47　例 2-12 的电路

解：先选取三个支路电流 I_1、I_2、I_3 的参考方向及两个网孔的绕行方向，如图 2-47 所示。该电路有两个节点和两个网孔，需要列一个 KCL 方程和两个 KVL 方程，组成三元一次方程组。

对于节点 a 列 KCL 方程，得

$$I_1+I_2-I_3=0$$

网孔 Ⅰ 的 KVL 电压数值方程为

$$140=20I_1+6I_3$$

网孔 Ⅱ 的 KVL 电压数值方程为

$$90=5I_2+6I_3$$

联解上述三个方程构成的方程组，得

$$I_1=4\text{A}\qquad I_2=6\text{A}\qquad I_3=10\text{A}$$

注意：当电路中有电流源支路存在时，电流源支路的电流是已知的，但由于电流源两端的电压不能直接写出，所以在选择列KVL方程的路径时不要经过电流源支路。

例2-13 在图2-48所示电路中，利用支路电流法求各支路电流I_1、I_2、I_3以及电流源I_{S3}发出的功率P_3。

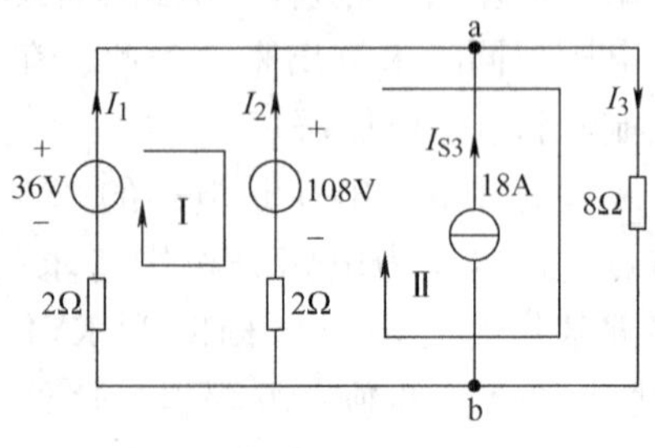

图2-48 例2-13的电路

解：在图2-48所示电路中，三条支路上的电流I_1、I_2、I_3为未知变量，需要列三个独立方程。

节点a的KCL电流数值方程为

$$I_1+I_2+18-I_3=0$$

网孔Ⅰ的KVL电压数值方程为

$$36-108=2I_1-2I_2$$

网孔Ⅱ的KVL电压数值方程为

$$108=2I_2+8I_3$$

解这三个方程联立的方程组，得

$$I_1=-22\text{A}\qquad I_2=14\text{A}\qquad I_3=10\text{A}$$

电流源I_{S3}两端的电压与8Ω电阻两端的电压相等，即

$$U_{ab}=8I_3=8\times10\text{V}=80\text{V}$$

所以，电流源I_{S3}发出的电功率为

$$P_3=U_{ab}I_{S3}=80\times18\text{W}=1440\text{W}$$

2.5.2 节点电压法

上述支路电流法是以支路电流作为独立变量，当电路的支路数较多时，作为未知量的独立变量也较多，就需要联解较多的方程，带来运算上的麻烦。而另一种常见的基本分析方法——节点电压法（Node Voltage Method）就适用于分析求解支路数较多，但节点数较少的电路。这种以节点电压为变量列写电路方程的方法广泛应用于电路的计算机辅助分析，因而已成为电路分析中最重要的方法之一。

在电路中，任意选择某一个节点作为**参考节点**，设这个节点的电位为零，其余节点则称为**独立节点**。独立节点与参考节点之间的电压（即这两点间的电位差）就称为**节点电压**。节点电压的参考极性是以参考节点为负、独立节点为正。由于参考节点的电位为零，所以，节点电压就等于该独立节点的节点电位。显然，两个独立节点间任一支路的支路电压就是这两个独立节点的节点电位之差，也就是节点电压之差。

以节点电压作为未知变量，将各个支路电流用节点电压表示，对独立节点列基尔霍夫电流方程（KCL），从而求解出电压或电流响应，这就是**节点电压法**。

在具有n个节点的电路中，如果选取其中任意一个作为电位为零的参考节点，则有$(n-1)$个独立节点，以这$(n-1)$个独立节点的节点电压为未知变量，建立$(n-1)$个独立的KCL方程。因此，节点电压法所需要的联立方程的数目就由支路电流法的b个（支路数）减少到$(n-1)$个（独立节点数）了，从而简化电路的计算。节点电压法特别适用于节点数少而支路数较多的电路分析。

如图2-49所示电路，有5条支路$(b=5)$，3个节点$(n=3)$。以图中的o点作电位为零的参考节点，a、b为两个独立节点，节点电压也就是独立节点电位，分别为U_{an}和U_{bn}，这

里的下标 n 代表独立节点。

分别对独立节点 a 和 b 列 KCL 电流方程，得

$$\begin{cases} I_1 - I_2 - I_3 = 0 \\ I_3 - I_S - I_4 = 0 \end{cases} \tag{2-34}$$

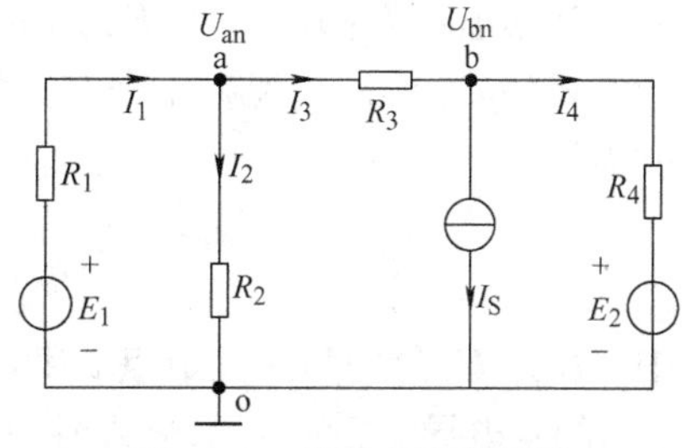

图 2-49　节点电压法举例

根据电阻元件的伏安特性，得各支路中的电流分别为

$$\begin{cases} I_1 = \dfrac{E_1 - V_a}{R_1} = \dfrac{E_1 - U_{an}}{R_1} \\ I_2 = \dfrac{V_a}{R_2} = \dfrac{U_{an}}{R_2} \\ I_3 = \dfrac{V_a - V_b}{R_3} = \dfrac{U_{an} - U_{bn}}{R_3} \\ I_4 = \dfrac{V_b - E_2}{R_4} = \dfrac{V_{bn} - E_2}{R_4} \end{cases} \tag{2-35}$$

将式(2-35) 分别代入式(2-34) 中，得到独立节点 a 和独立节点 b 的节点电压方程为

$$\begin{cases} \left(\dfrac{1}{R_1} + \dfrac{1}{R_2} + \dfrac{1}{R_3}\right)U_{an} - \dfrac{U_{bn}}{R_3} = \dfrac{E_1}{R_1} \\ \left(\dfrac{1}{R_3} + \dfrac{1}{R_4}\right)U_{bn} - \dfrac{U_{an}}{R_3} = \dfrac{E_2}{R_4} - I_S \end{cases} \tag{2-36}$$

在式(2-36) 中，令

$$G_{aa} = \frac{1}{R_1} + \frac{1}{R_2} + \frac{1}{R_3}$$

$$G_{bb} = \frac{1}{R_3} + \frac{1}{R_4}$$

$$G_{ab} = G_{ba} = -\frac{1}{R_3}$$

代入式(2-36)，得

$$\begin{cases} G_{aa}U_{an} + G_{ab}U_{bn} = \dfrac{E_1}{R_1} \\ G_{bb}U_{bn} + G_{ba}U_{an} = \dfrac{E_2}{R_4} - I_S \end{cases} \tag{2-37}$$

式(2-37) 中，G_{aa}为独立节点 a 的自电导，是与节点 a 相连接的各支路电导（即电阻的倒数）的总和。G_{bb}为独立节点 b 的自电导，是与节点 b 相连接的各支路电导的总和。$G_{ab} = G_{ba}$为节点 a、b 间的互电导，等于节点 a、b 间电阻的负倒数。由于节点电压的参考方向总是由独立节点指向参考节点，所以各节点电压在自电导中引起的电流总是流出该节点的，在节点方程左边，流出节点的电流取“+”号，因而自电导总是正的。但是另一节点电压通过互电导引起的电流总是流入本节点的，在节点方程左边，流入节点的电流取“–”号，因而互电导总是负的。式(2-37) 等号的右边分别表示流入节点 a 和节点 b 的独立电流源或等效电流源电流的代数和。规定流入节点的电流为正，流出节点的电流为负。显然，图 2-49 所示电路中，电压源可以

分别等效为电流值为 E_1/R_1 和 E_2/R_4 的电流源，且等效电流源都是流入节点，均取正号。

将式(2-37) 推广到有 n 个节点的电路中。电路中任意节点 i 的节点电压方程的一般表达式为

$$G_{ii}U_{in} + \sum_{j=1,j\neq i}^{n-1} G_{ij}U_{jn} = \sum I_{Si} \tag{2-38}$$

式中，U_{in}、U_{jn}分别为独立节点 i 和 j 的节点电压；G_{ii}为独立节点 i 的自电导；G_{ij}为独立节点 i、j 间的互电导；ΣI_{Si} 表示流入独立节点 i 的电流源或等效电流源电流的代数和（流入为正，流出为负）。

例 2-14 在图 2-50 所示电路中，利用节点电压法求电流 I。

解：先利用电源的等效互换，将图 2-50a 所示电路等效变换为图 2-50b。取 o 为参考节点。

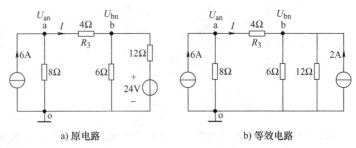

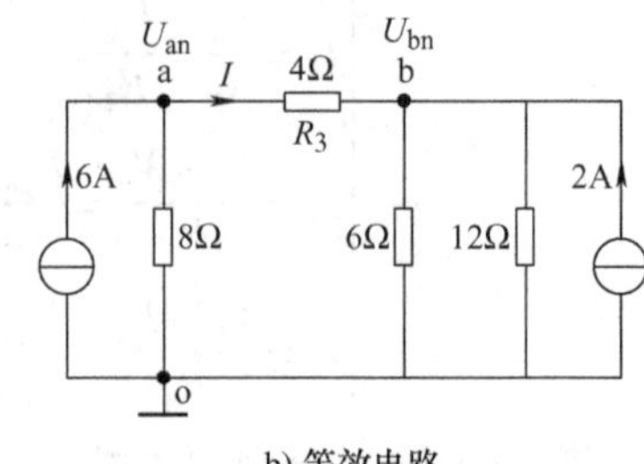

图 2-50 例 2-14 的电路

根据式(2-38)，在图 2-50b 中对独立节点 a、b 分别列写关于节点电压 U_{an}和 U_{bn}的数值方程，得

$$\left(\frac{1}{4}+\frac{1}{8}\right)U_{an} - \frac{1}{4}U_{bn} = 6$$

$$\left(\frac{1}{4}+\frac{1}{6}+\frac{1}{12}\right)U_{bn} - \frac{1}{4}U_{an} = 2$$

联解方程组得

$$U_{an} = 28\text{V} \qquad U_{bn} = 18\text{V}$$

所以

$$I = \frac{U_1 - U_2}{4\Omega} = \frac{28\text{V} - 18\text{V}}{4\Omega} = 2.5\text{A}$$

当电路中只有两个节点时，任意选择其中一个节点为参考节点，电路只剩下一个独立节点，这种电路称为单节点偶电路。该种电路在电力系统中比较多见，它的特点是各支路都连接在同一对节点之间。应用节点电压法计算时，只需列出一个独立节点电压方程，在方程表达式中互电导为零，这样就可以方便地求出独立节点的电压，进而求出各个支路电流。

当节点电压法运用在两个节点的电路结构中时，也称为**弥尔曼定理**。如图 2-51 所示的两节点电路中，根据式(2-38) 有

$$\left(\frac{1}{R_1}+\frac{1}{R_2}+\frac{1}{R_3}\right)U_{ab} = \frac{U_{S1}}{R_1} - \frac{U_{S2}}{R_2} + I_{S1} - I_{S2}$$

可得两节点间的节点电压为

$$U_{ab} = \frac{\dfrac{U_{S1}}{R_1} - \dfrac{U_{S2}}{R_2} + I_{S1} - I_{S2}}{\dfrac{1}{R_1}+\dfrac{1}{R_2}+\dfrac{1}{R_3}}$$

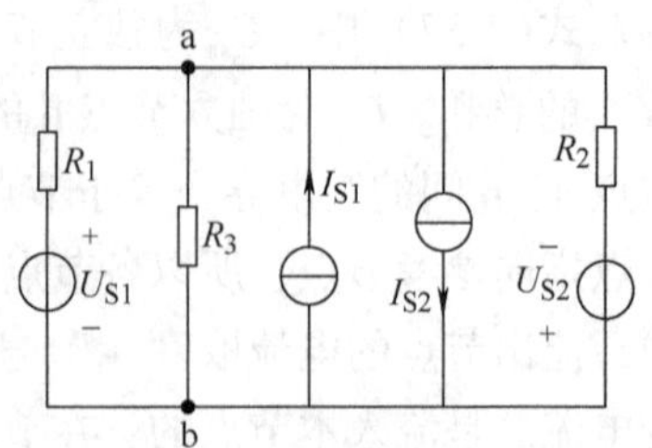

图 2-51 两节点电路

则弥尔曼定理所表示的两节点间节点电压的一般表示式为

$$U_{ab}=\frac{\sum\frac{U_S}{R}+\sum I_S}{\sum\frac{1}{R}} \tag{2-39}$$

式(2-39) 中，若支路中电压源电压的参考方向与节点电压的参考方向相同，则取正号，反之取负号；当恒流源电流与节点电压的参考方向一致时，取负号，相反时则取正号。

例 2-15　在图 2-52 所示电路中，利用节点电压法求各支路电流。

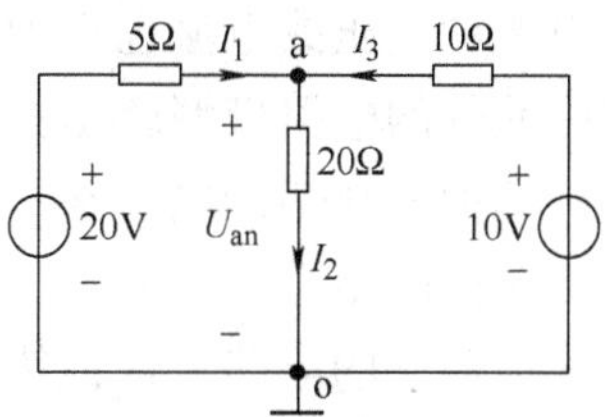

图 2-52　例 2-15 的电路

解：设各个支路电流 I_1、I_2、I_3 的参考方向如图 2-52 所示。该电路中只有两个节点，取 o 为参考节点，则 a 为独立节点，设其电压为 U_{an}。根据式(2-39)（即弥尔曼定理）得节点电压 U_{an} 为

$$U_{an}=\frac{\frac{20}{5}+\frac{10}{10}}{\frac{1}{5}+\frac{1}{20}+\frac{1}{10}}\text{V}\approx 14.3\text{V}$$

根据电阻的伏安特性得

$$I_1=\frac{20-U_{an}}{5}=\frac{20-14.3}{5}\text{A}=1.14\text{A}$$

$$I_2=\frac{U_{an}}{20}=\frac{14.3}{20}\text{A}\approx 0.72\text{A}$$

$$I_3=\frac{10-U_{an}}{10}=\frac{10-14.3}{10}\text{A}=-0.43\text{A}$$

【课堂限时习题】

2.5.1　对于一个具有 8 条支路和 4 个节点的电路，最多可以列出独立的 KVL 电压方程及 KCL 电流方程的数目分别为（　　）。

A）8 个、4 个　　B）4 个、4 个　　C）5 个、3 个　　D）7 个、3 个

2.5.2　对电路的所有回路列出的 KVL 电压方程是一组独立方程。(　　)

A）对　　B）错

2.5.3　节点数为 n 的电路，则按节点列写的$(n-1)$个 KCL 电流方程必然是相互独立的。(　　)

A）对　　B）错

2.6　含受控源电路的分析计算

前面章节分析讨论的电路中，出现的电源都是**独立电源**(Independent Source)。所谓独立电源，就是能独立地为电路提供能量的电压源或电流源。独立电压源的输出电压或独立电流源的输出电流不受外电路的控制而独立存在，故称为独立电源，简称独立源。它们往往是发

电机、电池、稳压源、信号发生器等实际装置的电路模型。

常见的扩音系统原理框图如图2-53所示。对负载扬声器而言，扩音机是它的电源，作为电源的扩音机的输出是受传声器控制的。这类不能独立地为电路提供能量，但在其他信号控制下，仍然可以提供一定的电压或电流输出的电源称为**受控电源**(Dependent Source)，简称受控源。受控源输出的电压或电流，是受控于电路中某一支路的电流或电压。当作为控制量的电压或电流等于零时，受控电源的电压或电流也将为零。例如电子电路中常遇到的晶体管、运算放大器、集成电路等实际元件的电路模型就是受控源电路。

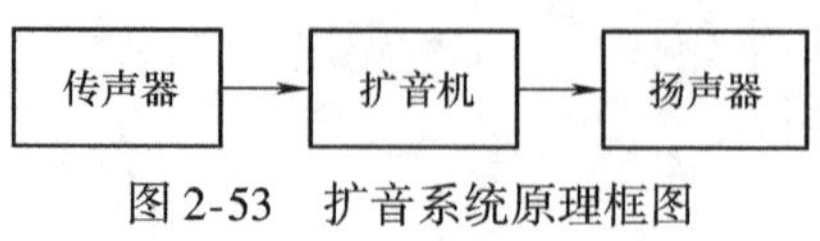

图2-53 扩音系统原理框图

前面所介绍的电路基本定理和基本分析方法同样适用于含受控源电路的分析与计算，含受控源的电路也是根据基尔霍夫定律（KCL、KVL）以及元件的伏安特性（VCR）列出关于电流或电压的电路方程，然后求解方程。可以把受控电压源类似独立电压源处理、把受控电流源类似独立电流源处理，但要考虑到受控电源本身具有的特性，即要注意受控源输出的电压或电流取决于控制量。例如，在利用等效变换法分析受控源电路时，受控电压源与受控电流源之间的等效变换规律与独立源相同，但在等效变换过程中要保持受控源的控制量不变。

例2-16 在图2-54所示电路中，求电压 U_2。

解：图2-54所示电路中，含有一个电压控制电流源(VCCS)，控制系数1/6就是图1-28c所示压控流源模型中的 g，单位为西门子（S）。受控源和其他电路元件一样，也按基尔霍夫定律列出方程组，即

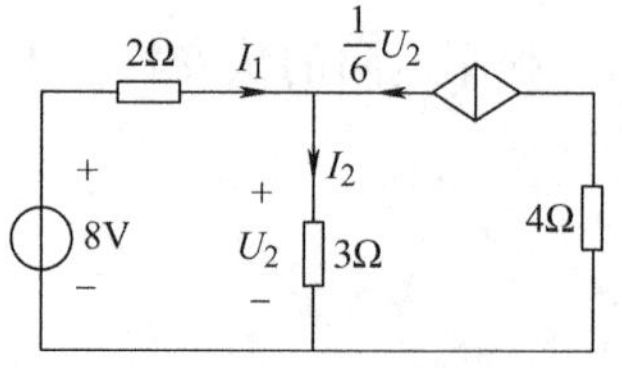

图2-54 例2-16的电路

$$I_1 - I_2 + \frac{1}{6}U_2 = 0$$

$$2I_1 + 3I_2 = 8$$

根据电阻元件的伏安特性（VCR），有 $U_2 = 3I_2$，代入上面的方程组得

$$I_1 - I_2 + \frac{1}{2}I_2 = 0$$

$$2I_1 + 3I_2 = 8$$

解得

$$I_2 = 2\text{A}$$

$$U_2 = 3I_2 = 3 \times 2\text{V} = 6\text{V}$$

例2-17 在图2-55a所示电路中，利用电源的等效变换法求电流 I。

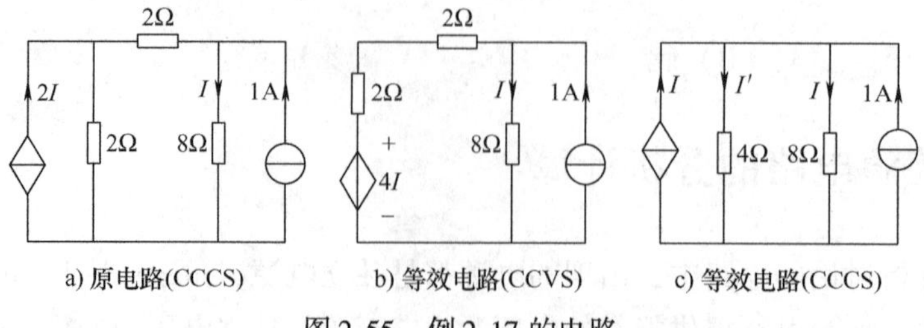

图2-55 例2-17的电路

解：受控电压源与受控电流源也可以等效变换，但在变换过程中要保持受控源的控制量不变。图2-55a所示电路中，含有一个受8Ω电阻的电流I控制的电流源，即流控流源（CCCS），要保持控制量电流I不变，则右侧独立的实际电流源不能等效变换成电压源，但左侧的流控流源（CCCS）可以等效变换成流控压源（CCVS），如图2-55b所示电路。再将图2-55b中的流控压源（CCVS）等效变换成流控流源（CCCS），最后得到如图2-55c所示的等效电路。

在图2-55c所示的等效电路中，根据KCL得电流的数值方程为

$$1-I-I'+I=0$$

4Ω的电阻与8Ω的电阻并联，两端电压相等，根据电阻的欧姆定律（VCR）得

$$4I'=8I$$

联解上面的两个方程得

$$I=0.5\text{A}$$

例2-18　在如图2-56a所示电路中，试用叠加定理求2Ω电阻上的电流I。

解：根据叠加定理，图2-56a所示电路可以看作是8V的恒压源和2A的恒流源分别单独作用产生响应的代数叠加。图2-56b是8V的恒压源单独作用的电路，图2-56c是2A的恒流源单独作用的电路。

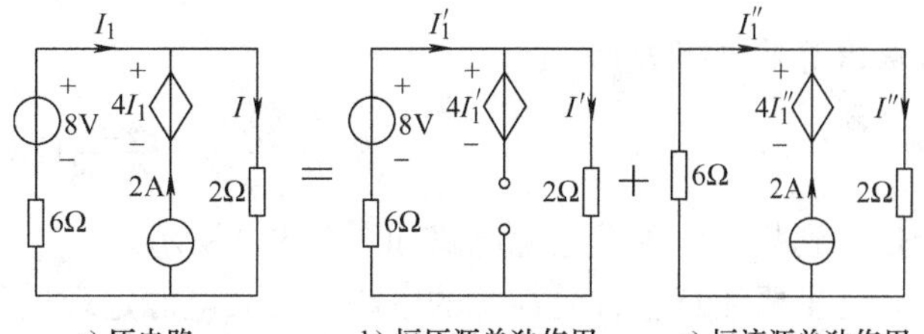

a) 原电路　　b) 恒压源单独作用　　c) 恒流源单独作用

图2-56　例2-18的电路

在图2-56b中，由KVL解得

$$I'=\frac{8}{2+6}\text{A}=1\text{A}$$

在图2-56c中，根据并联分流公式解得

$$I''=\left(\frac{6}{2+6}\times 2\right)\text{A}=1.5\text{A}$$

根据叠加定理，求得2Ω电阻上的电流I为

$$I=I'+I''=(1+1.5)\text{A}=2.5\text{A}$$

要注意，在应用叠加定理分析计算含受控源的电路时，受控电源不能单独作用，即不能被置为零，受控电源应始终保留在电路中。

例2-19　试求图2-57a所示有源二端网络的戴维南等效电源电路。

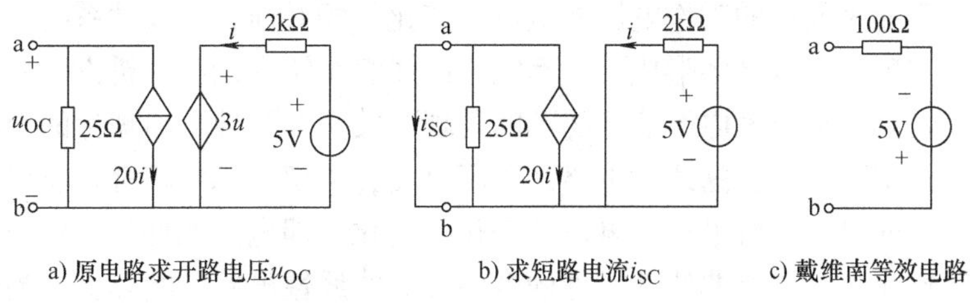

a) 原电路求开路电压u_{OC}　　b) 求短路电流i_{SC}　　c) 戴维南等效电路

图2-57　例2-19的电路

解：(1) 先求开路电压 u_{OC}。如图 2-57a 所示，求得左侧电路的开路电压 u_{OC} 为

$$u_{OC}=u=-25\times20i=-500i$$

对图 2-57a 右侧电路列 KVL 方程，有

$$2000i+3u=2000i+3u_{OC}=5$$

联立求解上述两个方程，得

$$u_{OC}=-5\text{V}$$

(2) 再用开路短路法求等效电阻 R_{eq}。如图 2-57b 所示，将端口 a、b 间短路，由于端口电压 u 为零，受控电压源 $3u$ 用短路置换，对图 2-57b 左侧电路列 KCL 方程，有

$$i_{SC}=-20i$$

对于图 2-57b 右侧电路列 KVL 方程，有

$$2000i=5$$

解得短路电流 i_{SC} 为

$$i_{SC}=-0.05\text{A}$$

可求得等效电阻 R_{eq} 为

$$R_{eq}=\frac{u_{OC}}{i_{SC}}=\frac{-5}{-0.05}\Omega=100\Omega$$

于是得到戴维南等效电源电路如图 2-57c 所示。

这里要注意：含受控源的电路用等效电源定理进行分析时，不能将受控源和它的控制量分割在两个电路网络中，二者必须在一个电路内。

【课堂限时习题】

2.6.1 线性受控源是二端子元件吗？

A）是　　B）不是

2.6.2 在图 2-58 所示电路中，受控电流源的电流值等于（　　）。

A）1A　　B）-1A　　C）4A　　D）2A

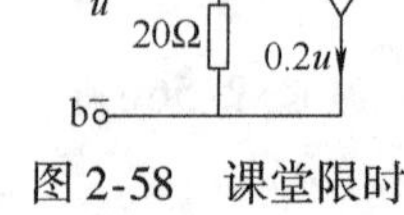

图 2-58 课堂限时习题 2.6.2 的电路

2.6.3 受控源与独立源一样，也可以进行电压源-电阻模型和电流源-电阻模型的等效互换。

A）对　　B）错

*2.7 非线性电阻电路的分析

前面各章节讨论的电路都是由线性元件构成的**线性电路**。在线性电路中，各个线性元件的参数是常数，不随该元件的工作电压或电流而变化。相对而言，线性系统的物理描述和数学求解比较容易实现，而且已经形成了一套完善的线性系统理论和分析方法。然而，随着电路电子技术的发展和各种新型电子器件的不断涌现，关于非线性电路理论的分析与研究也发展起来。严格说，实际上理想的线性电路几乎不存在，一切实际电路都是非线性的。

如果电路元件的参数随着电压或电流的变化而变化，即电路元件的参数与电压或电流有关，就称为**非线性元件**，含有非线性元件的电路称为**非线性电路**。实际上，当电路的电压或电流变化时，元件的参数或多或少总有所变化。所以，严格说来，一切实际电路都是非线性

电路。只是在工程计算中，在一定的条件下和一定的范围内将某些非线性程度比较微弱的电路元件线性化，作为线性元件来处理，并不会产生本质上的差异，从而简化了电路分析。然而，许多非线性程度高的元件就不能忽略其非线性特征。如果将这些非线性元件作为线性元件来处理，其分析计算的结果将与实际量值相差甚远，甚至还会产生本质的差异，这样的计算结果没有任何意义，还将使电路所发生的许多物理现象得不到本质的解释。由于非线性电路本身具有的特殊性，分析研究非线性电路具有重要的意义。

基尔霍夫定律（KCL、KVL）与元件性质无关，仍是分析计算非线性电路的依据。由于非线性元件的参数不是常数，欧姆定律和叠加定理都不适用于非线性电路，所以前面章节介绍的线性电路的分析方法一般不适用于非线性电路。而且由于非线性元件的伏安特性（VCR）一般难以用数学解析式表示，电路方程的列写和求解都比较困难，因此，通常用图解分析法、折线分析法或小信号分析法来分析计算非线性电路。图解法就是用作图的方法分析求解非线性电阻电路。图解法是分析简单非线性电路的常用方法之一，是其他非线性电路分析方法的基础。

由于非线性电阻电路是整个非线性电路理论的基础，所以本节以非线性电阻电路为主要研究对象。

在电路中，线性电阻上的电压与电流成正比，其伏安特性(VCR)遵循欧姆定律 $U=RI$，伏安特性曲线是过原点的一条直线，它的电阻值为一个常数，与电压和电流都无关。实际上，绝对的线性电阻是没有的，如果基本能遵循欧姆定律，就可以认为是线性的。而**非线性电阻**的电阻值不是常数，会随着电压或电流的改变而改变，而且非线性电阻的电压、电流间的伏安关系并不遵循欧姆定律，一般用电压与电流的关系曲线 $U=f(I)$ 或 $I=f(U)$ 来表示，这种曲线就是非线性电阻的**伏安特性曲线**(VCR 曲线)，它可以通过实验测取。图 2-59 为非线性电阻的电路符号。非线性电阻元件在实际应用中很常见。例如，图 2-60 和图 2-61 分别为白炽灯中所用钨丝和二极管的伏安特性曲线。显然，钨丝和二极管都属于非线性电阻元件。

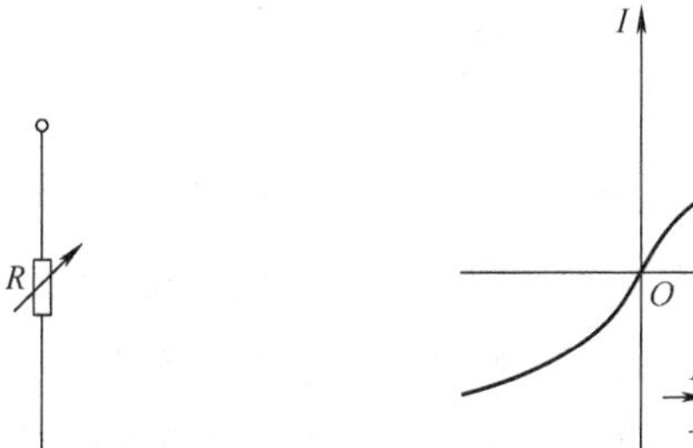

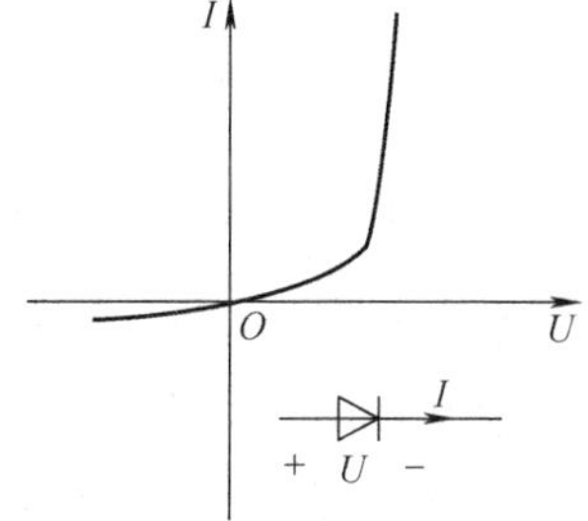

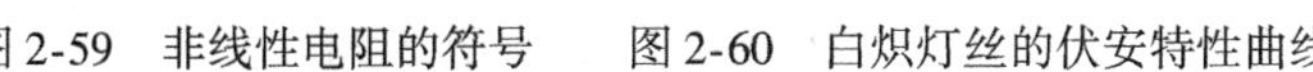

图 2-59　非线性电阻的符号　　图 2-60　白炽灯丝的伏安特性曲线　　图 2-61　二极管的伏安特性曲线

由于非线性电阻的阻值是随着电压或电流而变动的，所以计算它的电阻时就必须指明它的工作状态，即该点的电压或电流，该工作状态点称为工作点 Q。不同的工作点 Q 对应不同的电阻。通常用静态电阻和动态电阻两种方式描述非线性电阻，如图 2-62 所示。

静态电阻也称为直流电阻，用 R 表示。在图 2-62 中，它等于工作点 Q 上的电压与电流之比，即 $R=\dfrac{U}{I}$。将工作点 Q 与原点连直线，该直线与纵轴的夹角为 α，静态电阻 R 在数值

上正比于 α 的正切值 $\tan\alpha$。

动态电阻也称为交流电阻，用 r 表示。在图 2-62 中，它等于工作点 Q 附近的电压微变量 ΔU 与电流微变量 ΔI 之比的极限，即 $r=\lim\limits_{\Delta I\to 0}\dfrac{\Delta U}{\Delta I}=\dfrac{\mathrm{d}U}{\mathrm{d}I}$。过 Q 作曲线的切线，该切线与纵轴的夹角为 β，动态电阻 r 在数值上正比于角 β 的正切值 $\tan\beta$。

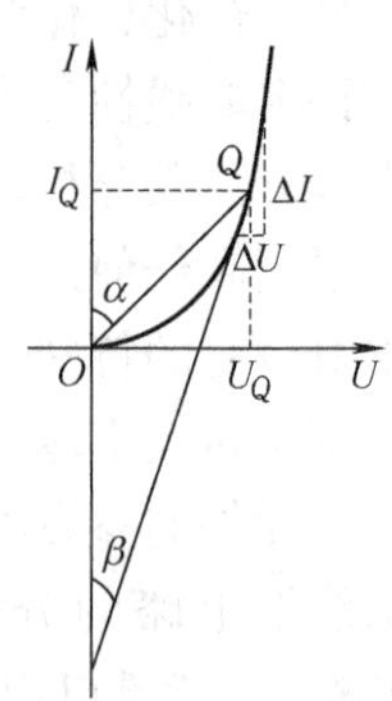

图 2-62 静态电阻与动态电阻的图解

对于只含有一个非线性元件的电路，根据戴维南定理或诺顿定理，将非线性元件以外的线性电路部分等效成一个实际电压源或实际电流源电路模型。如图 2-63 所示（这里采用等效电压源电路模型），左侧是线性电路部分，其伏安特性曲线是一条直线；右侧是非线性电路部分，其伏安特性曲线是一条曲线，两条伏安特性曲线的交点就是非线性元件的工作点 Q。对于图 2-63 左侧的线性电路部分，根据基尔霍夫电压定律（KVL）得

$$U=E-R_0I \tag{2-40}$$

式(2-40）是一个直线方程，其伏安特性曲线是一条直线。它在横轴上的截距为 E，在纵轴上的截距为 $\dfrac{E}{R_0}$，如图 2-64 所示。这条直线与右侧的非线性电阻 R 的伏安特性曲线 $I(U)$ 相交于点 Q。因为两者的交点 Q，既表示了非线性电阻 R 上电压与电流间的伏安特性，同时也符合电路中线性部分的电压与电流的关系，所以点 Q 为整个非线性电阻电路的工作点。工作点 Q 在横轴和纵轴上的坐标值，分别为非线性电阻的电压和电流，进而求解出在该工作点下电路中其他的电压或电流响应。

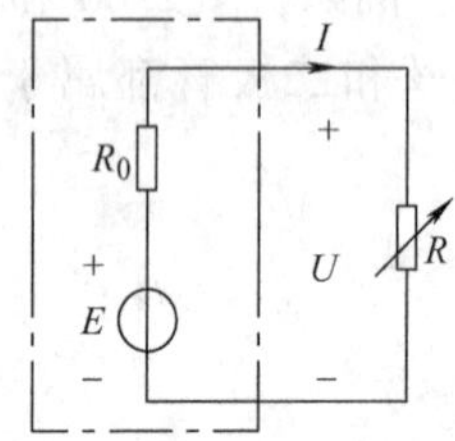

图 2-63 非线性电阻电路的等效电路

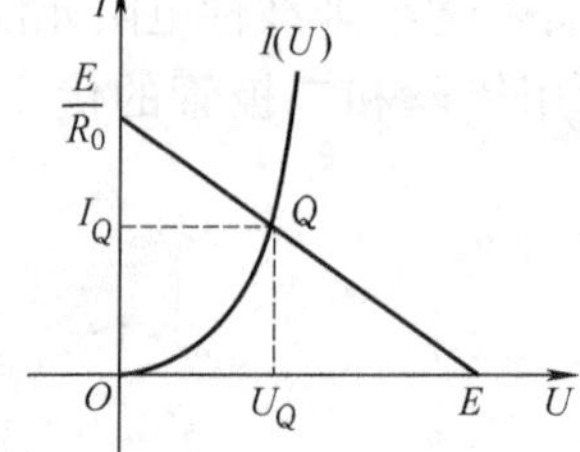

图 2-64 非线性电阻电路的图解法

例 2-20 图 2-65a 所示的电路中，非线性电阻元件二极管 VD 的伏安特性曲线如图 2-65b 所示。利用图解法求二极管 VD 中的电流 I 及两端电压 U，并计算其他两个支路电流 I_1 和 I_2。

解： 除了非线性电阻元件二极管 VD 以外，其余部分是由线性元件组成的一个线性有源二端网络，应用戴维南定理等效转化为电压源模型。等效电压源的电压和内阻可以通过图 2-65c、d 所示的电路计算求取。

由图 2-65c 知，等效电压源的电压，也就是有源二端网络的开路电压 U_{OC} 为

$$U_{OC}=\left[1+1\times10^3\times\frac{5-1}{(3+1)\times10^3}\right]\text{V}=2\text{V}$$

由图 2-65d 知，等效电压源的内阻 R_0 为

$$R_0=\left(0.25+\frac{3\times1}{3+1}\right)\text{k}\Omega=1\text{k}\Omega$$

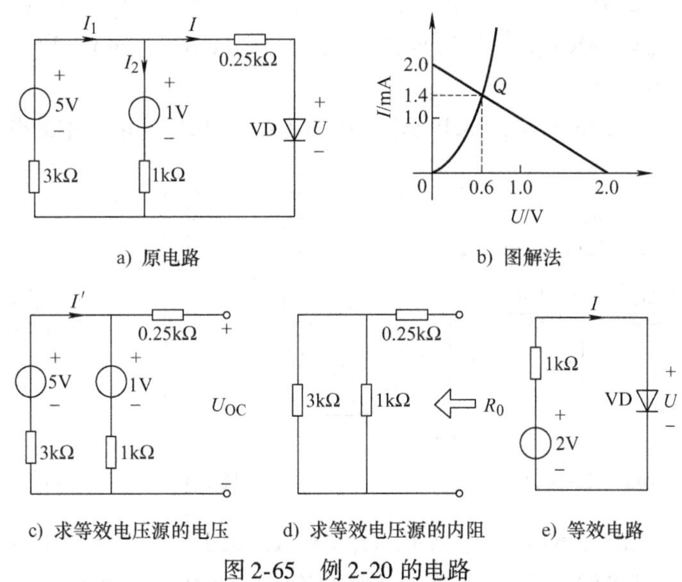

a) 原电路　　b) 图解法

c) 求等效电压源的电压　　d) 求等效电压源的内阻　　e) 等效电路

图 2-65　例 2-20 的电路

于是，得到图 2-65e 所示等效电路。根据 KVL 得等效电路的数值方程为

$$U = 2 - I$$

在图 2-65b 中，作一条在横轴上截距为 2V、在纵轴上截距为 2mA 的直线。该直线与二极管的伏安特性曲线的交点为工作点 Q，由 Q 点坐标可得

$$U = 0.6\text{V} \qquad I = 1.4\text{mA}$$

由图 2-65a 得

$$I_1 = \frac{5\text{V} - 0.25 \times I - U}{3}\text{mA} = 1.35\text{mA}$$

$$I_2 = I_1 - I = -0.05\text{mA}$$

【课堂限时习题】

2.7.1　图 2-66 所示伏安特性的元件应属于（　　）。

A）线性电阻　　　　B）非线性电阻

2.7.2　在建立非线性电路的电路方程时，应使用非线性电阻元件的（　　）。

A）伏安关系　　　　B）动态电阻　　　　C）静态电阻

2.7.3　欧姆定律只适用于线性电阻电路，不适用于非线性电阻电路。（　　）

A）对　　　　B）错

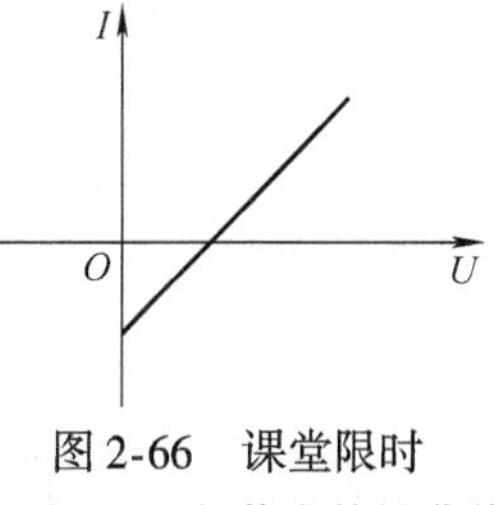

图 2-66　课堂限时习题 2.7.1 的伏安特性曲线

习题

【习题 2-1】　用一个满刻度偏转电流为 50μA、内阻 R_g 为 3kΩ 的表头改装为 2.5V 量程的直流电压表，试求串联的附加电阻 R_k 应取多大？

【习题 2-2】 图 2-67 所示是一个多量程的电流表电路，已知表头内阻 $R_g=1600\Omega$，满量程时表头电流为 $I_g=100\mu A$。如果要求扩大量程 I 为 1mA、10mA、1A 三档，试求分流电阻 R_1、R_2 和 R_3 的值。

【习题 2-3】 如图 2-68 所示，试求各电路中的等效电阻 R_{ab}（电路中的电阻单位均为欧姆）。

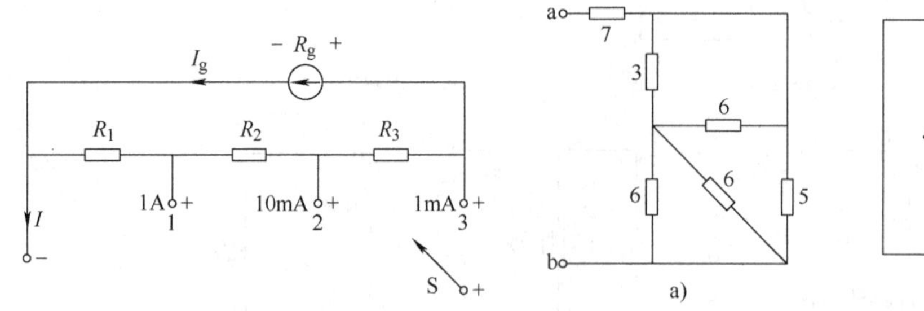

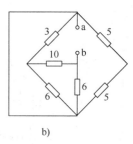

图 2-67 习题 2-2 的电路　　图 2-68 习题 2-3 的电路

【习题 2-4】 已知图 2-69 所示电路中的 $I_1=3mA$，试求电压源的电压 U_S 和提供的功率 P。

*【习题 2-5】 试求图 2-70 所示桥式电路的等效电阻 R 和电流 I。

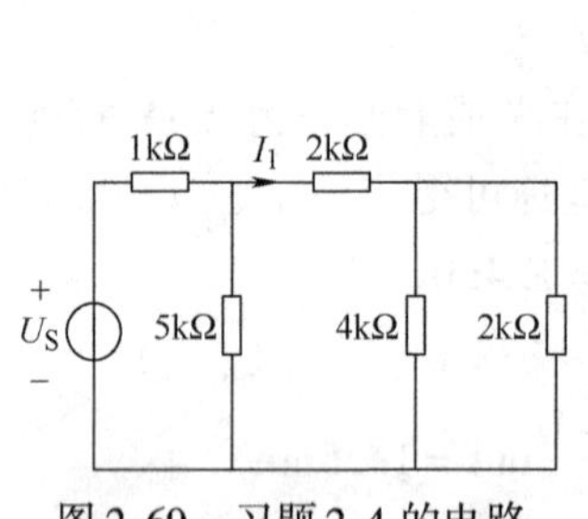

图 2-69 习题 2-4 的电路

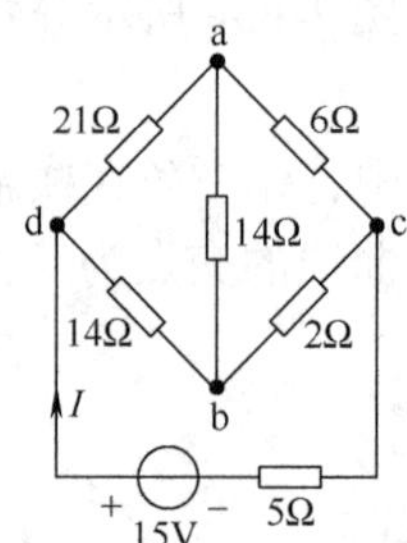

图 2-70 习题 2-5 的电路

【习题 2-6】 将图 2-71 所示各电路化成等效电流源的电路模型。

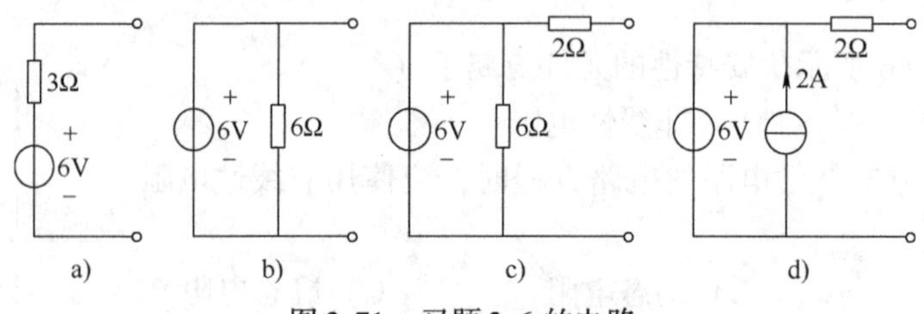

图 2-71 习题 2-6 的电路

【习题 2-7】 将图 2-72 所示各电路化成等效电压源的电路模型。

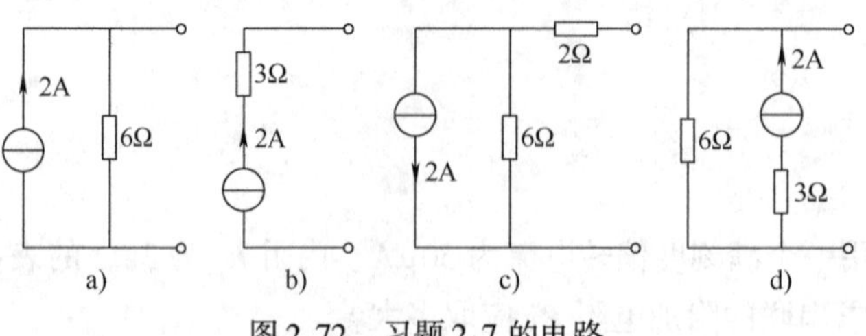

图 2-72 习题 2-7 的电路

【习题 2-8】 利用电压源与电流源等效变换的方法，试求图 2-73 所示电路中的电流 I。

【习题 2-9】 电路如图 2-74 所示，试用电源等效变换的方法求电压 U。

【习题 2-10】 电路如图 2-75 所示，试用电源等效变换的方法求电流 I。

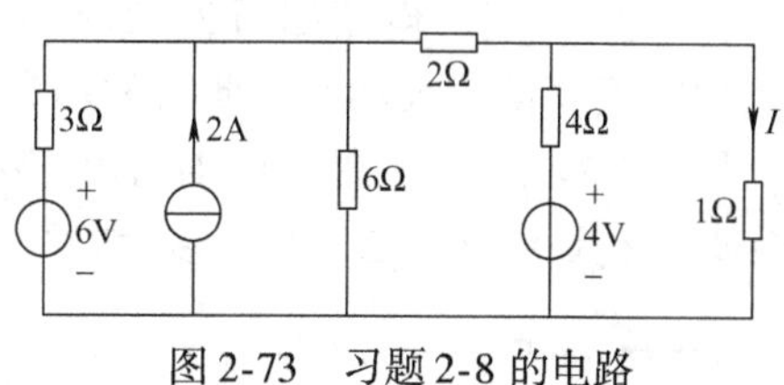

图 2-73　习题 2-8 的电路

【习题 2-11】 试用戴维南定理求图 2-76 所示各电路中的电流 I。

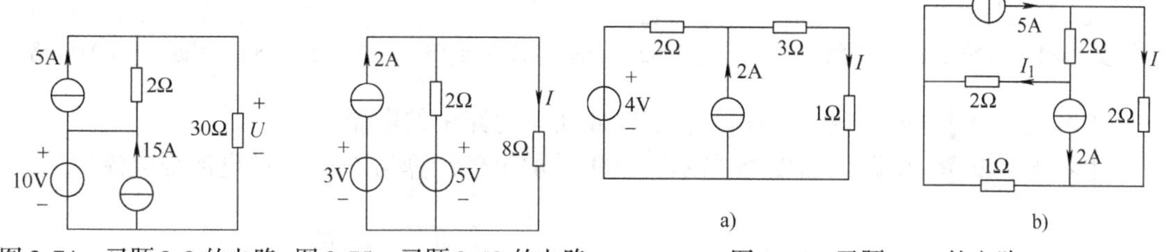

图 2-74　习题 2-9 的电路　图 2-75　习题 2-10 的电路　图 2-76　习题 2-11 的电路

【习题 2-12】 画出图 2-77 所示各电路的戴维南等效电路。

【习题 2-13】 试用戴维南定理计算图 2-78 所示电路中的电流 I。

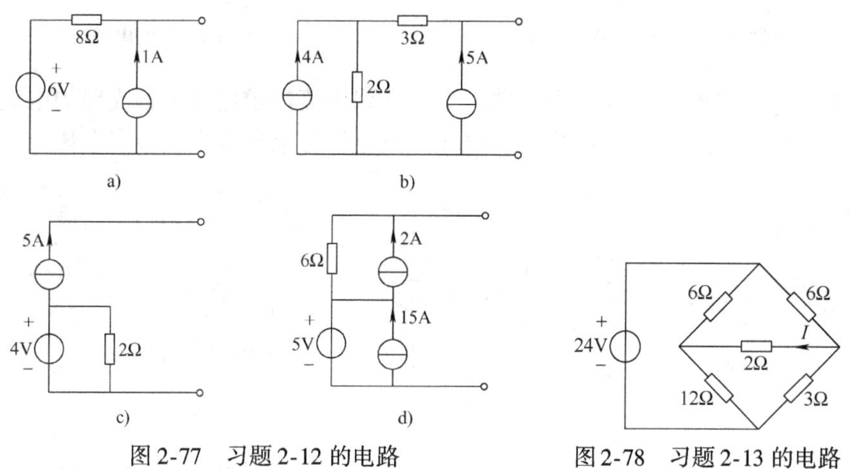

图 2-77　习题 2-12 的电路　图 2-78　习题 2-13 的电路

【习题 2-14】 图 2-79 所示电路中，$U=5\text{V}$。试问电阻 R 为多少？

【习题 2-15】 试用诺顿定理计算图 2-80 所示电路中的电压 U。

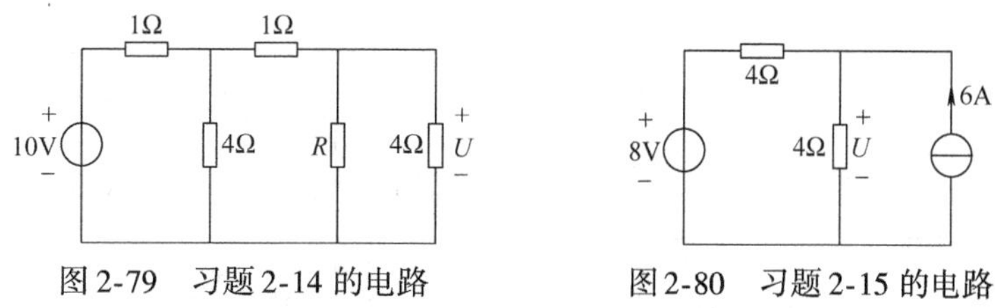

图 2-79　习题 2-14 的电路　图 2-80　习题 2-15 的电路

【习题 2-16】 试用诺顿定理计算图 2-81 所示电路中的电流 I。

【习题 2-17】 电路如图 2-82 所示，试求：（1）当 $R=6\Omega$ 时，负载 R 的功率；（2）R 为何值时能获得最大功率，此时的功率等于多少？

【习题 2-18】 在图 2-83 所示电路中，已知：当 $R=6\Omega$ 时，$I=2\text{A}$。试问：（1）当 $R=12\Omega$ 时，I 为多少？（2）R 为多大时，它吸收的功率最大，并求此最大功率。

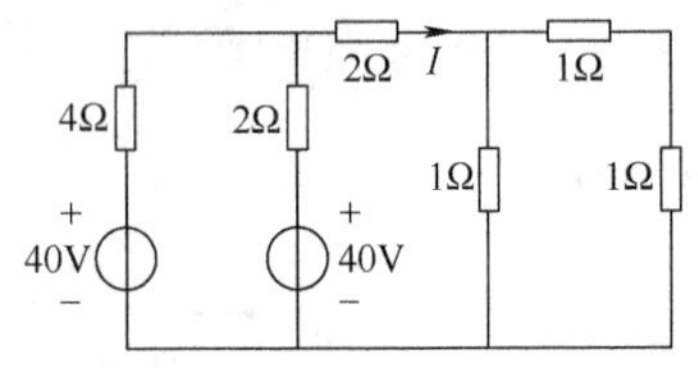

图 2-81 习题 2-16 的电路

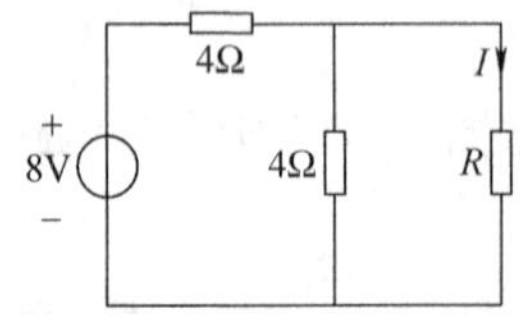

图 2-82 习题 2-17 的电路

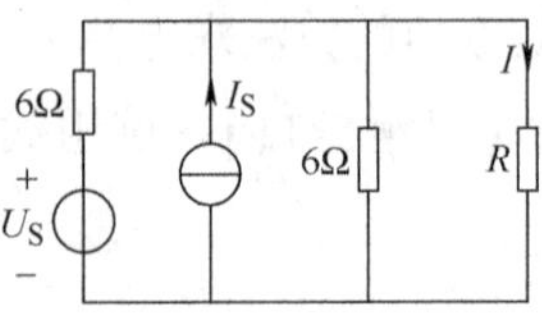

图 2-83 习题 2-18 的电路

【习题 2-19】 试用叠加定理计算图 2-84 所示电路中的电流 I。

【习题 2-20】 电路如图 2-85 所示，试用叠加定理计算当 $I=0$ 时的电流源电流值 I_S。

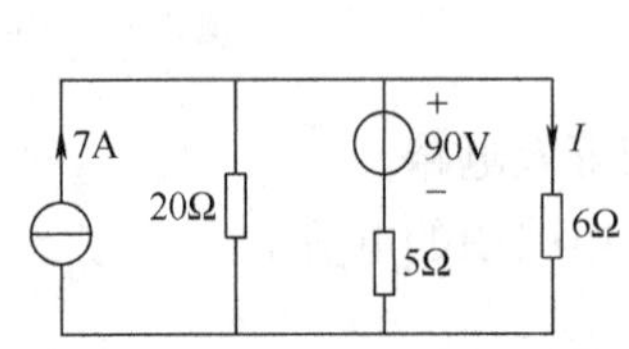

图 2-84 习题 2-19 的电路

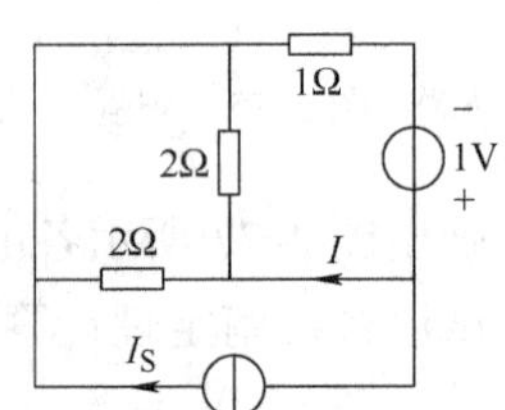

图 2-85 习题 2-20 的电路

【习题 2-21】 如图 2-86 所示各电路，试用支路电流法求电路中各支路的电流。

【习题 2-22】 如图 2-87 所示电路，试用节点电压法求电路中各节点电压。

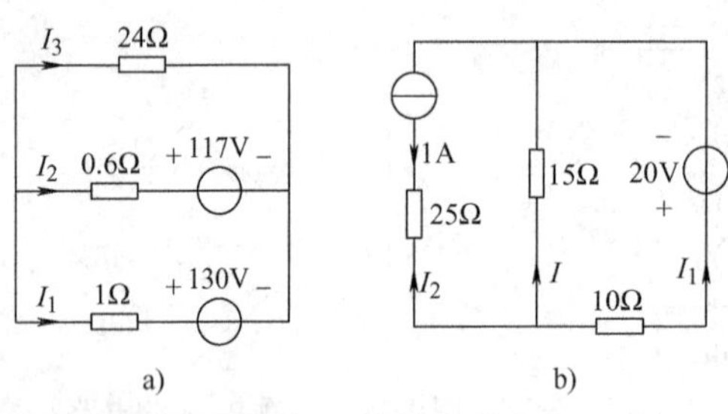

图 2-86 习题 2-21 的电路

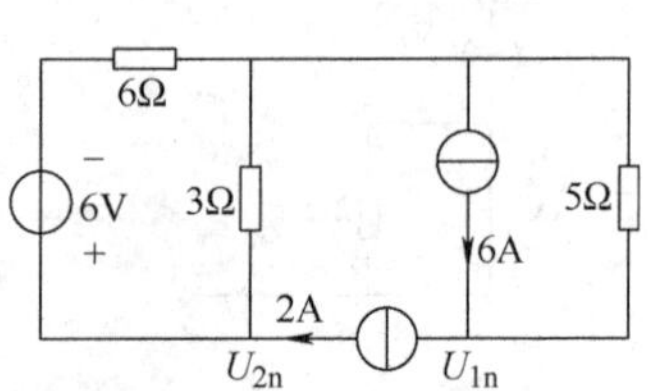

图 2-87 习题 2-22 的电路

【习题 2-23】 如图 2-88 所示电路，试用节点电压法求电路中各支路的电流。

【习题 2-24】 如图 2-89 所示电路，试求电路中的电流和各元件的功率。

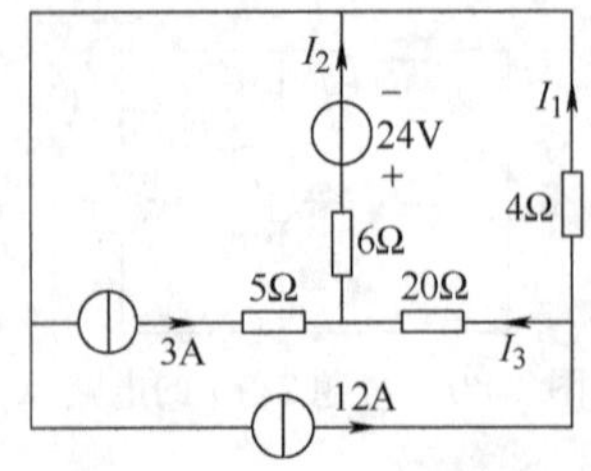

图 2-88 习题 2-23 的电路

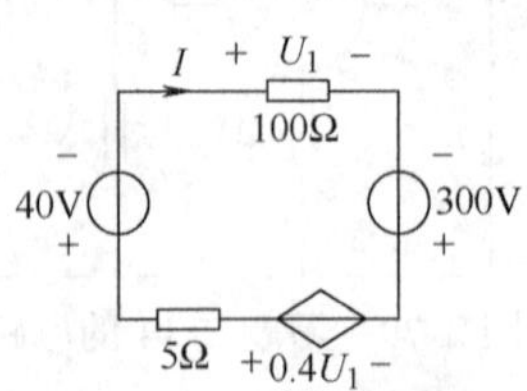

图 2-89 习题 2-24 的电路

【习题 2-25】　试用电源等效变换的方法计算图 2-90 所示电路的电流 I。

【习题 2-26】　试用戴维南定理计算图 2-91 所示电路中的电压 U。

【习题 2-27】　试用叠加定理计算图 2-92 所示电路中的电流 I 和电压 U。

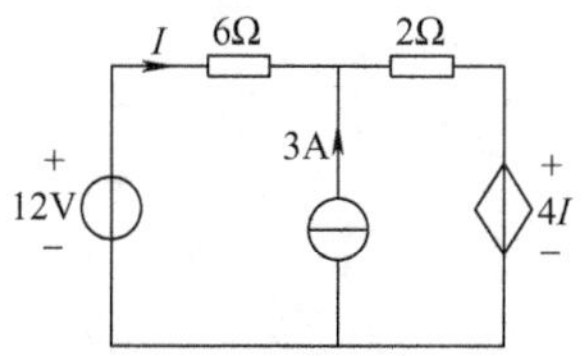

图 2-90　习题 2-25 的电路

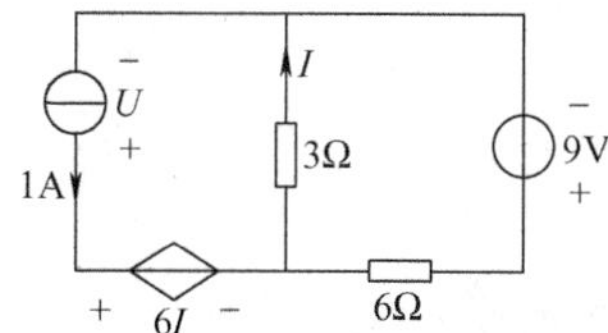

图 2-91　习题 2-26 的电路

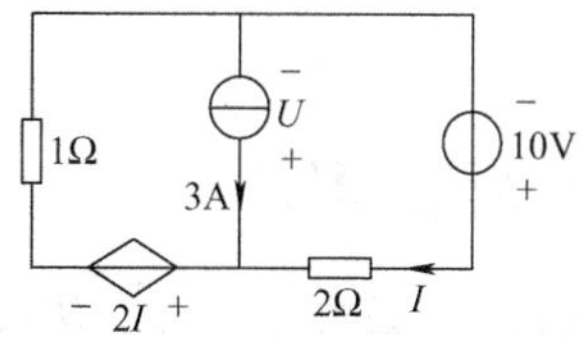

图 2-92　习题 2-27 的电路

*【习题 2-28】　图 2-93a 所示电路中，非线性电阻的伏安特性曲线如图 2-93b 所示。利用图解法求工作点电流 I 及电压 U，并计算流过其他两个线性电阻的电流 I_1 和 I_2。

*【习题 2-29】　图 2-94 所示电路中，非线性电阻的伏安特性（VCR）可表示为 $i=\begin{cases} u+\dfrac{i}{2}=7.5 \\ i=u^2 \quad (u>0) \end{cases}$，试确定电路的工作点。

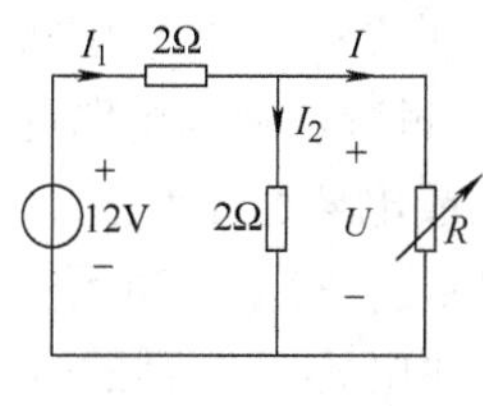

a) 非线性电阻电路

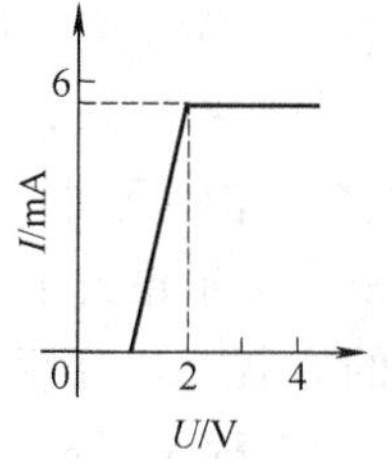

b) 非线性电阻的伏安特性曲线

图 2-93　习题 2-28 的电路

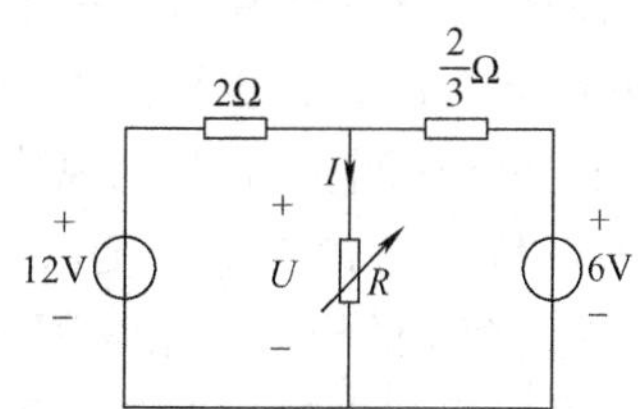

图 2-94　习题 2-29 的电路

第 3 章　暂态电路分析

【章前预习提要】

（1）掌握电感和电容两类动态元件的伏安特性。

（2）掌握换路定则及初始值的确定方法。

（3）理解一阶动态电路的时域分析。

（4）重点掌握利用三要素法进行一阶动态电路的响应分析。

前面两章讨论的都是由电阻元件和电源构成的电路，在这种电阻电路中，当电路结构或元件参数发生变化时，电路中的响应与激励电源遵循相同的变化规律，电路能够马上处于稳定状态，简称**稳态**（Steady State）。实际上，电路中除了电阻元件以外，还常用到电感元件和电容元件。如果电路中含有这两类储能元件，则当电路的结构或元件参数发生变化时，通常会伴随着能量的改变，而能量的改变一般不能瞬间完成。所以，电路从一种稳定状态要经历一定时间后，才能达到另一种稳定状态，这两种稳定状态之间的过程就称为电路的**暂态过程**（Transient State），也称为**动态过程**。对含有储能元件（电感或电容）的电路，分析其动态过程中电压或电流的变化规律，依然是根据基尔霍夫定律（KCL、KVL）和元件的电压电流关系（伏安特性 VCR）建立描述电路的方程。由于储能元件电感、电容的伏安特性（VCR）是时间 t 的导数关系，因此，所列出的方程是以时间 t 为自变量的微分方程。当电路元件都是线性元件时，电路方程将是线性常系数微分方程。通过求解常微分方程，可以得到电路中电压、电流响应随时间而变化的规律，此方法称为经典法。它是一种在时间域中进行的分析方法，也称为**时域分析法**。

本章首先讨论电感元件、电容元件的电学特征和引起暂态过程的原因，然后着重分析暂态过程中电压和电流随时间变化的规律，以便充分利用暂态过程的特性，同时也预防它所产生的危害。

3.1　动态元件

电感线圈和电容器是两种常见的实际元件，本节介绍它们的电路模型——电感和电容，讨论这两种元件的主要物理性能及其电压电流关系（即伏安特性）。储存磁场能量的电感元件和储存电场能量的电容元件，它们的伏安关系以微分或积分的形式来表示，所以称为**动态元件**。

3.1.1　电感元件

1. 电感元件及电路符号

如图 3-1a 所示，将导线绕制成线圈便构成实际的电感器，也称为电感线圈。电感线圈的示意图如图3-1b所示。在工程中电感器应用很广泛，例如，电子电路中常用的空心或带有铁心的高频线圈、电磁铁或变压器中绕制在铁心上的线圈等。用**电感元件**（Inductor）这种理想元件作为实际电感器的电路模型，简称**电感**（Inductance）。其电路符号如图3-1c所示。

如图3-1b所示，当一个匝数为N的线圈通过电流i时，在线圈中建立磁场，形成磁通Φ。假设磁通Φ穿过每匝线圈，磁通与各线圈相交链，形成磁链Ψ，两者的关系为$\Psi = N\Phi$。如果规定电流i的参考方向与磁链Ψ的参考方向之间符合右手螺旋定则，则电感线圈的磁链Ψ与元件中的电流i成正比，即

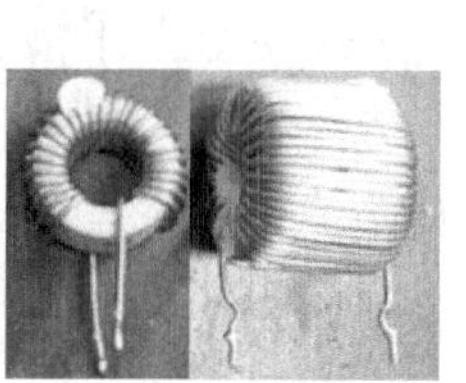
a) 电感线圈

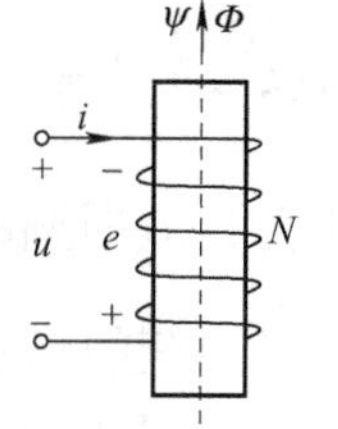

b) 电感线圈示意图

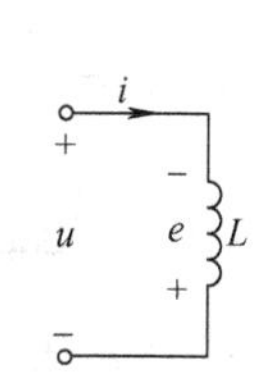

c) 电感元件的电路符号

图3-1　电感元件及其电路符号

$$\Psi = Li \tag{3-1}$$

式中，比例系数L称为电感元件的电感量或自感系数，简称**电感**。电感的单位是H（亨利，简称亨）。常用的单位还有mH（毫亨）和μH（微亨）。其换算关系为

$$1\text{H} = 10^3\text{mH} = 10^6\mu\text{H}$$

电感这一术语及其符号L，一方面表示电感元件，另一方面也表示电感元件的参数——电感量。当L是个常数，即不随电感两端的电压或流过的电流的改变而改变时，这样的电感称为线性电感，属于线性元件。本书中所涉及的电感在没有特别指明的情况下都是线性电感。

实际的电感线圈均标出电感量和额定电流两个参数。通过电感器的电流不应超过其额定值，否则会使线圈过热甚至烧毁，或者使线圈因承受过大的电磁力而发生机械变形或损伤。

电感线圈由于受尺寸、价格等因素的限制，应用范围比电容器小些，但在射频电路中作用还是非常大的。电感线圈也常用在电源滤波、高频信号滤波、调谐等电路中。

2. 电感元件的电压与电流的关系

当电感元件中电流i随时间变化时，磁链Ψ也随之改变，变化的磁场在元件中产生感应电动势e，如图3-1b所示。根据电磁感应定律，电感线圈中的感应电动势e为

$$e = -\frac{\mathrm{d}\Psi}{\mathrm{d}t} \tag{3-2}$$

将式(3-1)代入式(3-2)得

$$e = -L\frac{\mathrm{d}i}{\mathrm{d}t} \tag{3-3}$$

在图3-1c中，根据基尔霍夫电压定律（KVL）得电感电压u为

$$u = -e = L\frac{\mathrm{d}i}{\mathrm{d}t} \tag{3-4}$$

式(3-4)表明了关联方向下电感元件的电压与电流伏安特性关系（即VCR），即电感量

一定时，电感电压的大小与电流的变化率成正比。实质上，电感元件的端电压是由电感电流的变化引起的。在稳定的直流电路中，由于电流没有发生变化，即$\frac{\mathrm{d}i}{\mathrm{d}t}=0$，则电感电压为零，电感相当于短路。

由式(3-4) 可得电感的电流为

$$i(t)=\frac{1}{L}\int_{-\infty}^{t}u(\xi)\mathrm{d}\xi=\frac{1}{L}\int_{-\infty}^{0}u(\xi)\mathrm{d}\xi+\frac{1}{L}\int_{0}^{t}u(\xi)\mathrm{d}\xi=i(0)+\frac{1}{L}\int_{0}^{t}u(\xi)\mathrm{d}\xi \quad (3\text{-}5)$$

式中，$i(0)$为电感电流在$t=0$时刻的初始值，$i(0)=\frac{1}{L}\int_{-\infty}^{0}u(\tau)\mathrm{d}\tau$。

式(3-5) 表明，任意时刻的电感电流不仅与该时刻的电压有关，还与初始时刻的电流有关。因此，电感也称为“记忆元件”。电感电流具有连续性和记忆性两个重要性质。

3. 电感元件中的能量

在电压、电流取关联参考方向的条件下，电感元件的功率为

$$p=ui=Li\frac{\mathrm{d}i}{\mathrm{d}t}$$

则在$t_0\sim t_1$时间内，电感储存的磁场能量为

$$W_{\mathrm{L}}=\int_{t_0}^{t_1}p\mathrm{d}t=\int_{t_0}^{t_1}ui\mathrm{d}t=\int_{i(t_0)}^{i(t_1)}Li\mathrm{d}i=\frac{1}{2}Li^2(t_1)-\frac{1}{2}Li^2(t_0)$$

如果在t_0时刻电流为零，则t_0时刻的磁场能量也为零。因此，电感在t时刻储存的磁场能量为

$$W_{\mathrm{L}}=\frac{1}{2}Li^2 \quad (3\text{-}6)$$

式(3-6) 表明，电感元件中的能量只与电流有关，并不像电阻元件那样被转化成热量消耗掉，而是以磁场能量的形式储存在电流形成的磁场内。电流越大，电感中储存的磁场能量也越多。当电流增大时，电感元件从外电路吸取电能并转换为磁能，磁场能量增大，称为**“充电过程”**。当电流减小时，电感元件将磁能转换为电能，并向外电路释放能量，磁场能量减小，称为**“放电过程”**。由于转化过程中没有能量的损耗，所以电感元件是储能元件或者换能元件。同时，电感元件也不会释放出多于它吸收或储存的能量，因此它是一种无源元件，但也不是一种耗能元件。

例 3-1 当4A 的直流电流以及变化率为4A/s 的电流分别流过150mH 的线圈时，线圈中各自产生的电压为多少?

解: 当4A 的直流电流流过线圈时，由于$\frac{\mathrm{d}i}{\mathrm{d}t}=0$，由式(3-4) 得线圈电压等于零。

当电流变化率$\frac{\mathrm{d}i}{\mathrm{d}t}=4\mathrm{A/s}$时，电感线圈电压为

$$u=L\frac{\mathrm{d}i}{\mathrm{d}t}=150\times10^{-3}\times4\mathrm{V}=0.6\mathrm{V}$$

4. 电感的串联和并联

当多个电感元件串联或并联时，可以用一个电感来等效替代。图 3-2a 所示是n个电感的串联电路。根据基尔霍夫电压定律（KVL）及式(3-4) 得

$$u = u_1 + u_2 + \cdots + u_n = L_1\frac{\mathrm{d}i}{\mathrm{d}t} + L_2\frac{\mathrm{d}i}{\mathrm{d}t} + \cdots + L_n\frac{\mathrm{d}i}{\mathrm{d}t} \tag{3-7}$$

图 3-2c 是图 3-2a 的等效电路，由式(3-4) 得

$$u = L\frac{\mathrm{d}i}{\mathrm{d}t} \tag{3-8}$$

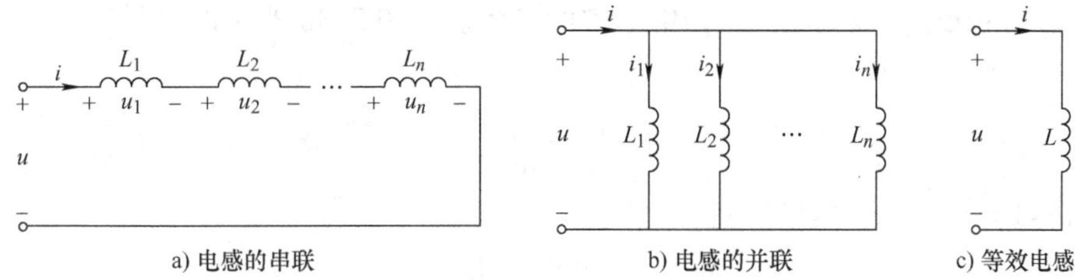

a) 电感的串联　　b) 电感的并联　　c) 等效电感

图 3-2　电感的串联与并联

图 3-2a 与图 3-2c 的伏安特性相同，比较式(3-7) 和式(3-8) 得串联等效电感 L 为

$$L = L_1 + L_2 + \cdots + L_n$$

如图 3-2b 所示，根据基尔霍夫电流定律（KCL）同样可证得 n 个并联等效电感 L 为

$$\frac{1}{L} = \frac{1}{L_1} + \frac{1}{L_2} + \cdots + \frac{1}{L_n} \tag{3-9}$$

3.1.2　电容元件

1. 电容元件及电路符号

实际电容器是“装电的容器”，是一种聚集电荷的储能元件。它是电子设备中大量使用的电子元件之一，广泛应用于耦合、旁路、滤波、调谐回路、能量转换、控制电路等方面。一些常用的电容器如图 3-3a 所示，其电路符号如图 3-3b 所示。

a) 电容器　　b) 电容的电路符号

图 3-3　电容元件及其电路符号

在两个互相靠近的金属板中间，用绝缘介质（如云母、绝缘纸、空气等）隔开就组成了电容器，这两个金属板称为电容器的极板。电容器加上电源后，两极板上分别聚集了等量的正、负电荷，在介质中建立起电场，并储存了电场能量。将电源断开后，电荷在一段时间内仍可聚集在极板上，电场继续存在。所以电容器是一种能储存电荷或者说储存电场能量的部件。可以用**电容元件**(Capacitor) 作为实际电容器的理想电路模型，简称**电容**(Capacitance)。它表征了电容器这种储存电场能量的物理特征。电容器极板上的电荷量 q 与所加的电压 u 的大小成正比，即

$$q = Cu \tag{3-10}$$

式中，比例系数 C 称为电容元件的电容量或电容，单位是 F（法拉，简称法）。实际的电容往往比 1F 小得多，常采用 μF（微法）、pF（皮法）等单位。其换算关系为

$$1\mathrm{F} = 10^6\mu\mathrm{F} = 10^{12}\mathrm{pF}$$

电容这一术语及其符号 C，一方面表示电容元件，另一方面也表示电容元件的参数——电容量。当 C 是个常数，即不随电容的电压或电荷量的改变而改变时，这样的电容称为线

性电容，属于线性元件。本书中所涉及的电容在没有特别指明的情况下，都是线性电容。

实际的电容器均标出电容量和额定电压两个参数。使用时应注意实际工作电压不要超过其额定值，否则电容器的介质就有可能损坏或被击穿。

2. 电容元件的电压与电流的关系

当电容器极板间电压 u 变化时，极板上储存的电荷量 q 也随之改变，电荷发生定向移动就形成了电容的充电、放电电流，即电路中的电流。按图 3-3b 所示的关联参考方向，则电流 i 为

$$i=\frac{\mathrm{d}q}{\mathrm{d}t} \tag{3-11}$$

将式(3-10) 代入式(3-11) 得

$$i=\frac{\mathrm{d}q}{\mathrm{d}t}=C\frac{\mathrm{d}u}{\mathrm{d}t} \tag{3-12}$$

式(3-12) 表明了关联方向下电容元件的电压与电流伏安特性关系（即 VCR）。即电容量一定时，电容电流的大小与电容电压的变化率成正比。实质上，电容元件充电、放电的电流是由电容两端电压的变化引起的，电容两端电压的变化越快，电容充电、放电的电流就越大。当电压 u 升高时，极板上电荷量增加，电容器充电。当电压 u 降低时，极板上电荷量减小，电容器反方向放电。电容元件的电压若不断地变化，元件则不断地充电或放电，电路中就形成了电流。在稳定的直流电路中，由于电压没有发生变化，即$\frac{\mathrm{d}u}{\mathrm{d}t}=0$，则电流为零，这时电容元件相当于开路，故电容元件有隔断直流的作用。

由式(3-12) 可得电容的电压为

$$u(t)=\frac{1}{C}\int_{-\infty}^{t}i(\xi)\mathrm{d}\xi=\frac{1}{C}\int_{-\infty}^{0}i(\xi)\mathrm{d}\xi+\frac{1}{C}\int_{0}^{t}i(\xi)\mathrm{d}\xi=u(0)+\frac{1}{C}\int_{0}^{t}i(\xi)\mathrm{d}\xi \tag{3-13}$$

式中，$u(0)$为电容电压在 $t=0$ 时刻的初始值，$u(0)=\frac{1}{C}\int_{-\infty}^{0}i(\xi)\mathrm{d}\xi$。

式(3-13) 表明，任意时刻的电容电压不仅与该时刻的电流有关，还与初始时刻的电压有关。因此，电容也称为“记忆元件”。电容电压具有连续性和记忆性两个重要性质。

3. 电容元件中的电场能

在电压、电流取关联参考方向的条件下，电容元件的功率为

$$p=ui=Cu\frac{\mathrm{d}u}{\mathrm{d}t}$$

则在 $t_0\sim t_1$ 时间内，电容储存的电场能量为

$$W_{\mathrm{C}}=\int_{t_0}^{t_1}p\mathrm{d}t=\int_{t_0}^{t_1}ui\mathrm{d}t=\int_{u(t_0)}^{u(t_1)}Cu\mathrm{d}u=\frac{1}{2}Cu^2(t_1)-\frac{1}{2}Cu^2(t_0)$$

如果在 t_0 时刻电压为零，则 t_0 时刻的电场能量也为零。因此，电容在 t 时刻储存的电场能量为

$$W_{\mathrm{C}}=\frac{1}{2}Cu^2 \tag{3-14}$$

式(3-14) 表明，电容元件中的能量只与电压有关，并不像电阻元件那样被转化成热量消耗掉，而是以电场能量的形式储存在电压形成的电场内。电压越大，电容中储存的电场能

量也越多。当电压增大时，电容元件从外电路吸取电能并转换为电场能，称为“**充电过程**”。当电压减小时，电容元件将电场能转换为电能，并向外电路释放能量，称为“**放电过程**”。由于转化过程中没有能量的损耗，所以电容元件是储能元件或者换能元件，不是耗能元件。同时，电容元件也不会释放出多于它吸收或储存的能量，因此也是一种无源元件。

***4. 电容的串联和并联**

使用实际的电容器时，如果单个电容器耐压不够，可将几个电容器串联使用。图3-4a所示是两个电容的串联电路。根据电荷守恒原理，每个电容极板上的电荷量相等，都为q，由式(3-10）得每个电容上的电压为

$$u_1=\frac{q}{C_1},\quad u_2=\frac{q}{C_2},\cdots,u_n=\frac{q}{C_n}$$

根据KVL，有

$$u=u_1+u_2+\cdots+u_n=\left(\frac{1}{C_1}+\frac{1}{C_2}+\cdots+\frac{1}{C_n}\right)q \tag{3-15}$$

把n个串联的电容等效成一个电容C，如图3-4b所示，由式(3-10）得

$$u=\frac{1}{C}q \tag{3-16}$$

图3-4b是图3-4a的等效电路，两者的伏安特性相同，比较式(3-15）和式(3-16）得串联等效电容C为

$$\frac{1}{C}=\frac{1}{C_1}+\frac{1}{C_2}+\cdots+\frac{1}{C_n} \tag{3-17}$$

使用实际的电容器时，若单个电容器容量不够，则可将n个电容器并联使用。如图3-5a所示。由式(3-10）得每个电容的电荷量为

$$q_1=C_1u_1$$
$$q_2=C_2u_2$$
$$\vdots$$
$$q_n=C_nu_n$$

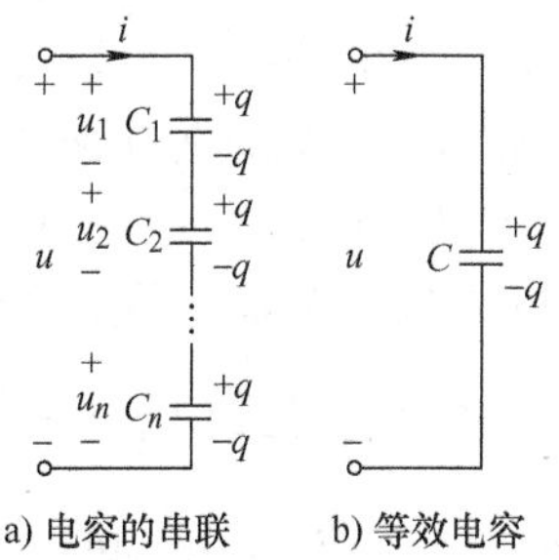

a) 电容的串联　b) 等效电容

图3-4　串联电容的等效

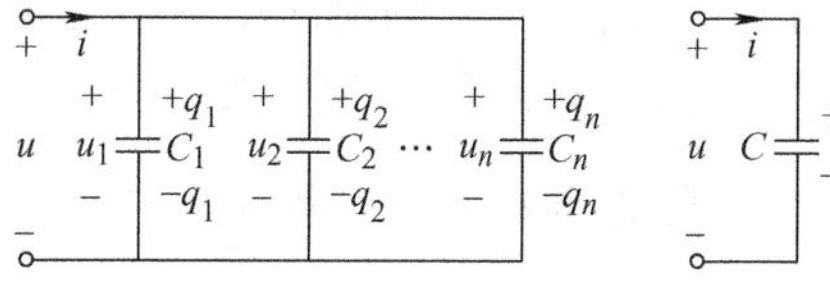

a) 电容的并联　b) 等效电容

图3-5　并联电容的等效

把n个并联的电容等效成一个电容C，如图3-5b所示。根据等效的概念，有

$$q=q_1+q_2+\cdots+q_n$$

且$u=u_1=u_2=\cdots=u_n$，由式(3-10）得

$$C=\frac{q}{u}=\frac{q_1+q_2+\cdots+q_n}{u}=\frac{C_1u_1+C_2u_2+\cdots+C_nu_n}{u}=C_1+C_2+\cdots+C_n$$

因此，当有 n 个电容并联时，其等效电容 C 为各个并联电容之和，即

$$C = C_1 + C_2 + \cdots + C_n \tag{3-18}$$

例 3-2 将电容量分别为 4μF、6μF 以及 8μF 的三个电容并联，跨接在 300V 的电源两端。试求：（1）总电容；（2）每个电容存储的电荷量；（3）总的存储能量。

解：（1）由式(3-18) 得三个并联电容的等效总电容为

$$C = (4 + 6 + 8)\mu\text{F} = 18\mu\text{F}$$

（2）由式(3-10) 得 4μF、6μF、8μF 电容的电荷量分别为

$$q_1 = 4 \times 10^{-6} \times 300\text{C} = 1.2\text{mC}$$

$$q_2 = 6 \times 10^{-6} \times 300\text{C} = 1.8\text{mC}$$

$$q_3 = 8 \times 10^{-6} \times 300\text{C} = 2.4\text{mC}$$

（3）由式(3-14) 得总的存储能量为

$$W_C = \frac{1}{2}Cu^2 = \frac{1}{2} \times 18 \times 10^{-6} \times 300^2\text{J} = 0.81\text{J}$$

【课堂限时习题】

3.1.1 （ ）元件中虽有电流，但两端电压可以为零。

A）电阻 B）电容 C）电感

3.1.2 若电感元件两端的电压等于零，则流过的电流和储存的能量也一定为零。

A）不对 B）对

3.1.3 若电容元件有电流，则两端一定存在电压。

A）不对 B）对

3.2 换路定则及初始值的确定

3.2.1 换路及换路定则

当电路结构发生变化（如开关接通、断开或电路改接）或电路元件参数改变时，使电路从一种工作状态转变成另一种工作状态，即电路状态发生改变，就称为**换路**。如果电路中含有电容或电感等储能元件，则电路中电压和电流的建立或其量值的改变，必然伴随着能量的改变。由于能量的积累或释放都需要一定的时间，不可能从一个量值马上变到另一个量值，能量的改变只能是逐渐变化，而不能跃变（或突变），否则将导致功率 $p = \frac{dW}{dt}$ 成为无限大，这在实际中是不可能的。所以，当换路时，由于能量不能跃变，电路从换路前的一种稳定状态（稳态），经历一个过程后转换到换路后的另一种稳定状态，在工程上称为过渡过程，在这个过程中，电路中的电压、电流响应都是随时间而变的动态量，因此也称为**动态过程**或者**暂态过程**。分析动态过程中电压、电流随时间变化的规律，就称为动态电路的**时域分析**。

设原来处于稳定状态的电路在 $t=0$ 时刻发生了换路，将换路前的终了时刻记为 $t=0_-$，换路后的初始时刻记为 $t=0_+$。0_- 和 0_+ 在数值上都等于 0，但 0_- 是指时间 t 从负值趋近于零，对应换

路前的电路状态。0_+ 是指时间 t 从正值趋近于零，对应换路后的电路状态。换路后的电路处于暂态过程，持续足够长的一段时间 T_n 后，电路达到另一种新的稳定状态，这时的时间可以记为 $t=\infty$。电路在换路前后两种稳态之间的转变过程可以用图 3-6 清楚地展示出来。

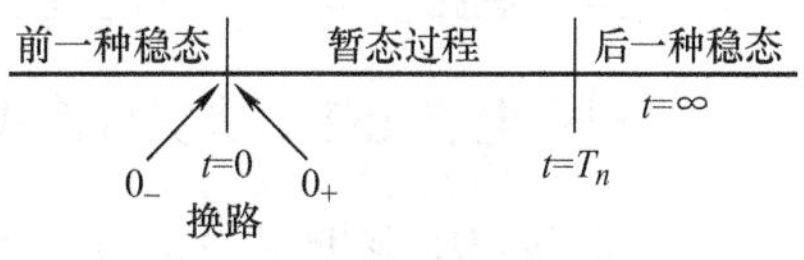

图 3-6　电路状态的变化

电容储存的电场能量为 $W_C=\frac{1}{2}Cu_C{}^2$，它只与电容的电压值有关。电场能量不能跃变，意味着电容电压 u_C 不能跃变，是连续变化的。另外，如果电容电压 u_C 发生跃变，将导致电容的充电、放电电流 $i_C=C\frac{\mathrm{d}u_C}{\mathrm{d}t}$变为无限大，这通常是不可能的。

电感储存的磁场能量为 $W_L=\frac{1}{2}Li_L^2$，它只与电感的电流值有关。磁场能量不能跃变，意味着电感电流 i_L 不能跃变，是连续变化的。同样，如果电感电流 i_L 发生跃变，将导致其端电压 $u_L=L\frac{\mathrm{d}i_L}{\mathrm{d}t}$变为无限大，这通常也是不可能的。

综上所述，在换路瞬间，电容元件的电流值为有限值时，其电压 u_C 不能跃变；电感元件的电压值为有限值时，其电流 i_L 不能跃变。这个结论称为**换路定则**（Switching Law）。换路定则的实质就是能量不能跃变。

设换路发生在 $t=0$ 时刻，换路定则表示换路前后，即从 $t=0_-$ 到 $t=0_+$ 瞬间，若电感电压 u_L 和电容电流 i_C 为有限值，则电容元件的电压和电感元件的电流不能跃变。**换路定则**用公式表示为

$$\begin{cases}u_C(0_+)=u_C(0_-)\\ i_L(0_+)=i_L(0_-)\end{cases}\tag{3-19}$$

根据换路定则，就可以由换路前 $t=0_-$ 时的电容电压 $u_C(0_-)$ 及电感电流 $i_L(0_-)$，来分别确定换路后 $t=0_+$ 时的电容电压 $u_C(0_+)$ 和电感电流 $i_L(0_+)$ 的值，即暂态过程的初始值，也就是**初始状态**。注意，换路定则只适用于换路的瞬间。

3.2.2　初始值的确定

如果电路在 $t=0$ 时刻换路，由换路定则可知，在换路瞬间电感电流 i_L、电容电压 u_C 不发生跃变。电感电流的初始值 $i_L(0_+)$ 和电容电压的初始值 $u_C(0_+)$ 均由换路前原稳定状态电路 $t=0_-$ 时刻的电感电流 $i_L(0_-)$ 和电容电压 $u_C(0_-)$ 来确定。但是，换路后其他电流、电压的初始值，如 $u_L(0_+)$、$i_C(0_+)$、$u_R(0_+)$、$i_R(0_+)$ 等则可能发生跃变，必须在换路后 $t=0_+$ 的**初始值等效电路**中确定。

换路后，最初瞬间 $t=0_+$ 时的电容电压初始值 $u_C(0_+)$ 和电感电流初始值 $i_L(0_+)$ 是分析暂态过程中电压或电流变化规律的初始条件。

当电路的激励电源是不随时间而变的直流独立源时，电路状态发生改变之前，即 $t<0$ 时，由于电路处于稳定状态，电流不随时间而变化，变化率为零，即$\frac{\mathrm{d}i_L}{\mathrm{d}t}=0$，根据电感元件的伏安特性式(3-4) 知，换路前终了时刻 $t=0_-$ 时的电感电压为零，即 $u_L(0_-)=0$，这时电

感元件相当于短路。同样，电路处于稳定状态时，电压也不随时间而变化，变化率为零，即$\frac{du_C}{dt}=0$，根据电容元件的伏安特性式(3-12) 知，换路前终了时刻 $t=0_-$时的电容电流也为零，即 $i_C(0_-)=0$，这时电容相当于开路。所以，只要将电感短路、电容开路，就得到换路前终了时刻 $t=0_-$时所对应的等效电路，由此电阻电路求得电感电流 $i_L(0_-)$ 和电容电压 $u_C(0_-)$，再根据换路定则式(3-19) 就可以求得换路后电感电流的初始值 $i_L(0_+)$ 和电容电压的初始值 $u_C(0_+)$，从而确定出暂态过程中电压或电流变化规律的初始条件。

换路后，在 $t=0_+$的电路中，将电感元件用电流值为 $i_L(0_+)$ 的恒流源（理想电流源）代替，若 $i(0_+)=0$，则将电感开路。将电容元件用电压值为 $u_C(0_+)$ 的恒压源（理想电压源）代替，若 $u_C(0_+)=0$，则将电容用短路线代替。这样，原电路就转换成电阻电路，称为换路后**初始值等效电路**。由该等效电路可以求得在 $t=0_+$时，除了电感电流 $i_L(0_+)$ 和电容电压 $u_C(0_+)$ 以外的各电流、电压的初始值。

例 3-3 如图 3-7a 所示，$t=0$ 时开关 S 由 1 扳向 2，在 $t<0$ 时电路已处于稳定状态。求初始值 $i_1(0_+)$、$i_C(0_+)$ 以及 $u_L(0_+)$。

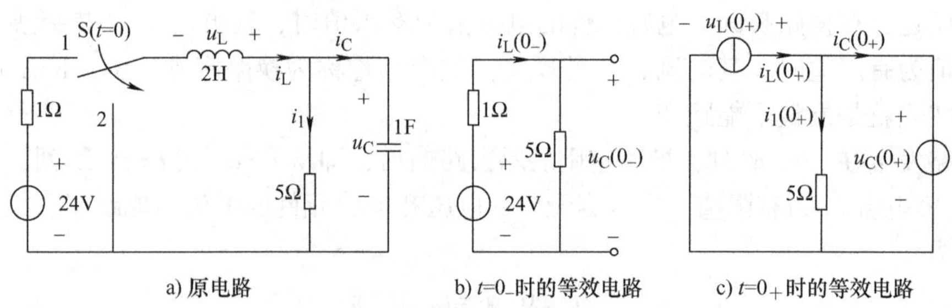

图 3-7 例 3-3 的电路

解：(1) 由 $t<0$ 时的电路，求 $i_L(0_-)$ 和 $u_C(0_-)$。

由于换路前，即开关 S 动作前，电路已处于稳定状态，有$\frac{di_L}{dt}=0$ 和$\frac{du_C}{dt}=0$，由元件的伏安特性知电感电压和电容电流都为零，分别将电感短路、电容开路，就得到换路前终了时刻 $t=0_-$时所对应的等效电阻电路，如图 3-7b 所示。由该图可得

$$i_L(0_-)=\frac{24}{1+5}\text{A}=4\text{A} \qquad u_C(0_-)=5\times4\text{V}=20\text{V}$$

(2) 画换路后初始时刻（$t=0_+$）时的等效电路。

根据换路定则得

$$u_C(0_+)=u_C(0_-)=20\text{V} \qquad i_L(0_+)=i_L(0_-)=4\text{A}$$

将电容用 $u_C(0_+)=20\text{V}$ 的理想电压源代替，将电感用 $I_0=i_L(0_+)=4\text{A}$ 的理想电流源代替，得到换路后初始时刻（$t=0_+$）时的等效电路如图 3-7c 所示。

(3) 由 $t=0_+$时的等效电路图 3-7c，计算初始值 $i_1(0_+)$、$i_C(0_+)$以及 $u_L(0_+)$。

$$i_1(0_+)=\frac{u_C(0_+)}{5\Omega}=\frac{20}{5}\text{A}=4\text{A}$$

$$i_C(0_+)=i_L(0_+)-i_1(0_+)=(4-4)\text{A}=0$$

$$u_L(0_+)=u_C(0_+)=20\text{V}$$

例 3-4 图 3-8a 所示电路已处于稳定状态，电压表内阻为$10^4\Omega$，量程为 200V。$t=0$ 时开关 S 断开，求 $t=0_+$时电压表的端电压 $u_V(0_+)$。

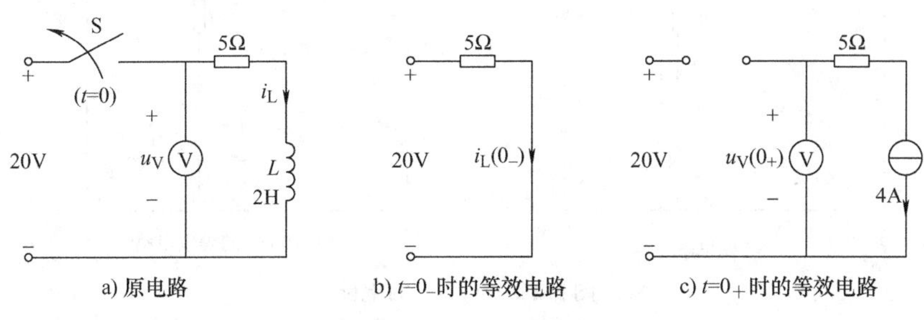

图 3-8 例 3-4 的电路

解： 换路前，即开关 S 断开前，电路处于稳定状态，电感视为短路。由于电压表内阻比 5Ω 的电阻大得多，可以视作开路，得到开关 S 断开前终了时刻 $t=0_-$ 时对应的等效电阻电路如图 3-8b 所示。由换路定则得

$$i_L(0_+)=i_L(0_-)=\frac{20}{5}\text{A}=4\text{A}$$

用 4A 的电流源代替电感，画出 $t=0_+$时的等效电路如图 3-8c 所示，求得

$$u_V(0_+)=-4\times10^4\text{V}=-40\text{kV}$$

显然，在 $t=0_+$瞬间，电压表要承受很高的电压，很可能损坏电压表。由此可见，当测量某一电感线圈所在支路的电压时，测量后应先拆电压表，后断开开关，否则电压表将被烧坏。同时也会在线圈两端感应出很高的电压，击穿线圈之间的绝缘，并使开关触点间出现电弧，损坏开关触点。实际工作中切断电感电流时，必须考虑磁场能量的释放。可以在电感线圈两端并联一只续流二极管 VD，如图 3-9 所示。二极管 VD 具有单向导电性，正向导通，反向截止。开关断开后，二极管 VD 与电感线圈形成放电回路，避免出现瞬间高电压。

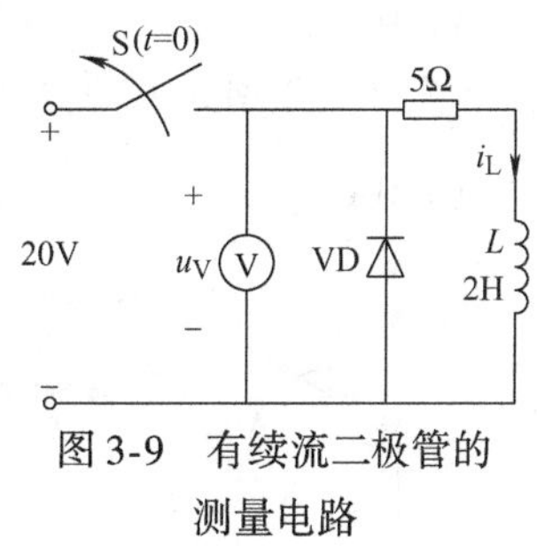

图 3-9 有续流二极管的测量电路

例 3-5 图 3-10a 所示电路原已达到稳定，电感和电容均未储能。$t=0$ 时开关 S 闭合。试求换路后的初始值 $i_C(0_+)$ 和 $u_L(0_+)$。

解： 换路前，电路稳定且电感和电容均未储能，由换路定则得

$$u_C(0_+)=u_C(0_-)=0 \qquad i_L(0_+)=i_L(0_-)=0$$

换路后将电容短路、电感开路，得到 $t=0_+$时的等效电路如图 3-10b 所示。求得

$$i_C(0_+)=\frac{20}{4}\text{A}=5\text{A} \qquad u_L(0_+)=20\text{V}$$

注意：换路前电感和电容均未储能，有

$$i_C(0_-)=0 \qquad u_L(0_-)=0$$

由此可见，换路瞬间电容电压和电感电流不能跃变，但电容电流和电感电压却可以跃变。

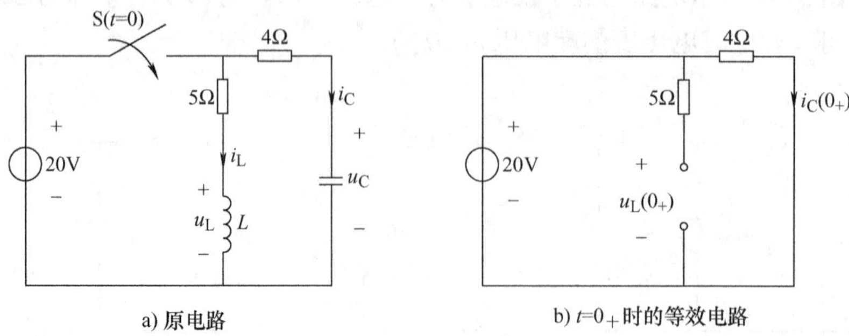

a) 原电路　　b) t=0$_+$时的等效电路

图3-10　例3-5的电路

【课堂限时习题】

3.2.1　所谓初始状态是指电容电压和电感电流在（　　）时的值。

A）$t=0_-$　　B）$t=0$　　C）$t=0_+$

3.2.2　在$t=0_+$瞬间，电容相当于一个电压源，电压为电容电压的初始值，电感相当于一个电流源，电流为电感电流的初始值。（　　）

A）不对　　B）对

3.2.3　在图3-11所示电路中，开关S闭合后，电容电压的初始值应为（　　）。

A）0V　　B）4V　　C）6V

3.2.4　在图3-12所示电路中，开关S打开后，电感电流的初始值应为（　　）。

A）0A　　B）2A　　C）$\frac{10}{3}$A

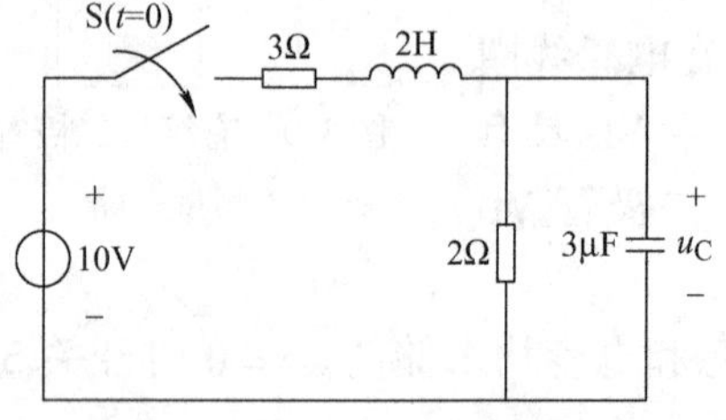

图3-11　课堂限时习题3.2.3的电路

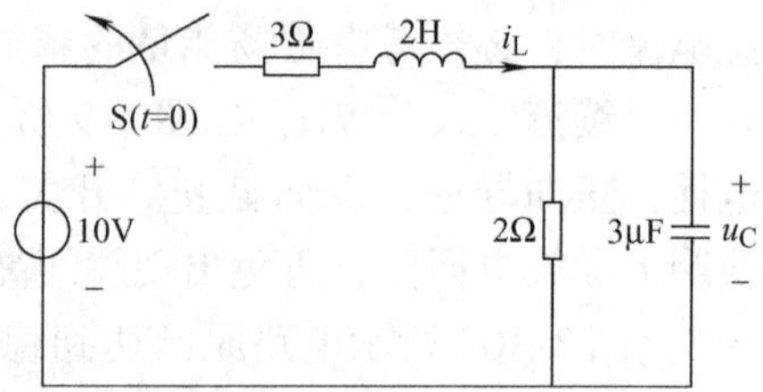

图3-12　课堂限时习题3.2.4的电路

3.3　一阶电路暂态过程的分析方法

只含有一个储能元件或经过等效变换后也只含有一个储能元件的线性电路，无论是简单的，还是复杂的，电路的电压或电流的关系都可以用一阶线性常系数微分方程来表示，这种电路称为**一阶线性电路**（**First-order Circuit**）。

用经典的时域分析法求解常微分方程时，必须根据电路的初始条件确定微分方程中的积分时间常数，换路后最初瞬间$t=0_+$时的电容电压$u_C(0_+)$和电感电流$i_L(0_+)$组成了求解电路微分方程的初始条件。

3.3.1　一阶电路微分方程的建立

对一阶线性电路进行暂态分析时，先将储能元件独立出来，电路的其余部分看作是一个线性有源二端网络。根据戴维南定理，线性有源二端网络可以用一个实际电压源等效代替。当储能元件为电容时，称为一阶 *RC* 电路。当储能元件为电感时，称为一阶 *RL* 电路。

1. 一阶 *RC* 电路

如图 3-13 所示为一阶 *RC* 等效电路，U_S 和 R_{eq} 分别为线性有源二端网络的等效电压源电压及等效内阻。电路原来已经处于稳定状态。在时间 $t=0$ 时开关 S 动作（闭合），电路状态发生改变，即发生了换路。

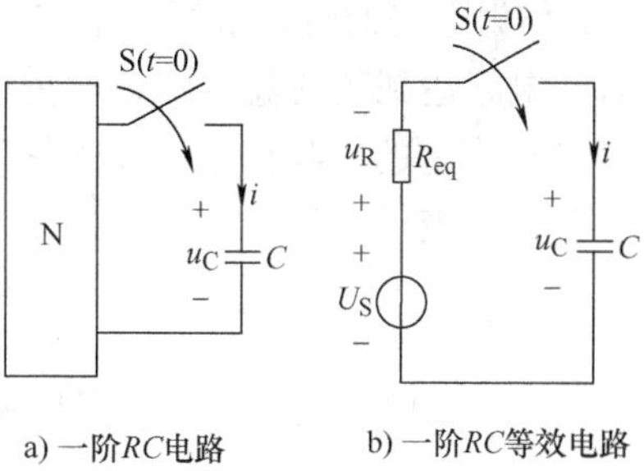

a) 一阶*RC*电路　　b) 一阶*RC*等效电路

图 3-13　一阶 *RC* 电路的等效变换

设开关 S 闭合前，电容储存有电场能量，即换路前终了时刻 $t=0_-$ 时的电容电压为 $u_C(0_-)=U_0$。由换路定则得初始条件为

$$u_C(0_+)=u_C(0_-)=U_0$$

开关 S 闭合后，根据基尔霍夫电压定律（KVL）得

$$u_R+u_C=U_S$$

将元件的伏安特性 $u_R=R_{eq}i$，$i=C\dfrac{du_C}{dt}$代入上式，得到关于电容电压 u_C 的方程为

$$R_{eq}C\frac{du_C}{dt}+u_C=U_S \tag{3-20}$$

式(3-20) 是一阶线性常系数非齐次微分方程，其全解 $u_C(t)$ 为非齐次微分方程的特解与相应的齐次微分方程通解之和，记为

$$u_C(t)=u_C'+u_C'' \tag{3-21}$$

式中，u_C' 代表非齐次微分方程的特解；u_C'' 代表齐次微分方程的通解。

特解 u_C' 是满足式(3-20) 的稳态解，可以利用换路后电路处于稳态时求取。如图 3-13b 所示，开关 S 闭合后，经过足够长的时间（记为 $t=\infty$），电路达到稳态时，电压的变化率为零，即$\dfrac{du_C}{dt}=0$，由电容的伏安特性知电路中的电流为零，即 $i(\infty)=0$。根据 KVL 得电路的特解（即稳态解）为

$$u_C'=u_C(\infty)=U_S \tag{3-22}$$

显然，特解 u_C' 不随时间而变化，是稳态值，亦称为稳态分量。

齐次方程通解 u_C'' 的一般形式为

$$u_C''=Ae^{pt}$$

将此通解代入对应的齐次方程 $R_{eq}C\dfrac{du_C}{dt}+u_C=0$ 中，得

$$R_{eq}CpAe^{pt}+Ae^{pt}=0 \qquad 即 \qquad Ae^{pt}(R_{eq}Cp+1)=0$$

由于

$$u''=Ae^{pt}\neq 0$$

所以

$$R_{eq}Cp+1=0 \tag{3-23}$$

式(3-23) 称为微分方程式(3-20) 的特征方程，p 称为该特征方程的特征根

$$p=-\frac{1}{R_{eq}C}$$

令

$$\tau=-\frac{1}{p}=R_{eq}C$$

τ 称为电路的时间常数，单位为 s（秒）。时间常数 τ 反映了电路暂态过程的快慢，即换路后，电路达到新的稳定状态所需时间的长短。它是由电路结构和元件参数（电容量及等效内阻）决定的，与初始值和外加激励电源没有关系，是电路的固有参数。所以，通解的一般形式又表示为

$$u''_C=Ae^{-\frac{t}{\tau}}$$

这里，A 称为积分常数。把特解 $u'_C=u_C(\infty)=U_S$ 和通解 $u''_C=Ae^{-\frac{t}{\tau}}$ 代入式(3-21) 得

$$u_C(t)=u'_C+u''_C=u_C(\infty)+Ae^{-\frac{t}{\tau}}=U_S+Ae^{-\frac{t}{\tau}}$$

在上式中，令 $t=0_+$，得

$$u_C(0_+)=u'_C+u''_C=u_C(\infty)+Ae^{-\frac{t}{\tau}}=u_C(\infty)+Ae^{-\frac{0_+}{\tau}}=U_S+A$$

将换路定则所确定的初始条件 $u_C(0_+)=u_C(0_-)=U_0$ 代入上式，得积分常数 A 为

$$A=u(0_+)-u(\infty)=U_0-U_S$$

显然，积分常数 A 是由初始值 $u_C(0_+)$ 和稳态值 $u_C(\infty)$ 决定的。所以，通解为

$$u''_C=Ae^{-\frac{t}{\tau}}=[u(0_+)-u(\infty)]e^{-\frac{t}{\tau}}=(U_0-U_S)e^{-\frac{t}{\tau}} \tag{3-24}$$

由式(3-24) 知，通解 u''_C 随时间按指数规律衰减，称为暂态分量。把式(3-22) 的特解和式(3-24) 的通解代入式(3-21)，得到换路后一阶 RC 电路对应的一阶线性常系数微分方程的全解为

$$u_C(t)=u_C(\infty)+[u_C(0_+)-u_C(\infty)]e^{-\frac{t}{\tau}}=U_S+(U_0-U_S)e^{-\frac{t}{R_{eq}C}} \quad t\geqslant 0 \tag{3-25}$$

根据电容的 VCR，得暂态过程中电路的电流为

$$i(t)=C\frac{du_C}{dt}=-\frac{U_0-U_S}{R_{eq}}e^{-\frac{t}{R_{eq}C}} \qquad t\geqslant 0$$

等效电阻 R_{eq} 上的电压为

$$u_R(t)=R_{eq}i(t)=(U_S-U_0)e^{-\frac{t}{R_{eq}C}} \qquad t\geqslant 0$$

2. 一阶 *RL* 电路

如图 3-14 所示为一阶 RL 等效电路，U_S 和 R_{eq} 分别为线性有源二端网络的等效电压源电压及等效内阻。电路原已处于稳态，在时间 $t=0$ 时开关 S 动作，发生换路。

设开关 S 闭合前，电感储存有磁场能量，即换路前终了时刻 $t=0_-$ 时的电流为 $i_L(0_-)=I_0$。由换路定则得初始条件为

$$i_L(0_+)=i_L(0_-)=I_0$$

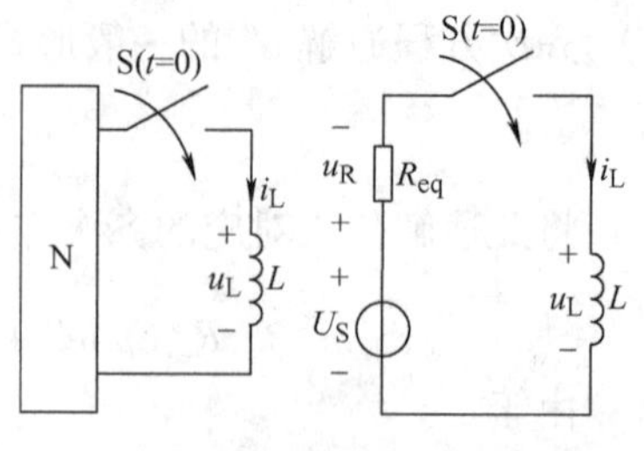

图 3-14 一阶 *RL* 电路的等效变换

开关 S 闭合后，根据 KVL 得

$$u_R + u_L = U_S$$

将元件的 VCR 关系式 $u_R = R_{eq} i_L$、$u_L = L\dfrac{di_L}{dt}$代入上式并整理，得到关于电感电流 i_L 的方程为

$$\frac{L}{R_{eq}}\frac{di_L}{dt} + i_L = \frac{U_S}{R_{eq}} \tag{3-26}$$

与一阶 *RC* 电路相同，式(3-26) 也是一阶线性常系数非齐次微分方程，其全解也是由特解和通解两部分构成，可表示为

$$i_L(t) = i_L' + i_L'' \tag{3-27}$$

利用换路后电路处于稳态时 $u_L(\infty)=0$，电感相当于短路，得特解（即稳态值）为

$$i_L' = i_L(\infty) = \frac{U_S}{R_{eq}} \tag{3-28}$$

通解 i_L'' 的一般形式依然为

$$i_L'' = Ae^{pt}$$

将此通解代入齐次微分方程$\dfrac{L}{R_{eq}}\dfrac{di_L}{dt} + i_L = 0$ 中，得

$$\frac{L}{R_{eq}}pAe^{pt} + Ae^{pt} = 0 \qquad 即 \qquad Ae^{pt}\left(\frac{L}{R_{eq}}p + 1\right) = 0$$

对应的特征方程为 $$\frac{L}{R_{eq}}p + 1 = 0$$

解得特征根为 $$p = -\frac{R_{eq}}{L}$$

则时间常数 τ 为 $$\tau = -\frac{1}{p} = \frac{L}{R_{eq}}$$

即通解为 $$i_L'' = Ae^{-\frac{t}{\tau}} = Ae^{-\frac{R_{eq}}{L}t}$$

把特解 $i_L' = i_L'(\infty) = \dfrac{U_S}{R_{eq}}$和通解 $i_L'' = Ae^{-\frac{t}{\tau}} = Ae^{-\frac{R_{eq}}{L}t}$代入式(3-27) 得

$$i_L(t) = i_L' + i_L'' = i_L(\infty) + Ae^{-\frac{t}{\tau}} = \frac{U_S}{R_{eq}} + Ae^{-\frac{t}{\tau}}$$

在上式中令 $t=0_+$，将初始条件 $i_L(0_+) = i_L(0_-) = I_0$ 代入，整理得积分常数 A 为

$$A = i_L(0_+) - i_L(\infty) = I_0 - \frac{U_S}{R_{eq}}$$

同样，积分常数 A 是由初始值 $i_L(0_+)$ 和稳态值 $i_L(\infty)$ 决定的。所以，通解为

$$i_L'' = Ae^{-\frac{t}{\tau}} = [i_L(0_+) - i_L(\infty)]e^{-\frac{t}{\tau}} = \left(I_0 - \frac{U_S}{R_{eq}}\right)e^{-\frac{t}{\tau}} \tag{3-29}$$

把式(3-28)、式(3-29) 以及时间常数 τ 代入式(3-27)，得一阶 *RL* 电路的全解为

$$i_L(t) = i_L' + i_L'' = i_L(\infty) + [i_L(0_+) - i_L(\infty)]e^{-\frac{t}{\tau}} = \frac{U_S}{R_{eq}} + \left(I_0 - \frac{U_S}{R_{eq}}\right)e^{-\frac{R_{eq}}{L}t} \quad t \geqslant 0 \tag{3-30}$$

式中，特解 i_L' 为稳态值，即稳态分量；通解 i_L'' 为动态分量。

根据元件的 VCR，得暂态过程中的电感电压为

$$u_L(t)=L\frac{di_L}{dt}=-R_{eq}\left(I_0-\frac{U_S}{R_{eq}}\right)e^{-\frac{R_{eq}}{L}t}\quad t\geqslant 0$$

电阻R_{eq}上的电压为

$$u_R(t)=R_{eq}i_L(t)=U_S+R_{eq}\left(I_0-\frac{U_S}{R}\right)e^{-\frac{R_{eq}}{L}t}\qquad t\geqslant 0$$

3.3.2 一阶电路暂态分析的三要素法

在上述一阶 RC 电路及一阶 RL 电路暂态分析的微分方程建立过程中，发现它们具有相同的变化规律。

比较式(3-25) 和式(3-30)，可知一阶电路暂态过程中，无论是电容电压 u_C，还是电感电流 i_L，它们的变化都是由换路后的初始值、稳态值及时间常数这三个量决定的，这三个量同样也决定了一阶电路中任意的电压或电流响应，因此，这三个量就构成了一阶电路暂态过程中的“三要素”，而且这三个量间的关系遵循相同的规律，可以表示为

$$f(t)=f(\infty)+[f(0_+)-f(\infty)]e^{-\frac{t}{\tau}}\qquad t\geqslant 0 \tag{3-31}$$

式中，$f(t)$ 表示一阶电路中任意响应（电压或电流）在暂态过程中随时间 t 的变化规律；$f(0_+)$ 表示该响应在换路后的初始值；$f(\infty)$ 表示该响应在换路后的稳态值；τ 为换路后的时间常数。只要求得$f(0_+)$、$f(\infty)$、τ 这三个“要素”，代入式(3-31)，便可直接求出在直流电源激励下，一阶线性电路暂态过程中的电流或电压响应，这种方法称为**三要素法**。

利用三要素法分析一阶线性电路暂态过程的求解步骤总结如下：

1. 确定初始条件 $u_C(0_+)$ 或 $i_L(0_+)$

作电路状态改变前（换路前）的稳态电路。在直流激励电源作用下，换路前稳态时，分别将电感短路、电容开路，得到换路前终了时刻 $t=0_-$时对应的等效电阻电路。在此等效电路中，对于一阶 RC 电路求电容电压 $u_C(0_-)$；对于一阶 RL 电路求电感电流 $i_L(0_-)$。再由换路定则确定初始条件 $u_C(0_+)=u_C(0_-)$ 或 $i_L(0_+)=i_L(0_-)$。

2. 确定初始值 $f(0_+)$

作换路后的初始值等效电路。将电容元件用值为 $u_C(0_+)$ 的理想电压源代替，若 $u_C(0_+)=0$，则将电容短路；将电感元件用值为 $i_L(0_+)$ 的理想电流源代替，若 $i_L(0_+)=0$，则将电感开路；就得到原电路在 $t=0_+$时的初始值等效电路，由该电路可以求得除了电容电压 $u_C(0_+)$ 和电感电流 $i_L(0_+)$ 以外的其他电流、电压响应的初始值$f(0_+)$。

3. 确定稳态值 $f(\infty)$

作换路后的稳态电路。在状态改变后的直流稳态电路中，将电感短路、电容开路，得到换路后达到新的稳态（即 $t=\infty$）时所对应的等效电阻电路，由此电路求得各电流、电压响应的稳态值$f(\infty)$。

4. 确定时间常数 τ

对于换路后的电路，将储能元件电容或电感以外的其他电路作为有源二端电路的内部，求从储能元件两端看进去的等效电阻 R_{eq}（即戴维南定理中的等效电阻)。对于一阶 RC 电路，时间常数 $\tau=R_{eq}C$；对于一阶 RL 电路，时间常数 $\tau=\dfrac{L}{R_{eq}}$。

5. 求一阶线性电路的暂态响应

将求得的初始值$f(0_+)$、稳态值$f(\infty)$以及时间常数τ这三要素代入式(3-31)中，就得到一阶线性电路暂态过程中的电流或电压响应$f(t)$。

在上述步骤中也可以不作换路后的初始值等效电路（即不需要进行步骤2），由初始条件$u_C(0_+)$或$i_L(0_+)$、稳态值$u_C(\infty)$或$i_L(\infty)$，以及时间常数τ，代入式(3-31)确定电容电压响应$u_C(t)$或电感电流响应$i_L(t)$，再根据元件的VCR、基尔霍夫的KCL及KVL等基本关系求得其他的动态响应$f(t)$，这种方法会更简便。

显然，三要素法不需要通过列写和求解微分方程，而是将动态过程的分析计算归结为相应的电阻电路的分析计算，这种方法可以大大简化一阶线性电路动态响应的分析计算过程。

注意，由于三要素法是在求解一阶线性常系数微分方程的基础上总结出的规律，因此，该方法适用于只含有一个储能元件或能等效为一个储能元件的一阶线性电路暂态过程的分析，而不适用于含有两个或两个以上储能元件的二阶或高阶电路的分析。

例3-6 图3-15a所示电路原已达到稳定。$t=0$时开关S断开。计算换路后（即$t\geqslant0$）的$i_L(t)$、$u_L(t)$及$u_1(t)$。

解：(1) 求初始值$i_L(0_+)$

作开关S断开前（换路前）的稳态电路，稳态时电感短路，得到换路前$t=0_-$时对应的等效电阻电路如图3-15b所示。再由换路定则得电感电流的初始值为

$$i_L(0_+)=i_L(0_-)=\frac{10}{2}\text{A}=5\text{A}$$

(2) 求稳态值$i_L(\infty)$

换路后，将电感短路，得到$t=\infty$时所对应的等效电阻电路如图3-15c所示。由此电路求得稳态值$i_L(\infty)$为

$$i_L(\infty)=\frac{10}{2+3}\text{A}=2\text{A}$$

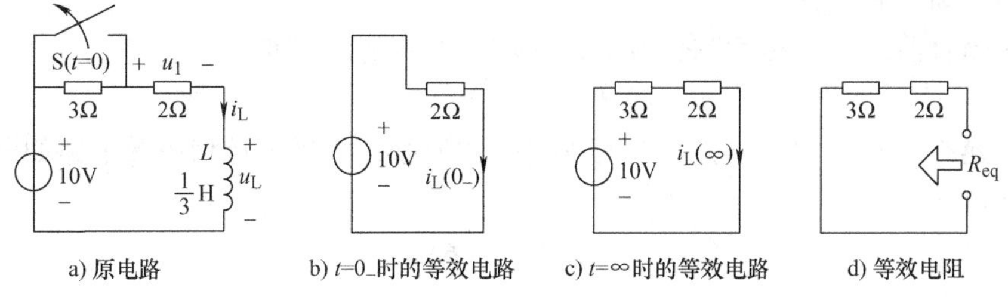

a) 原电路　b) $t=0_-$时的等效电路　c) $t=\infty$时的等效电路　d) 等效电阻

图3-15 例3-6的电路

(3) 求时间常数τ

在换路后的电路中将理想电压源短路，得到相应的无源二端网络如图3-15d所示，从电感两端看进去求等效电阻R_{eq}为

$$R_{eq}=2\Omega+3\Omega=5\Omega$$

时间常数τ为

$$\tau=\frac{L}{R_{eq}}=\frac{1/3}{5}\text{s}=\frac{1}{15}\text{s}$$

（4）将求得的三要素代入式(3-31)，得换路后（$t\geqslant 0$）的电流响应 $i_L(t)$ 为

$$i_L(t)=i_L(\infty)+[i_L(0_+)-i_L(\infty)]e^{-\frac{t}{\tau}}=2A+(5-2)e^{-15t}A=(2+3e^{-15t})A \quad t\geqslant 0$$

（5）根据电感的 VCR，得电感电压响应 $u_L(t)$ 为

$$u_L(t)=L\frac{di_L}{dt}=\frac{1}{3}\times 3\times(-15)e^{-15t}V=-15e^{-15t}V \quad t\geqslant 0$$

由电阻的 VCR，得 2Ω 电阻的电压响应 $u_1(t)$ 为

$$u_1(t)=2i_L(t)=2\times(2+3e^{-15t})V=(4+6e^{-15t})V \quad t\geqslant 0$$

例 3-7 图 3-16a 所示电路原已达到稳定，电容原先没有储能，即 $u_C(0_-)=0$。$t=0$ 时开关 S 闭合，计算换路后（即 $t\geqslant 0$）的动态响应 $u_C(t)$ 和 $u_o(t)$。

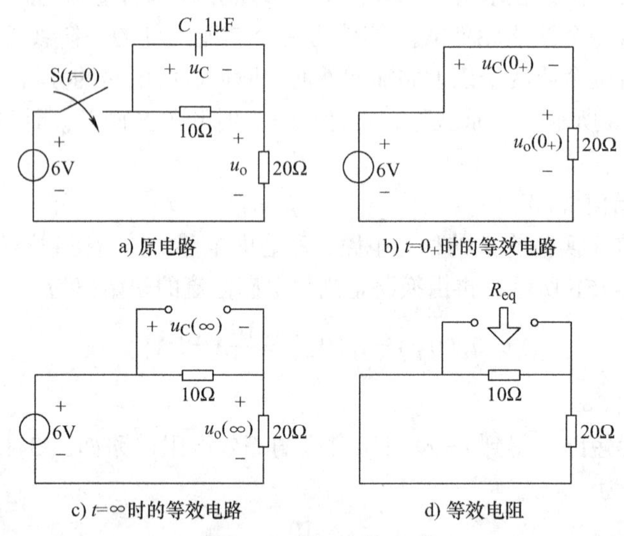

图 3-16 例 3-7 的电路

解：（1）确定初始值

开关 S 闭合前，电容没有储能，$u_C(0_-)=0$，由换路定则得

$$u_C(0_+)=u_C(0_-)=0$$

所以，换路后 $t=0_+$ 时，电容相当于短路，得到换路后的初始值等效电路如图 3-16b 所示。根据 KVL 得

$$u_o(0_+)=6V$$

（2）确定稳态值

换路后达到稳态时，电容相当于开路，得到 $t=\infty$ 时所对应的等效电阻电路如图 3-16c 所示。由此电路求得稳态值为

$$u_C(\infty)=\frac{10}{10+20}\times 6V=2V$$

$$u_o(\infty)=(6-2)V=4V$$

（3）确定时间常数 τ

在换路后的电路中将理想电压源短路，得到相应的无源二端网络如图 3-16d 所示，从电容两端看进去，等效电阻 R_{eq} 为

$$R_{eq}=10\Omega /\!/ 20\Omega=\frac{10\times 20}{10+20}\Omega=\frac{20}{3}\Omega$$

求得时间常数 τ 为

$$\tau=R_{eq}C=\frac{20}{3}\times 10^{-6}\text{s}=\frac{2}{3}\times 10^{-5}\text{s}$$

(4) 将求得的三要素代入式(3-31)，得 $t\geqslant 0$ 时的电压响应为

$$u_C(t)=u_C(\infty)+[u_C(0_+)-u_C(\infty)]e^{-\frac{t}{\tau}}=[2+(0-2)e^{-1.5\times 10^5 t}]\text{V}=(2-2e^{-1.5\times 10^5 t})\text{V}$$

$$u_o(t)=u_o(\infty)+[u_o(0_+)-u_o(\infty)]e^{-\frac{t}{\tau}}=[4+(6-4)e^{-1.5\times 10^5 t}]\text{V}=(4+2e^{-1.5\times 10^5 t})\text{V}$$

在求得 $u_C(t)$ 后，可以直接利用 KVL 求 $u_o(t)$。

$$u_o(t)=6-u_C(t)=[6-(2-2e^{-1.5\times 10^5 t})]\text{V}=(4+2e^{-1.5\times 10^5 t})\text{V}$$

显然，此法求取的 $u_o(t)$ 与用三要素法求得的结果完全相同。

【课堂限时习题】

3.3.1 一阶暂态电路的三要素法公式 $f(t)=f(\infty)+[f(0_+)-f(\infty)]e^{-\frac{t}{\tau}}$ 中，$f(t)$ 表示（　　）。

A）电路中任意元件的电压或电流

B）电路中储能元件电容或电感的电压或电流

C）仅限于电容电压 $u_C(t)$ 或电感电流 $i_L(t)$

3.3.2 求直流电源作用下暂态电路的稳态值 $f(\infty)$ 时，应该将电容开路、电感短路。（　　）

A）不对　　B）对

3.3.3 求暂态电路的初始值时，（　　）可以从换路前的稳态电路求得。

A）u_C、i_C　　B）u_L、i_L　　C）u_C、i_L　　D）u_L、i_C

3.4 一阶电路的几种常见响应

一阶动态电路微分方程的解，即电路的响应可以只是由电路中储能元件的原始储能引起的，或者只是由独立电源引起的，也可以是由独立电源和储能元件的原始储能共同引起的。仅由电路中储能元件的原始储能引起的响应，称为**一阶零输入响应**；仅由独立电源引起的响应，称为**一阶零状态响应**；由独立电源和储能元件的原始储能共同引起的响应，称为**一阶全响应**。

3.4.1 一阶电路的零输入响应

如果在电路状态改变前，一阶电路中的储能元件已经储存有一定的能量，发生换路后，电路中没有外加的电源作激励源，仅靠储能元件的初始储能在电路中产生响应，这种响应称为**一阶电路的零输入响应**（Zero-input Response）。显然，零输入响应中初始储能不为零，表现为储能元件的初始值 $u_C(0_+)$ 或 $i_L(0_+)$ 不为零。换路后没有接入激励电源，响应的最终稳态值 $f(\infty)$ 等于零。

1. 一阶 *RC* 电路的零输入响应

如图 3-17a 所示的一阶 *RC* 电路，开关 S 置于 1 的位置时，电路处于稳态，电容 *C* 已经

充电到 U_0，如图 3-17b 所示。此时电容储存的电场能量为

$$W_C = \frac{1}{2}CU_0^2 \tag{3-32}$$

在时间 $t=0$ 时，开关 S 动作，由 1 扳向 2，电容 C 与电源 U_0 脱离并通过电阻 R 进行放电，如图 3-17c 所示。由于此时电路中没有外加激励电源，只靠电容 C 的初始储能在电路中产生响应，故称为**一阶 RC 零输入响应**。

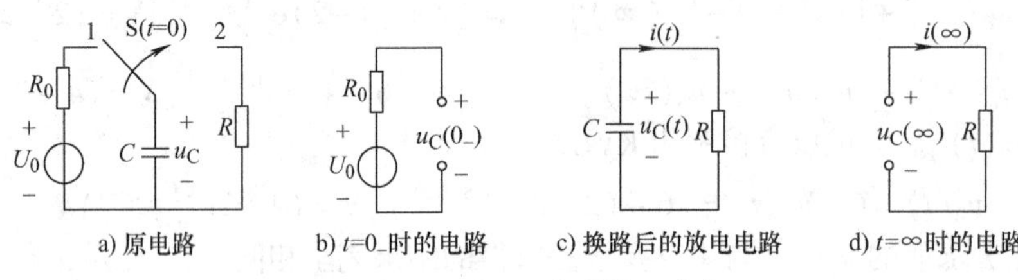

图 3-17 一阶 RC 的零输入响应

开关 S 动作前，电容 C 已经充电到 U_0，即换路前终了时刻 $t=0_-$ 时的电压为 $u_C(0_-)=U_0$。由换路定则得初始值为

$$u_C(0_+)=u_C(0_-)=U_0$$

在时间 $t=0$ 时，开关 S 动作，换路后达到新的稳态，电容相当于开路，得到 $t=\infty$ 时所对应的等效电路如图 3-17d 所示，求得稳态值为

$$u_C(\infty)=0$$

在图 3-17d 所示电路中，从电容两端看进去，只有一个电阻 R，求得时间常数为

$$\tau=RC$$

利用一阶电路的三要素法，将上述各量代入式(3-31)，得到一阶零输入响应的电容电压为

$$u_C(t)=u_C(\infty)+[u_C(0_+)-u_C(\infty)]e^{-\frac{t}{\tau}}=u_C(0_+)e^{-\frac{t}{\tau}}=U_0e^{-\frac{t}{RC}} \quad t\geqslant 0 \tag{3-33}$$

根据电容的 VCR 得电流响应为

$$i(t)=-C\frac{du_C}{dt}=\frac{U_0}{R}e^{-\frac{t}{RC}} \quad t\geqslant 0 \tag{3-34}$$

由式(3-33) 和式(3-34) 可以看出，电压 u_C 和电流 i 都按照相同的指数规律衰减。电压 u_C 以 U_0 为初始值进行衰减，电流 i 在 $t=0$ 瞬间，由零跃变到$\frac{U_0}{R}$，再以此为初始值进行衰减，当电压和电流都衰减到零时，电路达到新的稳态。u_C 及 i 随时间变化的曲线如图 3-18 所示。一阶 RC 零输入响应实质上就是储有能量的电容进行放电的物理过程。

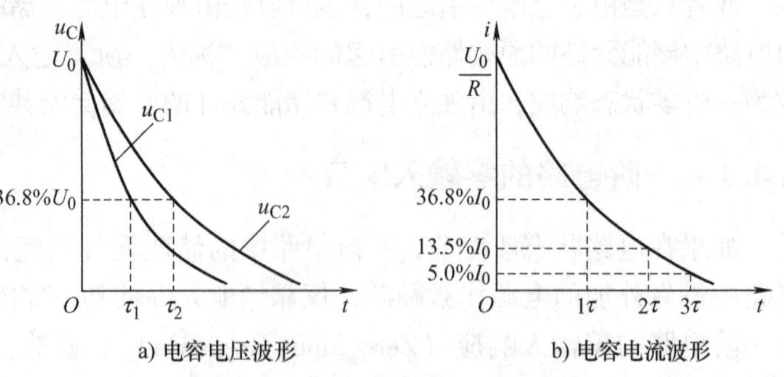

图 3-18 u_C及 i 随时间变化的曲线

把 $t=\tau$ 代入式(3-33) 得

$$u_C(t)=u_C(0_+)e^{-\frac{t}{\tau}}=u_C(0_+)e^{-1}=(36.8\%)u_C(0_+)=36.8\%U_0$$

由此可见，当 $t=\tau$ 时，电容电压下降到初始值的 36.8%，如图 3-18a 所示。时间常数 τ 的意义就是响应衰减到初始值的 36.8% 时所需要的时间。理论上，只有经过无限长时间，即当 $t=\infty$ 时，电路才能衰减到零，达到新的稳态。实际上，经过 $t=5\tau$ 的时间后，u_C 已经衰减到 $0.007U_0$，即为初始值的 0.7%。工程应用中，一般认为衰减到初始值的 5% 以下，电路就已经进入稳定状态。所以，经过 $(3\sim5)\tau$ 后，暂态过程就基本结束，电容放电完毕。因此，时间常数 τ 的大小决定了暂态过程的长短。

由式(3-33) 可知，u_C 的衰减速度与时间常数 τ 成反比关系。时间常数 τ 越大，衰减速度越慢，暂态过程持续的时间越长。因为在一定初始电压下，电容 C 越大，则储存的电荷越多，而电阻 R 越大，则放电电流越小，这都促使放电变慢。实际电路中，通过选择 R 或 C 的参数，以便改变电路的时间常数 τ，从而控制放电的快慢。在图 3-18a 中，由于 $\tau_1<\tau_2$，所以 u_{C1} 比 u_{C2} 衰减速度快。

电阻 R 在电容放电过程中所消耗的能量为

$$W_R=\int_0^\infty Ri^2(t)\mathrm{d}t=\int_0^\infty R\left(\frac{U_0}{R}\right)^2e^{-2\frac{t}{\tau}}\mathrm{d}t=\frac{1}{2}CU_0^2 \tag{3-35}$$

比较式(3-32) 和式(3-35) 可以看出，RC 电路的零输入响应实质上就是电容不断释放能量、而电阻不断消耗能量的物理过程。最后，原来储存在电容中的电场能量全部被电阻吸收而转换成内能。

例 3-8　一组 $C=40\mu F$ 的电容器从高压电路中断开，断开时电容器电压 $U_0=5.77kV$，断开后，电容器经它本身的漏电阻放电。如果电容器的漏电阻 $R=100M\Omega$，试问断开后经过多长时间，电容器的电压衰减为 1kV？

解：这个电容器放电过程就是 RC 电路的零输入响应，其初始值为

$$u_C(0_+)=u_C(0_-)=U_0=5.77kV$$

时间常数 τ 为

$$\tau=RC=(100\times10^6\times40\times10^{-6})s=4000s$$

由式(3-33) 得

$$u_C(t)=u_C(0_+)e^{-\frac{t}{\tau}}=U_0e^{-\frac{t}{\tau}}=5.77e^{-\frac{t}{4000}}kV\quad t\geqslant0$$

代入 $u_C=1kV$，得数值方程

$$1kV=5.77e^{-\frac{t}{4000}}kV\quad t\geqslant0$$

由上式解得

$$t=4000\ln5.77s\approx7011s$$

显然，由于 R 和 C 都较大，放电持续时间达 7011s，电容器从电路中断开后，经过约 2h，仍有 1kV 的高电压。所以，在检修具有大电容的设备时，停电后必须先用绝缘棒与地线相接，将其对地短接放电后才能工作。

2. 一阶 *RL* 电路的零输入响应

如图 3-19a 所示为一阶 RL 电路。开关 S 置于 1 的位置时，电路处于稳态，电感 L 的电流为 I_0，如图 3-19b 所示。此时电感储存的磁场能量为

$$W_L=\frac{1}{2}LI_0^2 \tag{3-36}$$

当时间 $t=0$ 时，开关 S 动作，由 1 扳向 2。如图 3-19c 所示，换路后电路中没有外加激励电源。由于此时只靠电感 L 的初始储能在电路中产生响应，故为一阶 **RL** 零输入响应。

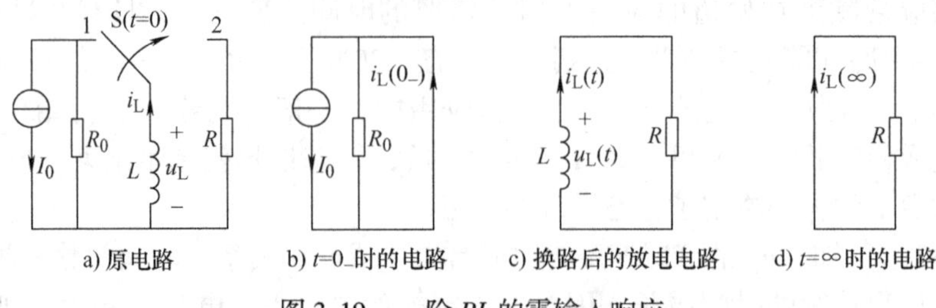

图 3-19 一阶 RL 的零输入响应

开关 S 动作前，电感 L 电流为 I_0，由换路定则得初始值为

$$i_L(0_+)=i_L(0_-)=I_0$$

当时间 $t=0$ 时，开关 S 动作。换路后达到新的稳态时，电感相当于短路，得到 $t=\infty$ 时所对应的等效电路如图 3-19d 所示，求得稳态值为

$$i_L(\infty)=0$$

在图 3-19c 所示的换路后电路中，从电感两端看进去，只有一个电阻 R，求得时间常数 τ 为

$$\tau=\frac{L}{R}$$

利用一阶电路的三要素法，将上述各量代入式(3-31)，得到电感的零输入响应电流为

$$i_L(t)=i_L(\infty)+[i_L(0_+)-i_L(\infty)]e^{-\frac{t}{\tau}}=i_L(0_+)e^{-\frac{t}{\tau}}=I_0e^{-\frac{R}{L}t}\quad t\geqslant 0$$

由于稳态值 $i_L(\infty)=0$，只需计算出初始值 $i_L(0_+)$ 和时间常数 τ，RL 零输入响应的三要素公式(3-31) 可以直接简化为

$$i_L(t)=i_L(0_+)e^{-\frac{t}{\tau}}\quad t\geqslant 0 \tag{3-37}$$

再根据电感的 VCR，求得电感电压为

$$u_L(t)=-L\frac{di_L}{dt}=RI_0e^{-\frac{R}{L}t}\quad t\geqslant 0$$

电感电流 i_L 和电压 u_L 都按照相同的指数规律衰减。i_L 及 u_L 随时间变化的曲线如图 3-20 所示。

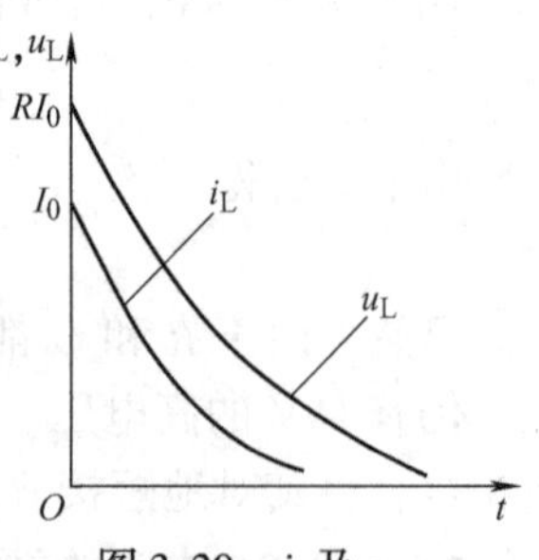

图 3-20 i_L及 u_L 随时间变化的曲线

电阻 R 在电感释放磁场能的过程中所消耗的能量为

$$\begin{aligned}W_R&=\int_0^{\infty}Ri_L^2(t)dt\\&=\int_0^{\infty}RI_0^2e^{-2\frac{t}{\tau}}dt=\frac{1}{2}LI_0^2\end{aligned} \tag{3-38}$$

比较式(3-36) 和式(3-38) 可知，原来储存在电感中的磁场能量在暂态过程中全部被电阻消耗掉。

显然，无论是一阶 RC 零输入响应，还是一阶 RL 零输入响应，由于换路后没有接入独立激励电源，响应的稳态值等于零，即 $f(\infty)=0$。在利用三要素法进行暂态分析时，只需计算出初始值 $f(0_+)$ 和时间常数 τ，式(3-31) 可以直接简化为

$$f(t)=f(0_+)\mathrm{e}^{-\frac{t}{\tau}}\quad t\geqslant 0 \tag{3-39}$$

例3-9　图3-21a所示电路原已达到稳定，$t=0$时开关S打开。求换路后（即$t\geqslant 0$）的电流$i_L(t)$和电压$u_L(t)$、$u_R(t)$。

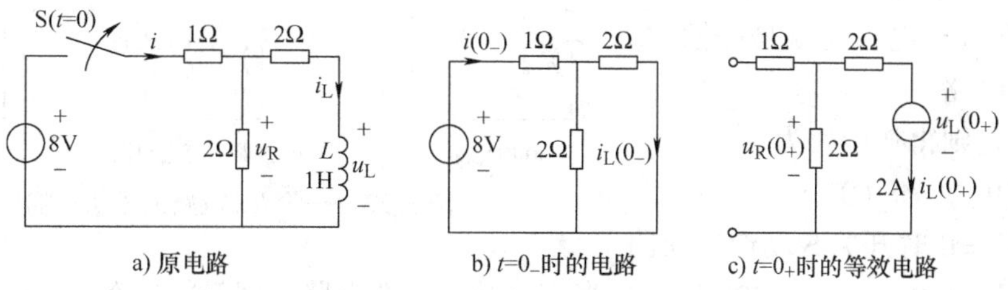

a) 原电路　　b) t=0₋时的电路　　c) t=0₊时的等效电路

图3-21　例3-9的电路

解：换路前处于稳态，电感相当于短路，如图3-21b所示。故

$$i(0_-)=\frac{8}{2/\!/2+1}\mathrm{A}=4\mathrm{A}$$

$$i_L(0_-)=\frac{2}{2+2}i(0_-)=\frac{1}{2}\times 4\mathrm{A}=2\mathrm{A}$$

由换路定则得

$$i_L(0_+)=i_L(0_-)=2\mathrm{A}$$

将电感用电流为2A的电流源代替，画换路后初始时刻（$t=0_+$）时的等效电路如图3-21c所示。由图可得

$$u_L(0_+)=-(2+2)i_L(0_+)=-4\times 2\mathrm{V}=-8\mathrm{V}$$

$$u_R(0_+)=-2i_L(0_+)=-2\times 2\mathrm{V}=-4\mathrm{V}$$

时间常数τ为

$$\tau=\frac{L}{R_{eq}}=\frac{1}{2+2}\mathrm{s}=\frac{1}{4}\mathrm{s}$$

由式(3-39)得

$$i_L(t)=i_L(0_+)\mathrm{e}^{-\frac{t}{\tau}}=2\mathrm{e}^{-4t}\mathrm{A}\quad t\geqslant 0$$

$$u_L(t)=u_L(0_+)\mathrm{e}^{-\frac{t}{\tau}}=-8\mathrm{e}^{-4t}\mathrm{V}\quad t\geqslant 0$$

$$u_R(t)=u_R(0_+)\mathrm{e}^{-\frac{t}{\tau}}=-4\mathrm{e}^{-4t}\mathrm{V}\quad t\geqslant 0$$

也可以根据元件的VCR，求电压u_L和u_R，即

$$u_L(t)=L\frac{\mathrm{d}i_L}{\mathrm{d}t}=-8\mathrm{e}^{-4t}\mathrm{V}\quad t\geqslant 0$$

$$u_R(t)=-2i_L(t)=-2\times 2\mathrm{e}^{-4t}\mathrm{V}=-4\mathrm{e}^{-4t}\mathrm{V}\quad t\geqslant 0$$

3.4.2　一阶电路的零状态响应

如果一阶电路中的储能元件在电路状态改变前，没有储存任何能量，发生换路后，只是由外加的激励电源产生电路中的响应，这种响应称为**一阶电路的零状态响应**（Zero-state Response）。显然，零状态响应的初始值$u_C(0_+)$或$i_L(0_+)$都为零，而稳态值$u_C(\infty)$或$i_L(\infty)$不为零。

1. 一阶 *RC* 电路的零状态响应

如图 3-22a 所示的 *RC* 串联电路，设电容原先没有储能，即 $u_C(0_-)=0$。$t=0$ 时合上开关 S，接入直流电压源 U_S 对电容进行充电。这就是一阶 *RC* 零状态响应电路。

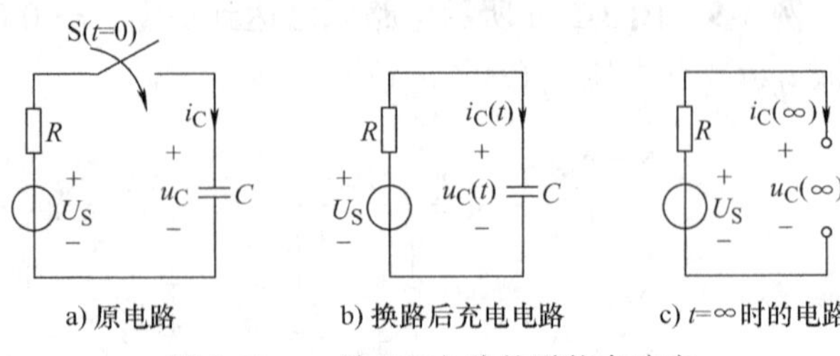

a) 原电路　b) 换路后充电电路　c) $t=\infty$ 时的电路

图 3-22　一阶 *RC* 电路的零状态响应

由换路定则得初始值为

$$u_C(0_+)=u_C(0_-)=0$$

在时间 $t=0$ 时开关 S 动作，换路后对电容进行充电，如图 3-22b 所示。当充电结束，即电路达到新的稳态时，电容相当于开路，得到 $t=\infty$ 时所对应的等效电路如图 3-22c 所示，根据 KVL 得稳态值为

$$u_C(\infty)=U_S$$

在图 3-22c 所示的电路中，从电容两端看进去只有一个电阻 R，则时间常数为

$$\tau=RC$$

利用一阶电路的三要素法，将上述各量代入式(3-31)，求得电容的零状态响应电压为

$$u_C(t)=u_C(\infty)+[u_C(0_+)-u_C(\infty)]e^{-\frac{t}{\tau}}=u_C(\infty)(1-e^{-\frac{t}{\tau}})=U_S(1-e^{-\frac{t}{RC}})\quad t\geqslant 0$$

由于零状态响应的初始值 $u_C(0_+)=0$，只需计算出稳态值 $u_C(\infty)$ 和时间常数 τ，式(3-31)可以简化为

$$u_C(t)=u_C(\infty)(1-e^{-\frac{t}{\tau}})\quad t\geqslant 0 \tag{3-40}$$

根据电容的 VCR，得暂态过程的充电电流为

$$i_C(t)=C\frac{du_C}{dt}=\frac{U_S}{R}e^{-\frac{t}{\tau}}\quad t\geqslant 0$$

根据电阻的 VCR，得电阻上的电压为

$$u_R(t)=Ri(t)=U_Se^{-\frac{t}{\tau}}\quad t>0$$

u_C、u_R 及 i_C 随时间变化的曲线如图 3-23 所示。

一阶 *RC* 零状态响应实质上就是电源对电容进行充电的物理过程。$t=\tau$ 时，电容电压增长到 $u_C=U_S(1-e^{-1})=0.632U_S$。$t=5\tau$ 时，电容电压接近电源电压 U_S，可以认为充电已经基本结束。时间常数越大，充电时间越长。

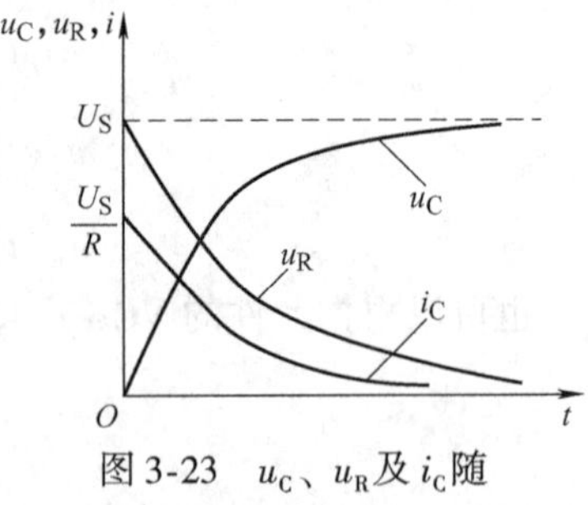

图 3-23　u_C、u_R 及 i_C 随时间变化的曲线

由于电路中存在电阻，充电时电源供给的能量，一部分转换成电场能量储存在电容中，另一部分则被电阻消耗掉。在充电过程中电阻上消耗的电能正好等于电容上储存的电场能。

$$W_R=\int_0^\infty Ri^2(t)dt=\int_0^\infty R\left(\frac{U_S}{R}e^{-\frac{t}{\tau}}\right)^2dt=\frac{1}{2}CU_S^2=W_C$$

可见，无论电阻、电容值如何，电源供给的能量只有一半转换成电场能量储存在电容中，充电效率为 50%。

例 3-10　图 3-24a 所示电路中，设电容原先没有储能，即 $u_C(0_-)=0$。$t=0$ 时开关 S 闭合。求换路后（即 $t\geqslant 0$）的电容电压 $u_C(t)$。

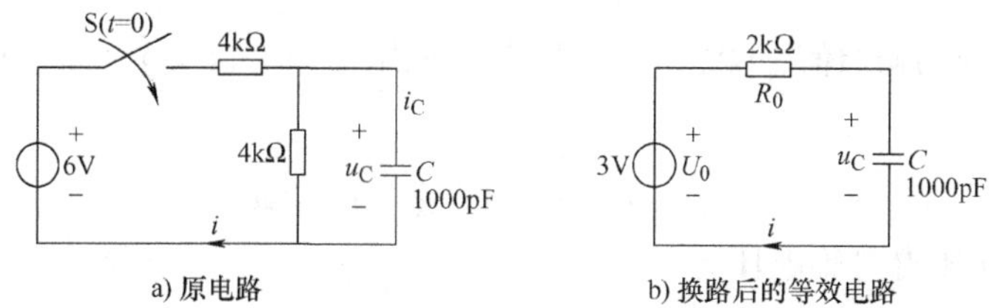

a) 原电路　　b) 换路后的等效电路

图 3-24　例 3-10 的电路

解：开关 S 动作前，电容 C 没有储能，由换路定则得初始值为

$$u_C(0_+)=u_C(0_-)=0$$

在 $t=0$ 时开关 S 闭合，应用戴维南定理将换路后的电路化为图 3-24b 所示的等效电路。等效电源的电压和内阻分别为

$$U_0=\frac{4\times 10^3}{(4+4)\times 10^3}\times 6\text{V}=3\text{V}$$

$$R_{eq}=4\text{k}\Omega/\!/4\text{k}\Omega=\frac{(4\times 4)\times 10^6}{(4+4)\times 10^3}\Omega=2\text{k}\Omega$$

换路后达到新的稳态时，电容相当于开路，求得稳态值为

$$u_C(\infty)=U_0=3\text{V}$$

在图 3-24b 所示电路中，从电容两端看进去，等效电阻为 R_{eq}，求得时间常数

$$\tau=R_{eq}C=2\times 10^3\times 1000\times 10^{-12}\text{s}=2\times 10^{-6}\text{s}$$

利用一阶电路的三要素法，将上述各量代入式(3-40)，得到电容的零状态响应电压为

$$u_C(t)=u_C(\infty)(1-e^{-\frac{t}{\tau}})=3(1-e^{-\frac{t}{2\times 10^{-6}}})\text{V}=3(1-e^{-5\times 10^5 t})\text{V}\quad t\geqslant 0$$

2. 一阶 *RL* 电路的零状态响应

如图 3-25a 所示的 *RL* 充电电路，设电感原先没有储能，电流为零，即 $i_L(0_-)=0$。$t=0$ 时开关 S 闭合后，接入直流电压源对电感进行充电，所以是一阶 *RL* 零状态响应电路。

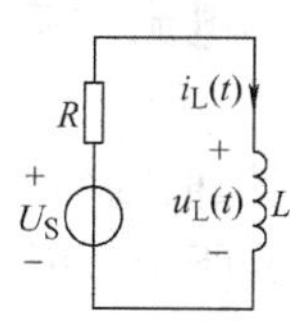

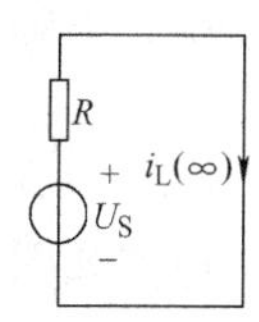

a) 原电路　　b) 换路后充电电路　　c) $t=\infty$ 时的电路

图 3-25　一阶 *RL* 电路的零状态响应

由换路定则得初始值为

$$i_L(0_+)=i_L(0_-)=0$$

开关 S 在 $t=0$ 时动作，换路后对电感进行充电，如图 3-25b 所示。当充电结束，即电路达到新的稳态时，电感相当于短路，得到 $t=\infty$ 时所对应的等效电路如图 3-25c 所示。根据 KVL 求得稳态值为

$$i_L(\infty)=\frac{U_S}{R}$$

在图 3-25c 所示电路中，从电感两端看进去，只有电阻 R，求得时间常数为

$$\tau=\frac{L}{R}$$

利用一阶电路的三要素法，将上述各量代入式(3-31)，得到电感的一阶 *RL* 零状态响应电流为

$$i_{\mathrm{L}}(t)=i_{\mathrm{L}}(\infty)+[i_{\mathrm{L}}(0_+)-i_{\mathrm{L}}(\infty)]\mathrm{e}^{-\frac{t}{\tau}}=i_{\mathrm{L}}(\infty)(1-\mathrm{e}^{-\frac{t}{\tau}})=\frac{U_{\mathrm{S}}}{R}(1-\mathrm{e}^{-\frac{R}{L}t})\quad t\geqslant 0$$

由于零状态响应的初始值$i_{\mathrm{L}}(0_+)=0$，只需计算出稳态值$i_{\mathrm{L}}(\infty)$和时间常数τ，式(3-31)可以直接简化为

$$i_{\mathrm{L}}(t)=i_{\mathrm{L}}(\infty)(1-\mathrm{e}^{-\frac{t}{\tau}})\quad t\geqslant 0 \tag{3-41}$$

根据电感的 VCR 得电感电压为

$$u_{\mathrm{L}}(t)=L\frac{\mathrm{d}i_{\mathrm{L}}}{\mathrm{d}t}=U_{\mathrm{S}}\mathrm{e}^{-\frac{t}{\tau}}\quad t\geqslant 0$$

根据电阻的 VCR 得电阻上的电压为

$$u_{\mathrm{R}}(t)=Ri_{\mathrm{L}}(t)=U_{\mathrm{S}}(1-\mathrm{e}^{-\frac{t}{\tau}})\quad t>0$$

i_{L}、u_{R}及u_{L}随时间变化的曲线如图 3-26 所示。电感电流i_{L}由初始值 0 随时间逐渐增长，最后趋近于稳态值$\frac{U_{\mathrm{S}}}{R}$。电感电压u_{L}在换路瞬间由 0 跃变到最大值E，然后逐渐按指数规律衰减，达到稳态时，电感相当于短路，电感电压衰减到零，电阻上的电压就等于电源电压。这时电感存储的磁场能量为$\frac{1}{2}L\left(\frac{U_{\mathrm{S}}}{R}\right)^2$。

同样，无论是一阶RC零状态响应，还是一阶RL零状态响应，由于初始值等于零，即$f(0_+)=0$。在利用三要素法进行暂态分析时，只需计算出稳态值$f(\infty)$和时间常数τ，式(3-31)可以直接简化为

$$f(t)=f(\infty)(1-\mathrm{e}^{-\frac{t}{\tau}})\quad t\geqslant 0 \tag{3-42}$$

例 3-11 图 3-27a 所示一阶RL零状态响应电路中，换路前电感没有储能，即$i_{\mathrm{L}}(0_-)=0$。$t=0$时开关 S 接通。求换路后（即$t\geqslant 0$）各支路的电流。

解： 电感原来的电流为零。由换路定则得初始值为

$$i_{\mathrm{L}}(0_+)=i_{\mathrm{L}}(0_-)=0$$

$t=0$时开关 S 接通，换路后达到新的稳态时，电感相当于短路，得到$t=\infty$时所对应的等效电路如图 3-27b 所示，根据 KVL 求得稳态值为

$$i_2(\infty)=\frac{20}{20}\mathrm{A}=1\mathrm{A}$$

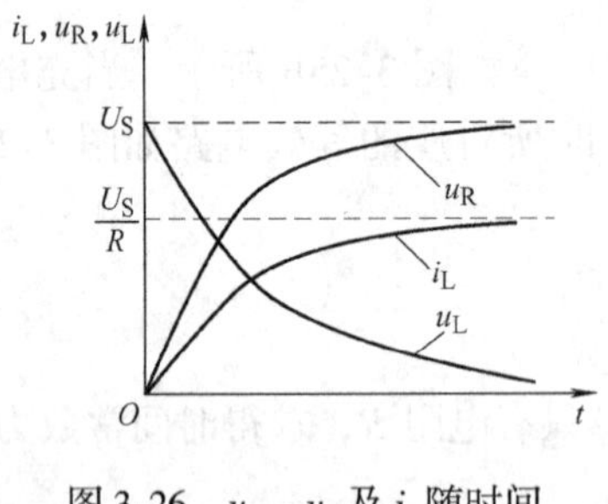

图 3-26 u_{L}、u_{R}及i_{L}随时间变化的曲线

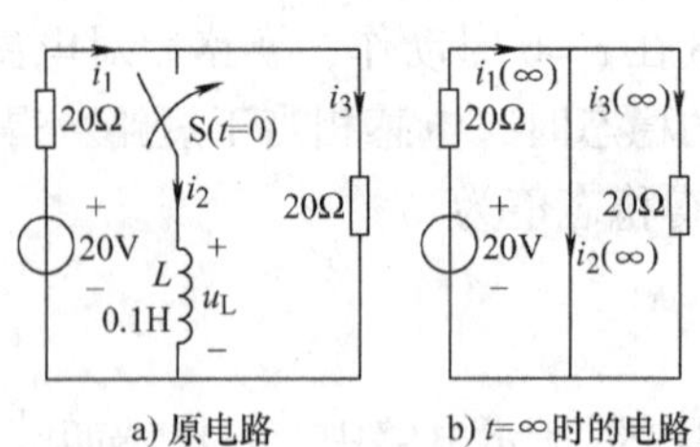

图 3-27 例 3-11 的电路

在换路后的电路中，将理想电压源短路，从电感两端看进去，有两个电阻并联，则等效电阻为

$$R_{eq}=20\Omega /\!/ 20\Omega=\frac{20\times 20}{20+20}\Omega=10\Omega$$

求得时间常数为

$$\tau=\frac{L}{R_{eq}}=\frac{0.1}{10}\text{s}=\frac{1}{100}\text{s}$$

将上述各量代入式(3-41)，求得一阶 *RL* 零状态响应的电感电流为

$$i_2(t)=i_2(\infty)(1-e^{-\frac{t}{\tau}})=(1-e^{-100t})\text{A}\quad t\geqslant 0$$

根据元件的 VCR 得

$$i_3(t)=\frac{u_L(t)}{20}\text{A}=\frac{L\frac{di_2}{dt}}{20}\text{A}=\frac{0.1\times\frac{d}{dt}(1-e^{-100t})}{20}\text{A}=\frac{10e^{-100t}}{20}\text{A}=0.5e^{-100t}\text{A}\quad t\geqslant 0$$

由 KCL 得

$$i_1(t)=i_2(t)+i_3(t)=(1-e^{-100t})\text{A}+0.5e^{-100t}\text{A}=(1-0.5e^{-100t})\text{A}\quad t\geqslant 0$$

3.4.3 一阶电路的全响应

如果一阶电路中的储能元件在电路状态改变前储存有能量，即电路的初始状态不为零。发生换路后，电路在外加电源及初始储能共同激励下产生的响应称为**一阶电路的全响应**（Complete Response）。显然，全响应中储能元件的初始值和稳态值都不为零。

1. 一阶 *RC* 电路的全响应

如图 3-28 所示一阶 *RC* 电路，开关 S 置于 1 的位置时，电路处于稳态，电容 *C* 已经充电到 U_0。当时间 $t=0$ 时，开关 S 动作，由 1 扳向 2，则电容 *C* 与电源 U_0 脱离并接入另一个电压激励源 U_S。换路后，电路在外加电源 U_S 和电容 *C* 的初始储能共同作用下产生全响应。

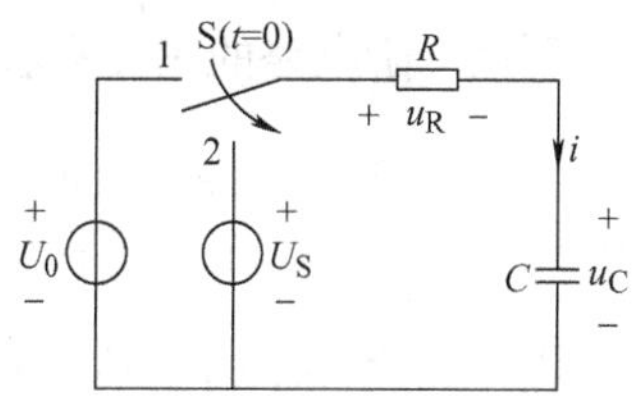

图 3-28 一阶 *RC* 电路的全响应

开关 S 动作前，电容 *C* 已经充电到 U_0，即换路前终了时刻 $t=0_-$ 时的电压为 $u_C(0_-)=U_0$。由换路定则得初始值为

$$u_C(0_+)=u_C(0_-)=U_0$$

在 $t=0$ 时开关 S 动作。换路后达到新的稳态时，电容相当于开路，求得稳态值为

$$u_C(\infty)=U_S$$

换路后，从电容两端看进去，只有一个电阻 *R*，求得时间常数为

$$\tau=RC$$

利用一阶电路的三要素法，将上述求得的各量代入式(3-31)，得到电容全响应电压为

$$\begin{aligned}u_C(t)&=u_C(\infty)+[u_C(0_+)-u_C(\infty)]e^{-\frac{t}{\tau}}\\&=u_C(0_+)e^{-\frac{t}{\tau}}+u_C(\infty)(1-e^{-\frac{t}{\tau}})\\&=U_0e^{-\frac{t}{RC}}+U_S(1-e^{-\frac{t}{RC}})\qquad t\geqslant 0\end{aligned}\tag{3-43}$$

比较式(3-43)、式(3-33) 和式(3-40) 可知，一阶 *RC* 电路的全响应实质上就是零输入响应和零状态响应两者的叠加。同时，全响应也可以看作稳态分量 $u_C(\infty)$ 和暂态分量$[u_C(0_+)-u_C(\infty)]e^{-\frac{t}{\tau}}$的叠加。其中，稳态分量（即稳态值）只与外加的激励电源有关，且变化规律

与激励电源相同。而暂态分量与外加的激励电源无关，按确定的指数规律衰减到零，衰减速度取决于电路的时间常数。

求出 $u_C(t)$ 后，就可以求出电流及电阻电压为

$$i(t)=C\frac{\mathrm{d}u_C}{\mathrm{d}t} \qquad u_R(t)=Ri(t)$$

例 3-12 如图 3-29 所示，电路在开关 S 闭合前已处于稳态。$t=0$ 时开关 S 闭合。求换路后（即 $t\geqslant 0$）的电容电压 $u_C(t)$ 和电流 $i(t)$。

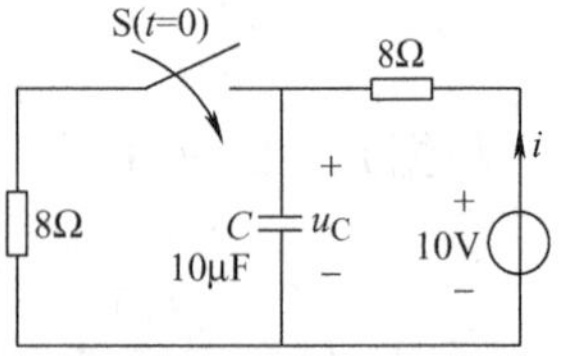

图 3-29 例 3-12 的电路

解：换路前电路处于稳态，电容已充电到 10V，由换路定则得电容电压的初始值为

$$u_C(0_+)=u_C(0_-)=10\text{V}$$

开关 S 闭合后，达到新的稳态时，电容相当于开路，求得电容电压的稳态值为

$$u_C(\infty)=\frac{8}{8+8}\times 10\text{V}=5\text{V}$$

换路后将理想电压源短路，从电容两端看进去有两个 8Ω 电阻并联，则等效电阻为

$$R_{eq}=8\Omega /\!/ 8\Omega=\frac{8\times 8}{8+8}\Omega=4\Omega$$

求得时间常数为

$$\tau=R_{eq}C=4\times 10\times 10^{-6}\text{s}=4\times 10^{-5}\text{s}$$

利用一阶电路的三要素法，将上述各量代入式(3-31)，得到电容的全响应电压 $u_C(t)$ 为

$$u_C(t)=u_C(\infty)+[u_C(0_+)-u_C(\infty)]\mathrm{e}^{-\frac{t}{\tau}}$$

$$=[5+(10-5)\mathrm{e}^{-\frac{t}{4\times 10^{-5}}}]\text{V}=(5+5\mathrm{e}^{-2.5\times 10^4 t})\text{V} \quad t\geqslant 0$$

由电路直接求得电流 $i(t)$ 为

$$i(t)=\frac{10-u_C}{8}=\left(\frac{5}{8}-\frac{5}{8}\mathrm{e}^{-2.5\times 10^4 t}\right)\text{A} \quad t\geqslant 0$$

电流 $i(t)$ 也可以用三要素法求得，由读者自行完成。

2. 一阶 *RL* 电路的全响应

如图 3-30 所示一阶 *RL* 电路，开关 S 置于 1 的位置时，电路处于稳态，电感 L 有电流流过，储存有磁场能。在时间 $t=0$ 时开关 S 动作，由 1 扳向 2，则电感 L 与电源 U_0 脱离并接入另一个电压激励源 U_S，电路在外加电源 U_S 和电感 L 的初始储能的共同作用下产生全响应。

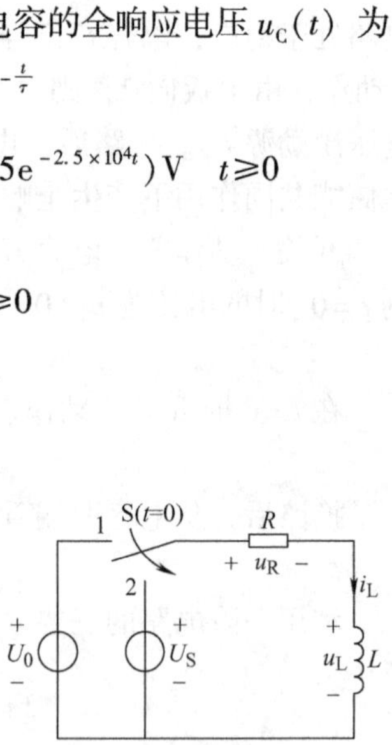

图 3-30 一阶 *RL* 电路的全响应

开关 S 动作前，电路处于稳态，电感 L 的电流为 $i_L(0_-)=\frac{U_0}{R}$。由换路定则得初始值为

$$i_L(0_+)=i_L(0_-)=\frac{U_0}{R}$$

$t=0$ 时开关 S 动作。换路后达到新的稳态时电感相当于短路，求得稳态值为

$$i_L(\infty)=\frac{U_S}{R}$$

换路后从电感两端看进去，只有一个电阻 R，求得时间常数为

$$\tau=\frac{L}{R}$$

利用一阶电路的三要素法，将上述求得的各量代入式(3-31)，得到一阶 RL 全响应电路的电感电流为

$$\begin{aligned}i_L(t)&=i_L(\infty)+[i_L(0_+)-i_L(\infty)]e^{-\frac{t}{\tau}}\\&=i_L(0_+)e^{-\frac{t}{\tau}}+i_L(\infty)(1-e^{-\frac{t}{\tau}})\\&=\frac{U_0}{R}e^{-\frac{R}{L}t}+\frac{U_S}{R}(1-e^{-\frac{R}{L}t})\quad t\geqslant 0\end{aligned}$$

显然，一阶 RL 电路的全响应同样是零输入响应和零状态响应两者的叠加。同时，全响应也可以看作稳态分量 $i_L(\infty)$ 和暂态分量 $[i_L(0_+)-i_L(\infty)]e^{-\frac{t}{\tau}}$的叠加。

求出 $i_L(t)$ 后，就可以求出电感电压及电阻电压为

$$u_L(t)=L\frac{di_L}{dt}\qquad u_R(t)=Ri_L(t)$$

例 3-13　图 3-31 所示的一阶 RL 全响应电路中，如果在 $t=0$ 时开关 S 闭合后 R_1 被短路，试问 R_1 被短路后经过多少时间电流才能达到 15A?

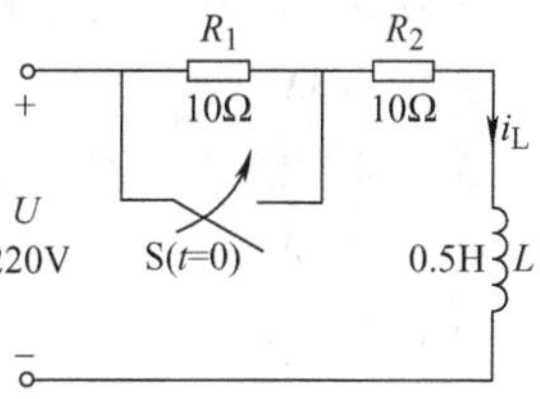

图 3-31　例 3-13 的电路

解：(1) 求初始值 $i_L(0_+)$

开关 S 闭合前，电路处于稳态，电感相当于短路，由换路定则得电流初始值为

$$i_L(0_+)=i_L(0_-)=\frac{U}{R_1+R_2}=\frac{220}{10+10}A=11A$$

(2) 求稳态值 $i_L(\infty)$

开关 S 闭合后 R_1 被短路，电感也相当于短路，求得稳态值 $i_L(\infty)$ 为

$$i_L(\infty)=\frac{U}{R_2}=\frac{220}{10}A=22A$$

(3) 求时间常数 τ

开关 S 闭合后，从电感两端看进去只有一个电阻 R_2，求得时间常数 τ 为

$$\tau=\frac{L}{R_2}=\frac{0.5}{10}s=0.05s$$

(4) 将求得的三要素代入式(3-31)，得换路后的电流响应 $i_L(t)$ 为

$$\begin{aligned}i_L(t)&=i_L(\infty)+[i_L(0_+)-i_L(\infty)]e^{-\frac{t}{\tau}}\\&=[22+(11-22)e^{-\frac{1}{0.05}t}]A=(22-11e^{-20t})A\quad t\geqslant 0\end{aligned}$$

当电流达到 15A 时，得方程为

$$15A=(22-11e^{-20t})A$$

所经过的时间为

$$t \approx 0.023\text{s}$$

【课堂限时习题】

3.4.1 在图3-32所示电路中，N为有源二端网络，暂态响应为 $u_o(t)=\left(\frac{1}{2}+\frac{1}{5}e^{-t/5}\right)\text{V}$，若将电容换成5H的电感，则时间常数应改为（ ）。

A）2s B）1s C）0.5s

3.4.2 在图3-33所示电路中，N为有源二端网络，暂态响应为 $u_o(t)=\left[\frac{1}{2}+\left(\frac{5}{8}-\frac{1}{2}\right)e^{-t/4}\right]\text{V}$，若将电容 C 换成电感 L，则响应 u_o 的初始值应为（ ）。

A）$\frac{5}{8}$V B）$\frac{1}{2}$V C）$\frac{1}{8}$V

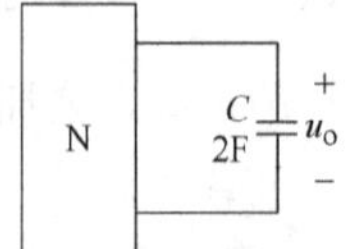

图3-32 课堂限时习题3.4.1的电路

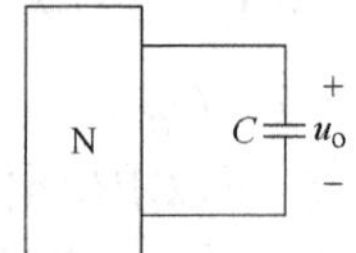

图3-33 课堂限时习题3.4.2的电路

3.4.3 已知一阶电路响应为 $u(t)=(5-3)e^{-t/4}\text{V}$，则该电压的初始值为（ ）。

A）−3V B）−2V C）2V D）3V

3.4.4 已知一阶电路响应为 $i(t)=[10+(2-10)e^{-t/4}]\text{A}$，则该电流响应的零输入分量为（ ）A。

A）$2e^{-t/4}$ B）$-8e^{-t/4}$ C）$-10e^{-t/4}$

习题

【习题3-1】 当 $i(t)=6\text{A}$ 以及 $i(t)=(4t+2)\text{A}$ 的电流分别流过2mH的线圈时，线圈中各自产生的电压为多少?

【习题3-2】 30μF和10μF的两个电容串联和并联后电容量各为多大？两个电容并联充电到15V，试求各个电容存储的电荷量和能量。

【习题3-3】 图3-34所示电路原已稳定，$t=0$ 时开关S断开。试求换路后各元件电流、电压的初始值 $u_C(0_+)$、$i_C(0_+)$、$u_1(0_+)$ 和 $u_2(0_+)$。

【习题3-4】 如图3-35所示，$t=0$ 时开关S由1扳向2，在 $t<0$ 时电路已处于稳定状态。求开关S动作后的初始值 $i_1(0_+)$、$i_2(0_+)$ 以及 $u_L(0_+)$。

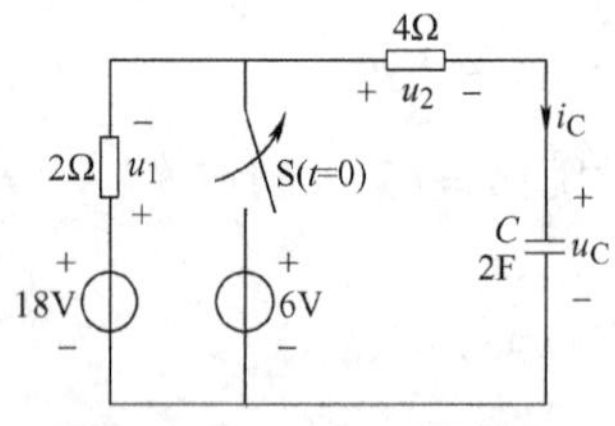

图3-34 习题3-3的电路

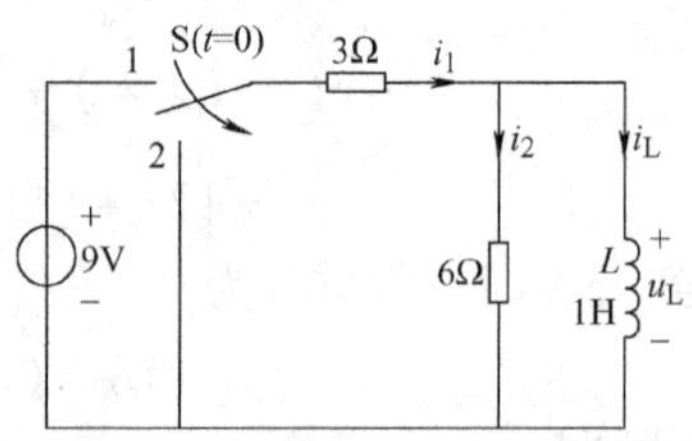

图3-35 习题3-4的电路

【习题3-5】 如图3-36所示，$t=0$时开关S闭合，在$t<0$时电路已处于稳定状态，电感和电容均未储能。求开关S闭合后电路中的初始值$i(0_+)$、$i_C(0_+)$、$u_C(0_+)$、$i_L(0_+)$以及$u_L(0_+)$。

【习题3-6】 如图3-37所示电路，在$t=0$时开关S闭合，闭合前电路已达到稳定，求S闭合后各支路中电流和各元件电压的初始值。

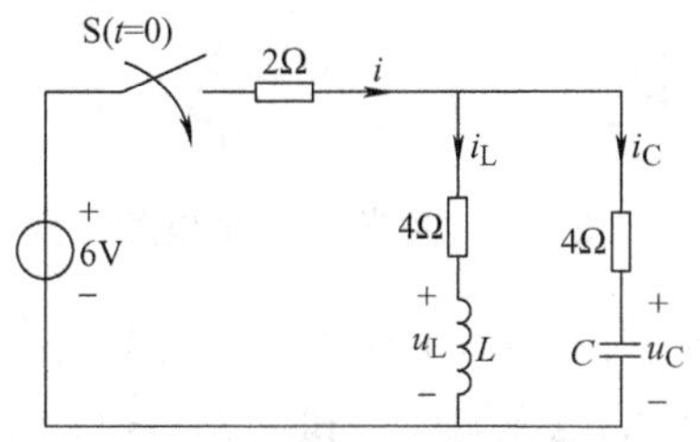

图3-36 习题3-5的电路

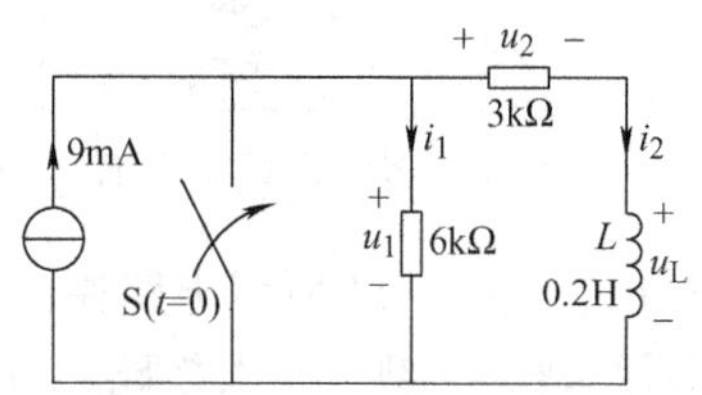

图3-37 习题3-6的电路

【习题3-7】 图3-38所示电路换路前已稳定，求$t=0$时开关S闭合后i、i_C、u_C、i_1以及u_L的初始值。

【习题3-8】 如图3-39所示电路，$t=0$时开关S由1扳向2，设换路前电路已处于稳定状态。试用三要素法求换路后（即$t\geqslant 0$）的电流$i(t)$和$i_L(t)$。

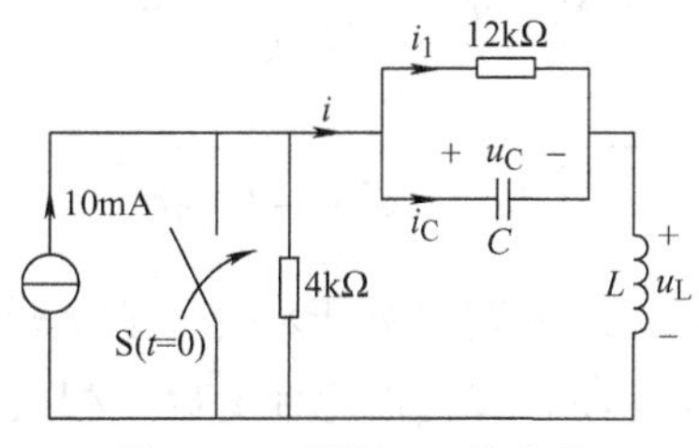

图3-38 习题3-7的电路

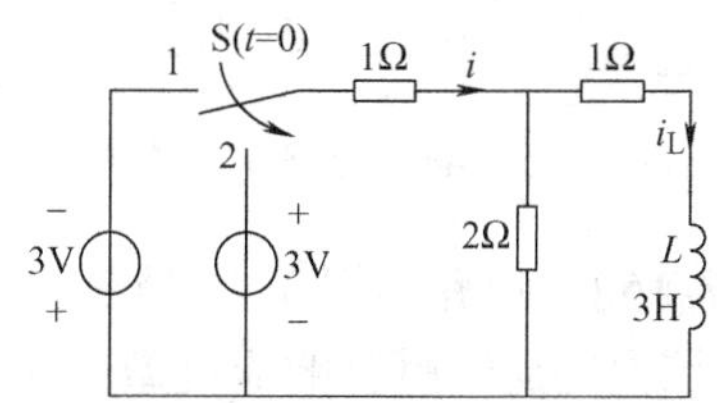

图3-39 习题3-8的电路

【习题3-9】 如图3-40所示电路，$t=0$时开关S闭合，换路前电路已处于稳态。试用三要素法求换路后（即$t\geqslant 0$）的$u_C(t)$和$i_C(t)$。

【习题3-10】 电路如图3-41所示，$t=0$时开关S闭合，且开关S闭合前电路已处于稳定状态。试判断该电路属于哪种响应类型，并求换路后（即$t\geqslant 0$）的电压$u_C(t)$和电流$i_1(t)$、$i_C(t)$及$i_2(t)$。

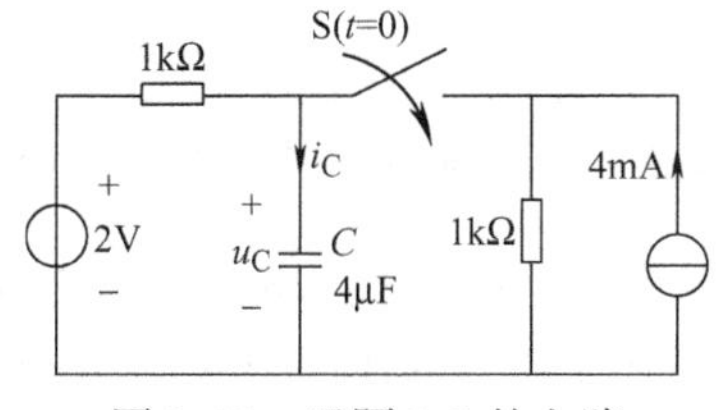

图3-40 习题3-9的电路

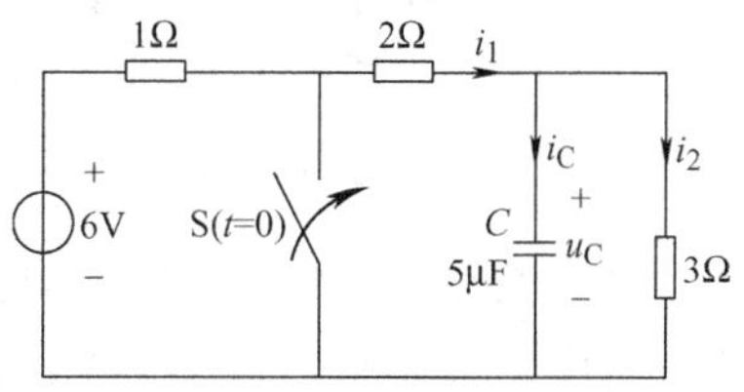

图3-41 习题3-10的电路

【习题3-11】 图3-42所示电路原已处于稳定状态。$t=0$时开关S由1扳向2，试判断该电路属于哪种响应类型，并求换路后（即$t\geqslant 0$）的电流$i_L(t)$和电压$u_L(t)$。

【习题3-12】 图3-43所示电路换路前处于稳态，$t=0$时开关S闭合，且开关S闭合前电容未充电。试判断该电路属于哪种响应类型，并求换路后（即 $t \geqslant 0$）的 $u_C(t)$ 和 $u_R(t)$。

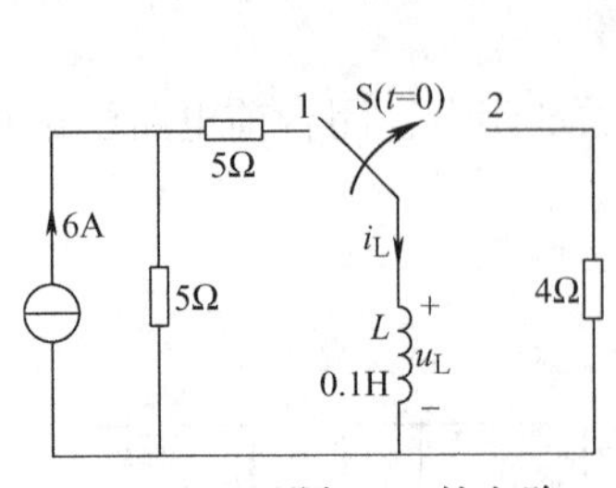

图3-42 习题3-11的电路

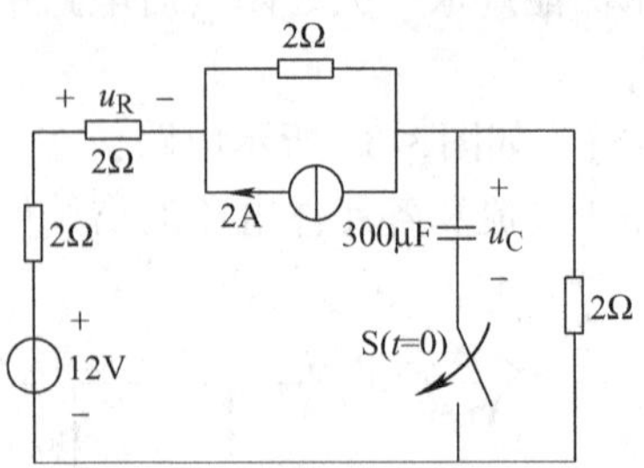

图3-43 习题3-12的电路

【习题3-13】 图3-44所示电路原已处于稳定状态，$t=0$ 时开关S由1扳向2。试判断该电路属于哪种响应类型，并求换路后（即 $t \geqslant 0$）的电流 $i_L(t)$ 和电压 $u_L(t)$。

【习题3-14】 图3-45所示电路换路前处于稳态，$t=0$ 时开关S闭合。试判断该电路属于哪种响应类型，并求换路后（即 $t \geqslant 0$）的电压 $u_C(t)$ 和电流 $i_C(t)$。

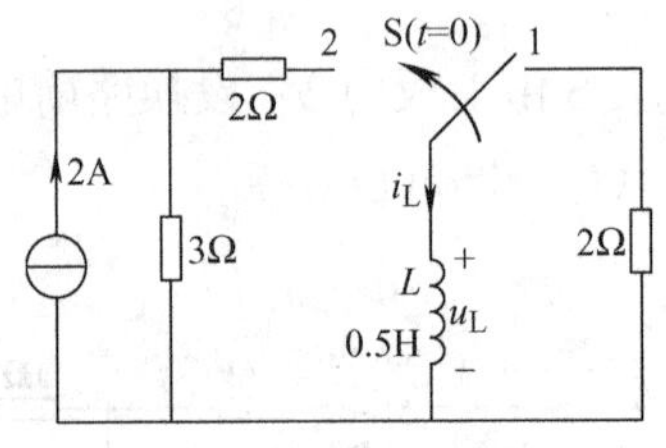

图3-44 习题3-13的电路

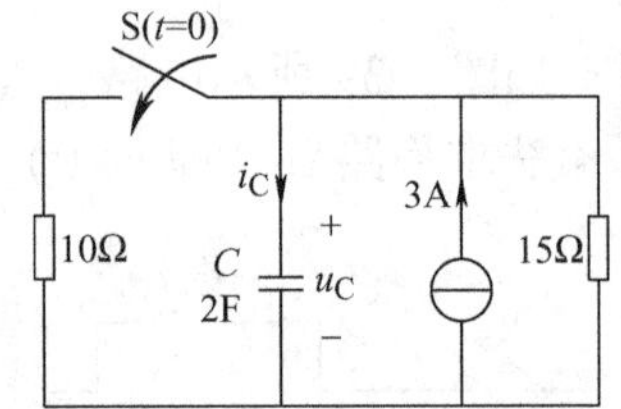

图3-45 习题3-14的电路

【习题3-15】 电路如图3-46所示，开关S闭合前电路已处于稳态，在 $t=0$ 时开关闭合。试判断该电路属于哪种响应类型，并求换路后（即 $t \geqslant 0$）的电流 $i_L(t)$ 和 $i(t)$。

【习题3-16】 图3-47所示电路换路前处于稳态，$t=0$ 时开关S闭合。试求换路后（即 $t \geqslant 0$）的电流 $i_L(t)$ 和 $i(t)$。

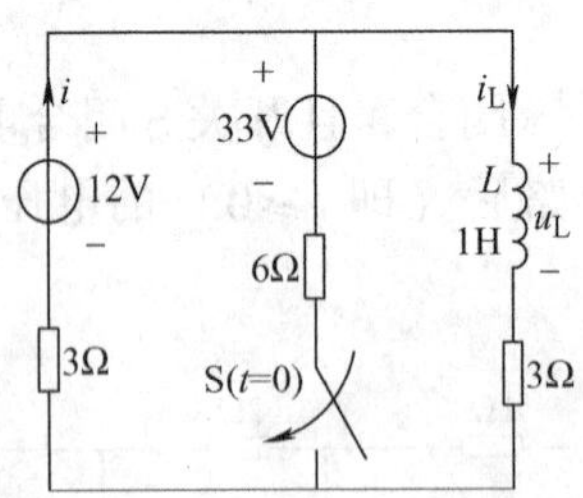

图3-46 习题3-15的电路

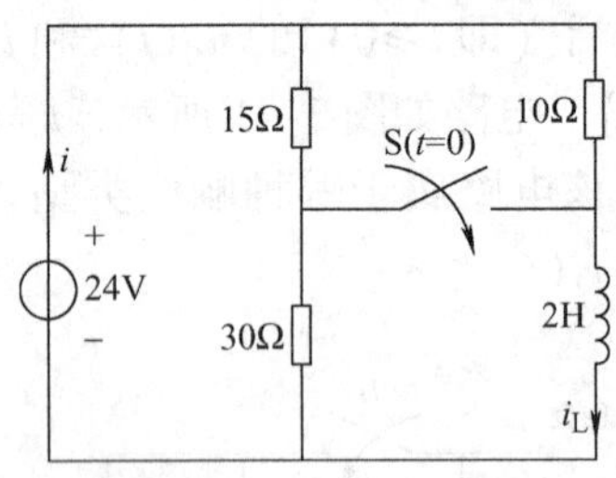

图3-47 习题3-16的电路

【习题3-17】 图3-48所示电路为一标准高压电容的电路模型，电容 $C=2\mu F$，漏电阻 $R=10k\Omega$。FU为快速熔断器，$u_S=23000\sin(314t+90°)$ V，$t=0$ 时熔断器烧断（瞬间断开）。假设安全电压为50V，求从熔断器断开之时起，经历多少时间后，人手触及电容器两端才是安全的？

【习题3-18】 电路如图3-49所示，$t<0$ 时电路处于稳态，在 $t=0$ 时开关 S_1 打开，S_2 闭合。试求换路后的电容电压 u_C 和电流 i。

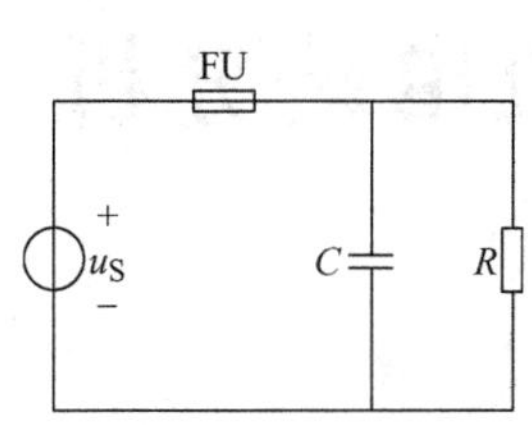

图 3-48　习题 3-17 的电路

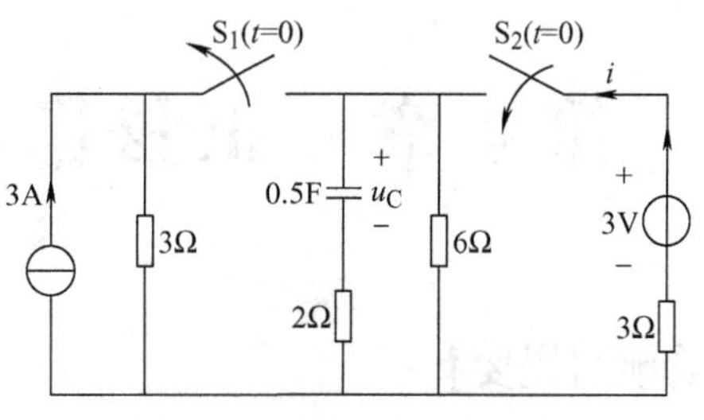

图 3-49　习题 3-18 的电路

第 4 章　正弦稳态交流电路分析

【章前预习提要】

(1) 建立正弦量的概念；复习复数及其运算；理解正弦量与相量之间的对应关系。

(2) 掌握常用元件伏安特性的相量模型、基尔霍夫定律的相量模型。

(3) 学习正弦稳态交流电路的复阻抗的定义。

(4) 重点掌握正弦稳态交流电路的相量分析法。

(5) 学习正弦稳态交流电路的功率。

(6) 了解正弦交流电路的频率特性。

(7) 了解非正弦周期电路的分析计算方法。

在生产和日常生活中，正弦稳态交流电路的应用十分广泛。目前世界上电能的生产、传输和应用绝大多数都是采用正弦交流电源的形式，通信技术中所采用的“载波”信号也是正弦波，并且工业生产和日常生活中的很多直流电源也是通过正弦交流电源经过适当的电路变换得到的。发电厂交流发电机发出的电、输电线输送的电、正弦波信号发生器输出的电信号，以及工业用电和民用电绝大多数是正弦交流电，所以分析研究正弦稳态交流电路具有十分重要的实际意义。

电路中的电压、电流不是恒定不变的，而是随着时间的改变，电压、电流的实际方向发生了变化，这类电压和电流统称为交流电(Alternating Current，AC)，相应的电路称为交流电路。应用最广泛的交流电路是**正弦交流电路**（Alternating Current Circuit)。所谓正弦交流电路就是在正弦交流激励电源作用下，线性电路中的稳态响应都是按同频率的正弦规律变化的电压和电流。处于这种稳定状态的电路又称为**正弦稳态交流电路**，简称**“正弦电路”**。

本章主要介绍正弦交流电路中的基本概念、相量（Phasor）表示法及分析研究此类电路的基本方法。然后讨论交流电路的谐振现象，并对电路的频率特性进行分析。学习时，注意将交流电路与直流电路中的有关概念和定律加以联系和区别，特别要注意交流电路中的相位问题。

4.1　正弦量

4.1.1　正弦量的基本概念

如果电路中的电压和电流随时间按照正弦规律变化，称为正弦电压和正弦电流，统称为**正弦量**（Sinusoid）。正弦量可以用正弦函数 sin 表示，也可以用余弦函数 cos 表示，本章统一采用正弦函数 sin 表示。正弦电压、正弦电流的数学表达式为

$$\begin{cases} i(t) = I_m \sin(\omega t + \psi_i) \\ u(t) = U_m \sin(\omega t + \psi_u) \end{cases} \tag{4-1}$$

图4-1a给出了某正弦交流电压 $u(t)$ 和正弦交流电流 $i(t)$ 的波形，横轴可以用时间 t，也可以用弧度(rad) ωt 表示。分析正弦交流电压或电流时也要先选定它们的参考方向，这样才能用时间函数来表示正弦交流电压或电流在任意时刻的数值大小和方向。函数值为正表明此时正弦交流电的实际方向与参考方向相同，如图4-1b所示，相应的电压或电流波形位于正半周，即横轴上方；函数值为负则表示其实际方向与参考方向相反，如图4-1c所示，相应的电压或电流波形位于负半周，即横轴下方。

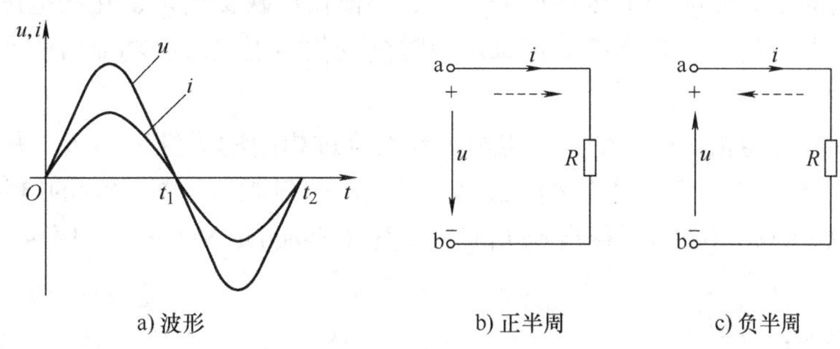

图4-1 正弦交流电压与电流的波形

4.1.2 正弦量的三要素

由式(4-1)可知，描述一个正弦交流电压或电流，必须要知道 ω、$I_m(U_m)$、ψ 这三个参数，它们构成正弦量的三要素，分别称为角频率、幅值、初相位。

1. 周期、频率和角频率

正弦量变化一周所需的时间称为**周期**（**Period**），用 T 表示，国际标准单位为s（秒）。每秒内正弦量变化的次数称为**频率**（**Frequency**），用 f 表示，国际标准单位为Hz（赫兹）。频率和周期是倒数关系，即

$$f = \frac{1}{T} \tag{4-2}$$

还可以用**角频率**来表示正弦量变化的快慢，它表示正弦量每秒变化的弧度数，用 ω 表示，单位为rad/s（弧度每秒）。正弦量一个周期内变化的角度为 2πrad（弧度），故角频率为

$$\omega = \frac{2\pi}{T} = 2\pi f \tag{4-3}$$

周期、频率和角频率从不同角度反映了正弦量变化的快慢程度。角频率越大，频率越高，周期越短，表明正弦量变化得越快，反之亦然。式(4-3)反映了 T、f、ω 三者之间的关系，知道其中任意一个量，就可以确定出另外两个量。

我国和大多数国家的电力系统所采用的标准频率 f 为50Hz，对应的周期 T 为0.02s，角频率 ω 为314rad/s。50Hz频率的正弦交流电应用很广泛，习惯上也称为**工频**（**Power Frequency**）交流电，国内交流电动机和照明负载都是使用这种工频交流电源。有些国家（如美国、日本等）采用60Hz。本书中在没有特别说明的情况下，工频就是指50Hz的正弦交流

电。在其他不同的工程技术领域中也会使用各种不同的频率，例如高频炉的频率是200～300kHz，中频炉的频率是500～8000Hz；收音机中波段的频率通常是530～1600kHz，短波段是2.3～23MHz。

2. 瞬时值、幅值和有效值

正弦量是时间的函数，其在任意时刻的函数值，称为正弦量的**瞬时值**（Instantaneous Value），分别用 $u(t)$ 或 $i(t)$ 表示，通常简写为小写字母 u 或 i。瞬时值中的最大值称为正弦量的**幅值**（Amplitude），也称为**振幅**或**最大值**，电压、电流的幅值分别用带下标 m 的大写字母 U_m、I_m 表示。

正弦量的瞬时值是随时间的改变而变化的，幅值仅反映交流量变化的范围，也是某时刻的大小。交流电路分析中更常用有效值来反映时刻变化的正弦量做功能力的实际大小，或者消耗电能的多少。

设定一个周期性电流 i 和一个直流电流 I 分别流过相同的线性电阻 R，并且在相同的时间（如一个周期 T）内具有相同的做功能力，产生的热量相等，即两者的电流热效应相同，则这个直流电流 I 的数值称为周期电流 i 的**有效值**（Effective Value），用对应的大写字母 I 表示。

根据上述定义，可得

$$W = Q = \int_0^T Ri^2 \mathrm{d}t = RI^2 T$$

因此，周期电流 i 的有效值 I 为

$$I = \sqrt{\frac{1}{T}\int_0^T i^2 \mathrm{d}t} \tag{4-4}$$

式(4-4) 是计算周期电流有效值的一般表达式。由式(4-4) 可知，I 的计算公式为电流 i 的平方在一个周期 T 内的积分的平均值再取平方根，因此，有效值也称为**方均根值**。

同理，可以定义周期电压 u 的有效值 U 为

$$U = \sqrt{\frac{1}{T}\int_0^T u^2 \mathrm{d}t}$$

如果周期电流为正弦量 $i(t) = I_m \sin(\omega t + \psi_i)$，则其有效值 I 为

$$I = \sqrt{\frac{1}{T}\int_0^T I_m^2 \sin^2(\omega t + \psi_i)\mathrm{d}t} = \sqrt{\frac{1}{T}\int_0^T I_m^2 \frac{1}{2}[1 + \sin2(\omega t + \psi_i)]\mathrm{d}t} = \frac{1}{\sqrt{2}}I_m = 0.707I_m \tag{4-5}$$

或表示为

$$I_m = \sqrt{2} I \tag{4-6}$$

注意：有效值一定要按照规定用大写字母表示。式(4-4) 适用于一般周期信号，而式(4-5) 或式(4-6) 仅适用于正弦量，对于非正弦量，有效值 I 与最大值 I_m 不一定存在 $\sqrt{2}$ 这个数值关系。

同理，如果周期电压为正弦量 $u(t) = U_m \sin(\omega t + \psi_u)$，则其有效值 U 与最大值 U_m 间的关系为

$$U = \frac{U_m}{\sqrt{2}} = 0.707U_m \quad 或 \quad U_m = \sqrt{2} U \tag{4-7}$$

引入有效值的概念后，正弦量的三角函数瞬时值表示式可写成

$$i(t)=\sqrt{2}I\sin(\omega t+\psi_{\mathrm{i}})\qquad u(t)=\sqrt{2}U\sin(\omega t+\psi_{\mathrm{u}})$$

瞬时值、幅值和有效值都可以表征正弦量的大小，但有效值应用更为广泛。一般工程上讲周期性电流、电压量值时，通常是指有效值；交流电气设备铭牌上所标识的额定值都是有效值；交流电压表或交流电流表的读数也都是有效值，我国市电标准电压220V就是指供电电压的有效值。

3. 相位角、初相位和相位差

正弦量随时间变化的角度$(\omega t+\psi)$称为正弦量的**相位角**，简称**相位**或**相角**，它反映了正弦量的变化进程，当相位随时间发生连续变化时，正弦量的瞬时值也随时间连续变化。时间$t=0$时所对应的相位角ψ称为**初相位**（Initial Phase）或**初相角**，简称**初相**，它反映了正弦量初始值的大小，单位用弧度或度表示。同一个正弦量计时起点不同，相应的初相角也不同。如果按图4-2a所示坐标建立计时零点，正弦量由负半周向正半周变化的过零点发生在计时起点之前，则初相ψ为正值，即$\psi>0$。如果按图4-2b所示坐标建立计时零点，正弦量由负半周向正半周变化的过零点发生在计时起点之后，则初相ψ为负值，即$\psi<0$。由此可见，如果$t=0$时对应的正弦量为正值，则初相ψ为正角；如果$t=0$时正弦量为负值，则初相ψ为负角。因此，初相角的大小与计时起点的选择有关，一般选择初相角$|\psi|\leqslant 180°$。注意，对于同一个电路中不同的正弦量，只能选择一个共同的计时零点，以便确定各个正弦量的初相位。

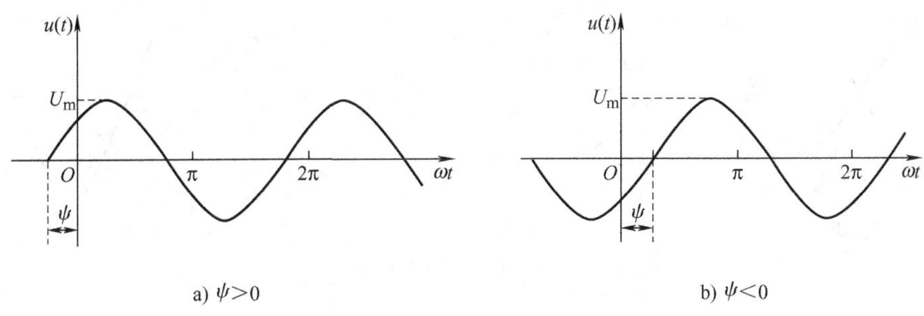

a) $\psi>0$　　b) $\psi<0$

图4-2　正弦量的初相位

相位差（Phase Difference）就是两个同频率正弦量的相位角之差，描述的是同频率正弦量之间的相位关系，反映了同频率的正弦量同向过零点或到达同向最大值的先后顺序。

如图4-3所示，两个同频率的正弦量u、i分别表示为

$$u=\sqrt{2}U\sin(\omega t+\psi_{\mathrm{u}})$$

$$i_2=\sqrt{2}I\sin(\omega t+\psi_{\mathrm{i}})$$

相位差用φ表示为

$$\varphi=(\omega t+\psi_{\mathrm{u}})-(\omega t+\psi_{\mathrm{i}})=\psi_{\mathrm{u}}-\psi_{\mathrm{i}}\tag{4-8}$$

虽然正弦量的相位角都是时间的函数，但由式(4-8)可知，两个同频率正弦量的相位差等于它们的初相角之差，与角频率ω和时间t无关。即使改变初始计时零点使两个正弦量的初始相位发生改变，但这两个正弦量的相位差也保持不变，即它们同向过零点或到达同向最大值的先后顺序不变。这就表明初始计时零点的选择并不影响多个同频率的正弦量之间的

相位关系。

一般地，若选择计时零点（即坐标原点）使某正弦量的初相位为零，则初相位为零的正弦量称为**参考正弦量**。

若相位差 $\varphi=\psi_u-\psi_i>0$，则正弦量 u 比正弦量 i 先同向过零点或先同向到达最大值，则称正弦量 u **超前**于正弦量 i，或称正弦量 i 比正弦量 u **滞后**，如图 4-3 所示。相应地，若相位差 $\varphi=\psi_u-\psi_i<0$，则称正弦量 u 滞后于正弦量 i，或 i 比 u 超前。

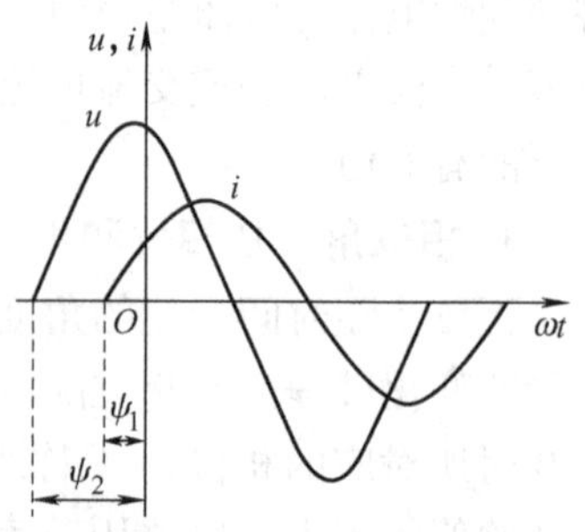

图 4-3 正弦量的相位差

在分析计算同频率正弦量的相位差时，经常会遇到下面三种特殊的相位关系：

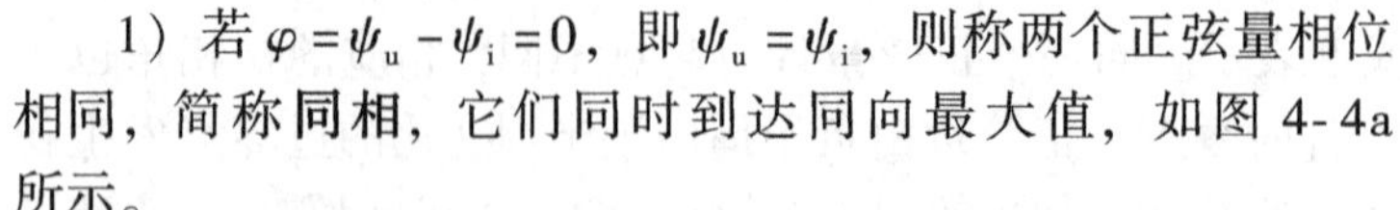

1）若 $\varphi=\psi_u-\psi_i=0$，即 $\psi_u=\psi_i$，则称两个正弦量相位相同，简称**同相**，它们同时到达同向最大值，如图 4-4a 所示。

2）若 $\varphi=\psi_u-\psi_i=\pm\pi$，即相位差为 $\pm180°$，则称两个正弦量相位相反，简称**反相**，如图 4-4b 所示。

3）若 $\varphi=\psi_u-\psi_i=\pm\dfrac{\pi}{2}$，即相位差为 $\pm90°$，则称两个正弦量**正交**，如图 4-4c 所示。

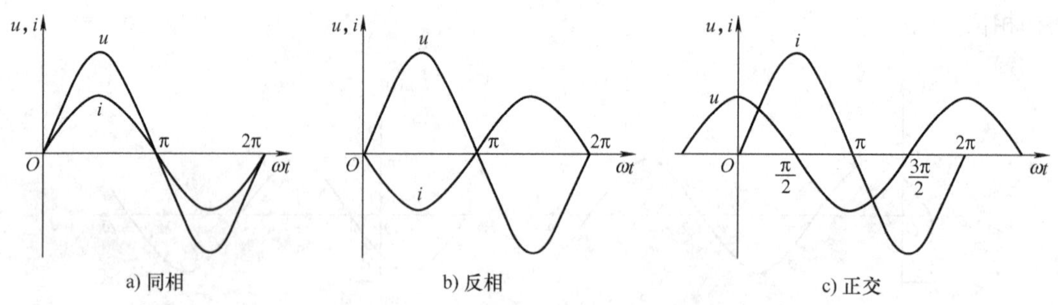

图 4-4 正弦量常见的三种相位关系

注意：只有同频率的正弦量才可以比较相位关系，其相位关系不随时间而改变。不同频率的正弦量不能比较相位关系，因为其相位关系会随着时间的改变而改变。

上面详细地介绍了频率（角频率、周期）、幅值（有效值）、初相位（相位差）等正弦量的三要素，它们完整地描述了一个正弦量的特性。在现代电工技术中，正弦量的应用非常广泛，例如，在电力系统中的发电、输电、配电、用电等，全世界几乎都采用单一频率的正弦交流电压或电流；在自动控制、无线电系统中，尽管反映声音、图像、温度、机械位移等非电信号的电压、电流一般都是非正弦周期信号，但是可以借助傅里叶分析，将这类非正弦周期信号分解为许多不同频率的正弦电压、正弦电流分量的叠加。因此，正弦交流电路的分析和研究具有非常重要的理论和现实意义。

例 4-1 某正弦交流电压的频率 $f=20\text{Hz}$，有效值 $U=5\sqrt{2}\text{V}$，在 $t=0$ 时，电压的瞬时值为 $u(0)=5\text{V}$，且此时刻电压在增加，求该正弦电压的三角函数瞬时值表达式 $u(t)$，并绘出波形图。

解： 根据题意，角频率 ω 为

$$\omega = 2\pi f = 2\pi \times 20\text{Hz} = 40\pi\text{rad/s}$$

周期 T 为

$$T = \frac{1}{f} = \frac{1}{20}\text{s} = 0.05\text{s}$$

最大值 U_m 为

$$U_m = \sqrt{2}U = \sqrt{2} \times 5\sqrt{2}\text{V} = 10\text{V}$$

当 $t = 0$ 时，$u(0) = 5\text{V}$，有

$$u(0) = 5\sqrt{2} \times \sqrt{2}\sin(2\pi f \times 0 + \psi) = 5\text{V}$$

解得

$$\psi = \frac{\pi}{6}$$

故该正弦电压的三角函数瞬时值表达式为

$$u(t) = 10\sin\left(40\pi t + \frac{\pi}{6}\right)$$

正弦电压 $u(t)$ 的波形图如图4-5所示。

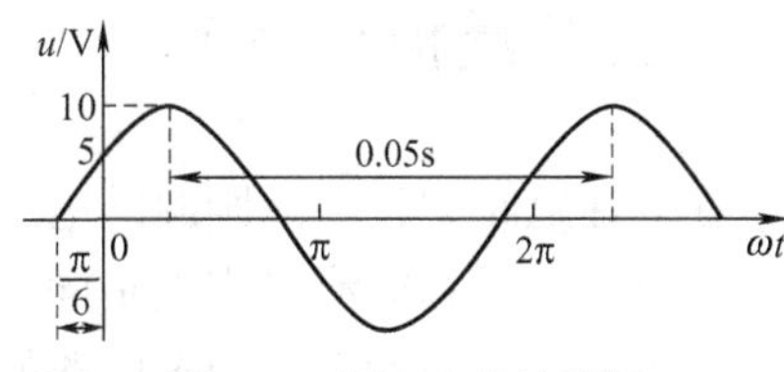

图4-5　例4-1的波形图

例4-2　已知有三组正弦量的三角函数瞬时值表达式分别为

(1) $u_1(t) = 30\cos(100\pi t + 20°)\text{V}$，$i_1(t) = 5\sin(100\pi t - 10°)\text{A}$

(2) $u_1(t) = 30\cos(150\pi t + 40°)\text{V}$，$u_2(t) = 50\sin(100\pi t - 20°)\text{V}$

(3) $i_1(t) = 5\sin(100\pi t + 30°)\text{A}$，$i_2(t) = -3\sin(100\pi t - 50°)\text{A}$

试求这三组正弦量的相位差。

解：

(1) 因为余弦函数 cos 比正弦函数 sin 超前90°，所以应在 u_1 的相位角中加90°，有

$$u_1(t) = 30\cos(100\pi t + 20°)\text{V} = 30\sin(100\pi t + 20° + 90°)\text{V} = 30\sin(100\pi t + 110°)\text{V}$$

则 u_1 与 i_1 的相位差为

$$\varphi = \psi_{u1} - \psi_{i1} = 110° - (-10°) = 120°$$

即 u_1 超前 $i_1$120°，或 i_1 滞后 $u_1$120°。

(2) u_1 的频率为 $150\pi\text{rad/s}$，u_2 的频率为 $100\pi\text{rad/s}$，因为它们的频率不同，相位差随时间的改变而变化，所以相位不能比较。

(3) i_1 为正信号，i_2 为负信号，必须先把 i_2 化为正信号才能比较相位。负号表示反相，与原信号相位相差±180°。若原信号初相位为负，则用相差+180°表示与原信号反相；若原信号初相位为正，则用相差−180°表示与原信号反相。

$$i_2(t) = -3\sin(100\pi t - 50°)\text{A} = 3\sin(100\pi t - 50° + 180°)\text{A} = 3\sin(100\pi t + 130°)\text{A}$$

则 i_1 与 i_2 的相位差为

$$\varphi = \psi_{i1} - \psi_{i2} = 30° - 130° = -100°$$

即 i_1 滞后 $i_2$100°，或 i_2 超前 $i_1$100°。

注意，只有同频率、同函数类型、同符号的不同正弦量才能比较相位差。

【课堂限时习题】

4.1.1　用万用表测量正弦交流电压，在某时刻电压读数为100V，该电压应为正弦交流

电压的（　　）。

A）瞬时值　　B）幅值　　C）有效值

4.1.2　任意交变电信号的最大值 U_m 和有效值 U 的关系都为 $U_m=\sqrt{2}U$。（　　）

A）对　　B）错

4.1.3　正弦信号 $u(t)=2\sin(100\pi t-45°)$ V 的相位为（　　）。

A）$-45°$　　B）$45°$　　C）$100\pi t-45°$

4.1.4　若某两个正弦量的初相位分别是 45°和 $-30°$，则其相位差为（　　）。

A）75°　　B）$-75°$　　C）15°　　D）无法确定

4.2　正弦量相量表示

在线性电路中，当激励源的电压或电流是随时间按正弦或余弦规律周期性地变化时，电路中各部分电压和电流响应也是同频率的正弦量，这样的电路称为**正弦稳态电路**。用电压或电流的正弦波形表示正弦稳态电路的工作状况，直观、易于理解，但是不便于交流电路的分析和计算。由于正弦稳态电路中电压和电流都是用正弦或余弦函数表示的正弦量，根据电路的基本定律 KCL、KVL 及元件的 VCR 进行分析计算时，涉及三角函数的运算可能相当烦琐，也不适用于交流电路的定量分析计算。为了能便捷地进行分析计算，引入了正弦量的相量表示法。相量表示法是建立在复数的基础上，用复数能表示出正弦量的主要特征，又把正弦量烦琐的三角函数运算变换为比较简单的相量的复数运算或者相量图的几何运算，使正弦稳态电路获得一种简单可行的分析计算方法。复数是正弦量的相量表示的基础，是分析和计算正弦交流电路的有效的数学工具，因此，需要先回顾复数及其运算的相关规则。

4.2.1　复数及其运算

在以横轴为实轴（用 +1 表示）、纵轴为虚轴（用 +j 表示）的复平面上，任意一点唯一确定了一个复数 A，该复数可以用点 A 对应的坐标（a，b）表示，即复数 A 的代数表达式（简称**代数型**）为

$$A=a+\mathrm{j}b \tag{4-9}$$

式中，j 为虚数单位，$\mathrm{j}^2=-1$ 或 $\mathrm{j}=\sqrt{-1}$；a 为复数 A 的实部；b 为复数 A 的虚部。实部 a、虚部 b 均为实数，它们分别是复数 A 在实轴、虚轴上的投影，如图 4-6a 所示。在实际应用中，有时只要取复数的实部或只要取复数的虚部，可分别表示为

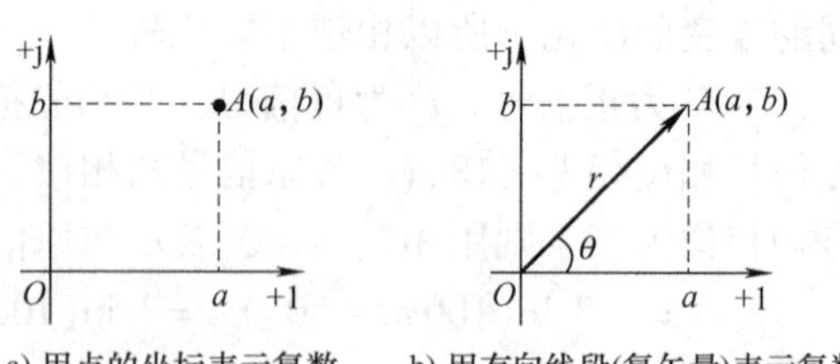

a) 用点的坐标表示复数　　b) 用有向线段(复矢量)表示复数

图 4-6　复平面上的复数

$$\mathrm{Re}[A]=\mathrm{Re}[a+\mathrm{j}b]=a$$
$$\mathrm{Im}[A]=\mathrm{Im}[a+\mathrm{j}b]=b$$

复平面上的复数 A 也唯一确定了以原点 O 为起点、复数点 A 为终点的有向线段 OA（即复矢量），因此，也可以用复平面上的有向线段（复矢量）OA 表示复数 A，如图 4-6b 所示。复矢量 OA 的长度 $|OA|=r$ 称为复数 A 的模；复矢量 OA 与实轴的正半轴的夹角 θ 称为复数 A

的辐角。由图 4-6b 所示的几何关系可得

$$a = |OA|\cos\theta = r\cos\theta \qquad b = |OA|\sin\theta = r\sin\theta \tag{4-10}$$

$$|OA| = r = \sqrt{a^2 + b^2} \qquad \theta = \arctan\frac{b}{a} \tag{4-11}$$

把式(4-10) 代入式(4-9)，可得复数 A 的三角函数表达式(简称**三角型**) 为

$$A = a + \mathrm{j}b = r\cos\theta + \mathrm{j}r\sin\theta = r(\cos\theta + \mathrm{j}\sin\theta) \tag{4-12}$$

利用欧拉公式

$$\mathrm{e}^{\mathrm{j}\theta} = \cos\theta + \mathrm{j}\sin\theta$$

式(4-12) 又可写成指数函数表达式（简称**指数型**）为

$$A = r\mathrm{e}^{\mathrm{j}\theta}$$

在分析计算中，复数的指数式常简写为极坐标表达式（简称**极坐标型**）

$$A = r\angle\theta$$

根据式(4-10) 和式(4-11)，上述几种复数的不同表示式彼此之间可以互相变换。在正弦电路分析计算中，经常需要进行复数的代数型和极坐标型之间的相互转换。

加减乘除是最常用的复数运算过程。设有两个复数分别表示为

$$A_1 = a_1 + \mathrm{j}b_1 = |OA_1|\mathrm{e}^{\mathrm{j}\theta_1} = r_1\angle\theta_1 \qquad A_2 = a_2 + \mathrm{j}b_2 = |OA_2|\mathrm{e}^{\mathrm{j}\theta_2} = r_2\angle\theta_2$$

1. 复数的加减运算

一般只能用代数型进行复数的加减运算。将两个代数型复数的实部、虚部分别相加（或相减），作为和（或差）的实部、虚部，运算结果可以表示为代数型，也可以根据式(4-11) 转换成极坐标型。即

$$\left.\begin{aligned} A_1 + A_2 &= (a_1 + \mathrm{j}b_1) + (a_2 + \mathrm{j}b_2) = (a_1 + a_2) + \mathrm{j}(b_1 + b_2) = a + \mathrm{j}b = r\angle\theta \\ A_1 - A_2 &= (a_1 + \mathrm{j}b_1) - (a_2 + \mathrm{j}b_2) = (a_1 - a_2) + \mathrm{j}(b_1 - b_2) = a' + \mathrm{j}b' = r'\angle\theta' \end{aligned}\right\} \tag{4-13}$$

如果给出的复数是极坐标型，要先根据式(4-10) 转换成代数型再进行加减运算。

复数与复平面上的复矢量有一一对应关系，因此，也可以在复平面上采用平行四边形法则或三角形法则进行复数的加减运算，如图 4-7 所示。

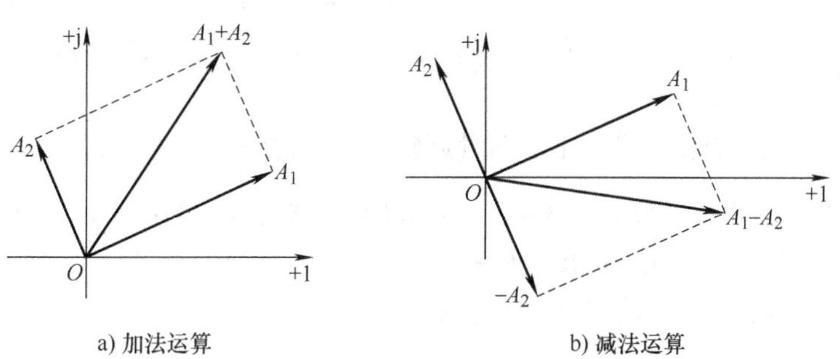

a) 加法运算　　b) 减法运算

图 4-7　复数加减运算的平行四边形法则

2. 复数的乘除运算

复数乘除运算一般优先采用极坐标型。两个复数相乘时，其模相乘，辐角相加。即

$$A_1 \cdot A_2 = r_1\mathrm{e}^{\mathrm{j}\theta_1} \cdot r_2\mathrm{e}^{\mathrm{j}\theta_2} = r_1r_2\mathrm{e}^{\mathrm{j}(\theta_1+\theta_2)} = r_1r_2\angle(\theta_1+\theta_2) = r\angle\theta \tag{4-14}$$

两个复数相除时，其模相除，辐角相减。即

$$\frac{A_1}{A_2}=\frac{r_1\mathrm{e}^{\mathrm{j}\theta_1}}{r_2\mathrm{e}^{\mathrm{j}\theta_2}}=\frac{r_1}{r_2}\mathrm{e}^{\mathrm{j}(\theta_1-\theta_2)}=\frac{r_1}{r_2}\angle(\theta_1-\theta_2)=r'\angle\theta' \tag{4-15}$$

复数乘法运算也可以采用代数型进行，即

$$A_1\cdot A_2=(a_1+\mathrm{j}b_1)\cdot(a_2+\mathrm{j}b_2)=(a_1a_2-b_1b_2)+\mathrm{j}(a_1b_2+b_1a_2)=a+\mathrm{j}b=r\angle\theta \tag{4-16}$$

采用代数型进行复数除法运算时，需要将含有虚部的分母乘以其实部相等、虚部互为相反数的共轭复数，使分母实数化。即

$$\frac{A_1}{A_2}=\frac{a_1+\mathrm{j}b_1}{a_2+\mathrm{j}b_2}=\frac{(a_1+\mathrm{j}b_1)(a_2-\mathrm{j}b_2)}{(a_2+\mathrm{j}b_2)(a_2-\mathrm{j}b_2)}=\frac{(a_1a_2+b_1b_2)+\mathrm{j}(a_2b_1-a_1b_2)}{a_2^2+b_2^2}$$

$$=\frac{(a_1a_2+b_1b_2)}{a_2^2+b_2^2}+\mathrm{j}\frac{(a_2b_1-a_1b_2)}{a_2^2+b_2^2}=a'+\mathrm{j}b'=r'\angle\theta'$$

复数的乘、除运算还可以表示为对应的复数模的放大或缩小、辐角的逆时针旋转或顺时针旋转。如图4-8a所示的复数乘法运算，先将 A_1 的模放大 r_2 倍（$r_2\geqslant1$）或缩小 r_2 倍（$0<r_2\leqslant1$），再逆时针旋转 θ_2 角（$\theta_2>0$）或顺时针旋转 $|\theta_2|$ 角（$\theta_2<0$）。同理，如图4-8b所示的复数除法运算，先将 A_1 的模放大 $1/r_2$ 倍（$0<r_2\leqslant1$）或缩小 $1/r_2$ 倍（$r_2\geqslant1$），再顺时针旋转 θ_2 角（$\theta_2>0$）或逆时针旋转 $|\theta_2|$ 角（$\theta_2<0$）。

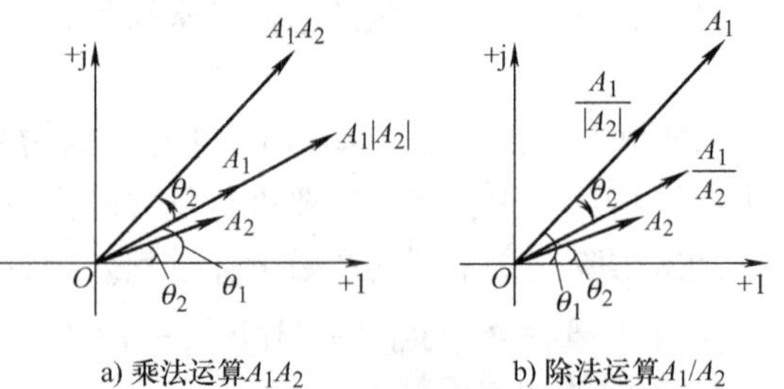

a) 乘法运算 A_1A_2　　b) 除法运算 A_1/A_2

图4-8　复数乘除运算的复矢量图解

如果一个复数 A 对应的复矢量是另一个复数 A_1 对应的复矢量经过缩放再逆时针旋转 θ' 角而得，则称复数 A 比复数 A_1 超前 θ' 角；反之，如果一个复数 A 对应的复矢量是另一个复数 A_1 对应的复矢量经过缩放再顺时针旋转 θ' 角而得，则称复数 A 比复数 A_1 滞后 θ' 角。

复数 $\mathrm{e}^{\mathrm{j}\theta}=\cos\theta+\mathrm{j}\sin\theta=\angle\theta$ 的模为1，辐角为 θ。任意一个复数 A 乘以 $\mathrm{e}^{\mathrm{j}\theta}$，即等于将复数 A 在复平面上逆时针旋转 θ 角（$\theta>0$）或顺时针旋转 $|\theta|$ 角（$\theta<0$），而模 r 保持不变。特别地，当 $\theta=\frac{\pi}{2}=90°$，即 $\mathrm{e}^{\mathrm{j}\frac{\pi}{2}}=\cos\frac{\pi}{2}+\mathrm{j}\sin\frac{\pi}{2}=\angle\frac{\pi}{2}=\angle90°=\mathrm{j}$ 时，一个复数 A 乘以 j 就相当于该复数在复平面上逆时针旋转 $\frac{\pi}{2}$ 角，得到一个比复数 A 超前90°的复数。同理，一个复数 A 乘以 $-\mathrm{j}$ 就相当于该复数在复平面上顺时针旋转 $\frac{\pi}{2}$ 角，得到一个比复数 A 滞后90°的复数。

例4-3　（1）若已知复数 $A_1=3-\mathrm{j}4$，$A_2=10\angle135°$，试求 A_1+A_2 和 A_1/A_2；（2）若已知 $100\angle0°+A\angle60°=175\angle\theta$，试求 A 和 θ。

解：（1）根据式(4-10)及式(4-11)，有

$$A_1=3-\mathrm{j}4=\sqrt{3^2+4^2}\angle\arctan\left(\frac{-4}{3}\right)\approx5\angle-53.1°$$

$$A_2=10\angle135°=10\cos135°+\mathrm{j}10\sin135°\approx-7.07+\mathrm{j}7.07$$

可得

$$A_1+A_2=(3-\mathrm{j}4)+(-7.07+\mathrm{j}7.07)=-4.07+\mathrm{j}3.07\approx5.1\angle143°$$

$$\frac{A_1}{A_2}=\frac{5\angle-53.1°}{10\angle135°}=0.5\angle-188.1°=0.5\angle171.9°\approx-0.495+\mathrm{j}0.071$$

或者

$$\frac{A_1}{A_2}=\frac{3-\mathrm{j}4}{-7.07+\mathrm{j}7.07}=\frac{(3-\mathrm{j}4)(-7.07-\mathrm{j}7.07)}{(-7.07+\mathrm{j}7.07)(-7.07-\mathrm{j}7.07)}=-0.495+\mathrm{j}0.071\approx0.5\angle171.9°$$

（2）根据复数方程两边的实部、虚部分别相等，有

$$100+A\cos60°=175\cos\theta$$

$$A\sin60°=175\sin\theta$$

可解得

$$A\approx102.1\qquad\theta\approx30.34°$$

4.2.2　正弦量与相量

在物理学习中研究过正弦波在圆周上投影的表示方法，正弦电压 $u=U_{\mathrm{m}}\sin(\omega t+\psi)$ 波形如图4-9所示，可知正弦量在任意时刻的瞬时值等于复平面上以恒定角速度 ω 逆时针旋转的有向线段同一时刻在纵坐标上的投影，该有向线段的长度等于正弦量的幅值 U_{m}，并且它与实轴的初始夹角等于正弦量的初相位 ψ，这表明旋转的有向线段具有正弦量幅值、角频率、初相位这三个要素，从而可以准确地表示一个正弦量。并且在线性电路中，正弦激励和响应是同频率正弦量，所以有向线段以相同的角频率 ω 旋转，相对位置也就保持不变，不需要再计算求解频率，只需要用位于初始位置时的有向线段来描述表征正弦量的最大值和初相。而复平面的有向线段（复矢量）唯一确定对应的复数，所以可用与正弦量对应的旋转有向线段在初始位置时的复数形式来表示该正弦量。

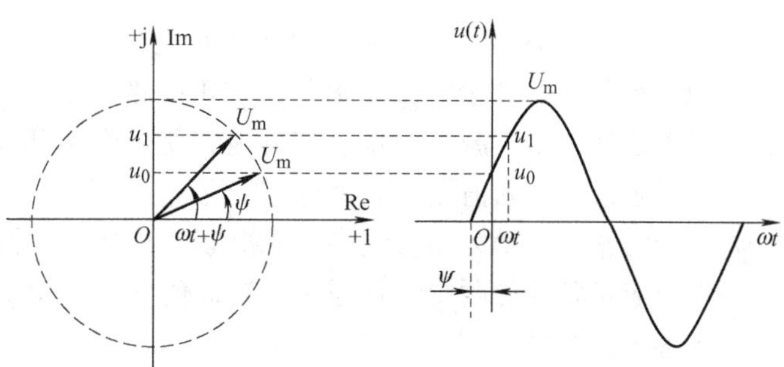

图4-9　用旋转的有向线段表示正弦量

1. 正弦量的相量式表示法

由于在正弦量和复数之间能够建立一一对应关系，可以用复数来表示正弦量。为了和一般的复数加以区别，把这种表示正弦量的复数称为**相量**（**Phasor**），用带点的大写字母表示（如电压相量 $\dot{U}$ 等）。这种表示方法称为正弦量的相量法表示。正弦量用相量表示是建立在复数和欧拉公式的基础上的。

若令 $\theta=\omega t+\psi$，根据欧拉公式 $\mathrm{e}^{\mathrm{j}\theta}=\cos\theta+\mathrm{j}\sin\theta$，有

$$\mathrm{e}^{\mathrm{j}\theta}=\mathrm{e}^{\mathrm{j}(\omega t+\psi)}=\cos(\omega t+\psi)+\mathrm{j}\sin(\omega t+\psi)$$

可得

$$\cos(\omega t+\psi)=\mathrm{Re}[\mathrm{e}^{\mathrm{j}(\omega t+\psi)}]\qquad\sin(\omega t+\psi)=\mathrm{Im}[\mathrm{e}^{\mathrm{j}(\omega t+\psi)}]$$

因此，正弦电压可以写成

$$u(t)=U_{\mathrm{m}}\cos(\omega t+\psi_{\mathrm{u}})=\mathrm{Re}[U_{\mathrm{m}}\mathrm{e}^{\mathrm{j}(\omega t+\psi_{\mathrm{u}})}]=\mathrm{Re}[U_{\mathrm{m}}\mathrm{e}^{\mathrm{j}\psi_{\mathrm{u}}}\mathrm{e}^{\mathrm{j}\omega t}]$$

$$=\mathrm{Re}[\dot{U}_{\mathrm{m}}\mathrm{e}^{\mathrm{j}\omega t}]=\mathrm{Re}[\dot{U}_{\mathrm{m}}\angle\omega t]=\mathrm{Re}[\sqrt{2}\,\dot{U}\angle\omega t]$$

式中

$$\dot{U}_m = U_m e^{j\psi_u} = U_m \angle \psi_u \quad 或 \quad \dot{U} = U \angle \psi_u \tag{4-17}$$

$\dot{U}_m$ 称为电压幅值相量，它的模是该正弦电压的幅值（最大值），辐角是该正弦电压的初相位。$\dot{U}$称为电压有效值相量，它的模是该正弦电压的有效值，辐角是该正弦电压的初相位。

同理，正弦电流的幅值相量和有效值相量分别可以写成

$$\dot{I}_m = I_m e^{j\psi_i} = I_m \angle \psi_i \quad 或 \quad \dot{I} = I e^{j\psi_i} = I \angle \psi_i \tag{4-18}$$

同一正弦量的幅值相量和有效值相量之间有$\sqrt{2}$倍的关系，即

$$\dot{U}_m = \sqrt{2}\,\dot{U} \quad 或 \quad \dot{I}_m = \sqrt{2}\,\dot{I} \tag{4-19}$$

在式(4-17) 和式(4-18) 中，相量$\dot{U}_m$($\dot{I}_m$)和$\dot{U}$($\dot{I}$)分别包含了正弦量的幅值（或有效值）以及初相位这两个要素。另外，在正弦稳态电路中，电压与电流都是同频率的正弦量，频率由已知的正弦激励电源直接确定，所以幅值相量或有效值相量描述了正弦量的特征，通常正弦量的有效值相量应用得更广泛。

将一个正弦量表示为相量或将一个相量表示为正弦量的过程称为**相量变换**。由于相量只是反映了对应正弦量的两个特征量——有效值（或幅值）和初相位，故相量只是表示正弦量，并不等于正弦量。

2. 正弦量的相量图表示法

相量是用复数表示正弦量，而复数确定了复平面上的有向线段，即复矢量。因此，表示正弦量的复数所对应的复平面上的复矢量就称为**相量图**（**Phasor Diagram**）。画相量图时，一般设定水平向右方向作为实轴的正方向，竖直向上方向作为虚轴的正方向，但通常不画出所在复平面坐标系的实轴、虚轴及原点。相量图的长度（即复数的模）表示正弦量的幅值或有效值，相量图与水平向右方向的夹角（即复数的辐角）表示正弦量的初相位。

水平向右方向的相量图表示该正弦量的初相位（即对应的复数辐角）为$\psi=0°$，通常称初相为零的相量为**参考相量**，以该相量为基准绘制其他相量的相量图，以确定各相量之间的相位关系。

如图4-10 所示的相量图中，$\dot{U}$水平向右，表示以$\dot{U}$为参考相量绘制其他相量图。$\dot{U}_1$ 是$\dot{U}$经逆时针旋转而得，则$\dot{U}_1$ 比$\dot{U}$超前φ_{u1}角；$\dot{I}_1$、$\dot{I}_2$ 都是$\dot{U}$经顺时针旋转而得，则$\dot{I}_1$、$\dot{I}_2$ 都比$\dot{U}$滞后，$\dot{I}_1$ 比$\dot{U}$滞后φ_{i1}角，$\dot{I}_2$ 比$\dot{U}$滞后φ_{i2}角；而$\dot{I}_2$ 又要比$\dot{I}_1$ 超前（$\varphi_{i1}-\varphi_{i2}$）角。特别地，由复数的乘法运算法则可知，如果一个相量乘以 j，就相当于该相量在复平面上逆时针方向旋转 90°，得到一个比原相量超前 90°的相量；若相量乘以 -j，就相当于该相量在复平面上顺时针方向旋转 90°，得到一个比原相量滞后 90°的相量。所以把 ±j 称为正负 90°的旋转因子。

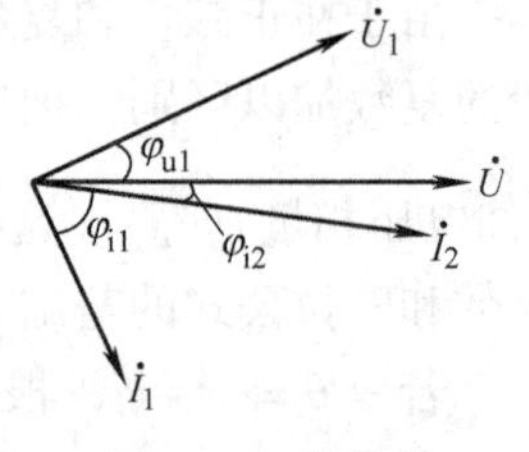

图 4-10 相量图

必须注意，只有正弦量才能用相量表示，非正弦周期量则不能用相量表示。相量图可以直观形象地表示出各个相量的大小和相位关系，但只有同频率的正弦量由于对应的有向线段的旋转角速度相同，保持相对静止，相对位置固定不变，因此可以画在同一张相量图上，而

且还可选择其中任意一个辐角为零（即初相为零）的相量作为参考相量来绘制相量图，虽然参考相量可能不同，但各个相量的相对位置不变。图4-11a所示是以 $\dot{U}_1$ 为参考相量绘制的相量图，而图4-11b所示却是以 $\dot{U}$ 为参考相量绘制的相量图。

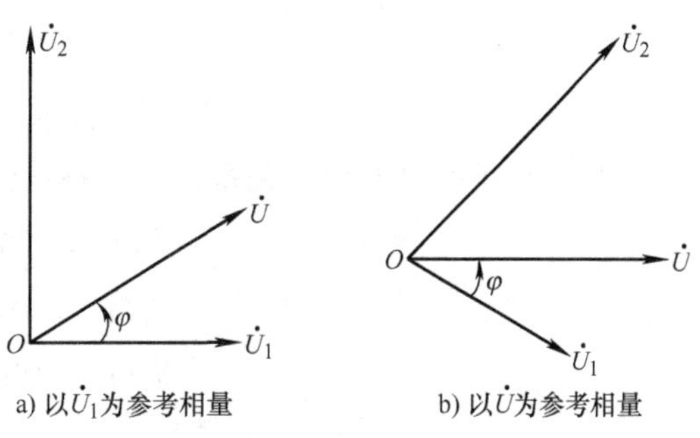

图4-11　多相量的参考相量图

只有同频率的正弦量才能将对应的相量画在同一个相量图上。因为不同频率的正弦量之间的相位关系无法确定，因此不同频率的正弦量不能画在同一个相量图上。

三角函数瞬时值表示式、波形图、相量式以及相量图是正弦交流电路中正弦量电学特性的四种常见的不同表示方式，彼此之间具有对应关系，由其中任意一种形式可以转换成其他三种不同的表示方式。

例4-4　已知正弦电压 $u(t)$ 的三角函数瞬时值表达式为 $u(t)=10\sin(314t+45°)\text{V}$，写出该正弦量对应的有效值相量，并绘出波形图及相量图。

解：由 $u(t)=10\sin(314t+45°)\text{V}$，可得有效值相量为

$$\dot{U}=\frac{10}{\sqrt{2}}\angle 45°\text{V}=5\sqrt{2}\angle 45°\text{V}=(5+\text{j}5)\text{V}$$

周期 T 为

$$T=\frac{2\pi}{\omega}=\frac{2\pi}{314}\text{s}=0.02\text{s}$$

最大值 $U_m=10\text{V}$，初相 $\psi=45°$。绘出波形图及相量图如图4-12所示。

例4-5　在图4-13a所示相量图中，已知 $U=220\text{V}$，$I_1=10\text{A}$，$I_2=5\sqrt{2}\text{A}$，它们的角频率都是 ω，试写出各正弦量的三角函数瞬时值表达式及相量式；计算 $\dot{I}_1+\dot{I}_2$，并画出 $\dot{I}_1+\dot{I}_2$ 的相量图。

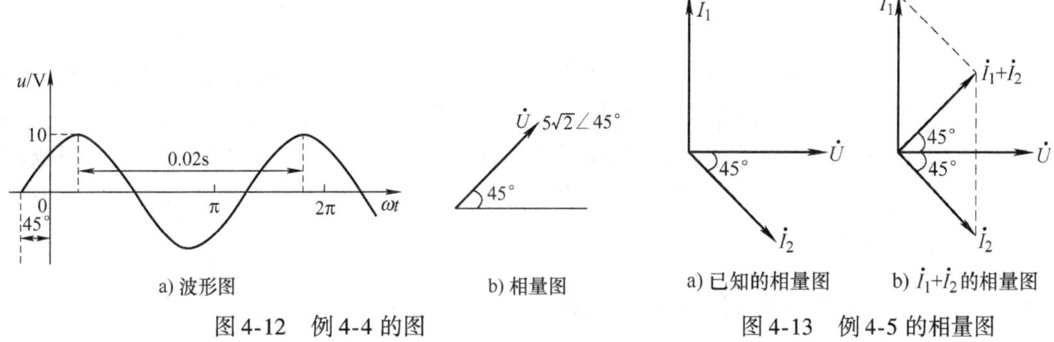

图4-12　例4-4的图

图4-13　例4-5的相量图

解：由相量图可得各正弦量的相量式分别为

$$\dot{U}=220\angle 0°\text{V}$$

$$\dot{I}_1 = 10\angle 90°\text{A}$$

$$\dot{I}_2 = 5\sqrt{2}\angle -45°\text{A}$$

由相量与正弦量的对应关系，可得各正弦量的三角函数瞬时值表达式分别为

$$u(t) = 220\sqrt{2}\sin\omega t\text{V}$$

$$i_1(t) = 10\sqrt{2}\sin(\omega t + 90°)\text{A}$$

$$i_2(t) = 10\sin(\omega t - 45°)\text{A}$$

有

$$\begin{aligned}\dot{I}_1 + \dot{I}_2 &= (10\angle 90° + 5\sqrt{2}\angle -45°)\text{A}\\ &= [10\cos 90° + \text{j}10\sin 90° + 5\sqrt{2}\cos(-45°) + \text{j}5\sqrt{2}\sin(-45°)]\text{A}\\ &= \left[\text{j}10 + 5\sqrt{2}\times\frac{\sqrt{2}}{2} + \text{j}5\sqrt{2}\times\left(-\frac{\sqrt{2}}{2}\right)\right]\text{A}\\ &= (\text{j}10 + 5 - \text{j}5)\text{A} = (5 + \text{j}5)\text{A} = 5\sqrt{2}\angle 45°\text{A}\end{aligned}$$

根据平行四边形法则，可画出 $\dot{I}_1 + \dot{I}_2$ 的相量图如图 4-13b 所示。

【课堂限时习题】

4.2.1 正弦交流电流 $i(t) = 2\sin(314t - 45°)\text{A}$ 的相量表达式为（ ）。

A）$(1 + \text{j}1)$ A B）$(1 - \text{j}1)$ A C）$(-1 + \text{j}1)$ A D）$(-1 - \text{j}1)$ A

4.2.2 下列关于正弦交流电流的表达式中，错误的表达式为（ ）。（多选）

A）$i(t) = I\sin(\omega t + \varphi)\text{A}$ B）$u(t) = U\text{e}^{\text{j}\varphi}\text{V}$

C）$\dot{I} = 10\text{e}^{20°}\text{A}$ D）$u(t) = 20\cos(314t - 30°)\text{V} = \dfrac{20}{\sqrt{2}}\text{e}^{-\text{j}30°}\text{V}$

4.2.3 关于正弦交流电压的等式 $u(t) = \sqrt{2}\sin(314t + 45°)\text{V} = (1 + \text{j}1)\text{V}$（ ）。

A）不成立 B）成立

4.3 基本元件伏安关系的相量模型

在实际电路中，无源元件电阻、电感和电容一般都同时存在。在直流稳态电路中，电感相当于短路，电容相当于开路，只有电阻一种元件模型。在正弦交流稳态电路中，电压、电流随时间变化，电感不能视作短路，电容不能视作开路。因此，分析电路的正弦稳态响应，首先必须掌握电阻、电感和电容等元件的交流特性，建立元件伏安关系（即 VCR，又称伏安特性）的相量模型。

4.3.1 电阻元件伏安特性的相量模型

电阻元件伏安特性（VCR）的相量模型是指处在交流稳态电路中电阻元件两端的电压相量和通过电阻元件的电流相量之间的关系。

若电阻 R 两端的电压 $u(t)$ 与通过电阻的电流 $i(t)$ 采用关联参考方向，如图 4-14a 所

示。设电阻的正弦电流为

$$i(t)=\sqrt{2}I\sin(\omega t+\psi_{\mathrm{i}})$$

在任何瞬间，电阻两端的电压和通过电阻的电流都满足欧姆定律，即

$$u(t)=Ri(t)=\sqrt{2}RI\sin(\omega t+\psi_{\mathrm{i}})=\sqrt{2}U\sin(\omega t+\psi_{\mathrm{u}}) \tag{4-20}$$

式(4-20) 表明，电阻两端的电压和通过电阻的电流频率相同，相位也相同，即 $\psi_{\mathrm{u}}=\psi_{\mathrm{i}}$。电阻的电压与电流的相位差为 $\varphi=\psi_{\mathrm{u}}-\psi_{\mathrm{i}}=0°$。其波形如图 4-14b 所示。

由式(4-20)，有

$$U=RI \quad 或 \quad U_{\mathrm{m}}=RI_{\mathrm{m}} \tag{4-21}$$

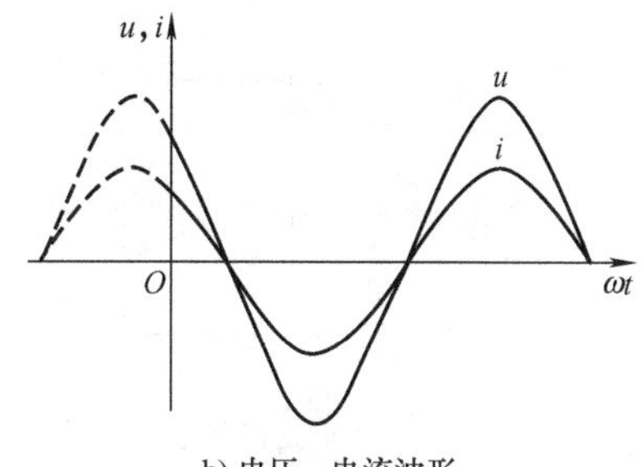

a) 正弦交流电路　b) 电压、电流波形

图 4-14　电阻元件的正弦交流电路及电压、电流波形

即

$$\frac{U}{I}=\frac{U_{\mathrm{m}}}{I_{\mathrm{m}}}=R$$

由此可知，电阻两端电压有效值（或幅值）与通过电阻的电流有效值（或幅值）的比值即电阻值 R。如果用相量表示电阻电压和电流的关系，有

$$\dot{U}=U\angle\psi_{\mathrm{u}} \qquad \dot{I}=I\angle\psi_{\mathrm{i}}$$

则

$$\frac{\dot{U}}{\dot{I}}=\frac{U\angle\psi_{\mathrm{u}}}{I\angle\psi_{\mathrm{i}}}=\frac{U}{I}\angle(\psi_{\mathrm{u}}-\psi_{\mathrm{i}})=\frac{U}{I}\angle 0°=\frac{U}{I}=R$$

或

$$\dot{U}=R\dot{I} \tag{4-22}$$

式(4-22) 就是电阻元件伏安特性（VCR）的相量模型，或称为欧姆定律的相量模型。在交流稳态电路中，该相量模型既反映了电阻的电压和电流有效值（或幅值）间的大小关系，同时也反映了电阻电压和电流间的相位关系。电阻元件的相量模型及相量图如图 4-15 所示。

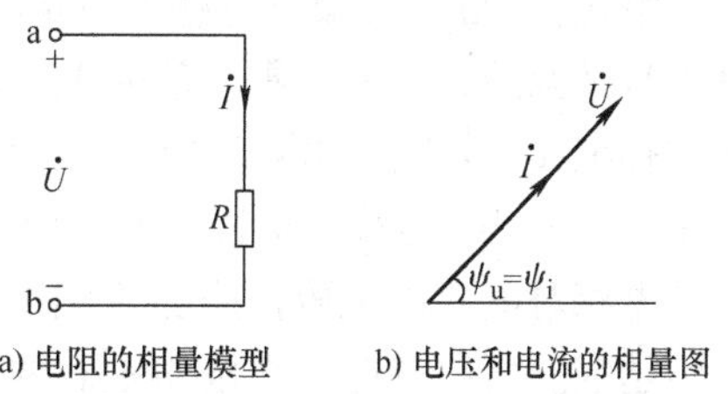

a) 电阻的相量模型　b) 电压和电流的相量图

图 4-15　电阻元件的相量模型及相量图

4.3.2 电感元件伏安特性的相量模型

当电感线圈中通过交流电流 $i(t)$ 时，形成变化的磁场，从而产生感应电压 $u(t)$。设电感电流 $i(t)$ 与电压 $u(t)$ 采用关联参考方向，如图 4-16a 所示。设在电感元件中通过的正弦交流电流为

$$i(t)=\sqrt{2}I\sin(\omega t+\psi_{\mathrm{i}})$$

有

$$u(t)=L\frac{\mathrm{d}i}{\mathrm{d}t}=L\frac{\mathrm{d}}{\mathrm{d}t}[\sqrt{2}I\sin(\omega t+\psi_{\mathrm{i}})]=\sqrt{2}\omega LI\cos(\omega t+\psi_{\mathrm{i}})$$

$$=\sqrt{2}\omega LI\sin(\omega t+\psi_i+90°)=\sqrt{2}U\sin(\omega t+\psi_u) \tag{4-23}$$

式(4-23)表明，在正弦稳态电路中，电感电压和电感电流是同频率的正弦量，并且电感电压的相位要比电流相位超前90°，即$\psi_u=\psi_i+90°$。电感的电压与电流的相位差为$\varphi=\psi_u-\psi_i=90°$。其波形如图4-16b所示。

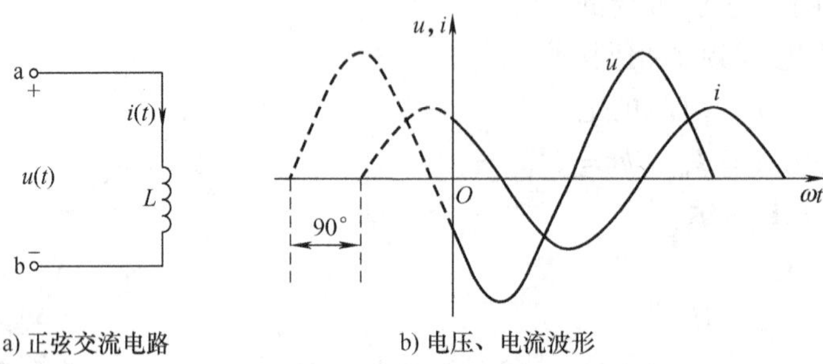

a) 正弦交流电路 b) 电压、电流波形

图4-16 电感元件的正弦交流电路及电压、电流波形

由式(4-23)，有

$$U=\omega LI \qquad 或 \qquad U_m=\omega LI_m \tag{4-24}$$

即

$$\frac{U}{I}=\frac{U_m}{I_m}=\omega L$$

由此可知，电感元件中电流、电压的有效值不仅和电感L有关，而且还和角频率ω有关。电压的有效值和电流的有效值之比为ωL，它具有电阻的单位，即Ω（欧姆）。当电压一定时，ωL越大，电流越小。可见电感具有阻碍交流电流的特性，通常称为电感的**感抗**，记为X_L，即

$$X_L=\omega L=2\pi fL=\frac{U}{I}=\frac{U_m}{I_m} \tag{4-25}$$

由式(4-25)可知，电感L一定时，感抗X_L与频率f成正比。当交流电压有效值U一定时，激励源的频率f越高，感抗X_L越大，则电流I越小，电流越难通过；反之，频率f越低，感抗X_L越小，则电流I越大，电流越容易通过。对于直流稳态电路，因频率$f=0$，感抗$X_L=0$，即电感对稳态直流的阻碍作用为零，电感相当于短路。可见电感对电流的阻碍作用随着频率线性增长，频率越高，阻碍作用越强。所以，电感在电路中有两个作用：一是“通直隔交”，直流信号能顺利通过电感，交流信号受到电感阻隔；二是“通低频隔高频”，频率越低的信号越容易通过，频率越高的信号越难通过。电感的这两个作用在电子技术中非常有用。当电压U和电感L一定时，感抗X_L、电流I随频率f变化的关系曲线如图4-17所示。

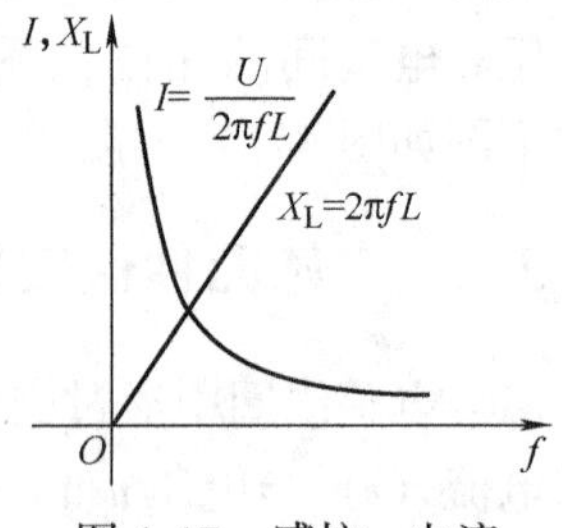

图4-17 感抗、电流与频率的关系曲线

电感电流相量和电压相量分别为

$$\dot{I}=I\angle\psi_i \qquad \dot{U}=U\angle\psi_u=U\angle(\psi_i+90°)$$

有

$$\frac{\dot{U}}{\dot{I}}=\frac{U\angle\psi_{\mathrm{u}}}{I\angle\psi_{\mathrm{i}}}=\frac{U}{I}\angle(\psi_{\mathrm{u}}-\psi_{\mathrm{i}})=\frac{U}{I}\angle(\psi_{\mathrm{i}}+90^{\circ}-\psi_{\mathrm{i}})=\frac{U}{I}\angle90^{\circ}=\mathrm{j}X_{\mathrm{L}}=\mathrm{j}\omega L$$

即

$$\dot{U}=\mathrm{j}X_{\mathrm{L}}\dot{I}=\mathrm{j}\omega L\dot{I} \tag{4-26}$$

式(4-26) 就是电感元件伏安特性（VCR）的相量模型。在交流稳态电路中，电感电压有效值（或幅值）等于电流有效值（或幅值）与感抗的乘积，电感电压的相位要比电流相位超前 90°。电感元件 VCR 相量模型既反映出电感电压和电流间的大小关系，同时也反映了电压和电流间的相位关系。电感元件的相量模型及相量图如图 4-18 所示。

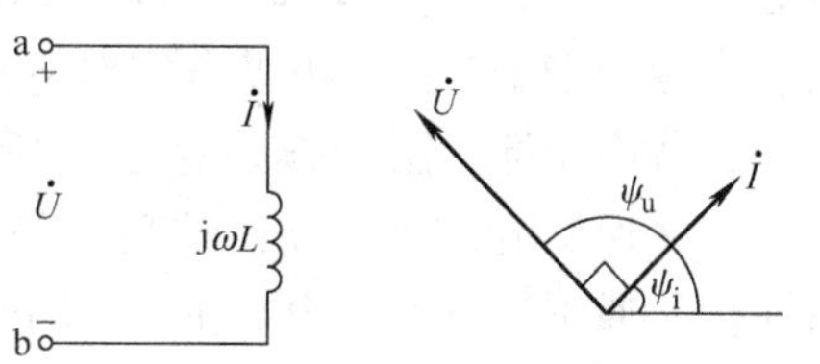

a) 电感的相量模型　　b) 电压和电流的相量图

图 4-18　电感元件的相量模型及相量图

4.3.3　电容元件伏安特性的相量模型

电容元件的交流电路如图 4-19a 所示。设电容两端的电压 $u(t)$ 为

$$u(t)=\sqrt{2}U\sin(\omega t+\psi_{\mathrm{u}})$$

在关联参考方向下，电容元件的电流 $i(t)$ 为

$$\begin{aligned}i(t)&=C\frac{\mathrm{d}u}{\mathrm{d}t}=C\frac{\mathrm{d}}{\mathrm{d}t}[\sqrt{2}U\sin(\omega t+\psi_{\mathrm{u}})]=\sqrt{2}\omega CU\cos(\omega t+\psi_{\mathrm{u}})\\&=\sqrt{2}\omega CU\sin(\omega t+\psi_{\mathrm{u}}+90^{\circ})=\sqrt{2}I\sin(\omega t+\psi_{\mathrm{i}})\end{aligned} \tag{4-27}$$

式(4-27) 表明，在正弦稳态电路中，电容电压和电流是同频率的正弦量，并且电容电流的相位要比电压相位超前 90°，即 $\psi_{\mathrm{i}}=\psi_{\mathrm{u}}+90^{\circ}$。电容电压与电流的相位差为 $\varphi=\psi_{\mathrm{u}}-\psi_{\mathrm{i}}=-90^{\circ}$。其波形如图 4-19b 所示。

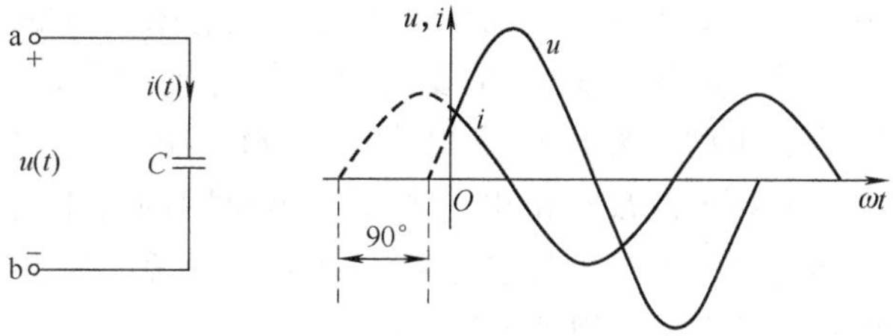

a) 正弦交流电路　　b) 电压、电流波形

图 4-19　电容元件的正弦交流电路及电压、电流波形图

由式(4-27)，有

$$\omega CU=I \quad 或 \quad U=\frac{I}{\omega C} \tag{4-28}$$

即

$$\frac{U}{I}=\frac{U_{\mathrm{m}}}{I_{\mathrm{m}}}=\frac{1}{\omega C}$$

由此可知，电容元件中电流、电压的有效值不仅和电容 C 有关，而且还和角频率 ω 有关。电容电压的有效值和电流的有效值之比为$\frac{1}{\omega C}$，它具有电阻的单位，即 Ω（欧姆）。当电压一定时，$\frac{1}{\omega C}$越大，电流越小。可见它具有阻碍交流电流的特性，通常称为电容的**容抗**，记为 X_{C}，即

$$X_C = \frac{1}{\omega C} = \frac{1}{2\pi fC} = \frac{U}{I} = \frac{U_m}{I_m} \tag{4-29}$$

由式(4-29) 可知，电容 C 一定时，容抗 X_C 与频率 f 成反比。当交流电压 U 一定时，激励源的频率 f 越高，容抗 X_C 越小，则电流 I 越大，电流越容易通过；反之，频率 f 越低，容抗 X_C 越大，则电流 I 越小，电流越难通过。对于直流稳态电路，因频率 $f=0$，容抗 $X_C=\infty$，即电容对稳态直流的阻碍作用为无穷大，电容相当于开路。可见电容对电流的阻碍作用随着频率减小而增长，频率越低，阻碍作用越强。所以，电容在电路中有两个作用：一是通交流，而且频率越高的信号越容易通过；二是隔直流，直流信号通不过电容。电容的这两个作用在电子技术中非常有用。当电压 U 和电容 C 一定时，容抗 X_C、电流 I 随频率 f 变化的关系曲线如图 4-20 所示。

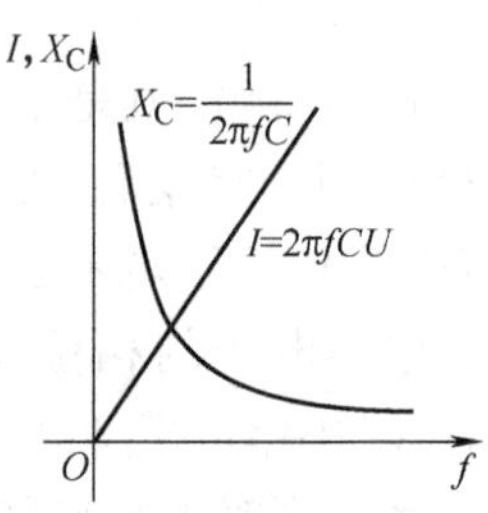

图 4-20 容抗、电流与频率的关系曲线

电容电压相量和电流相量分别为

$$\dot{U} = U\angle\psi_u \qquad \dot{I} = I\angle\psi_i = I\angle(\psi_u + 90°)$$

有

$$\frac{\dot{U}}{\dot{I}} = \frac{U\angle\varphi_u}{I\angle\varphi_i} = \frac{U}{I}\angle(\varphi_u - \varphi_i) = \frac{U}{I}\angle(\varphi_u - \varphi_u - 90°) = \frac{U}{I}\angle(-90°) = -jX_C = -j\frac{1}{\omega C}$$

即

$$\dot{U} = -jX_C\dot{I} = -j\frac{1}{\omega C}\dot{I} = \frac{1}{j\omega C}\dot{I} \tag{4-30}$$

式(4-30) 就是电容元件伏安特性（VCR）的相量模型。在交流稳态电路中，电容电压有效值（或幅值）等于电流有效值（或幅值）与容抗的乘积，电容的电压相位要比电流相位滞后 90°。电容元件 VCR 相量模型既反映出电容电压和电流间的大小关系，同时也反映了电压和电流间的相位关系。电容元件的相量模型及相量图如图 4-21 所示。

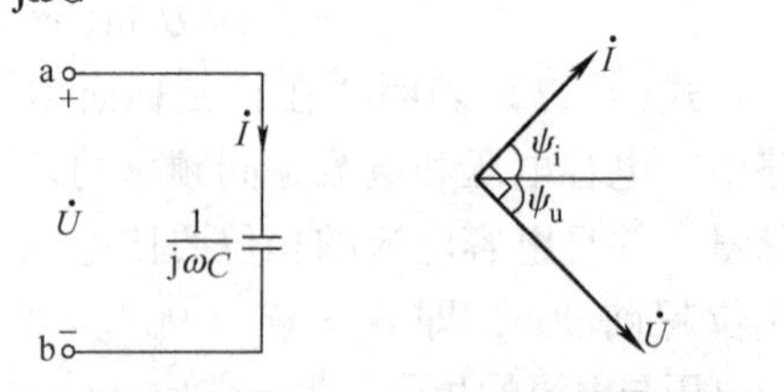

a) 电容的相量模型　　b) 电压和电流的相量图

图 4-21 电容元件的相量模型及相量图

例 4-6 一个阻值为 1kΩ 的电阻接到频率为 50Hz、有效值为 12V 及初相为 30°的正弦交流电压源上。要求：(1) 试写出通过电阻电流的三角函数瞬时值表示式，并求电流的有效值；(2) 当电阻电压有效值、初相都不变，而频率改变为 5000Hz 时，电阻电流的三角函数瞬时值表示式有何变化？其有效值变化吗？

解：(1) 由 $f=50\text{Hz}$，得

$$\omega = 2\pi f = 314\text{rad/s}$$

通过电阻电流的有效值为

$$I = \frac{U}{R} = \frac{12}{1000}\text{A} = 12\text{mA}$$

电阻电压和电流的频率、角频率相同，初相位也相同，则电阻电流的三角函数瞬时值表示式为

$$i(t)=\sqrt{2}I\sin(\omega t+\psi_i)=12\sqrt{2}\sin(314t+30°)\text{mA}$$

（2）电阻元件的电阻 R 与频率 f 无关，所以，频率 f 改变时，电阻电流的有效值 I 不变。电阻电流的角频率 ω 随着电阻电压角频率的变化而改变，初相位保持不变。

当 $f=5000\text{Hz}$ 时，有

$$\omega=2\pi f=31400\text{rad/s}$$

则电阻电流的三角函数瞬时值表示式为

$$i(t)=\sqrt{2}I\sin(\omega t+\psi_i)=12\sqrt{2}\sin(31400t+30°)\text{mA}$$

例 4-7　把电感为 1H 的线圈接到 220V 市电上，试求线圈的感抗 X_L、电流的有效值 I；若将此线圈直接接到直流电源上，将会出现什么现象？

解：由于市电频率 $f=50\text{Hz}$，则

$$X_L=2\pi fL=(2\times3.14\times50\times1)\Omega=314\Omega$$

$$I=\frac{U_L}{X_L}=\frac{220}{314}\text{A}\approx0.7\text{A}$$

当线圈直接接到直流电源上时，由于直流电源的频率为 $f=0$，使感抗 $X_L=2\pi fL=0$，即该线圈相当于短路。此时，电感中的电流仅由电源内阻和线圈电阻决定，而这些电阻数值一般都很小，会导致电流过大，很容易损坏电源，甚至引起火灾。因此，电感线圈一般不能直接接到直流电源上。

例 4-8　有一只 470μF、耐压值 220V 的电容。要求：（1）若将它接到 50Hz、有效值为 110V、初相为 −30°的正弦交流电压源上，电路中电流有效值 I 为多少？并写出电流的三角函数瞬时值表示式；（2）如果正弦交流电压源的有效值和初相都不变，但是频率变为 10kHz，此时电流有效值 I 为多少？并写出电流的三角函数瞬时值表示式；（3）能否将该电容直接接到有效值为 220V 的正弦交流电源上？

解：（1）由 $f=50\text{Hz}$，得

$$\omega=2\pi f=314\text{rad/s}$$

$$X_C=\frac{1}{2\pi fC}=\frac{1}{\omega C}=\frac{1}{2\times3.14\times50\times470\times10^{-6}}\Omega\approx6.8\Omega$$

得电流的有效值 I 为

$$I=\frac{U_C}{X_C}=\frac{110}{6.8}\text{A}\approx16.2\text{A}$$

电容电压和电流是同频率的正弦量，并且电容电流的初相位要比电压相位超前 90°，即

$$\psi_i=\psi_u+90°=-30°+90°=60°$$

则电流的三角函数瞬时值表示式为

$$i(t)=\sqrt{2}I\sin(\omega t+\psi_i)=16.2\sqrt{2}\sin(314t+60°)\text{A}$$

（2）当 $f=10\text{kHz}$ 时，得

$$\omega=2\pi f=62800\text{rad/s}$$

$$X_C=\frac{1}{2\pi fC}=\frac{1}{2\times3.14\times10\times10^3\times470\times10^{-6}}\Omega\approx0.034\Omega$$

得电流的有效值 I 为

$$I=\frac{U_C}{X_C}=\frac{110}{0.034}\text{A}\approx 3235\text{A}$$

初相位不受频率影响，依然有

$$\psi_i=\psi_u+90°=-30°+90°=60°$$

则电流的三角函数瞬时值表示式为

$$i(t)=\sqrt{2}I\sin(\omega t+\psi_i)=3235\sqrt{2}\sin(62800t+60°)\text{A}$$

（3）交流电源电压为220V指的是有效值，其幅值为

$$U_m=\sqrt{2}U=(1.414\times 220)\text{V}\approx 311\text{V}$$

显然其大小超过了电容的耐压值，故该电容不能直接接到220V市电上。

例4-9 若有一个0.5F的电容，它的电流为 $i(t)=\sqrt{2}\sin(100t-30°)\text{A}$，试求电容两端的电压 $u(t)$，并绘出相量图。

解：已知电流相量为 $\dot{I}=1\angle(-30°)\text{A}$，根据式(4-30)，得

$$\dot{U}=-\text{j}\frac{\dot{I}}{\omega C}=-\text{j}\frac{1\angle(-30°)}{100\times 0.5}\text{V}=-\text{j}0.02\angle(-30°)\text{V}$$

$$=0.02\angle(-30°-90°)\text{V}=0.02\angle(-120°)\text{V}$$

根据相量 $\dot{U}$ 得到相对应的电容两端的电压 $u(t)$ 为

$$u(t)=0.02\sqrt{2}\sin(100t-120°)\text{V}$$

向量图如图4-22所示，表明电容电流超前电压90°。

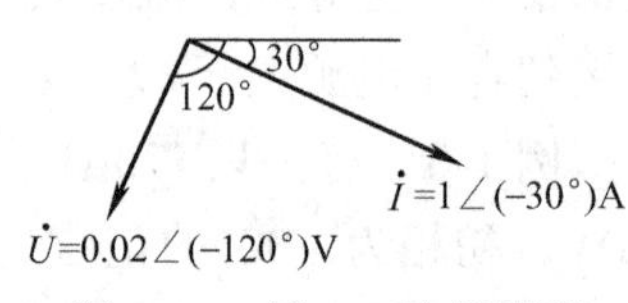

图4-22 例4-9的相量图

【课堂限时习题】

4.3.1 正弦交流电路中，随着电源电压频率 f 的提高，电阻元件的电阻 R（　　）。

A）增大　　B）减小　　C）不变　　D）无法确定

4.3.2 正弦交流电路中，电感元件的电压相位要比电流（　　）90°。

A）滞后　　B）超前

4.3.3 下列电感元件的伏安关系式中，正确的有（　　）。（多选）

A）$U=LI$　　B）$U=\omega LI$　　C）$u=iX_L$　　D）$\dot{U}=\text{j}\omega L\dot{I}$

4.3.4 下列电容元件的伏安关系式中，正确的有（　　）。（多选）

A）$\dot{U}=\dot{I}X_C$　　B）$U=IX_C$　　C）$\dot{I}=\text{j}\omega C\dot{U}$　　D）$U=IC$

4.4 基尔霍夫定律的相量模型

基尔霍夫定律（KCL、KVL）和各种元件的伏安特性(VCR)是分析电路的基本依据，根据KCL、KVL及VCR建立的电压、电流关系方程中的变量一般是关于时间 t 的函数，称为**时域方程**。正弦交流电路也必须遵循基尔霍夫定律（KCL、KVL）和各种元件的伏安特性(VCR)。当采用相量法来分析正弦稳态交流电路时，必须将时域形式的电压、电流关系方程转换成相量形式，即电压电流相量所遵循的方程。

4.4.1 基尔霍夫电流定律的相量模型

在正弦稳态电路中，若所有支路电流都是同频率的正弦量，基尔霍夫电流定律（KCL）的时域形式为

$$\sum i(t)=0$$

将正弦量用相量表示后，得到基尔霍夫电流定律（KCL）的相量模型，即

$$\sum \dot{I}=0 \quad 或 \quad \sum \dot{I}_{\mathrm{m}}=0 \tag{4-31}$$

式(4-31) 可表述为：在所有支路电流都是同频率的正弦稳态交流电路中，任意一个节点上各支路电流的有效值相量（或幅值相量）的相量和等于零。

例4-10 如图4-23a所示为正弦稳态电路中的一个节点，已知 $i_1(t)=10\sqrt{2}\sin(314t+60°)\mathrm{A}$，$i_2(t)=-5\sqrt{2}\cos 314t\mathrm{A}$。试求 $i_3(t)$，并绘出相量图。

解：由正弦量与相量的对应关系，直接写出已知电流 $i_1(t)$ 和 $i_2(t)$ 的相量，即

$$\dot{I}_1=10\angle 60°\mathrm{A} \qquad \dot{I}_2=5\angle -90°\mathrm{A}$$

利用KCL的相量形式，由式(4-31) 可得

$$\dot{I}_1+\dot{I}_2-\dot{I}_3=0$$

有

$$\begin{aligned}\dot{I}_3 &= \dot{I}_1+\dot{I}_2=(10\angle 60°+5\angle -90°)\mathrm{A}\\ &=(5+\mathrm{j}8.66-\mathrm{j}5)\mathrm{A}=(5+\mathrm{j}3.66)\mathrm{A}\\ &\approx 6.2\angle 36.2°\mathrm{A}\end{aligned}$$

根据求得的相量 $\dot{I}_3$ 写出相对应的正弦电流 $i_3(t)$ 为

$$i_3(t)=6.2\sqrt{2}\sin(314t+36.2°)\mathrm{A}$$

相量图如图4-23b所示。

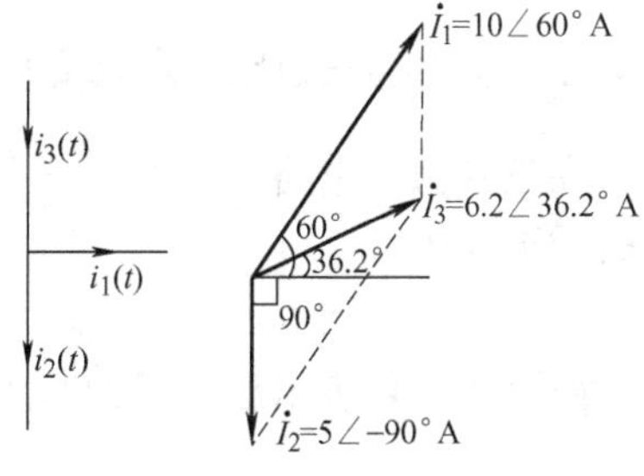

图4-23 例4-10的图

例4-11 在图4-24a所示正弦稳态电路中，电流表 A_1、A_2 的读数均为5A。求电流表A的读数。

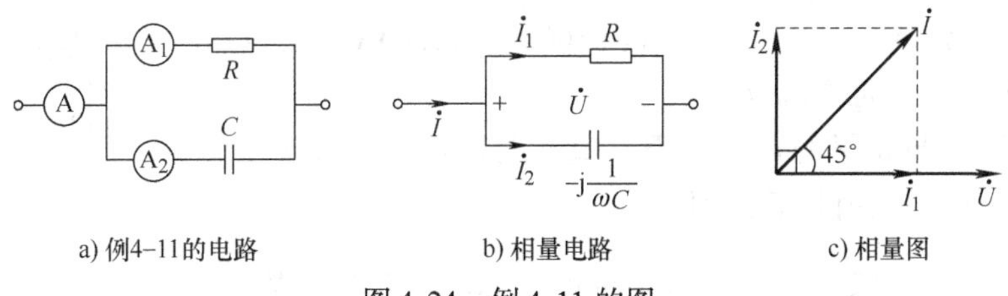

图4-24 例4-11的图

解：将电路转换为图4-24b所示形式，其中电流、电压均用相量表示。

设 $\dot{U}=U\angle 0°$，电流表 A_1 的读数为正弦电流的有效值，即 $I_1=5\mathrm{A}$，有

$$\dot{I}=\frac{\dot{U}}{R}=\frac{U\angle 0°}{R}=I_1\angle 0°=5\angle 0°\mathrm{A}=5\mathrm{A}$$

根据式(4-30)，得

$$\dot{I}_2=\frac{\dot{U}}{-\mathrm{j}\dfrac{1}{\omega C}}=\frac{U\angle 0^\circ}{\dfrac{1}{\omega C}\angle(-90^\circ)}=\omega CU\angle 90^\circ=I_2\angle 90^\circ$$

根据电流表 A_2 的读数，可知有效值 $I_2=5\mathrm{A}$，故得

$$\dot{I}_2=5\angle 90^\circ\mathrm{A}=5\angle 90^\circ\mathrm{A}=\mathrm{j}5\mathrm{A}$$

利用 KCL 的相量模型，由式(4-31) 可得

$$\dot{I}=\dot{I}_1+\dot{I}_2=(5+\mathrm{j}5)\mathrm{A}=5\sqrt{2}\angle 45^\circ\mathrm{A}\approx 7.07\angle 45^\circ\mathrm{A}$$

其有效值为 $I=7.07\mathrm{A}$，即电流表 A 的读数应为 7.07A。

也可以利用相量图求解。在复平面水平方向上作参考相量 $\dot{U}$，其初始相位为零，如图 4-24c 所示。因电阻上的电压、电流同相，故相量 $\dot{I}_1$ 与 $\dot{U}$ 同相。又因电容电流 $\dot{I}_2$ 比电压 $\dot{U}$ 超前 90°，故相量 $\dot{I}_2$ 与 $\dot{U}$ 垂直。相量 $\dot{I}_1$ 和 $\dot{I}_2$ 的长度表示有效值，即都等于 5A，由 $\dot{I}_1$、$\dot{I}_2$ 构成的平行四边形对角线为相量 $\dot{I}$，它的长度为

$$I=\sqrt{I_1^2+I_2^2}=\sqrt{5^2+5^2}\mathrm{A}=5\sqrt{2}\mathrm{A}\approx 7.07\mathrm{A}$$

故电流表 A 的读数应为有效值 7.07A。

4.4.2 基尔霍夫电压定律的相量模型

在正弦稳态电路中，若各部分电压都是同频率的正弦量，基尔霍夫电压定律（KVL）的时域形式为

$$\sum u(t)=0$$

将正弦量用相量表示后，得到基尔霍夫电压定律（KVL）的相量模型，即

$$\sum\dot{U}=0\quad\text{或}\quad\sum\dot{U}_\mathrm{m}=0\tag{4-32}$$

式(4-32) 可表述为：在各部分电压都是同频率的正弦稳态交流电路中，沿任意一回路各部分电压的有效值相量（或幅值相量）的相量和等于零。

例 4-12 在如图 4-25 所示正弦稳态交流电路中，已知 $u_1(t)=8\sqrt{2}\sin(100\pi t+45^\circ)\mathrm{V}$，$u_2(t)=5\sqrt{2}\sin(100\pi t-120^\circ)\mathrm{V}$，$u_3(t)=2\sin(100\pi t+45^\circ)\mathrm{V}$，试求 $u_\mathrm{S}(t)$。

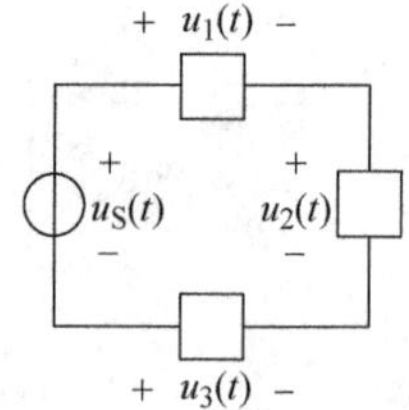

图 4-25 例 4-12 的电路

解：由正弦量与相量的对应关系，直接写出已知电压 $u_1(t)$、$u_2(t)$ 及 $u_3(t)$ 的有效值相量，即

$$\dot{U}_1=8\angle 45^\circ\mathrm{V}\qquad \dot{U}_2=5\angle(-120^\circ)\mathrm{V}\qquad \dot{U}_3=\sqrt{2}\angle 45^\circ\mathrm{V}$$

利用 KVL 的相量形式，由式(4-32) 可得

$$\dot{U}_1+\dot{U}_2-\dot{U}_3-\dot{U}_\mathrm{S}=0$$

有

$$\begin{aligned}\dot{U}_\mathrm{S}&=\dot{U}_1+\dot{U}_2-\dot{U}_3=[8\angle 45^\circ+5\angle(-120^\circ)-\sqrt{2}\angle 45^\circ]\mathrm{V}\\&\approx[(5.66+\mathrm{j}5.66)+(-2.5-\mathrm{j}4.33)-(1+\mathrm{j})]\mathrm{V}\end{aligned}$$

$$=(2.16+\mathrm{j}0.33)\mathrm{V}\approx 2.18\angle 8.7°\mathrm{V}$$

根据求得的相量 $\dot{U}_S$ 写出相对应的正弦电压源 $u_S(t)$ 为

$$u_S(t)=2.18\sqrt{2}\sin(100\pi t+8.7°)\mathrm{V}$$

【课堂限时习题】

4.4.1 基尔霍夫定律的相量模型只能适用于同频率的正弦量。(　　)

A) 对　　B) 错

4.4.2 在图4-26所示的 *RL* 串联正弦稳态交流电路中，下列有关电压、电流的关系式里，正确的有（　　）。(多选)

A) $u=u_R+u_L$　　B) $\dot{U}=\dot{U}_R+\dot{U}_L$　　C) $U=\sqrt{U_R^2+U_L^2}$　　D) $U=U_R+U_L$

4.4.3 在如图4-27所示的 *RLC* 并联正弦稳态交流电路中，下列有关电流的关系式里，正确的有（　　）。(多选)

A) $I=I_R+I_L+I_C$　　B) $\dot{I}=\dot{I}_R+\dot{I}_L+\dot{I}_C$

C) $I=\sqrt{I_R^2+(I_L-I_C)^2}$　　D) $i=i_R+i_L+i_C$

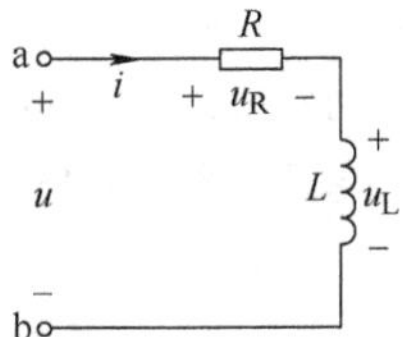

图4-26 课堂限时习题4.4.2的电路

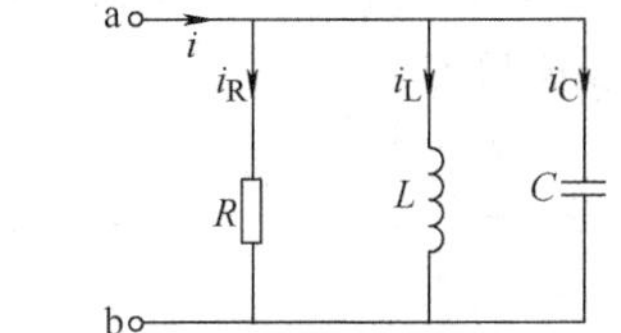

图4-27 课堂限时习题4.4.3的电路

4.5 正弦稳态交流电路的阻抗与导纳

在正弦稳态交流电路中，建立了基尔霍夫定律（KCL、KVL）和电阻、电感及电容各元件的伏安特性(VCR)的相量模型。为了能把已熟悉的直流电阻电路的常用分析方法和重要定理应用到正弦稳态交流电路中，还需引入正弦稳态交流电路的复阻抗模型和复导纳模型。

4.5.1 复阻抗的定义

如图4-28所示，在单一频率的正弦稳态交流电路中，一端口电路N的端口电压相量 $\dot{U}$ 与端口电流相量 $\dot{I}$ 的比值定义为该电路N的**复阻抗** Z（Complex Impedaace），简称**阻抗**，单位为Ω（欧姆），即

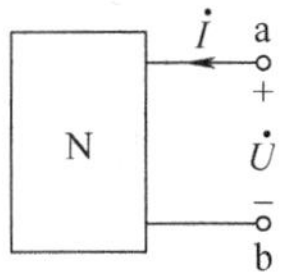

$$Z=\frac{\dot{U}}{\dot{I}}=\frac{U\angle\psi_u}{I\angle\psi_i}=\frac{U}{I}\angle(\psi_u-\psi_i)=|Z|\angle\varphi \tag{4-33}$$

图4-28 一端口电路

在式(4-33)中，阻抗 Z 是一个复数，$|Z|$ 称为**阻抗模**，其值为

$|Z|=\dfrac{U}{I}$，表示了端口电压和电流有效值间的大小关系，反映了该电路N对交流电阻碍抵抗能力的大小。φ 称为**阻抗角**，其值为 $\varphi=\psi_u-\psi_i$，端口电压初相 ψ_u 与电流初相 ψ_i 之差即相位差，表示了端口电压和电流间的相位关系。

1）当 $\varphi=\psi_u-\psi_i>0$，即 $\psi_u>\psi_i$ 时，端口电压超前于电流，该电路为电感性电路，简称为**感性电路**。

2）当 $\varphi=\psi_u-\psi_i<0$，即 $\psi_u<\psi_i$ 时，端口电压滞后于电流，该电路为电容性电路，简称为**容性电路**。

3）当 $\varphi=\psi_u-\psi_i=0$，即 $\psi_u=\psi_i$ 时，端口电压与电流同相，该电路为电阻性电路，简称为**阻性电路**。

由此可见，复阻抗 Z 既反映了端口电压和电流的有效值间的大小关系，同时也反映了相位间关系，能较全面地体现正弦交流稳态电路的电学性质。虽然复阻抗 Z 也是复数，但它并不是表示正弦量的相量，为了与相量相区别，在字母 Z 上不加“·”。

如果电路N内部只有电阻元件，则可以建立电阻元件 Z 的复阻抗（简称阻抗）模型。如图4-29a所示，根据式(4-22)所示的电阻元件伏安特性（VCR）的相量模型可得电阻的复阻抗为

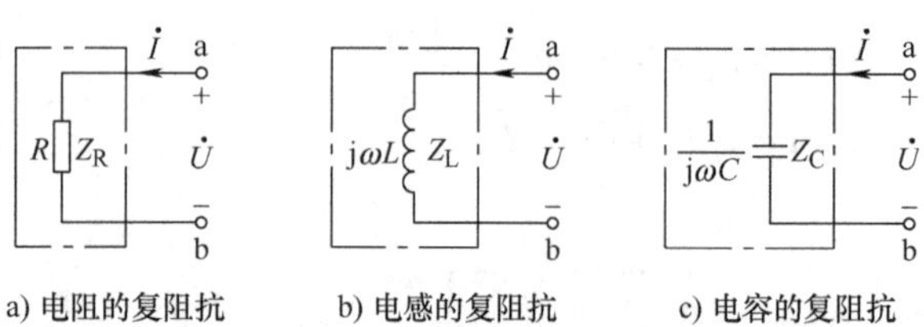

图4-29 电阻、电感及电容元件的复阻抗

$$Z_R=\frac{\dot{U}}{\dot{I}}=R \tag{4-34}$$

同样，当电路N内部只有电感或电容元件时，如图4-29b、c所示，根据式(4-26)及式(4-30)所示的电感、电容元件伏安特性的相量模型可得电感、电容的复阻抗分别为

$$Z_L=\frac{\dot{U}}{\dot{I}}=jX_L=j\omega L=|Z_L|\angle 90° \tag{4-35}$$

$$Z_C=\frac{\dot{U}}{\dot{I}}=-jX_C=-j\frac{1}{\omega C}=\frac{1}{j\omega C}=|Z_C|\angle(-90°) \tag{4-36}$$

显然，电感、电容的阻抗模分别为感抗和容抗，即

$$|Z_L|=X_L=\omega L \qquad |Z_C|=X_C=\frac{1}{\omega C} \tag{4-37}$$

如果电路N内部是电阻、电感及电容组成的 *RLC* 串联电路，如图4-30a所示，根据KVL有

$$u(t)=u_R(t)+u_L(t)+u_C(t)$$

画出图4-30a所示 *RLC* 串联电路的相量电路，如图4-30b所示。相应的KVL相量关系方程式为

$$\dot{U}=\dot{U}_R+\dot{U}_L+\dot{U}_C=Z_R\dot{I}+Z_L\dot{I}+Z_C\dot{I}=R\dot{I}+jX_L\dot{I}-jX_C\dot{I}=[R+j(X_L-X_C)]\dot{I}=Z\dot{I}$$

可得

$$Z=\frac{\dot{U}}{\dot{I}}=\frac{U\angle\psi_u}{I\angle\psi_i}=\frac{U}{I}\angle(\psi_u-\psi_i)=\frac{U}{I}\angle\varphi=R+j(X_L-X_C)$$

$$=R+\mathrm{j}X=\sqrt{R^2+X^2}\angle\left(\arctan\frac{X}{R}\right)=|Z|\angle\varphi \tag{4-38}$$

式中，复阻抗 Z 的实部为电阻 R，虚部(X_L-X_C)为感抗和容抗之差，称为**电抗**（**Reactance**），用 X 表示：

$$X=X_L-X_C=\omega L-\frac{1}{\omega C} \tag{4-39}$$

$$|Z|=\sqrt{R^2+X^2}=\sqrt{R^2+(X_L-X_C)^2}=\sqrt{R^2+\left(\omega L-\frac{1}{\omega C}\right)^2}=\frac{U}{I} \tag{4-40}$$

在 RLC 串联电路中，阻抗模$|Z|$、阻抗角 φ 与 R、L 及 C 间的关系为

$$\varphi=\arctan\frac{X}{R}=\arctan\frac{X_L-X_C}{R}=\arctan\frac{\omega L-\frac{1}{\omega C}}{R}=\psi_u-\psi_i \tag{4-41}$$

显然，在 RLC 串联电路中，有

1）当 $X=X_L-X_C=\omega L-\frac{1}{\omega C}>0$，即 $\psi_u>\psi_i$ 时，电压超前于电流，电路为感性电路。

2）当 $X=X_L-X_C=\omega L-\frac{1}{\omega C}<0$，即 $\psi_u<\psi_i$ 时，电压滞后于电流，电路为容性电路。

3）当 $X=X_L-X_C=\omega L-\frac{1}{\omega C}=0$，即 $\psi_u=\psi_i$ 时，电压与电流同相，电路为阻性电路。

RLC 串联电路的等效复阻抗如图4-30c所示。

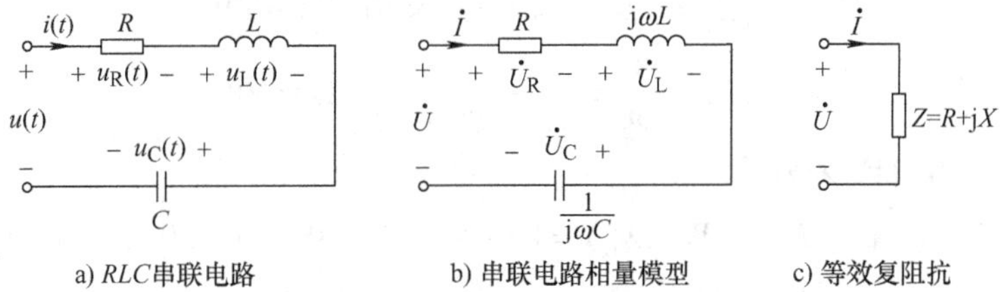

a) RLC串联电路　b) 串联电路相量模型　c) 等效复阻抗

图4-30　RLC 串联电路的等效复阻抗

在图4-30b中，设电流 $\dot{I}$ 为参考相量，即 $\dot{I}=I\angle 0°$，画出 RLC 串联电路的相量图，如图4-31所示。在相量图4-31a中，由于电感电压 $\dot{U}_L$ 比电流 $\dot{I}$ 超前90°，而电容电压 $\dot{U}_C$ 比电流 $\dot{I}$ 滞后90°，即电感电压 $\dot{U}_L$ 与电容电压 $\dot{U}_C$ 互为反向。当 RLC 串联电路为感性电路时，由于 $X_L>X_C$，即 $IX_L>IX_C$，有 $U_L>U_C$，即电感电压 $\dot{U}_L$ 相量图对应的有向线段比电容电压 $\dot{U}_C$ 相量图对应的有向线段要长，则电感电压 $\dot{U}_L$ 与电容电压 $\dot{U}_C$ 的和相量 $\dot{U}_X$（$\dot{U}_X=\dot{U}_L+\dot{U}_C$）对应的相量图是 $\dot{U}_L$、$\dot{U}_C$ 两线段之差（U_L-U_C），且与 $\dot{U}_L$ 同向。因此，总电压 $\dot{U}$、电阻电压 $\dot{U}_R$、电感电压 $\dot{U}_L$ 与电容电压 $\dot{U}_C$ 的和相量 $\dot{U}_X$($\dot{U}_X=\dot{U}_L+\dot{U}_C$)三者之间构成一个直角三角形，如图4-31b所示，称为电压三角形。相量图中各个有向线段的长度表示对应相量的有效值，由图可得，RLC 串联电路中各部分电压有效值间的关系为

$$U=\sqrt{U_R^2+U_X^2}=\sqrt{U_R^2+(U_L-U_C)^2}=\sqrt{(U\cos\varphi)^2+(U\sin\varphi)^2} \tag{4-42}$$

由此可知，由于正弦交流电路中的各个正弦量存在相位差异，各部分电压相量遵循 KVL 的相量模型，即$\sum \dot{U}=0$，但各部分电压有效值间不具有简单的代数加减关系，即$\sum U\neq 0$。

在图 4-31b 所示电压相量三角形中，将三条边长同时除以电流有效值就得到图 4-31c 所示的阻抗三角形。其中，阻抗模$|Z|$、阻抗角φ与电阻R、电抗X之间的关系为

$$|Z|=\sqrt{R^2+X^2} \qquad \varphi=\arctan\frac{X}{R}$$

或 $$R=|Z|\cos\varphi \quad X=|Z|\sin\varphi \tag{4-43}$$

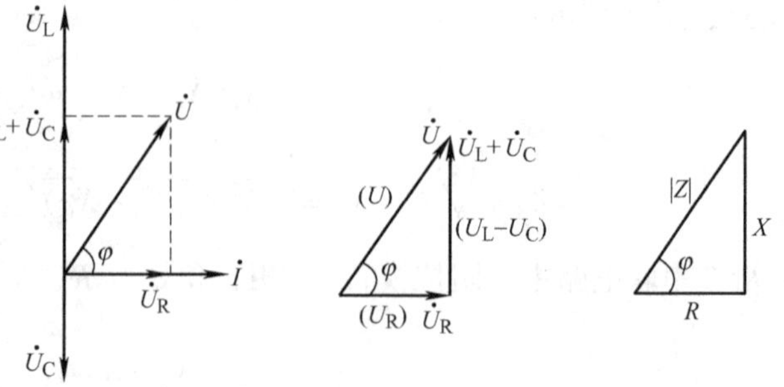

a) 电压的相量图　b) 电压相量三角形　c) 阻抗三角形

图 4-31　RLC 串联电路的相量图

显然，RLC 串联电路的阻抗三角形与电压三角形是相似三角形。

例 4-13　如图 4-30a 所示 RLC 串联稳态交流电路，已知 $u(t)=220\sqrt{2}\sin(314t+30°)$ V，$R=30\Omega$，$L=254$mH，$C=80\mu$F。试求：(1) 感抗 X_L、容抗 X_C 及阻抗 Z；(2) 电路的电流相量 $\dot{I}$、各元件电压响应的相量 $\dot{U}_R$、$\dot{U}_L$、$\dot{U}_C$ 及各响应的三角函数瞬时值表示式 $i(t)$、$u_R(t)$、$u_L(t)$、$u_C(t)$；(3) 说明该 RLC 串联交流电路是属于什么性质的电路。

解：(1) 根据式(4-37) 可得感抗、容抗分别为

$$X_L=\omega L=314\times254\times10^{-3}\Omega\approx80\Omega$$

$$X_C=\frac{1}{\omega C}=\frac{1}{314\times80\times10^{-6}}\Omega\approx40\Omega$$

根据式(4-38) 可得阻抗 Z 为

$$Z=R+\mathrm{j}X=R+\mathrm{j}(X_L-X_C)=[30+\mathrm{j}(80-40)]\Omega\approx50\angle53.1°\Omega$$

(2) 电路的电流相量 $\dot{I}$ 及各元件电压响应的相量 $\dot{U}_R$、$\dot{U}_L$、$\dot{U}_C$ 分别为

$$\dot{I}=\frac{\dot{U}}{Z}=\frac{220\angle30°}{50\angle53.1°}\text{A}=4.4\angle-23.1°\text{A}$$

$$\dot{U}_R=Z_R\dot{I}=R\dot{I}=30\times4.4\angle-23.1°\text{V}=132\angle-23.1°\text{V}$$

$$\dot{U}_L=Z_L\dot{I}=\mathrm{j}X_L\dot{I}=\mathrm{j}80\times4.4\angle-23.1°\text{V}=352\angle66.9°\text{V}$$

$$\dot{U}_C=Z_C\dot{I}=-\mathrm{j}X_C\dot{I}=-\mathrm{j}40\times4.4\angle-23.1°\text{V}=176\angle(-113.1°)\text{V}$$

根据求得的响应的相量直接写出对应的响应的三角函数瞬时值表示式分别为

$$i(t)=4.4\sqrt{2}\sin(314t-23.1°)\text{A}$$

$$u_R(t)=132\sqrt{2}\sin(314t-23.1°)\text{V}$$

$$u_L(t)=352\sqrt{2}\sin(314t+66.9°)\text{V}$$

$$u_C(t)=176\sqrt{2}\sin(314t-113.1°)\text{V}$$

(3) 由于在该 RLC 串联电路中，有

$$当\ X = X_L - X_C = (80 - 40)\Omega = 40\Omega > 0$$

即 $\psi_u > \psi_i$，电压超前于电流，该 *RLC* 串联稳态交流电路是属于感性性质的电路。

4.5.2　复阻抗的串联和并联

正弦交流稳态电路中多个复阻抗的串联电路如图4-32a所示，根据KVL相量模型有

$\dot{U} = \dot{U}_1 + \dot{U}_2 + \cdots + \dot{U}_k + \cdots + \dot{U}_n = Z_1\dot{I} + Z_2\dot{I} + \cdots + Z_k\dot{I} + \cdots + Z_n\dot{I} = (Z_1 + Z_2 + \cdots + Z_k + \cdots + Z_n)\dot{I}$ 令 $Z_{eq} = Z_1 + Z_2 + \cdots + Z_k + \cdots + Z_n$，得

$$\dot{U} = Z_{eq}\dot{I}$$

Z_{eq}为 n 个串联复阻抗的等效阻抗，其等于相串联的各个复阻抗之和，即

$$Z_{eq} = Z_1 + Z_2 + \cdots + Z_k + \cdots + Z_n = \sum_{k=1}^{n} Z_k = \sum_{k=1}^{n} R_k + j\sum_{k=1}^{n} X_k \tag{4-44}$$

串联复阻抗的等效电路如图4-32b所示。

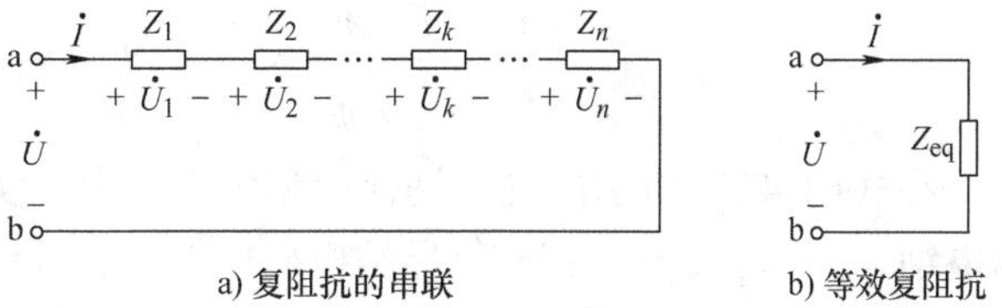

a) 复阻抗的串联　b) 等效复阻抗

图4-32　复阻抗串联等效电路

在正弦交流稳态电路中，对 n 个串联复阻抗同样具有分压公式，即

$$\dot{U}_k = \frac{Z_k}{Z_{eq}}\dot{U} \tag{4-45}$$

正弦交流稳态电路中多个复阻抗的并联电路如图4-33a所示，根据KCL相量模型有

$$\dot{I} = \dot{I}_1 + \dot{I}_2 + \cdots + \dot{I}_k + \cdots + \dot{I}_n = \frac{\dot{U}}{Z_1} + \frac{\dot{U}}{Z_2} + \cdots + \frac{\dot{U}}{Z_k} + \cdots + \frac{\dot{U}}{Z_n} = \left(\frac{1}{Z_1} + \frac{1}{Z_2} + \cdots + \frac{1}{Z_k} + \cdots + \frac{1}{Z_n}\right)\dot{U}$$

令 $\frac{1}{Z_{eq}} = \frac{1}{Z_1} + \frac{1}{Z_2} + \cdots + \frac{1}{Z_k} + \cdots + \frac{1}{Z_n}$，可得

$$\dot{I} = \frac{1}{Z_{eq}}\dot{U}$$

Z_{eq}为 n 个并联复阻抗的等效阻抗，其倒数等于相并联的各个复阻抗的倒数和，即

$$\frac{1}{Z_{eq}} = \frac{1}{Z_1} + \frac{1}{Z_2} + \cdots + \frac{1}{Z_k} + \cdots + \frac{1}{Z_n} = \sum_{k=1}^{n}\frac{1}{Z_k} \tag{4-46}$$

并联复阻抗的等效电路如图4-33b所示。

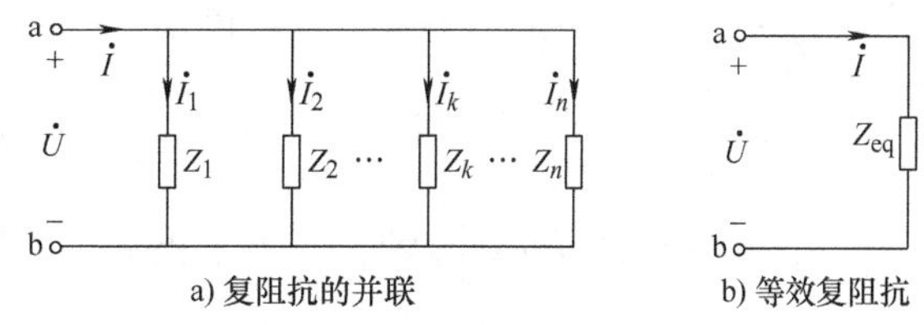
a) 复阻抗的并联　b) 等效复阻抗

图4-33　复阻抗并联等效电路

在正弦交流稳态电路中，对两个并联复阻抗具有用阻抗作分流系数的分流公式，即

$$\dot{I}_1 = \frac{Z_{eq}}{Z_1}\dot{I} = \frac{Z_2}{Z_1 + Z_2}\dot{I}$$

$$\dot{I}_2 = \frac{Z_{eq}}{Z_2}\dot{I} = \frac{Z_1}{Z_1 + Z_2}\dot{I}$$

例4-14　在图4-34所示正弦交流稳态电路中，已知各个阻抗分别为 $Z_1 = (10 + j6.28)\Omega$、$Z_2 = (20 - j31.9)\Omega$、$Z_3 = (15 + j15.7)\Omega$。试求此交流稳态电路的等效阻抗 Z_{eq}。

解：$Z_{eq}=Z_3+Z_1/\!/Z_2=Z_3+\dfrac{Z_1Z_2}{Z_1+Z_2}$

$$=(15+\mathrm{j}15.7)\Omega+\frac{(10+\mathrm{j}6.28)(20-\mathrm{j}31.9)}{(10+\mathrm{j}6.28)+(20-\mathrm{j}31.9)}\Omega$$

$$=(25.9+\mathrm{j}18.6)\Omega$$

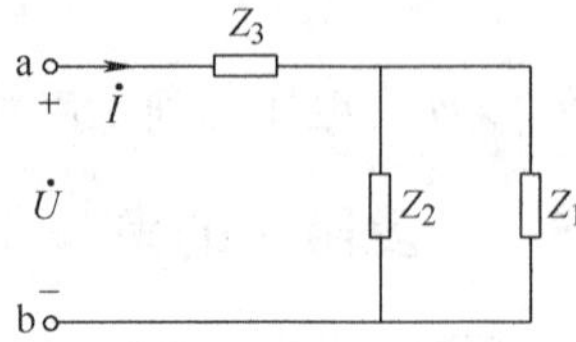

图 4-34 例 4-14 的电路

4.5.3 复导纳的串联和并联

当正弦交流电路中并联支路数较多时，用式(4-46) 计算等效阻抗不是很方便，这时可考虑用另一个电路参数**复导纳** Y（Complex Admittance）（简称**导纳**）来表示正弦稳态电路的电压和电流的关系，其定义为：在图 4-28 所示的正弦交流稳态电路中，一端口电路 N 的端口电流相量 $\dot{I}$ 与端口电压相量 $\dot{U}$ 的比值，单位为 S（西门子）。显然，复导纳 Y 就等于复阻抗 Z 的倒数，即

$$Y=\frac{1}{Z}=\frac{\dot{I}\angle\psi_{\mathrm{i}}}{\dot{U}\angle\psi_{\mathrm{u}}}=\frac{I}{U}\angle(\psi_{\mathrm{i}}-\psi_{\mathrm{u}})=|Y|\angle\varphi_{\mathrm{Y}}=G+\mathrm{j}B \tag{4-47}$$

在式(4-47) 所示的复导纳代数型定义式中，实部 G 称为**电导**(Conductance)，虚部 B 称为**电纳**（Susceptance）；在复导纳极坐标型定义式中，模 $|Y|$ 称为**导纳模**，其值为 $|Y|=I/U$，表示端口电流和电压有效值间的大小关系，即反映了该一端口电路 N 对交流电阻碍抵抗能力的大小。辐角 φ_{Y} 称为**导纳角**，其值为 $\varphi_{\mathrm{Y}}=\psi_{\mathrm{i}}-\psi_{\mathrm{u}}$，即端口电流初相 ψ_{i} 与电压初相 ψ_{u} 之差，表示了端口电流和电压间的相位关系。

与复阻抗 Z 一样，复导纳 Y 反映了正弦交流电路端口电压和电流的有效值大小及相位关系，也能体现正弦稳态交流电路的电学性质。

正弦稳态交流电路中多个复导纳的串联电路如图 4-35a 所示，根据 KVL 相量模型有

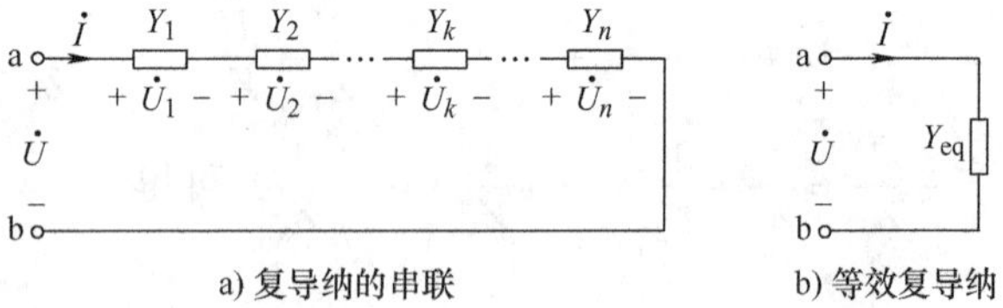

图 4-35 复导纳串联等效电路

$$\dot{U}=\dot{U}_1+\dot{U}_2+\cdots+\dot{U}_k+\cdots+\dot{U}_n=\frac{1}{Y_1}\dot{I}+\frac{1}{Y_2}\dot{I}+\cdots+\frac{1}{Y_k}\dot{I}+\cdots+\frac{1}{Y_n}\dot{I}=\left(\frac{1}{Y_1}+\frac{1}{Y_2}+\cdots+\frac{1}{Y_k}+\cdots+\frac{1}{Y_n}\right)\dot{I}$$

令 $\dfrac{1}{Y_{eq}}=\dfrac{1}{Y_1}+\dfrac{1}{Y_2}+\cdots+\dfrac{1}{Y_k}+\cdots+\dfrac{1}{Y_n}$，可得

$$\dot{U}=\frac{1}{Y_{eq}}\dot{I} \tag{4-48}$$

Y_{eq} 为 n 个串联导纳的等效导纳，其等于相串联的各个导纳的倒数和，即

$$\frac{1}{Y_{eq}}=\frac{1}{Y_1}+\frac{1}{Y_2}+\cdots+\frac{1}{Y_k}+\cdots+\frac{1}{Y_n}=\sum_{k=1}^{n}\frac{1}{Y_k} \tag{4-49}$$

串联导纳的等效电路如图 4-35b 所示。

正弦稳态交流电路中多个导纳的并联电路如图 4-36a 所示，根据 KCL 相量模型有

$$\dot{I}=\dot{I}_1+\dot{I}_2+\cdots+\dot{I}_k+\cdots+\dot{I}_n=Y_1\dot{U}+Y_2\dot{U}+\cdots+Y_k\dot{U}+\cdots+Y_n\dot{U}=(Y_1+Y_2+\cdots+Y_k+\cdots+Y_n)\dot{U}$$

令 $Y_{eq} = Y_1 + Y_2 + \cdots + Y_k + \cdots + Y_n$，可得

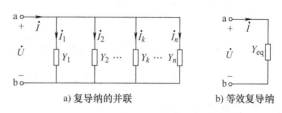

$$\dot{I} = Y_{eq}\dot{U}$$

即 n 个并联导纳的等效导纳 Y_{eq} 等于相并联的各个导纳的和，即

$$Y_{eq} = Y_1 + Y_2 + \cdots + Y_k + \cdots + Y_n = \sum_{k=1}^{n} Y_k \tag{4-50}$$

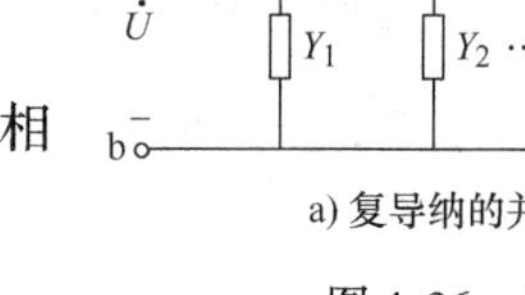

a) 复导纳的并联

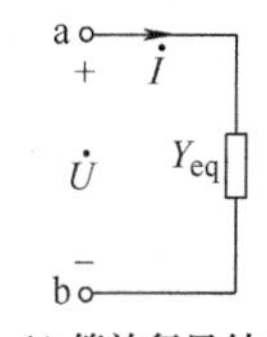

b) 等效复导纳

图 4-36　复导纳并联等效电路

并联复阻抗的等效电路如图 4-36b 所示。

在正弦稳态交流电路中，n 个并联导纳有分流公式，即

$$\dot{I}_k = \frac{Y_k}{\sum\limits_{k=1}^{n} Y_k}\dot{U} = \frac{Y_k}{Y_{eq}}\dot{U} \tag{4-51}$$

【课堂限时习题】

4.5.1　若阻抗 $Z = (10 - \mathrm{j}20)\Omega$，则该电路呈现（　　）。

A）电阻性　　B）电感性　　C）电容性

4.5.2　如果 *RLC* 串联稳态交流电路呈现容性性质，那么该电路（　　）。

A）电压滞后于电流　　B）电压超前于电流　　C）电压与电流同相

4.5.3　正弦稳态交流电路的电路性质与激励源频率的变化（　　）。

A）无关　　B）有关　　C）不确定

4.6　正弦稳态交流电路的相量分析法

在一个电路中，如果所有激励源是同一频率的正弦激励源，则电路中所有响应，包括各个支路电流、任意两点间电压都是与激励源有相同频率的正弦量。因此在正弦稳态交流电路的分析中，将所有电压、电流都用相量表示，所有元件都用复阻抗（阻抗）表示，就得到与原电路具有相同结构的相量电路模型。在此相量模型中，必须遵循基尔霍夫定律（KCL、KVL）和各种元件的伏安特性(VCR)对应的相量关系式，其分析思路和分析方法与直流稳态电阻电路相同。在直流稳态电阻电路中所介绍的常用分析方法及重要定理，例如：支路电流法、节点电压法、戴维南定理、诺顿定理、叠加定理以及等效变换等都依然适用，只是列出的电路方程是关于电压相量、电流相量、阻抗的复数运算方程（也称为相量方程）。这种基于电路相量模型对正弦稳态电路进行分析计算的方法称为**相量分析法**。

例 4-15　如图 4-37a 所示正弦稳态交流电路中，已知 $Z_1 = Z_2 = -\mathrm{j}30\Omega$，$Z_3 = 30\Omega$，$Z = 45\Omega$，以及 $\dot{I}_S = 4\angle 90°\mathrm{A}$，试求电流相量 $\dot{I}$。

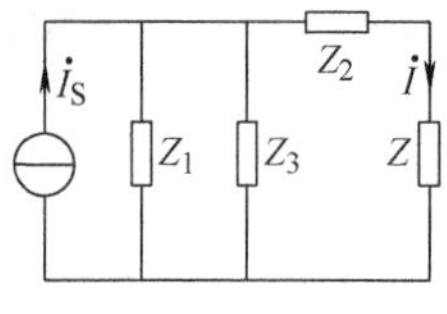

a) 原电路

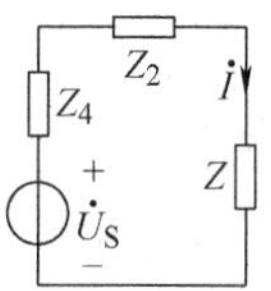

b) 电源等效电路

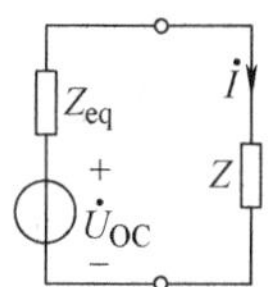

c) 戴维南等效电路

图 4-37　例 4-15 的电路

解：方法一：利用电源的等效变换，将原电路等效变换成如图 4-37b 所示电路，图中

$$Z_4=\frac{Z_1Z_3}{Z_1+Z_3}=\frac{-\mathrm{j}30\times30}{-\mathrm{j}30+30}\Omega=15\sqrt{2}\angle(-45^\circ)\Omega=(15-\mathrm{j}15)\Omega$$

$$\dot{U}_S=Z_4\dot{I}_S=15\sqrt{2}\angle(-45^\circ)\times4\angle90^\circ\mathrm{V}=60\sqrt{2}\angle45^\circ\mathrm{V}$$

可求得电流相量 $\dot{I}$ 为

$$\dot{I}=\frac{\dot{U}_S}{Z_4+Z_2+Z}=\frac{60\sqrt{2}\angle45^\circ}{(15-\mathrm{j}15)-\mathrm{j}30+45}\mathrm{A}\approx\frac{60\sqrt{2}\angle45^\circ}{75\angle(-36.9^\circ)}\mathrm{A}\approx1.13\angle81.9^\circ\mathrm{A}$$

方法二：利用戴维南定理，求得戴维南等效电路如图 4-37c 所示，其开路电压相量及等效复阻抗分别为

$$\dot{U}_{OC}=\frac{Z_1Z_3}{Z_1+Z_3}\dot{I}_S=[15\sqrt{2}\angle(-45^\circ)]\times4\angle90^\circ\mathrm{V}=84.86\angle45^\circ\mathrm{V}$$

$$Z_{eq}=\frac{Z_1Z_3}{Z_1+Z_3}+Z_2=[(15-\mathrm{j}15)-\mathrm{j}30]\Omega=(15-\mathrm{j}45)\Omega$$

可求得电流相量 $\dot{I}$ 为

$$\dot{I}=\frac{\dot{U}_{OC}}{Z_{eq}+Z}=\frac{84.86\angle45^\circ}{(15-\mathrm{j}45)+45}\mathrm{A}\approx1.13\angle81.9^\circ\mathrm{A}$$

例 4-16　如图 4-38a 所示电路中，$u_1(t)=40\sqrt{2}\sin400t\mathrm{V}$，$u_2(t)=30\sqrt{2}\sin(400t+90^\circ)\mathrm{V}$，试用支路电流法求电阻两端的电压 $u(t)$。

解：将图 4-38a 原电路变换成图 4-38b 所示的电路相量模型，其中

$$\dot{U}_1=40\angle0^\circ\mathrm{V}\qquad\dot{U}_2=30\angle90^\circ\mathrm{V}$$

$$\mathrm{j}\omega L=(\mathrm{j}400\times40\times10^{-3})\Omega=\mathrm{j}16\Omega$$

$$\frac{1}{\mathrm{j}\omega C}=-\mathrm{j}\frac{1}{400\times500\times10^{-6}}\Omega=-\mathrm{j}5\Omega$$

设 $\dot{I}_1$ 和 $\dot{I}_2$ 为支路电流相量，则支路电流相量方程为

$$\mathrm{j}\omega L\dot{I}_1+(\dot{I}_1-\dot{I}_2)R=\dot{U}_1$$

$$(\dot{I}_2-\dot{I}_1)R+\frac{1}{\mathrm{j}\omega C}\dot{I}_2=-\dot{U}_2$$

代入数据，得复数方程组为

$$(10+\mathrm{j}16)\dot{I}_1-10\dot{I}_2=40\angle0^\circ$$

$$-10\dot{I}_1+(10-\mathrm{j}5)\dot{I}_2=-30\angle90^\circ$$

解得支路电流相量为

$$\dot{I}_1=4.71\angle(-105.3^\circ)\mathrm{A}\approx(-1.24-\mathrm{j}4.54)\mathrm{A}$$

$$\dot{I}_2=6.84\angle(-72.8^\circ)\mathrm{A}\approx(2.02-\mathrm{j}6.53)\mathrm{A}$$

则所求电压相量为

$$\dot{U}=R(\dot{I}_1-\dot{I}_2)=10[(-1.24-j4.54)-(2.02-j6.53)]\text{V}=(-32.6+j19.9)\text{V}$$
$$\approx 38.2\angle 148.6°\text{V}$$

由相量直接写出对应的正弦电压 $u(t)$ 为

$$u(t)=38\sqrt{2}\sin(400t+121.56°)\text{V}$$

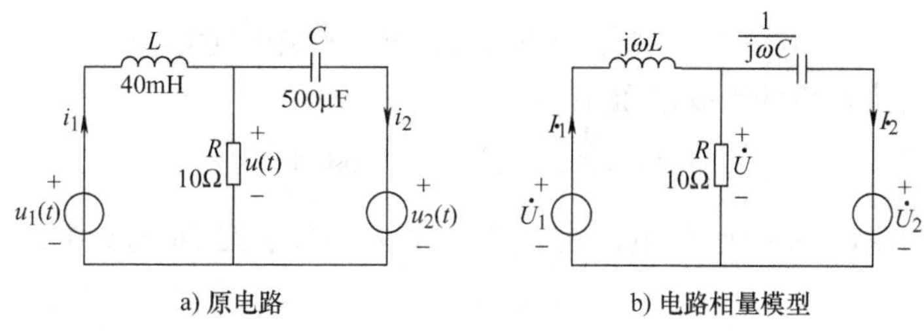

图 4-38　例 4-16 的电路

例 4-17　如图 4-39a 所示电路中，$u_S(t)=-10\sqrt{2}\cos t\text{V}$，$i_S(t)=10\sqrt{2}\sin t\text{A}$，$g=1\text{S}$，试用节点电压法求受控电流源两端的电压 $u(t)$。

解：先将图 4-39a 原电路变换成图 4-39b 所示电路相量模型，由于

$$u_S(t)=-10\sqrt{2}\cos t\text{V}=10\sqrt{2}\sin(t-90°)\text{V}$$

有

$$\dot{U}_S=10\angle -90°\text{V}\qquad \dot{I}_S=10\angle 0°\text{A}$$

$$j\omega L=(j1\times 1)\Omega=j\Omega\qquad \frac{1}{j\omega C}=-j\frac{1}{1\times 1}\Omega=-j\Omega$$

设 $\dot{U}_{n1}$ 和 $\dot{U}_{n2}$ 为独立节点电压相量，则节点电压相量方程为

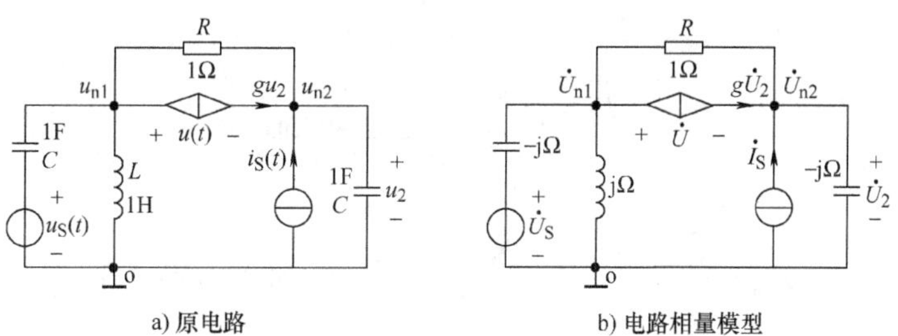

图 4-39　例 4-17 的电路

$$\left(\frac{1}{R}+j\omega C+\frac{1}{j\omega L}\right)\dot{U}_{n1}-\dot{U}_{n2}=j\omega C\dot{U}_S-g\dot{U}_2$$

$$-\dot{U}_{n1}+\left(\frac{1}{R}+j\omega C\right)\dot{U}_{n2}=g\dot{U}_2+\dot{I}_S$$

$$\dot{U}_2=\dot{U}_{n2}$$

代入数据，得复数方程组为

$$\dot{U}_{n1}-\dot{U}_{n2}=10-\dot{U}_{2n}$$

$$-\dot{U}_{n1}+(1+j)\dot{U}_{n2}=\dot{U}_{n2}+10$$

解得节点电压相量为

$$\dot{U}_{n1}=10\angle 0°\text{V}=10\text{V}$$

$$\dot{U}_{n2}=20\angle -90°\text{V}=-\text{j}20\text{V}$$

则所求受控电流源两端的电压相量为

$$\dot{U}=\dot{U}_{n1}-\dot{U}_{n2}=(10+\text{j}20)\text{V}\approx 22.36\angle 63.4\text{V}$$

由相量直接写出对应的正弦电压 $u(t)$ 为

$$u(t)=22.36\sqrt{2}\sin(t+63.4°)\text{V}$$

例 4-18 试求图 4-40a 所示电路的戴维南等效电路，已知 $\dot{I}_S=0.2\angle 0°\text{A}$，$R=X_C=250\Omega$，$\beta=0.5$。

解：(1) 求开路电压 $\dot{U}_{OC}$。在图 4-40a 所示电路中，列 KCL 相量方程，有

$$\dot{I}_C=\dot{I}_S+\beta\dot{I}_C=0.2\angle 0°+0.5\dot{I}_C$$

解得

$$\dot{I}_C=0.4\angle 0°\text{A}$$

则开路电压为

$$\begin{aligned}\dot{U}_{OC}&=R\beta\dot{I}_C-\text{j}X_C\dot{I}_C=(R\beta-\text{j}X_C)\dot{I}_C\\&=(250\times 0.5-\text{j}250)\times 0.4\angle 0°\text{V}=(50-\text{j}100)\text{V}\approx 111.8\angle -63.4°\text{V}\end{aligned}$$

(2) 用施加电压源法求等效阻抗 Z_{eq}。如图 4-40b 所示电路，由 KCL，有

$$\dot{I}=\dot{I}_C-\beta\dot{I}_C=0.5\dot{I}_C$$

由 KVL，有

$$\dot{I}_C=\frac{\dot{U}}{R-\text{j}X_C}=\frac{\dot{U}}{250-\text{j}250}$$

可得

$$Z_{eq}=\frac{\dot{U}}{\dot{I}}=\frac{\dot{U}}{0.5\dot{I}_C}=\frac{250-\text{j}250}{0.5}\Omega=(500-\text{j}500)\Omega$$

求得的戴维南等效电路如图 4-40c 所示。

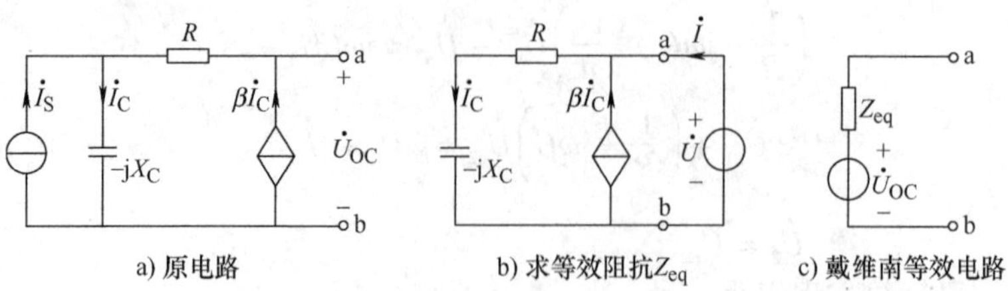

图 4-40 例 4-18 的电路

例 4-19 在荧光灯电路中，镇流器是一个绕在铁心上的线圈，它相当于一个有损耗的电感元件，设工作电流 $I=0.3\text{A}$，$U=200\text{V}$，$f=50\text{Hz}$，电压相位超前于电流相位 80°。试求

该镇流器的电路元件模型。

解：由题意可知，镇流器电路是由电阻和电感元件串联组成，电路的相量模型如图 4-41a 所示。设该电路阻抗为

$$Z = R + \mathrm{j}X_L = |Z|\angle\varphi_Z = \frac{U}{I}\angle(\psi_u - \psi_i)$$

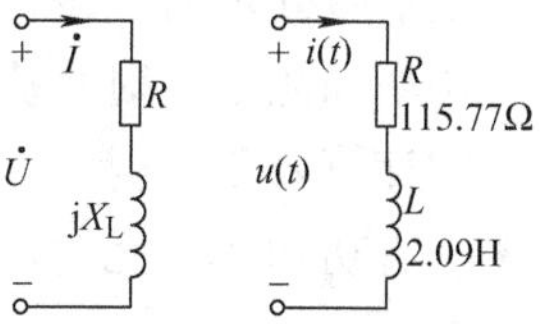

a) 相量模型　　b) 元件模型

图 4-41　例 4-19 的电路

其中

$$|Z| = \frac{U}{I} = \frac{200}{0.3}\Omega \approx 666.67\Omega$$

$$\varphi_Z = \psi_u - \psi_i = 80°$$

可得

$$R = |Z|\cos\varphi_Z = 666.67\cos 80°\Omega \approx 115.77\Omega$$

$$X_L = \omega L = |Z|\sin\varphi_Z = 666.67\sin 80°\Omega \approx 656.54\Omega$$

$$L = \frac{X_L}{\omega} = \frac{X_L}{2\pi f} = \frac{656.54}{2\times 3.14\times 50}\mathrm{H} \approx 2.09\mathrm{H}$$

镇流器的电路元件模型如图 4-41b 所示。

【课堂限时习题】

4.6.1　在图 4-42 所示正弦稳态交流电路中，电流表的读数分别为 $A_1 = 6\mathrm{A}$、$A_2 = 8\mathrm{A}$，则电流表 A 的读数为（　　）。

A）14A　　B）2A　　C）10A

4.6.2　在图 4-43 所示正弦稳态交流电路中，电压表的读数分别为 $V_1 = 3\mathrm{V}$、$V_2 = 4\mathrm{V}$，则电压表 V_3 的读数为（　　）。

A）7V　　B）5V　　C）1V

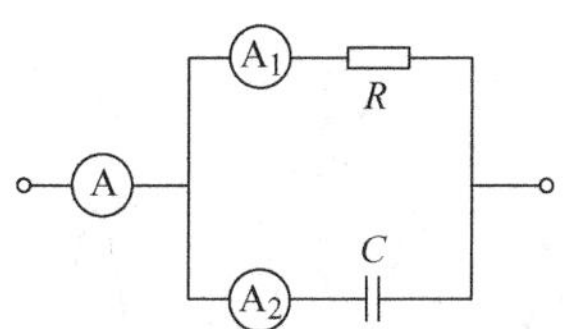

图 4-42　课堂限时习题 4.6.1 的电路

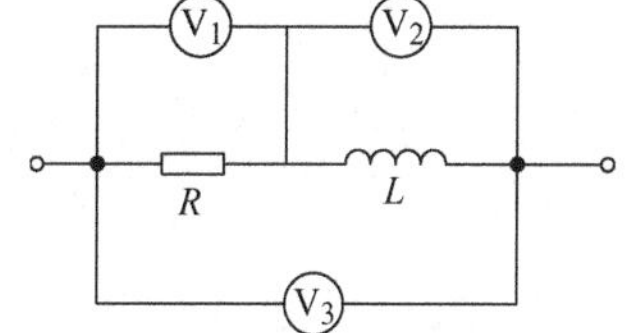

图 4-43　课堂限时习题 4.6.2 的电路

4.6.3　图 4-44a 所示正弦稳态交流电路在 $\omega = 1\mathrm{rad/s}$ 时的等效并联电路如图 4-44b 所示，则图 4-44b 中元件参数应为（　　）。

A）0.5Ω、0.5H　　B）1Ω、1H

C）$\sqrt{2}\Omega$、$\sqrt{2}\mathrm{H}$　　D）2Ω、2H

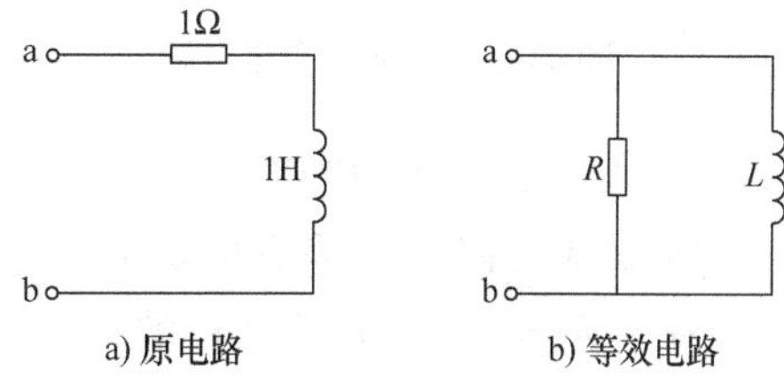

a) 原电路　　b) 等效电路

图 4-44　课堂限时习题 4.6.3 的电路

4.7　正弦稳态交流电路的功率

电路的应用可分为能量和信号两大基本形式。当电路应用于电能的产生、传输和转换

时，除了要关注电路的电压、电流响应特征外，有时更关注电路的功率和能量问题；当电路应用于信号处理时，携带信息的电压、电流响应是关注的重点，但此时也必须关注电路所消耗的功率和能量。对直流稳态电路而言，功率的计算比较简单，而对于正弦稳态电路而言，功率的计算要复杂得多。本章主要讨论正弦稳态电路中涉及的一些功率及其计算，包括瞬时功率、有功功率、无功功率及视在功率等。

4.7.1 瞬时功率

在任意瞬间，电压瞬时值 $u(t)$ 和电流瞬时值 $i(t)$ 的乘积，称为**瞬时功率**（Instantaneous Power），通常用小写字母 $p(t)$（或简写为 p）表示，即

$$p(t)=u(t)i(t)$$

设图4-45所示交流电路N的端口电压和电流分别为

$$u(t)=\sqrt{2}U\sin(\omega t+\psi_u) \qquad i(t)=\sqrt{2}I\sin(\omega t+\psi_i)$$

则其瞬时功率为

$$\begin{aligned}p(t)&=u(t)i(t)=\sqrt{2}U\sin(\omega t+\psi_u)\times\sqrt{2}I\sin(\omega t+\psi_i)\\&=2UI\sin(\omega t+\psi_u)\sin(\omega t+\psi_i)\end{aligned} \tag{4-52}$$

根据三角积化和差公式

$$2\sin\alpha\sin\beta=\cos(\alpha-\beta)-\cos(\alpha+\beta)$$

式(4-52)可写为

$$\begin{aligned}p(t)&=2UI\sin(\omega t+\psi_u)\sin(\omega t+\psi_i)\\&=UI\cos(\psi_u-\psi_i)-UI\cos(2\omega t+\psi_u+\psi_i)\\&=UI\cos\varphi-UI\cos(2\omega t+\psi_u+\psi_i)\end{aligned} \tag{4-53}$$

由式(4-53)可知，瞬时功率的第一项是与时间无关的恒定分量；第二项是随时间以2倍角频率（即 2ω）变化的正弦量。交流电路的瞬时功率 p 随时间变化的波形曲线如图4-46所示。

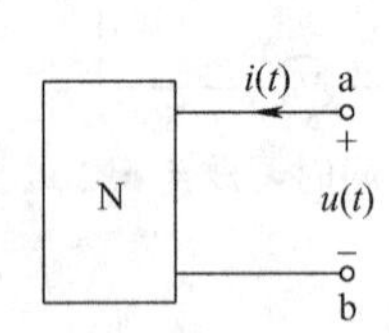

图4-45 一端口交流电路

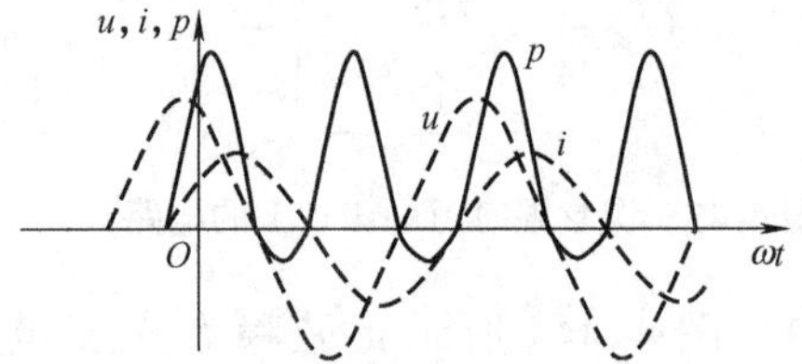

图4-46 一端口交流电路的瞬时功率波形曲线

1. 电阻元件的瞬时功率

如果交流电路N内只有电阻元件，由于电阻两端的电压和通过电阻的电流相位相同，即 $\varphi=\psi_u-\psi_i=0°$，则电阻元件的瞬时功率为

$$\begin{aligned}p_R(t)&=u_R(t)i_R(t)=U_RI_R\cos\varphi-U_RI_R\cos(2\omega t+\psi_u+\psi_i)\\&=U_RI_R-U_RI_R\cos2(\omega t+\psi_i)=U_RI_R[1-\cos2(\omega t+\psi_i)]\end{aligned} \tag{4-54}$$

由式(4-54)可知，电阻元件的瞬时功率为非负数，即 $p_R(t)\geqslant0$，说明在交流电路中，电阻元件总是在消耗能量，是耗能元件，且电阻吸收的功率是随时间变化的。电阻元件瞬时

功率 p_R 随时间变化的波形曲线如图 4-47 所示。

2. 电感元件的瞬时功率

如果交流电路 N 内只有电感元件，由于电感电压的相位要比电流相位超前 90°，即 $\varphi = \psi_u - \psi_i = 90°$，则电感元件的瞬时功率为

$$\begin{aligned} p_L(t) &= u_L(t)i_L(t) = U_L I_L \cos\varphi - U_L I_L \cos(2\omega t + \psi_u + \psi_i) \\ &= U_L I_L \cos 90° - U_L I_L \cos[2(\omega t + \psi_i) + 90°] = U_L I_L \sin 2(\omega t + \psi_i) \end{aligned} \tag{4-55}$$

由式(4-55) 可知，电感元件的瞬时功率 p_L 以 2 倍角频率（即 2ω）随时间按正弦规律变化，其波形曲线如图 4-48 所示。电感元件的瞬时功率 p_L 作正、负交替变化是因为电感是储能元件。当 $p_L > 0$ 时，电感把从外电路吸收的电能转换成磁场能储存起来，储存在磁场中的能量随电流 $|i_L|$ 的增加而增加；当 $p_L < 0$ 时，电感将储存在磁场中的能量转换成电能，并释放给外电路，储存在磁场中的能量随电流 $|i_L|$ 的减小而减小。这说明在交流电路中，电感将电能与磁场能相互转换，并与外电路不断地进行能量交换。因此，电感亦称为换能元件。

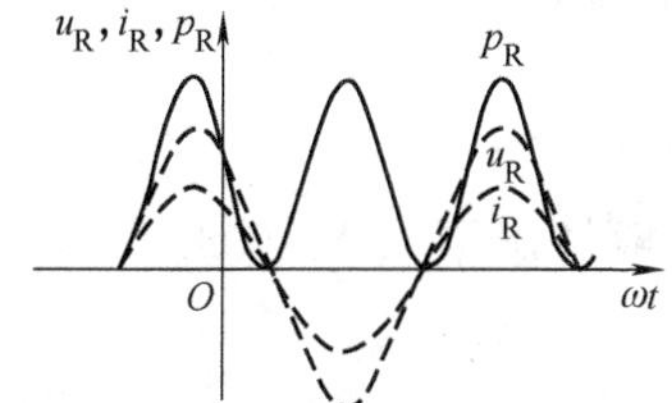

图 4-47　电阻元件的瞬时功率波形曲线

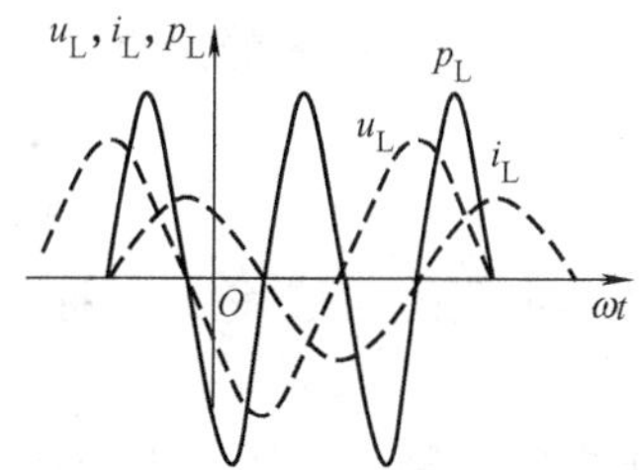

图 4-48　电感元件的瞬时功率波形曲线

3. 电容元件的瞬时功率

如果交流电路 N 内只有电容元件，由于电容电压的相位要比电流相位滞后 90°，即 $\varphi = \psi_u - \psi_i = -90°$，则电容元件的瞬时功率为

$$\begin{aligned} p_C(t) &= u_C(t)i_C(t) = U_C I_C \cos\varphi - U_C I_C \cos(2\omega t + \psi_u + \psi_i) \\ &= U_C I_C \cos(-90°) - U_C I_C \cos[2(\omega t + \psi_i) - 90°] = -U_C I_C \sin 2(\omega t + \psi_i) \end{aligned} \tag{4-56}$$

由式(4-56) 可知，电容元件的瞬时功率 p_C 以 2 倍角频率（即 2ω）随时间按正弦规律变化，其波形曲线如图 4-49 所示。电容元件的瞬时功率 p_C 作正、负交替变化也是因为电容是储能元件。当 $p_C > 0$ 时，电容把从外电路吸收的电能转换成电场能储存起来，储存在电容极板间的电场能随电压 $|u_C|$ 的增加而增加；当 $p_C < 0$ 时，电容将储存在极板间的电场能转换成电能，并释放给外电路，储存的电场能随电压 $|u_C|$ 的减小而减小。这说明在交流电路中，电容将电能与极板间的电场能相互转换，并与外电路不断地进行能量交换。因此，电容亦称为换能元件。

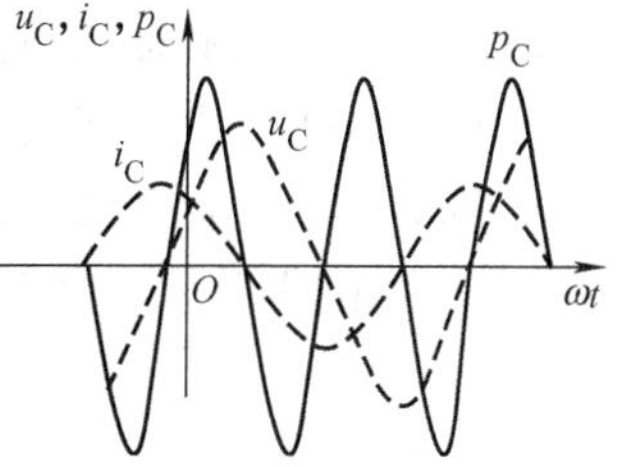

图 4-49　电容元件的瞬时功率波形曲线

4.7.2 有功功率、无功功率及视在功率

1. 有功功率

瞬时功率不能反映交流电路中总的功率情况，通常用平均功率表示交流电路实际消耗的功率，用无功功率表示交流电路能量的交换。

瞬时功率在一个周期的平均值为**平均功率**（Average Power），平均功率也称为**有功功率**（Active Power），通常用大写字母 P 表示，即

$$P = \frac{1}{T}\int_0^T p(t)\,\mathrm{d}t = \frac{1}{T}\int_0^T [UI\cos\varphi - UI\cos(2\omega t + \psi_u + \psi_i)]\,\mathrm{d}t = UI\cos\varphi \tag{4-57}$$

有功功率 P 就是电路实际消耗的功率。通常家用电器标记的功率都是指平均功率，即有功功率，也简称为**功率**。有功功率 P（即平均功率）的国际标准单位为瓦特，简称 W（瓦），常用单位为 kW（千瓦）。

有功功率 P 等于瞬时功率中的恒定分量，不仅与电压和电流的有效值有关，而且与它们的相位差有关。式(4-57) 中 φ 为电压与电流的相位差，即

$$\varphi = \psi_u - \psi_i$$

电压与电流相位差 φ 的余弦（即 $\cos\varphi$）称为**功率因数**（Power Factor），通常用 λ 表示，即

$$\lambda = \cos\varphi = \cos(\psi_u - \psi_i) \tag{4-58}$$

因此，电压与电流的相位差 φ 也称为**功率因数角**，一般情况下 $|\varphi| \leqslant 90°$，所以，$0 \leqslant \lambda = \cos\varphi \leqslant 1$。

对于纯电阻电路，电压与电流相位相同，即 $\varphi = \psi_u - \psi_i = 0$，$\lambda = \cos\varphi = 1$；对于纯电感电路，电压比电流超前 90°，即 $\varphi = \psi_u - \psi_i = 90°$，$\lambda = \cos\varphi = 0$；对于纯电容电路，电压比电流滞后 90°，即 $\varphi = \psi_u - \psi_i = -90°$，$\lambda = \cos\varphi = 0$。由式(4-57) 可求得电阻、电感及电容的平均功率 P 分别为

$$\begin{cases} P_R = U_R I_R \cos 0° = U_R I_R = \dfrac{U_R^2}{R} = I_R^2 R \geqslant 0 \\ P_L = U_L I_L \cos 90° = 0 \\ P_C = U_C I_C \cos(-90°) = 0 \end{cases} \tag{4-59}$$

由此可知，电阻总是消耗功率，是耗能元件。而电感和电容则不消耗有功功率，只是存在与外部电路间能量的交换，是储能元件或换能元件。

在图 4-30a 所示的 RLC 串联交流电路中，由式(4-42)、式(4-57) 及式(4-59) 可得整个 RLC 串联电路的平均功率 P 就是电阻元件消耗的功率，即

$$P = UI\cos\varphi = U\cos\varphi \cdot I = U_R I = P_R \tag{4-60}$$

在图 4-45 所示的交流电路 N 中，消耗的总的平均功率 P 等于电路内部各个电阻元件消耗的平均功率的叠加，即有功功率守恒，有

$$\begin{aligned} P &= UI\cos\varphi = \sum_{k=1}^{n} P_1 + P_2 + \cdots + P_k + \cdots + P_n \\ &= U_{R1}I_{R1} + U_{R2}I_{R2} + \cdots + U_{Rk}I_{Rk} + \cdots + U_{Rn}I_{Rn} = \sum_{k=1}^{n} U_{Rk}I_{Rk} \end{aligned} \tag{4-61}$$

式中，U、I分别是端口电压和电流的有效值；φ为端口电压与电流的相位差；而U_{Rk}、I_{Rk}分别是第k个电阻的电压和电流有效值。

2. 无功功率

为了描述交流电路N内部与外部能量交换的状况，引入**无功功率**（Reactive Power）的概念，无功功率通常用大写字母Q表示，其定义为

$$Q = UI\sin\varphi \tag{4-62}$$

无功功率表示只进行能量的转换，而无能量消耗的功率，但在能量的转换过程中也需要占用一定的电源资源。无功功率Q的国际标准单位为var（乏），常用单位为kvar（千乏）。

对于纯电阻电路，电压与电流相位相同，即$\varphi=\psi_u-\psi_i=0$，$\sin\varphi=0$；对于纯电感电路，电压比电流超前90°，即$\varphi=\psi_u-\psi_i=90°$，$\sin\varphi=1$；对于纯电容电路，电压比电流滞后90°，即$\varphi=\psi_u-\psi_i=-90°$，$\sin\varphi=-1$。由式(4-62)可求得电阻、电感及电容的无功功率Q分别为

$$\begin{cases} Q_R = U_R I_R \sin 0° = 0 \\ Q_L = U_L I_L \sin 90° = U_L I_L = \dfrac{U_L^2}{X_L} = X_L I_L^2 = \dfrac{U_L^2}{\omega L} = \omega L I_L^2 \geqslant 0 \\ Q_C = U_C I_C \sin(-90°) = -U_C I_C = -\dfrac{U_C^2}{X_C} = -X_C I_C^2 = -\omega C U_C^2 = -\dfrac{I_C^2}{\omega C} \leqslant 0 \end{cases} \tag{4-63}$$

由于电阻只消耗能量，不能储存能量，无能量交换，其无功功率为零。而电感和电容则只是与外部电路进行能量的交换，是储能元件或换能元件。而且，无论是在串联还是在并联结构中，在同一时刻，电感及电容的无功功率一正一负，表明电感将磁场能转换成电能，对外释放能量时，电容正在从外电路吸收能量，将电能转换为电场能；相应地，电容在将电场能转换为电能，对外释放能量时，电感正在从外电路吸收能量，将电能转换为磁场能。说明在交流电路中，电容与电感间不断进行着能量的相互交换和补偿。

在图4-30a所示的RLC串联交流电路中，无功功率就是电路中电感、电容和电源之间有能量互换的过程。由式(4-42)、式(4-62)及式(4-63)可得整个RLC串联电路的无功功率为

$$Q = UI\sin\varphi = U\sin\varphi \cdot I = (U_L - U_C)I = U_L I - U_C I = Q_L + Q_C \tag{4-64}$$

由式(4-62)可知，感性电路中因为$\varphi>0$，总的无功功率Q为正值，而容性电路中$\varphi<0$，总的无功功率Q为负值。

在图4-45所示的交流电路N中，总的无功功率等于电路内部各个电感和电容元件无功功率之和，无功功率守恒，即

$$Q = UI\sin\varphi = Q_1 + Q_2 + \cdots + Q_k + \cdots + Q_n = \sum_{k=1}^{n} Q_k \tag{4-65}$$

式中，U、I分别是端口电压和电流的有效值；φ为端口电压与电流的相位差；Q_k是端口内第k个电感或电容的无功功率，电感的无功功率取正值，电容的无功功率取负值。

3. 视在功率

一般电气设备都要规定额定电压和额定电流，工程上用它们的乘积来表示电气设备的容量，因此引入**视在功率**（Apparent Power）的概念。视在功率又称为表现功率或容量，通常用大写字母S表示，定义为

$$S = UI \tag{4-66}$$

为了与有功功率和无功功率相区别，视在功率的单位为 V · A（伏安），或者 kV · A（千伏安）。一般交流电气设备（如电力变压器）的容量通常就是用额定电压和额定电流决定的容量来表示的。

由式(4-57)、式(4-62) 和式(4-66) 可得有功功率 P、无功功率 Q 及视在功率 S 之间的关系有

$$S = UI = \sqrt{P^2 + Q^2}$$
$$P = S\cos\varphi = UI\cos\varphi = U_R I$$
$$Q = S\sin\varphi = UI\sin\varphi = U_X I$$

因此，P、Q、S 之间的关系可以用功率三角形来表示。

由式(4-43) 可知，RLC 串联交流电路中，阻抗模 $|Z|$、电阻 R、电抗 X 三者之间的关系构成阻抗三角形，阻抗三角形的三条边长同时乘以电流有效值就得到电压相量三角形，再将电压相量三角形的三条边长同时乘以电流有效值就得到功率三角形。阻抗三角形、电压相量三角形以及功率三角形是相似三角形，如图 4-50 所示。显然，阻抗角、相位差角以及功率因数角都是同一个角 φ。即

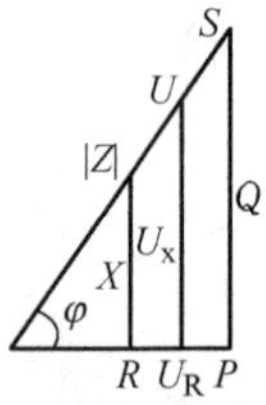

$$\varphi = \arctan\frac{X}{R} = \arctan\frac{U_X}{U_R} = \arctan\frac{Q}{P} = \psi_u - \psi_i$$

图 4-50 电压、阻抗及功率三角形

例 4-20 如图 4-30a 所示 RLC 串联电路中，外加电压 $u = 220\sqrt{2}\sin 314t\text{V}$，$R = 30\Omega$，$L = 382\text{mH}$，$C = 39.8\mu\text{F}$。试求：(1) 复阻抗 Z，并确定电路的性质；(2) 电流以及各部分电压相量表达式；(3) 电路有功功率 P、无功功率 Q 以及视在功率 S；(4) 画出电路的相量图。

解：(1) $Z = R + \text{j}(X_L - X_C) = R + \text{j}(\omega L - 1/\omega C)$

$$\approx [30 + \text{j}(120 - 80)]\Omega = (30 + \text{j}40)\Omega = 50\angle 53.1^\circ\Omega$$

其中

$$X_L = \omega L = 314 \times 382 \times 10^{-3}\Omega \approx 120\Omega$$

$$X_C = \frac{1}{\omega C} = \frac{1}{314 \times 39.8 \times 10^{-6}}\Omega \approx 80\Omega$$

$$|Z| = 50\Omega \qquad \varphi \approx 53.1^\circ$$

阻抗角 $\varphi = 53.1^\circ > 0$，所以此电路为感性电路。

(2)
$$\dot{I} = \frac{\dot{U}}{Z} = \frac{220\angle 0^\circ}{50\angle 53.1^\circ}\text{A} = 4.4\angle -53.1^\circ\text{A}$$

$$\dot{U}_R = \dot{I}R = 4.4\angle -53.1^\circ \times 30\text{V} = 132\angle -53.1^\circ\text{V}$$

$$\dot{U}_L = \text{j}X_L\dot{I} = 120\angle 90^\circ \times 4.4\angle -53.1^\circ\text{V} = 528\angle 36.9^\circ\text{V}$$

$$\dot{U}_C = -\text{j}X_C\dot{I} = 80\angle -90^\circ \times 4.4\angle -53.1^\circ\text{V} = 352\angle -143.1^\circ\text{V}$$

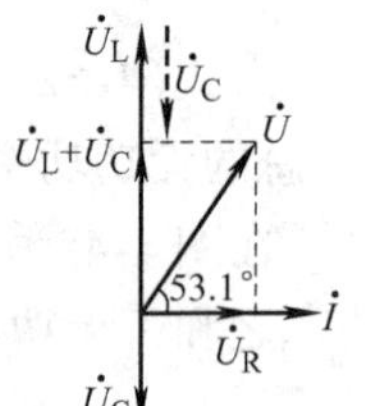

图 4-51 例 4-20 的电路相量图

(3)
$$P = I^2R = 4.4^2 \times 30\text{W} = 580.8\text{W}$$

或者
$$P = UI\cos\varphi = UI\cos(\psi_u - \psi_i) = 220 \times 4.4 \times \cos 53.1^\circ\text{W} \approx 580.8\text{W}$$

$$Q = I^2(X_L - X_C) = 4.4^2 \times (120 - 80)\text{var} = 774.4\text{var}$$

或者
$$Q = UI\sin\varphi = UI\sin(\psi_u - \psi_i) = 220 \times 4.4 \times \sin 53.1^\circ\text{var} \approx 774.4\text{var}$$

$$S = UI = 220 \times 4.4\text{V} \cdot \text{A} = 968\text{V} \cdot \text{A}$$

或者
$$S = \sqrt{P^2 + Q^2} = \sqrt{580.8^2 + 774.4^2}\text{V} \cdot \text{A} = 968\text{V} \cdot \text{A}$$

（4）画出相量图如图4-51所示。

例4-21　如图4-52所示电路中，已知电源电压 $\dot{U} = 220\angle 0°\text{V}$，$R_1 = 3\Omega$，$R_2 = 8\Omega$，$X_C = 4\Omega$，$X_L = 6\Omega$。试求该电路的视在功率 S、有功功率 P、无功功率 Q 及功率因数 λ。

解：
$$Z_1 = R_1 - \text{j}X_C = (3 - \text{j}4)\Omega \approx 5\angle -53.1°\Omega$$
$$Z_2 = R_2 + \text{j}X_L = (8 + \text{j}6)\Omega \approx 10\angle 36.9°\Omega$$

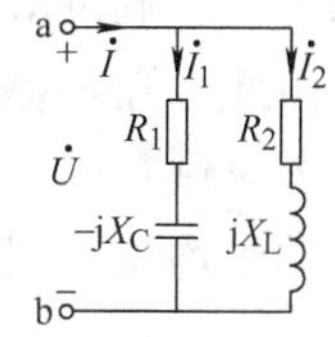

图4-52　例4-21的电路

$$\dot{I}_1 = \frac{\dot{U}}{Z_1} = \frac{220\angle 0°}{5\angle -53.1°}\text{A} = 44\angle 53.1°\text{A} \approx (26.4 + \text{j}35.2)\text{A}$$

$$\dot{I}_2 = \frac{\dot{U}}{Z_2} = \frac{220\angle 0°}{10\angle 36.9°}\text{A} = 22\angle -36.9°\text{A} \approx (17.6 - \text{j}13.2)\text{A}$$

$$\dot{I} = \dot{I}_1 + \dot{I}_2 = (26.4 + \text{j}35.2 + 17.6 - \text{j}13.2)\text{A} = (44 + \text{j}22)\text{A} \approx 49.2\angle 26.6°\text{A}$$

可求得视在功率 S、有功功率 P、无功功率 Q 及功率因数 λ 分别为

$$S = UI = (220 \times 49.2)\text{V} \cdot \text{A} = 10824\text{V} \cdot \text{A}$$
$$P = UI\cos\varphi = 10824\cos(0 - 26.6°)\text{W} \approx 9678\text{W}$$
$$Q = UI\sin\varphi = 10824\sin(0 - 26.6°)\text{var} \approx -4846\text{var}$$
$$\lambda = \cos\varphi = \cos(\psi_u - \psi_i) = \cos(0 - 26.6°) \approx 0.894$$

也可以根据有功功率及无功功率分别守恒，用下列方法求有功功率 P 及无功功率 Q

$$P = P_{R1} + P_{R2} = I_1^2 R_1 + I_2^2 R_2 = (44^2 \times 3 + 22^2 \times 8)\text{W} = 9680\text{W}$$
$$Q = Q_L + Q_C = I_2^2 X_L - I_1^2 X_C = (22^2 \times 6 - 44^2 \times 4)\text{var} = -4840\text{var}$$

在上述两种不同方法的计算过程中，因为有三角函数的运算，会产生一定的数值差异，但不会相差太大。

4.7.3　功率因数的提高

在正弦交流电路中，电路的功率因数 λ（$\lambda = \cos\varphi$）取决于电路（负载）的参数。而生产中广泛应用的交流异步电动机、交流接触器、感应电炉等感性负载，它们的功率因数都很低，如高频感应炉的功率因数 λ 为0.4～0.7。只有在纯电阻性负载（例如白炽灯）电路中，因为电压与电流同相位，功率因数 λ 才等于1，对一般的负载而言，其功率因数 λ 一般在0～1之间。当电压与电流之间相位差 φ 不为零时，即功率因数 λ 不为1时，电路中出现无功功率 $Q = UI\sin\varphi$，表明电路中发生能量交换，负载的功率因数 λ 越小，就意味着电源需向负载提供更多的无功功率，以保证负载能正常工作，这会增加电源负担和输电线路的损耗，对电力资源是一种很大的浪费。根据 $P = S\cos\varphi = UI\cos\varphi$，可得功率因数 $\lambda = \cos\varphi = P/S$，所以提高功率因数 $\lambda = \cos\varphi$ 即可以提高电源容量的利用率。如果功率因数 $\lambda = \cos\varphi$ 过低，可能会引起下面两个问题：

1. 电源设备的容量不能充分利用

当负载的功率因数 $\lambda = \cos\varphi < 1$ 时，由于电源设备的电压和电流不允许超过其额定值，

这时电路消耗的有功功率 P 小于电源设备提供的容量 S。负载的功率因数 λ 越低，电源容量的利用效率就越低。

2. 增加输出线路和发电机绕组的功率损耗

由 $I=\dfrac{P}{U\cos\varphi}$ 可知，在有功功率一定时，输出线路上的电流 I 与负载的功率因数 $\lambda=\cos\varphi$ 成反比，即功率因数 λ 越低，输电线路上的电流 I 越大，这将导致输电线路上的压降和损耗也越大，影响供电质量和浪费能量。

由此可知，提高功率因数 λ 不仅能为企业本身带来经济效益，而且可为国家节省能源。根据国家颁布的《供电营业规则》，对用电企业的总的功率因数提出了要求：高压供电工业企业的平均功率因数不低于 0.90，其他电力用户的功率因数在 0.85 以上。凡是功率因数不能达到上述规定的新用户，供电企业可以拒绝供电。

实际用电设备中绝大多数负载都是感性负载，而且阻抗角较大，功率因数较低。为了提高功率因数，最简单的方法是在感性负载两端并联一个适当的电容。由于在交流电路中，电容与电感间不断进行着能量的相互交换和补偿，用电容的无功功率去补偿感性负载的无功功率，从而减小电源的无功功率输出，同时，又要不影响感性负载的正常工作，因此，通常采用并联电容来达到提高功率因数 λ 的目的。注意，这里所讲的提高功率因数是指提高电源或电网的功率因数，而不是提高某个具体感性负载的功率因数。

如图 4-53a 所示的感性电路，图中感性负载的功率因数 $\lambda_1=\cos\varphi_1$，没有并联电容 C 时，$\dot{I}=\dot{I}_L$；并联电容 C 后，$\dot{I}=\dot{I}_L+\dot{I}_C$，其相量图如图 4-53b 所示。这时，$I<I_L$，即并联电容 C 后干路上的电流比并联电容 C 前减小了，从而降低了供电线路上的损耗。显然，有 $\varphi_2<\varphi_1$，从而 $\lambda_2=\cos\varphi_2>\lambda_1=\cos\varphi_1$，可见，选取适当的电容 C 可达到提高功率因数的目的。并联电容 C 前后不会改变原电路的有功功率 P，感性负载的工作电压 $\dot{U}$ 及工作电流 $\dot{I}_L$ 也不受影响。

由 $P=UI\cos\varphi=UI\lambda$，得

$$I=\frac{P}{U\lambda}=\frac{P}{U\cos\varphi}$$

由图 4-53b，有

$$I_C=I_L\sin\varphi_1-I\sin\varphi_2=\left(\frac{P}{U\cos\varphi_1}\right)\sin\varphi_1-\left(\frac{P}{U\cos\varphi_2}\right)\sin\varphi_2=\frac{P}{U}(\tan\varphi_1-\tan\varphi_2)$$

又因为

$$I_C=\frac{U}{X_C}=U\omega C$$

所以

$$U\omega C=\frac{P}{U}(\tan\varphi_1-\tan\varphi_2)$$

由此得到

$$C=\frac{P}{\omega U^2}(\tan\varphi_1-\tan\varphi_2) \tag{4-67}$$

式(4-67) 为将功率因数 $\lambda_1=\cos\varphi_1$ 提高到 $\lambda_2=\cos\varphi_2$ 所需并入的电容器 C 的电容量。

例 4-22 某荧光灯电路模型为图 4-53a 中实线所示的感性电路，图中电感为铁心线圈，通常称为镇流器，R 为灯管的等效电阻。已知电源电压 $U=220\text{V}$，$f=50\text{Hz}$，荧光灯的功率为 $P=40\text{W}$，额定电流为 $I_N=0.4\text{A}$。试求：(1) 电路的功率因数 λ_1、电感量 L 和电感上的

电压 U_L；(2) 若要将电路的功率因数提高到 $\lambda_2=0.95$，需要并联多大的电容 C？(3) 并联电容后电源的总电流 I 为多少？电源提供的无功功率 Q 为多少？

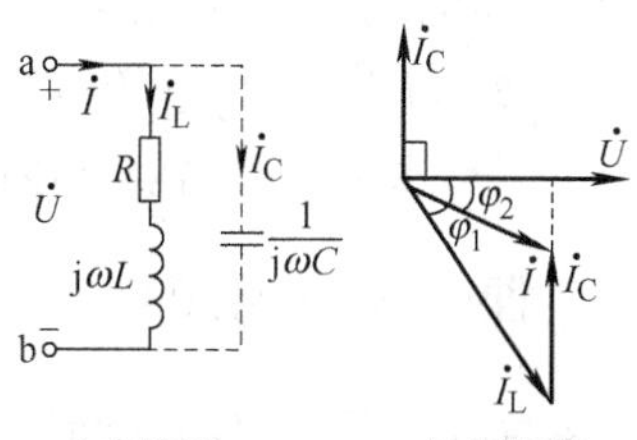

图 4-53 感性电路及相量图

解：(1) 因为电源电压 $U=220\text{V}$，额定电流 $I_N=0.4\text{A}$，则负载支路的阻抗模为

$$|Z|=\frac{U}{I_N}=\frac{220}{0.4}\Omega=550\Omega$$

电路的功率因数为 $\lambda_1=\cos\varphi_1=\dfrac{P}{UI_N}=\dfrac{40}{220\times0.4}=0.45$

负载的阻抗角，即功率因数角为

$$\varphi_1=\arccos0.45\approx63°\text{（因为是感性负载，舍去}-63°\text{）}$$

负载支路的阻抗为

$$Z=|Z|\angle\varphi_1=550\angle63°\Omega\approx(250+\mathrm{j}490)\Omega$$

有

$$R=250\Omega \qquad X_L=490\Omega$$

所以，电感量 L 为

$$L=\frac{X_L}{2\pi f}=\frac{490}{2\times3.14\times50}\text{H}\approx1.56\text{H}$$

电感上的电压有效值 U_L 为

$$U_L=X_LI_N=490\times0.4\text{V}=196\text{V}$$

(2) 并联电容 C 后，电路的功率因数提高到 $\lambda_2=\cos\varphi_2=0.95$，这时电路的功率因数角为

$$\varphi_2=\arccos0.95\approx18.2°$$

由式(4-67) 可得需要并联的电容 C 为

$$C=\frac{P}{\omega U^2}(\tan\varphi_1-\tan\varphi_2)=\frac{40}{2\pi\times50\times220^2}(\tan63°-\tan18.2°)\mu\text{F}\approx4.3\mu\text{F}$$

(3) 并联电容后电源的总电流 I 为

$$I=\frac{P}{U\lambda_2}=\frac{P}{U\cos\varphi_2}=\frac{40}{220\times0.95}\text{A}\approx0.191\text{A}$$

电源提供的无功功率 Q 为

$$Q=UI\sin\varphi_2=(220\times0.191\times\sin18.2°)\text{var}\approx13.1\text{var}$$

例 4-23 某水电站以 $U=220\text{kV}$ 的高压向用户输送 $P=2.4\times10^5\text{kW}$ 的电功率，若输电线的总电阻为 $R=10\Omega$。试计算当功率因数由 $\lambda_1=0.6$ 提高到 $\lambda_2=0.9$ 时，一年中输电线节约多少电能？

解：当功率因数 $\lambda_1=0.6$ 时，用户从电站获取的电流为

$$I_1=\frac{P}{U\lambda_1}=\frac{2.4\times10^5\times10^3}{220\times10^3\times0.6}\text{A}\approx1818\text{A}$$

当功率因数提高到 $\lambda_2=0.9$ 时，用户从电站获取的电流为

$$I_2=\frac{P}{U\lambda_2}=\frac{2.4\times10^5\times10^3}{220\times10^3\times0.9}\text{A}\approx1212\text{A}$$

一年中输电线节约的电能为

$$E = RI_1^2t - RI_2^2t = R(I_1^2 - I_2^2)t$$

$$= [10 \times (1818^2 - 1212^2) \times 10^{-3} \times 365 \times 24]\text{kW} \cdot \text{h} = 1.6 \times 10^8 \text{kW} \cdot \text{h} = 1.6 \text{亿度}$$

【课堂限时习题】

4.7.1 若某电路的端口电压、电流的有效值分别为 U 和 I，则该电路的平均功率为 $P = UI$。(　　)

A）对　　B）错

4.7.2 如果把正弦电压 $u = 10\sin 314t\text{V}$ 加在 2Ω 的电阻两端，则该电阻消耗的功率为(　　)。

A）100W　　B）50W　　C）25W　　D）20W

4.7.3 若某电路的有功功率不为零，而无功功率等于零，则该电路一定是纯电阻电路。(　　)

A）对　　B）错

4.7.4 若某电路的有功功率为40W，无功功率等于 -30var，则该电路的视在功率为(　　)。

A）10V · A　　B）50V · A　　C）70V · A　　D）-120V · A

4.8 交流电路的频率特性

电路在正弦电源激励下，电容元件和电感元件的感抗都与输入激励源的频率有关。当电源频率变化时，容抗和感抗也随之发生变化，从而导致电路中各部分的电压、电流的响应也会随着频率的不同而发生变化。在保持输入电源幅值不变的条件下，电路的工作状态随频率的改变而变化的特性称为电路的**频率响应特性**，简称**频率特性**（Frequency Characteristic）。频率特性包括幅频特性和相频特性两部分，幅值与频率的函数关系称为**幅频特性**（Amplitude-Frequency Characteristic）；相位与频率的函数关系称为**相频特性**（Phase-Frequency Characteristic）。这两种特性与频率的关系都可以在图上用曲线表示，统称为电路的**频率特性曲线**，包括幅频特性曲线和相频特性曲线。

交流电路中任意无源的双端口电路如图4-54所示，当采用一个正弦交流激励源作为单输入变量、一个同频率的正弦响应作为单输出变量方式时，在输入变量和输出变量之间建立函数关系，来描述电路的频率特性，这一函数关系通常定义为输出响应相量和输入激励相量之比，称为电路的**传递函数**（Network Function）。它是一个复数，是关于频率的函数，用符号 $H(\mathrm{j}\omega)$ 表示。例如，作为输出响应的电压 $\dot{U}_2(\mathrm{j}\omega)$ 与作为输入激励的电压 $\dot{U}_1(\mathrm{j}\omega)$ 之比所对应的传递函数 $H(\mathrm{j}\omega)$ 为

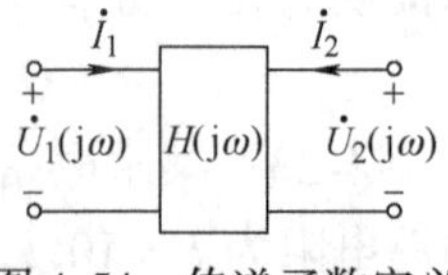

图4-54 传递函数定义

$$H(\mathrm{j}\omega) = \frac{\dot{U}_2(\mathrm{j}\omega)}{\dot{U}_1(\mathrm{j}\omega)} \tag{4-68}$$

式(4-68)所表示的传递函数 $H(\mathrm{j}\omega)$ 也称为转移电压比。

对电路频率响应特性的分析也称为频域分析。在频域分析中，由电阻 R、电容 C、电感 L 构成的各类滤波电路，以及发生的谐振现象的谐振电路，对于电子技术的研究和应用具有非常重要的意义。

4.8.1 *RC* 滤波电路

工程上根据输出端口对信号频率范围的要求，设计专门的电路，置于输入与输出端口之间，使得输出端口所需要的频率分量能够通过，而抑制不需要的频率分量，这种具有选频功能的电路，称为**滤波器**。滤波实质上就是利用电路中电容或电感等电抗元件的频率特性，对不同频率的输入信号产生的响应不同，使所需要的信号得以顺利通过，不需要的信号得到抑制的过程。将希望保留的频率范围称为通带，而希望抑制的频率范围称为**阻带**。根据通带和阻带，滤波电路可分为低通、高通、带通和带阻等。

1. *RC* 低通滤波电路

低通滤波电路具有保留低频信号、滤除高频信号的特点。如图4-55 所示电路为 RC 串联低通滤波电路。图中 $\dot{U}_S(j\omega)$ 为输入的正弦激励电压相量，$\dot{U}_o(j\omega)$是输出的响应电压相量，则电路的传递函数（即转移电压比）为

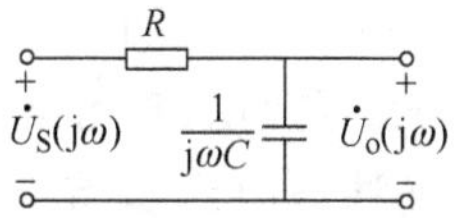

图4-55 *RC* 串联低通滤波电路

$$H(j\omega)=\frac{\dot{U}_o(j\omega)}{\dot{U}_S(j\omega)}=\frac{\frac{1}{j\omega C}\dot{I}}{\left(R+\frac{1}{j\omega C}\right)\dot{I}}=\frac{1}{1+j\omega RC}$$

$$=\frac{1}{\sqrt{1+(\omega RC)^2}}\angle-\arctan(\omega RC)=|H(j\omega)|\angle\varphi(\omega) \tag{4-69}$$

设 $\omega_H=\frac{1}{RC}$，式(4-69) 可表示为

$$H(j\omega)=\frac{1}{1+j\frac{\omega}{\omega_H}}=\frac{1}{\sqrt{1+\left(\frac{\omega}{\omega_H}\right)^2}}\angle-\arctan(\omega/\omega_H)=|H(j\omega)|\angle\varphi(\omega) \tag{4-70}$$

可得低通滤波电路传递函数的幅频特性、相频特性分别为

$$|H(j\omega)|=\frac{1}{\sqrt{1+(\omega RC)^2}}=\frac{1}{\sqrt{1+\left(\frac{\omega}{\omega_H}\right)^2}} \tag{4-71}$$

$$\varphi(\omega)=-\arctan(\omega RC)=-\arctan\left(\frac{\omega}{\omega_H}\right) \tag{4-72}$$

当 $\omega=0$ 时，$|H(j\omega)|=1$，$\varphi(\omega)=0$，说明输出电压$\dot{U}_o(j\omega)$ 与输入电压$\dot{U}_S(j\omega)$ 相等且同相。

当 $\omega=\infty$ 时，$|H(j\omega)|=0$，$\varphi(\omega)=-90°$，说明输出电压 $U_o=0$，相位比输入信号 $\dot{U}_S(j\omega)$ 滞后 90°。

当 $\omega=\omega_H=\frac{1}{RC}$时，$|H(j\omega)|=\frac{1}{\sqrt{2}}=0.707$，$\varphi(\omega)=-45°$，说明输出电压 $U_o=0.707U_S$，

且比输入信号滞后45°。这时的角频率 $\omega_H=\dfrac{1}{RC}$ 称为低通滤波电路的**上限截止角频率**或**转折角频率**，相应的频率 $f_H=\dfrac{1}{2\pi RC}$ 称为低通滤波电路的**上限截止频率**或**转折频率**。并且因为当输出电压的幅度衰减到输入信号最大值的0.707倍时，负载获得的功率正好降低到最大值的一半，所以也称 f_H 为半功率点。由式(4-70）和式(4-71）及上面的讨论，画出低通滤波电路的幅频特性和相频特性曲线如图4-56所示。

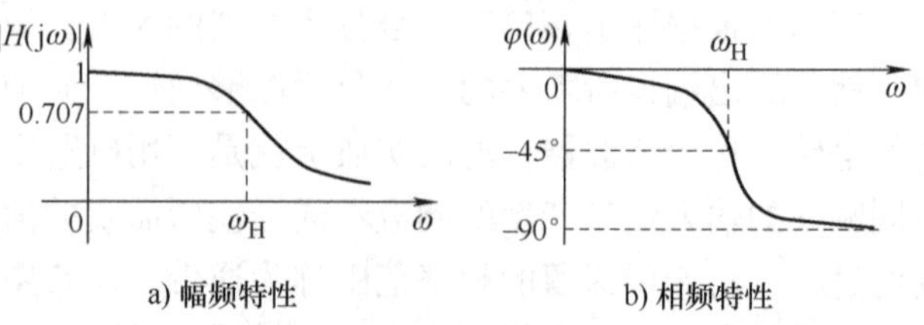

a) 幅频特性　　b) 相频特性

图4-56　*RC* 串联低通滤波电路的频率特性曲线

由图4-56a可知，当 $\omega<\omega_H$ 时，输出电压信号幅值接近输入电压信号幅值，角频率低于 ω_H 的电压信号均顺利通过；当 $\omega>\omega_H$ 时，输出电压信号幅值明显下降，几乎没有输出。显然，该电路具有抑制高频分量、保留低频分量的作用，称之为低通滤波器，该滤波器通频带的角频率范围为 $0<\omega<\omega_H$。

2. *RC* 高通滤波电路

高通滤波电路具有保留高频信号、滤除低频信号的特点。如图4-57所示电路为只含有一个储能元件的 *RC* 串联高通滤波电路。电路的传递函数（即转移电压比）为

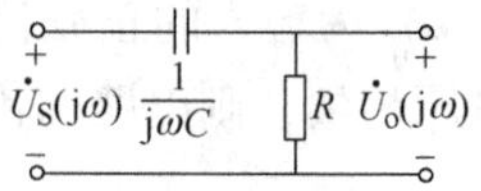

图4-57　*RC* 串联高通滤波电路

$$H(j\omega)=\frac{\dot{U}_o(j\omega)}{\dot{U}_S(j\omega)}=\frac{R\dot{I}}{\left(R+\dfrac{1}{j\omega C}\right)\dot{I}}=\frac{j\omega RC}{1+j\omega RC}$$

$$=\frac{1}{1+\dfrac{1}{j\omega RC}}=\frac{1}{\sqrt{1+\left(\dfrac{1}{\omega RC}\right)^2}}\angle\arctan\left(\frac{1}{\omega RC}\right)=|H(j\omega)|\angle\varphi(\omega) \tag{4-73}$$

设 $\omega_L=\dfrac{1}{RC}$，式(4-73）可表示为

$$H(j\omega)=\frac{1}{1-j\dfrac{\omega_L}{\omega}}=\frac{1}{\sqrt{1+\left(\dfrac{\omega_L}{\omega}\right)^2}}\angle\arctan(\omega_L/\omega)=|H(j\omega)|\angle\varphi(\omega) \tag{4-74}$$

可得 *RC* 串联高通滤波电路的幅频特性、相频特性分别为

$$|H(j\omega)|=\frac{1}{\sqrt{1+\left(\dfrac{1}{\omega RC}\right)^2}}=\frac{1}{\sqrt{1+\left(\dfrac{\omega_L}{\omega}\right)^2}} \tag{4-75}$$

$$\varphi(\omega)=\arctan\left(\frac{1}{\omega RC}\right)=\arctan\left(\frac{\omega_L}{\omega}\right) \tag{4-76}$$

根据式(4-75）和式(4-76）画出高通滤波电路的幅频特性和相频特性曲线如图4-58所示。

图4-58表明，该电路的幅频特性具有抑制低频信号、保留高频信号的作用，称之为高通滤波器。从相频特性上看，随着角频率 ω 的增大，相移 φ 由90°单调地趋向0°，说明输出电压总是超前输入电压，超前的角度介于90°~0°之间，超前角度的数值与电源的角频率 ω 和元件的参数有关。

当 $\omega=\omega_L=\dfrac{1}{RC}$时，$|H(\mathrm{j}\omega)|=\dfrac{1}{\sqrt{2}}=0.707$，$\varphi(\omega)=45°$，说明输出电压 $U_o=0.707U_S$，且比输入信号超前 45°。这时的角频率 $\omega_L=\dfrac{1}{RC}$称为高通滤波电路的**下限截止角频率或转折角频率**，相应的频率$f_L=\dfrac{1}{2\pi RC}$称为高通滤波电路的**下限截止频率或转折频率**。

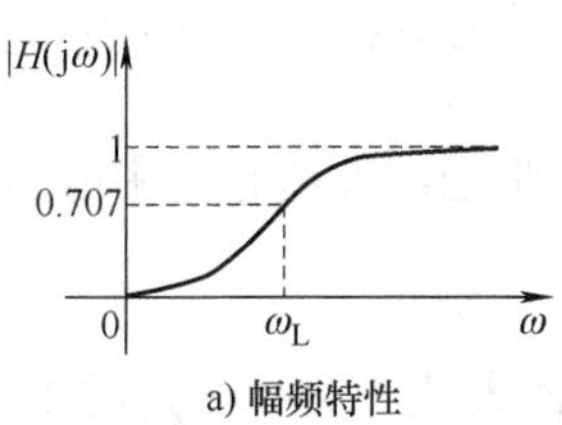

a) 幅频特性

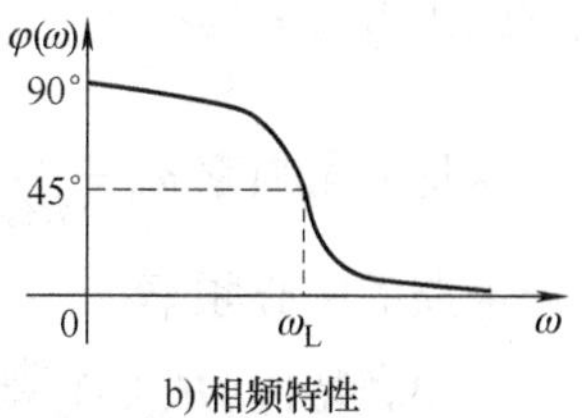

b) 相频特性

图 4-58　*RC* 串联高通滤波电路的频率特性曲线

3. 带通滤波电路

带通滤波电路是使某频率范围内的信号通过，该频率范围外的其他频率信号得到抑制。因此带通滤波电路可由低通滤波电路和高通滤波电路组合构成，如图 4-59 所示。设图 4-59 所示电路中 *RC* 串联部分的阻抗为 Z_1，*RC* 并联部分的阻抗为 Z_2，有

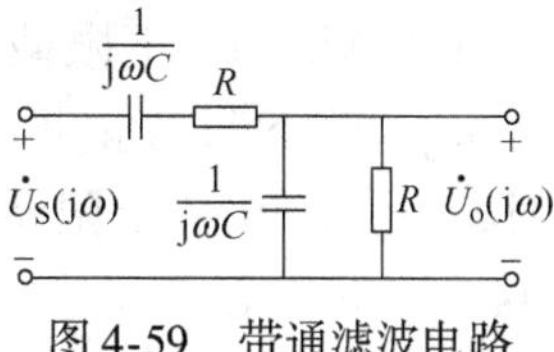

图 4-59　带通滤波电路

$$Z_1=R-\mathrm{j}X_C=R+\frac{1}{\mathrm{j}\omega C}$$

$$Z_2=\frac{\dfrac{1}{\mathrm{j}\omega C}R}{R+\dfrac{1}{\mathrm{j}\omega C}}=\frac{R}{1+\mathrm{j}\omega RC}$$

电路的传递函数为

$$H(\mathrm{j}\omega)=\frac{\dot{U}_o(\mathrm{j}\omega)}{\dot{U}_S(\mathrm{j}\omega)}=\frac{Z_2}{Z_1+Z_2}$$

$$=\frac{\dfrac{R}{1+\mathrm{j}\omega RC}}{R+\dfrac{1}{\mathrm{j}\omega C}+\dfrac{R}{1+\mathrm{j}\omega RC}}$$

上式经化简计算可得

$$H(\mathrm{j}\omega)=\frac{1}{3+\mathrm{j}\left(\omega RC-\dfrac{1}{\omega RC}\right)} \tag{4-77}$$

由式(4-77) 可得带通滤波电路的幅频特性、相频特性分别为

$$|H(\mathrm{j}\omega)|=\frac{1}{\sqrt{3^2+\left(\omega RC-\dfrac{1}{\omega RC}\right)^2}} \tag{4-78}$$

$$\varphi(\omega)=-\arctan\frac{\omega RC-\dfrac{1}{\omega RC}}{3} \tag{4-79}$$

由式(4-78) 及式(4-79) 可知，当 $\omega=\omega_0=\dfrac{1}{RC}$时，有$|H(\mathrm{j}\omega_0)|=\dfrac{1}{3}$，$\varphi(\omega_0)=0$；说明

电路输出电压 $U_o=\frac{1}{3}U_S$，达到最大值；且输出电压 $\dot{U}_o(j\omega)$ 与输入电压 $\dot{U}_S(j\omega)$ 相位相同。

这里的角频率 $\omega_0=\frac{1}{RC}$称为带通滤波电路的**中心角频率**，相应的频率 $f_0=\frac{1}{2\pi RC}$称为带通滤波电路的**中心频率**。

当幅频特性 $|H(j\omega)|$等于最大值（即1/3）的 $1/\sqrt{2}$时，对应的两个频率分别称为带通滤波电路的**下限截止频率** f_L 和**上限截止频率** f_H。由

$$|H(j\omega)|=\frac{1}{\sqrt{3^2+\left(\omega RC-\frac{1}{\omega RC}\right)^2}}=\frac{1}{3\sqrt{2}}$$

可计算得到：下限截止角频率为 $\omega_L=0.303\omega_0$，即下限截止频率为 $f_L=0.303f_0$，这时 $\varphi(\omega_L)=45°$；上限截止角频率为 $\omega_H=3.303\omega_0$，即上限截止频率为 $f_H=3.303f_0$，这时 $\varphi(\omega_H)=-45°$；上、下限截止频率 f_H 和 f_L 之间的频率范围称为带通滤波电路的**通频带宽度**（**Band Width**），简称**通频带**，用 BW 表示。即

$$BW=f_H-f_L \tag{4-80}$$

根据上述分析可画出带通滤波电路的频率特性曲线如图4-60所示。只有介于下限截止频率 f_L 及上限截止频率 f_H 之间的信号才能顺利通过该电路，它们之间的频率范围就是带通滤波电路的通频带 BW。

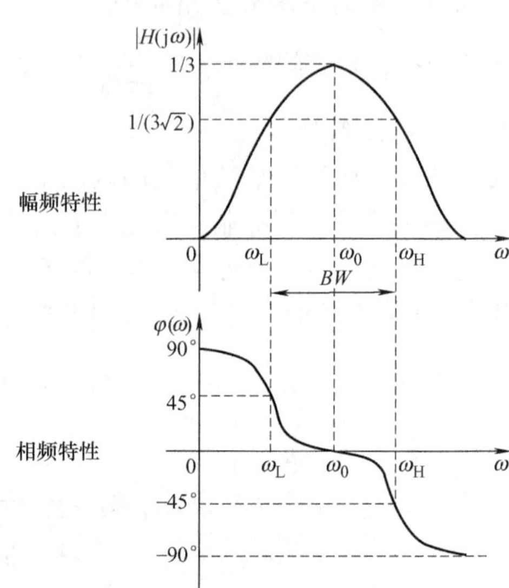

图4-60 带通滤波电路的频率特性曲线

由于当 $\omega=\omega_0=\frac{1}{RC}$时，幅频特性 $|H(j\omega_0)|=1/3$，这时电路输出电压达到最大值，而且输出电压与输入电压相位相同，因此图4-59所示带通滤波电路还具有选频（单一频率）特性。在电子技术中，用此带通滤波电路可以选出 $f=f_0=\frac{1}{2\pi RC}$的信号。实验室常用的低频信号发生器就是用此电路来选频的。

4.8.2 谐振电路

在如图4-61所示的电路中，交流电流表A测电路中的电流，交流电压表V测元件上的电压。在保持电压信号源 $\dot{U}_S$ 输出的电压幅值（即有效值）恒定的条件下，改变信号源 $\dot{U}_S$ 的频率，发现在某一频率 f_0 时，电流表A的示数最大，这时，若用电压表测电感线圈两端的电压和电容两端的电压，就会发现电感、电容两元件的电压大体相等，并且比信号源输出电压的有效值大很多倍。当信号源 $\dot{U}_S$ 的频率高于或低于频率 f_0 时，电路的电流明显减小。而在信号源 $\dot{U}_S$ 的频率为 f_0 时，如果改

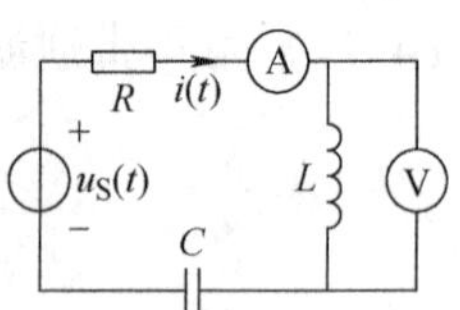

图4-61 串联谐振电路

变电感或电容的参数值，发现电路中的电流也会明显减小。这时，再次调节信号源 $\dot{U}_S$ 的频率，可以发现在另一个频率点 f_0' 处，电路中的电流再次达到最大值。上述这种正弦稳态电路在特定条件下所产生的特殊电学现象，就称为**谐振**（Resonance）。谐振在无线电技术中得到广泛应用，但是在某些情况下电路产生谐振又可能破坏系统的正常工作。

对于任何含有电感、电容元件的一端口电路，在一定条件下电路的阻抗（或导纳）等效为纯电阻，即端口电压与电流相位相同，电路在整体上表现出纯电阻性质，能量互换只在电路中的电感和电容之间进行，与电源之间没有能量互换，则称此一端口网络发生了**谐振**。按电路的结构形式可分为串联谐振和并联谐振等。

1. 串联谐振

RLC 串联电路的相量模型如图4-62所示，电路的阻抗为

$$Z = R + jX = R + j(X_L - X_C) = R + j\left(\omega L - \frac{1}{\omega C}\right)$$

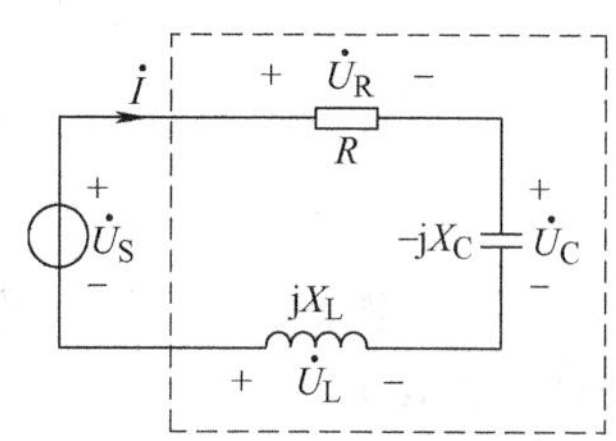

图4-62 *RLC* 串联谐振电路的相量模型

电路的阻抗角为

$$\varphi = \arctan\frac{X}{R} = \arctan\frac{X_L - X_C}{R}$$

当电抗 $X = \omega L - \frac{1}{\omega C} = 0$，即 $\omega L = \frac{1}{\omega C}$时，电路发生**串联谐振**（Series Resonant），这时的角频率称为谐振角频率 ω_0，相应的频率称为**谐振频率** f_0，有

$$\omega_0 = \frac{1}{\sqrt{LC}} \quad 或 \quad f_0 = \frac{1}{2\pi\sqrt{LC}} \tag{4-81}$$

式(4-81)称为串联谐振的**谐振条件**。*RLC* 串联电路达到这一条件时，电路的等效阻抗为纯电阻，因而响应电流 i 与信号源电压 u_S 相位相同，电路的阻抗角为零（即 $\varphi=0$），电路就发生了串联谐振。

由式(4-81)可知，电路的谐振频率与电阻及外加电源的大小无关，它反映了串联谐振电路的一种固有性质。只有当外加电源的频率与电路本身的谐振频率相等时，电路才能产生谐振。使 *RLC* 串联电路发生谐振的方法有两个：可以通过调节信号源的频率使它等于谐振频率 f_0；也可以通过改变电感量或电容量或两者同时改变，从而改变电路的频率，使该频率正好等于信号源频率。这两种方式都可以使电路发生谐振。

在图4-62所示的 *RLC* 串联电路中，有

$$Z = R + jX = R + j(X_L - X_C) = R + j\left(\omega L - \frac{1}{\omega C}\right)$$

可得阻抗模及阻抗角分别为

$$|Z(j\omega)| = \sqrt{R^2 + (X_L - X_C)^2} = \sqrt{R^2 + \left(\omega L - \frac{1}{\omega C}\right)^2} \tag{4-82}$$

$$\varphi(\omega) = \arctan\frac{X(\omega)}{R} = \arctan\frac{X_L - X_C}{R} = \arctan\frac{\omega L - \frac{1}{\omega C}}{R} \tag{4-83}$$

当发生串联谐振时，$X=\omega L-\dfrac{1}{\omega C}=0$，有 $\omega=\omega_0=\dfrac{1}{\sqrt{LC}}$，即 $f=f_0=\dfrac{1}{2\pi\sqrt{LC}}$，得

$$|Z|=|Z_0|=\sqrt{R^2+(X_L-X_C)^2}=R \tag{4-84}$$

这时电路的阻抗模 $|Z|$ 为最小值，且呈电阻性。

根据式(4-82) 画出 RLC 串联谐振电路的阻抗模随频率的变化曲线如图 4-63 所示，图中还包括感抗 $X_L=\omega L=2\pi fL$、容抗 $X_C=\dfrac{1}{\omega C}=\dfrac{1}{2\pi fC}$ 与频率 f 的关系曲线。由图 4-63 可以看出，阻抗模 $|Z|$ 随频率 f 变化的曲线呈 V 形，表明当电路中各元件参数确定以后，整个电路的性质是随着电源频率 f 的改变而变化的。

如图 4-62 所示的 RLC 串联电路的电流 I 为

$$I(\omega)=\frac{U_S}{|Z|}=\frac{U_S}{\sqrt{R^2+\left(\omega L-\dfrac{1}{\omega C}\right)^2}} \tag{4-85}$$

在保持电源电压 U_S 不变的条件下，串联谐振时电路中的电流 I 达到最大值 I_0，且与电压同相，其值为

$$I=I_0=\frac{U_S}{|Z_0|}=\frac{U_S}{\sqrt{R^2+(X_L-X_C)^2}}=\frac{U_S}{R} \tag{4-86}$$

根据式(4-85) 画出 RLC 串联谐振电路的电流 I 与频率 f 的关系曲线如图 4-64 所示，该曲线称为**电流谐振曲线**。

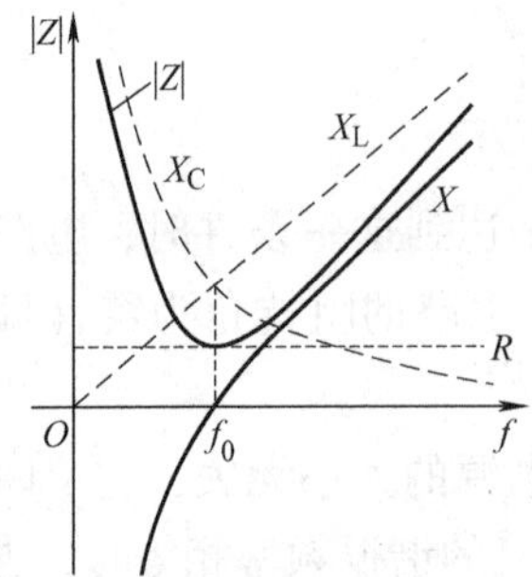

图 4-63 阻抗模随频率的变化曲线

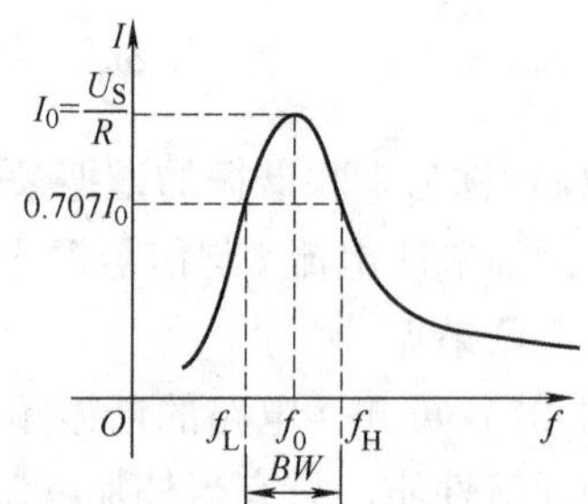

图 4-64 电流谐振曲线及通频带

由电流谐振曲线可以看出，电路只有在谐振频率 f_0 附近一段频率内，电流 I 才有较大的幅值，在谐振频率 f_0 点，$I_0=U_S/R$ 处于峰值状态。当电源频率 f 偏离谐振频率 f_0 时，由于电抗 $|X|$ 的增加，电流将从谐振时的最大值下降，电流发生了衰减，频率 f 偏离谐振频率 f_0 越远时，电路的电流下降得越快。因此，RLC 串联谐振电路对不同频率的信号具有选择性，即具有选择有用信号的能力。当电路中有若干不同频率的信号同时作用时，接近于谐振频率的电流成分将大于其他偏离谐振频率的电流成分而被选择出来，这种性能称为**选择性**。工程上用通频带宽度来描述谐振电路的这种选择性。在如图 4-64 所示的电流谐振曲线上，当电流 I 衰减到谐振电流 I_0 的 $1/\sqrt{2}$ 倍（即 $I=I_0/\sqrt{2}\approx 0.707I_0$）时，对应的较高频率点为上限截止频率 f_H，较低的频率点为下限截止频率 f_L，通频带为 $BW=f_H-f_L$。电流谐振曲线越尖锐，通频带 BW 越窄，电路的选择性就越好。

在 RLC 串联电路中，虽然谐振时电抗 $X_0=\omega_0 L-\frac{1}{\omega_0 C}=0$，但是电路的感抗和容抗均不等于零，即 $\omega_0 L=\frac{1}{\omega_0 C}\neq 0$。谐振时电阻、电感和电容的电压分别为

$$\dot{U}_R=R\dot{I}_0=\dot{U}_S$$

$$\dot{U}_L=jX_L\dot{I}_0=j\omega_0 L\dot{I}_0=j\frac{\omega_0 L}{R}\dot{U}_S=j\frac{1}{R}\sqrt{\frac{L}{C}}\dot{U}_S$$

$$\dot{U}_C=-jX_C\dot{I}_0=-j\frac{1}{\omega_0 C}\dot{I}_0=-j\frac{1}{\omega_0 CR}\dot{U}_S=-j\frac{1}{R}\sqrt{\frac{L}{C}}\dot{U}_S$$

因此，在发生串联谐振时，电感电压 $\dot{U}_L$ 与电容电压 $\dot{U}_C$ 大小相等，相位相反，即 $\dot{U}_L+\dot{U}_C=0$，它们互相抵消，对整个电路不起作用，即 LC 串联部分对外表现为短路，从而电阻电压 $\dot{U}_R$ 等于电源电压 $\dot{U}_S$。RLC 串联电路谐振时的电压、电流的相量图如图4-65所示。

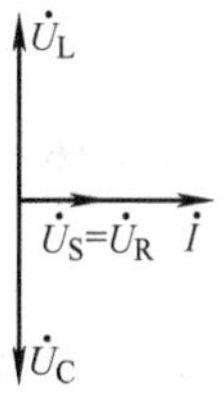

图4-65 RLC 串联电路谐振时的相量图

工程上通常将串联谐振时电感或电容元件的电压与电源电压的比值定义为电路的**品质因数**（Quality Factor），记为 Q，即

$$Q=\frac{U_L}{U_S}=\frac{U_C}{U_S}=\frac{X_L}{R}=\frac{X_C}{R}=\frac{\omega_0 L}{R}=\frac{1}{\omega_0 CR}=\frac{1}{R}\sqrt{\frac{L}{C}} \tag{4-87}$$

由式(4-87) 可见，品质因数 Q 是由串联电路的元件参数值 R、L、C 确定的一个无量纲的参数，Q 值的大小可以反映谐振电路的特性，是电路的重要参数。

当电路发生串联谐振时，如果 Q 值很大，由 $X_L=X_C=QR\gg R$，则

$$U_L=U_C=QU_R=QU_S\gg U_S \tag{4-88}$$

即电感和电容的电压有效值将远大于电源电压有效值，故串联谐振也称为**电压谐振**。如果电压过高，可能引起电容器或变压器的绝缘被击穿而损坏，因此在电力工程上应避免发生串联谐振。而在无线电工程中则常利用串联谐振的这一特性，提高微弱信号的幅值，使微弱的输入信号变成较强的电压信号。当电路的电源电压、电感 L 和电容 C 的值均保持不变时，只改变电阻 R，由式(4-86) 和式(4-87) 可知，R 越小，谐振时电流 I_0 越大，品质因数 Q 也越大，则谐振曲线越尖锐，通频带越窄，电路对频率的选择性越强。反之，Q 越小，通频带就越宽。品质因数 Q 与通频带的关系如图4-66所示。因此，在串联谐振电路中，选择性和通频带是一对矛盾的双方。从提高信号的选择性、抑制干扰信号来看，要求电路的谐振曲线尖锐，因而品质因数 Q 要求高；而从减小信号失真的观点看，要求电路的通频带宽一些，因而品质因数 Q 要求低一些。在实际电路设计中，通常要兼顾两者，并有所侧重，选择合适的品质因数。

串联谐振在无线电工程中应用较多，典型应用实例就是收音机的调谐电路。通过调节电容器 C 的容量，使收音机输入电路的谐振频率与欲接收电台信号的载波频率相等，从而发生串联谐振，实现“选台”，这里是利用了串联谐振的选择性。在选台过程中，如果慢慢增大或减小电容 C，会发现收音机在接收信号过程中存在信号音质从差到好再由好到差的变化过程，这就是电路的通频带。如图4-67a所示为收音机的接收电路，将天线接收到的无线电

信号经磁棒感应到 LC 的串联电路中，调节可变电容 C，便可以选出 $f=f_0$ 的电台信号，该信号在电容 C 两端的电压最高，然后再经过放大电路放大处理，扬声器就播出该电台的节目，这就是收音机的调谐过程。其等效电路如图 4-67b 所示，其中 R 为电感线圈的绕线电阻。

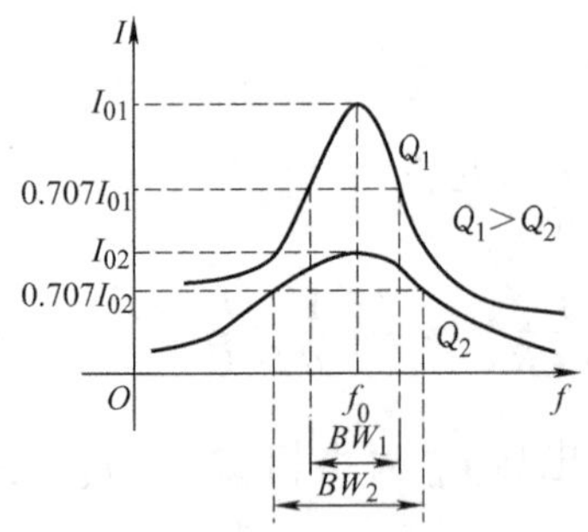

图 4-66　品质因数 Q 与通频带的关系

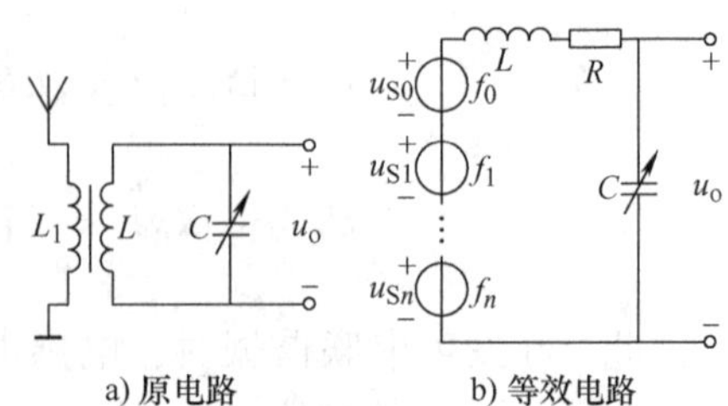

图 4-67　收音机的调谐电路

例 4-24　某收音机输入回路为串联谐振电路，如图 4-67 所示。已知输入回路的电感 $L=310\mu H$，电感绕线电阻 $R=3.35\Omega$，信号电压有效值 $U_S=1mV$，信号频率 $f=540kHz$。试求：(1) 收音机要接收到这个信号，电容 C 应调到什么值？电路的品质因数 Q 为何值？(2) 当收音机接收到这个信号时，电容 C 两端的电压多大？(3) 该收音机的选择性如何？

解：(1) 为了能收听到频率为 $f=540kHz$ 的电台节目，通过调节电容 C，使串联电路谐振频率为 $f_0=f=540kHz$，由式(4-81)

$$f_0=\frac{1}{2\pi\sqrt{LC}}$$

得电容 C 的电容量为

$$C=\frac{1}{(2\pi f_0)^2L}=\frac{1}{(2\pi\times540\times10^3)^2\times310\times10^{-6}}F=280pF$$

由式(4-87)，得电路的品质因数 Q 为

$$Q=\frac{U_L}{U_S}=\frac{X_L}{R}=\frac{2\pi f_0L}{R}=\frac{2\pi\times540\times10^3\times310\times10^{-6}}{3.35}\approx313.8$$

(2) 由 (4-86) 得谐振电流为

$$I_0=\frac{U_S}{R}=\frac{1\times10^{-3}}{3.35}A\approx298.5\mu A$$

由式(4-88) 得谐振时电容上的电压为

$$U_C=QU_R=QU_S=313.8\times1mV=313.8mV$$

(3) 由上述计算可知该收音机的品质因数 $Q=313.8$，Q 值比较大，因此具有较好的选择性。

2. 并联谐振

串联谐振电路适用于信号源内阻比较小的情况。如果信号源内阻较大，串联电路的品质因数 Q 将降低，使谐振特性变差，以至电路的选择性变差。因此，当信号源内阻较大时，为了获得较好的选择性，一般选用并联谐振(Paralled Resonant) 电路。并联谐振与串联谐振定义相同，即端口电压与端口电流同相位时发生谐振。

RLC 并联谐振电路的相量模型如图 4-68 所示，其等效阻抗 Z 为

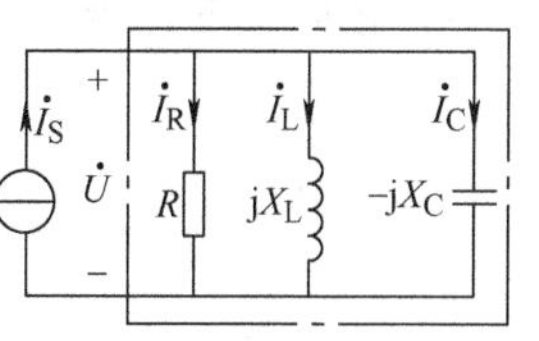

图 4-68　*RLC* 并联谐振电路的相量模型

$$\frac{1}{Z}=\frac{1}{R}+\frac{1}{jX_L}+\frac{1}{-jX_C}=\frac{1}{R}+j\left(\frac{1}{X_C}-\frac{1}{X_L}\right)$$

如果调节电源频率 f 到 f_0 使 $X_L=X_C$，即 $\omega L=\dfrac{1}{\omega C}$，则等效阻抗 Z 为 R，此时并联电路的电压和电流同相位，整体上表现出纯电阻特性，即电路发生**并联谐振**（Paralled Resonant），这时的角频率称为谐振角频率 ω_0，相应的频率称为**谐振频率** f_0，有

$$\omega_0=\frac{1}{\sqrt{LC}}\quad 或\quad f_0=\frac{1}{2\pi\sqrt{LC}} \tag{4-89}$$

式(4-89) 也称为并联谐振的**谐振条件**。*RLC* 并联电路达到这一条件时，等效阻抗为纯电阻，端口电流与端口电压相位相同，电路在整体上表现出纯电阻性质，能量互换只在电感和电容之间进行，与外电源之间没有能量互换，电路就发生了并联谐振。

当发生并联谐振时，阻抗 $|Z_0|=R$ 为最大值，阻抗角为 $\varphi_0=0$。在外加激励电流源电流 I_S 不变的情况下，电路中的端电压 U 在并联谐振时达到最大值 U_0，即

$$U=U_0=|Z_0|I_S=RI_S \tag{4-90}$$

在 *RLC* 并联电路中，流过电感和电容的电流分别为

$$\begin{cases}\dot{I}_L=\dfrac{1}{j\omega L}\dot{U}=-j\dfrac{1}{\omega_0 L}\dot{U}_0=jR\sqrt{\dfrac{C}{L}}I_S\\[2ex] \dot{I}_C=j\omega C\dot{U}=j\omega_0 C\dot{U}_0=-jR\sqrt{\dfrac{C}{L}}I_S\end{cases} \tag{4-91}$$

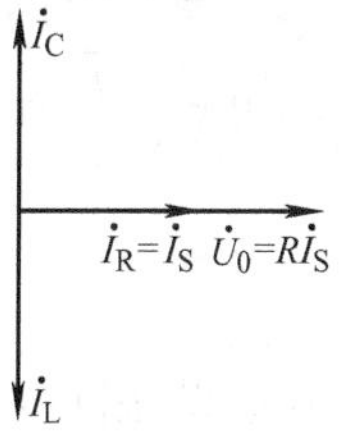

可见，在发生并联谐振时，电感电流 $\dot{I}_L$ 与电容电流 $\dot{I}_C$ 大小相等，相位相反，即 $\dot{I}_L+\dot{I}_C=0$，它们互相抵消，即 *LC* 并联部分电路对外表现为开路，对整个电路不起作用，从而电阻电流 $\dot{I}_R$ 等于电流源电流 $\dot{I}_S$，即 $\dot{I}_R=\dot{I}_S$。图 4-68 所示的 *RLC* 并联电路谐振时的相量图如图 4-69 所示。

图 4-69　*RLC* 并联谐振电路的相量图

同样，并联谐振时电感电流或电容电流与电流源电流的比值称为电路的品质因数。可得并联谐振的品质因数为

$$Q=\frac{I_L}{I_S}=\frac{I_C}{I_S}=\frac{R}{\omega_0 L}=\omega_0 CR \tag{4-92}$$

当电路中发生并联谐振时，如果 Q 值很大，由式(4-92) 得

$$I_L=I_C=QI_R=QI_S\gg I_S \tag{4-93}$$

即流过电感、电容支路的电流有效值将远大于信号源电流的有效值，故并联谐振也称为**电流谐振**。

在实际工程应用中通常由电感线圈和电容器构成 *LC* 并联谐振电路，如图 4-70 所示。图中 $\dot{I}_S$ 为电流源相量，R 为实际线圈的电阻，实际电容的损耗可以忽略不计。

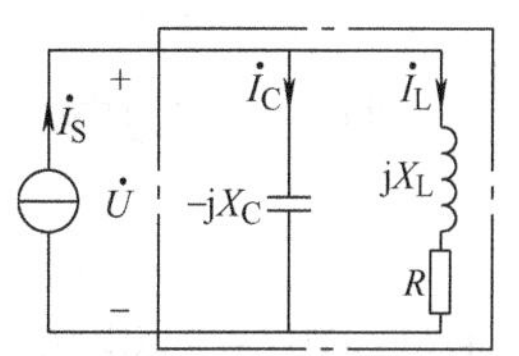

图 4-70　实用 *LC* 并联谐振电路的相量模型

当电路发生并联谐振时，电路表现为纯电阻性，其等效阻抗 Z 为

$$Z=\frac{(R+\mathrm{j}\omega L)\left(-\mathrm{j}\frac{1}{\omega C}\right)}{R+\mathrm{j}\omega L-\mathrm{j}\frac{1}{\omega C}}\approx\frac{\mathrm{j}\omega L\left(-\mathrm{j}\frac{1}{\omega C}\right)}{R+\mathrm{j}\omega L-\mathrm{j}\frac{1}{\omega C}}=\frac{\frac{L}{C}}{R+\mathrm{j}\omega L-\mathrm{j}\frac{1}{\omega C}}$$

令阻抗的虚部为零，可得电路的谐振条件为

$$\omega C-\frac{\omega L}{R^2+(\omega L)^2}=0$$

解得并联谐振的谐振角频率为

$$\omega_0=\sqrt{\frac{1}{LC}-\frac{R^2}{L^2}}$$

在工程应用中，通常线圈电阻 R 很小，一般谐振时 $\omega_0 L\gg R$，常常忽略线圈电阻 R 的影响，即 $R\ll\sqrt{\frac{L}{C}}$ 时，一般都用近似公式计算并联谐振频率，即

$$\omega_0\approx\frac{1}{\sqrt{LC}}\quad 或\quad f_0\approx\frac{1}{2\pi\sqrt{LC}}\tag{4-94}$$

并联谐振同串联谐振一样，在无线电工程技术中应用较多，广泛应用于无线电技术的选频电路中。例如晶体管放大电路中的集电极选频网络、正弦波发生器中的选频网络以及电视机伴音通道中的谐振放大网络等都是采用实际 LC 并联谐振电路来实现的。

例 4-25 如图 4-71 所示电路中，已知电流源 $\dot{I}_S=3\angle 0°\text{mA}$，电流源内阻 $R_S=180\text{k}\Omega$，电感 $L=586\mu\text{H}$，电容 $C=200\text{pF}$，负载电阻 $R_L=180\text{k}\Omega$。试求电路的谐振频率 f_0、发生并联谐振时的阻抗 Z_0、阻抗上的端电压 $\dot{U}_0$。

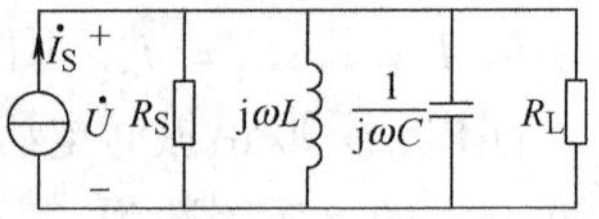

图 4-71 例 4-25 的电路

解：根据式(4-89) 可得电路发生并联谐振时的谐振频率 f_0 为

$$f_0=\frac{1}{2\pi\sqrt{LC}}=\frac{1}{2\times 3.14\times\sqrt{586\times 10^{-6}\times 200\times 10^{-12}}}\text{Hz}\approx 465.6\text{kHz}$$

并联谐振时，阻抗的虚部为零，由于 $\omega_0 L-\frac{1}{\omega_0 C}=0$，可得阻抗 Z_0 为

$$Z_0=R_S/\!/R_L=(180/\!/180)\text{k}\Omega=90\text{k}\Omega$$

并联谐振时阻抗上的端电压 $\dot{U}_0$ 为

$$\dot{U}_0=\dot{I}_S Z_0=3\times 10^{-3}\angle 0°\times 90\times 10^3\text{V}=270\text{V}$$

【课堂限时习题】

4.8.1　*RC* 低通滤波电路上限截止频率为（　　）。

A）$f_{\mathrm{H}}=\dfrac{1}{RC}$　　B）$f_{\mathrm{H}}=\dfrac{1}{2\pi\sqrt{RC}}$　　C）$f_{\mathrm{H}}=\dfrac{1}{2\pi RC}$　　D）$f_{\mathrm{H}}=\dfrac{1}{2\pi RLC}$

4.8.2　具有抑制低频信号、保留高频信号作用的电路称为（　　）。

A）高通滤波器　　B）低通滤波器　　C）带通滤波器

4.8.3　*RLC* 串联电路发生串联谐振时的谐振频率 f_0 为（　　）。

A）$f_0=\dfrac{1}{2\pi LC}$　　B）$f_0=\dfrac{1}{\sqrt{LC}}$　　C）$f_0=\dfrac{1}{2\pi\sqrt{LC}}$　　D）$f_0=\dfrac{1}{LC}$

4.8.4　在保持电源电压 U_{S} 不变的条件下，*RLC* 串联电路谐振时，电路中的电流 I_0 为（　　）。

A）最小值　　B）最大值　　C）既不是最小值，也不是最大值

4.9　非正弦周期电压和电流

如果线性电路在稳定状态下，所有激励电源或信号源是同频率的正弦量，那么电路中各部分的电压和电流响应也是按同一频率变化的正弦量，这种正弦交流电路是周期电流电路的基本形式，但是在电气、电子及通信等工程领域，经常会遇到电路中的激励信号源及电压、电流响应都是不按正弦规律变化的周期电路，称为**非正弦周期电流电路**。

在电信工程、自动控制和计算机等技术领域都广泛地使用了如图4-72所示的方波、三角波、锯齿波等非正弦周期信号，由它们作用而引起的电压、电流响应一般都是非正弦周期函数。交流发电机由于定子和转子之间气隙中的磁感应强度很难做到严格按正弦规律分布，所以发电机发出的实际电压波形与标准的正弦波或多或少有些差别，严格讲是非正弦周期电压。当两个或两个以上不同频率的正弦激励作用于某一电路时，其响应也是非正弦的。另外，如果电路中含有二极管、晶体管等非线性元件时，即使电源是正弦量，电路中电压和电流也是非正弦周期函数。例如二极管半波整流电路（见图4-73b），当输入为图4-73a所示的正弦波信号时，输出则为图4-73c所示的非正弦周期半波信号。

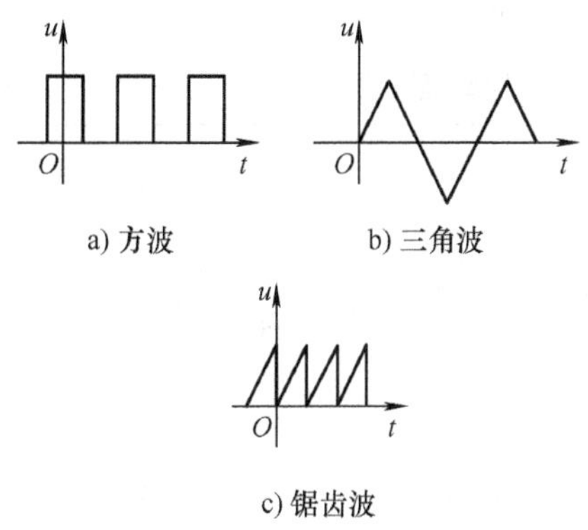

图4-72　常见的非正弦周期信号波形

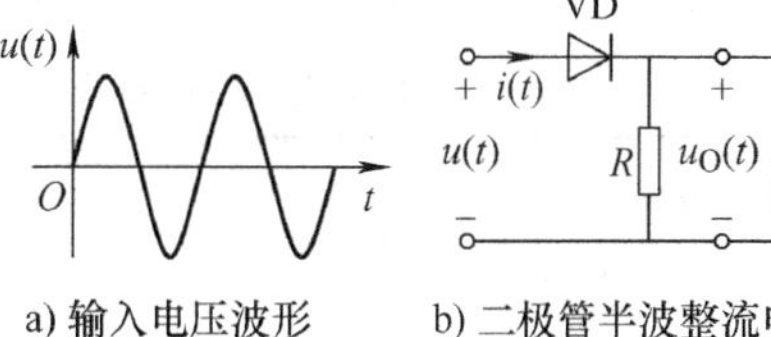

图4-73　二极管整流电路及波形

非正弦量可分为周期量与非周期量两种，本章主要讨论线性电路在非正弦周期电源作用时电路的响应。分析非正弦周期电流电路一般采用**谐波分析法**（Harmonic Analysis）。

非正弦周期电流电路的谐波分析法是根据高等数学中的傅里叶级数理论，将非正弦周期电源电压或电流分解为恒定分量和一系列不同频率的正弦量之和，分别计算各种频率的正弦量单独作用下，电路所产生的同频率正弦电流分量和电压分量响应；再根据线性电路的叠加原理，将所得响应分量按时域的瞬时值叠加，就可以得到电路在非正弦周期电源激励下的稳态电流和电压响应。谐波分析法的实质就是将非正弦周期电流电路的计算转化为一系列不同频率的正弦电流电路的计算。

4.9.1 非正弦周期信号的分解

由数学分析可知，一切满足狄里赫利条件的周期函数都可以分解为许多不同频率的正弦分量的叠加，这种方法称为傅里叶分析。在电工电子技术中遇到的周期信号，一般都能满足狄里赫利条件，因此都可以用傅里叶级数来分析和计算。

设周期函数为$f(t)$，其角频率为ω，周期为T，则$f(\omega t)$的傅里叶级数为

$$f(t) = A_0 + A_{1m}\sin(\omega t + \varphi_1) + A_{2m}\sin(2\omega t + \varphi_2) + \cdots = A_0 + \sum_{k=1}^{\infty} A_{km}\sin(k\omega t + \varphi_k) \tag{4-95}$$

式中，第一项A_0是常量，即一个周期内的平均值，称为周期函数$f(t)$的**恒定分量或直流分量**（DC Component）；第二项$A_{1m}\sin(\omega t + \varphi_1)$称为**一次谐波分量**（First Harmonic Ponderance），由于它的频率与原非正弦周期函数$f(t)$的频率ω相同，故又称为$f(t)$的**基波分量**（Fundamental Wave）；第k项$A_{km}\sin(k\omega t + \varphi_k)$的频率为周期函数的频率的整数倍，称为周期函数$f(t)$的**$k$次谐波分量**，$k>1$的各项统称为**高次谐波**（High Order Harmonic），即2次、3次、4次……谐波；高次谐波频率$k\omega$是基波频率ω的整数倍，习惯上将k为奇数的分量称为**奇次谐波分量**，将k为偶数的分量称为**偶次谐波分量**。

傅里叶级数是一个收敛的无穷三角级数。随着k取值的增大，幅值A_{km}减小，k值取得越大，傅里叶级数就越接近周期函数$f(t)$，当$k\to\infty$时，傅里叶级数就能准确地代表周期函数$f(t)$。但随着k取值的增大，计算量也随之增大。在工程计算中，一般取前几项就可以满足要求了，后面的高次谐波可以忽略不计。实际运算时傅里叶级数应取多少项，要根据实际情况的精度要求和级数的收敛快慢来决定。

表4-1给出了几种常见的非正弦周期信号的傅里叶级数。

表4-1 几种常见的非正弦周期信号的傅里叶级数

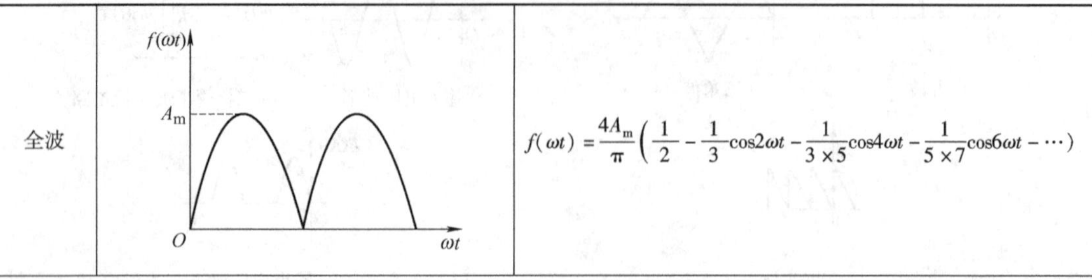

全波	$f(\omega t)$, A_m, O, ωt	$f(\omega t) = \frac{4A_m}{\pi}\left(\frac{1}{2} - \frac{1}{3}\cos2\omega t - \frac{1}{3\times5}\cos4\omega t - \frac{1}{5\times7}\cos6\omega t - \cdots\right)$

（续）

矩形波	A_m, O, ωt, $f(\omega t)$	$f(\omega t)=\frac{4A_m}{\pi}\left(\sin\omega t-\frac{1}{3}\sin3\omega t+\frac{1}{5}\sin5\omega t+\frac{1}{k}\cos k\omega t-\cdots\right)$（$k$ 为奇数）
三角波	A_m, O, ωt, $f(\omega t)$	$f(\omega t)=\frac{8A_m}{\pi^2}\left(\sin\omega t-\frac{1}{3^2}\sin3\omega t+\frac{1}{5^2}\sin5\omega t-\frac{1}{7^2}\sin7\omega t+\cdots\right)$
锯齿波	A_m, O, ωt, $f(\omega t)$	$f(\omega t)=\frac{A_m}{2}-\frac{A_m}{\pi}\left(\sin\omega t+\frac{1}{2}\sin2\omega t+\frac{1}{3}\sin3\omega t+\cdots\right)$

由上可见，各次谐波的幅值是不等的，频率越高，则幅值越小。这说明傅里叶级数具有收敛性。直流分量、基波及接近基波的高次谐波是非正弦周期量的主要组成部分。实际应用中，只需考虑直流成分和前几次谐波就够了，亦即其主要成分在低频分量中。

4.9.2　非正弦周期电流电路的有效值、平均值和功率

1. 非正弦周期量的有效值

非正弦周期量的**有效值**定义与正弦量的有效值定义相同，等于其瞬时值的方均根值，即

$$I=\sqrt{\frac{1}{T}\int_0^T i^2(t)\,dt}$$

此式同样适用于非正弦周期信号。设非正弦周期电流 $i(t)$ 的傅里叶级数展开式为

$$i(t)=I_0+\sum_{k=1}^{\infty}I_{km}(\sin k\omega t+\varphi_{ik})$$

将电流 $i(t)$ 的傅里叶级数展开式代入有效值公式，可解得非正弦周期电流的有效值为

$$I=\sqrt{\frac{1}{T}\int_0^T i^2(t)\,dt}=\sqrt{\frac{1}{T}\int_0^T\left[I_0+\sum_{k=1}^{\infty}I_{km}(\sin k\omega t+\varphi_{ik})\right]^2 dt}$$

$$=\sqrt{I_0^2+I_1^2+I_2^2+I_3^2+\cdots}=\sqrt{I_0^2+\left(\frac{I_{1m}}{\sqrt{2}}\right)^2+\left(\frac{I_{2m}}{\sqrt{2}}\right)^2+\left(\frac{I_{3m}}{\sqrt{2}}\right)^2+\cdots}$$

$$= \sqrt{I_0^2 + \sum_{k=1}^{\infty} I_k^2} = \sqrt{I_0^2 + \sum_{k=1}^{\infty} \left(\frac{I_{km}}{\sqrt{2}}\right)^2} \tag{4-96}$$

同理，非正弦周期电压 $u(t)$ 的有效值为

$$U = \sqrt{\frac{1}{T}\int_0^T u^2(t)\,\mathrm{d}t} = \sqrt{\frac{1}{T}\int_0^T \left[U_0 + \sum_{k=1}^{\infty} U_{km}(\sin k\omega t + \varphi_{uk})\right]^2 \mathrm{d}t}$$

$$= \sqrt{U_0^2 + U_1^2 + U_2^2 + U_3^2 + \cdots} = \sqrt{U_0^2 + \left(\frac{U_{1m}}{\sqrt{2}}\right)^2 + \left(\frac{U_{2m}}{\sqrt{2}}\right)^2 + \left(\frac{U_{3m}}{\sqrt{2}}\right)^2 + \cdots}$$

$$= \sqrt{U_0^2 + \sum_{k=1}^{\infty} U_k^2} = \sqrt{U_0^2 + \sum_{k=1}^{\infty} \left(\frac{U_{km}}{\sqrt{2}}\right)^2} \tag{4-97}$$

式(4-96) 和式(4-97) 表明，非正弦周期量的有效值等于它的直流分量与各次谐波分量有效值的平方和的平方根。

2. 非正弦周期量的平均值

非正弦周期电压、电流在一个周期内的平均值就等于其直流分量。即

$$U_0 = \frac{1}{T}\int_0^T u\,\mathrm{d}t \tag{4-98}$$

$$I_0 = \frac{1}{T}\int_0^T i\,\mathrm{d}t \tag{4-99}$$

由式(4-98) 或式(4-99) 计算得出的值不为零，说明该非正弦周期电压或电流信号含有直流分量。注意：平均值的大小不能衡量该电压或电流信号的做功能力的大小。有时候，虽然平均值为零，但是当它加在一个电阻元件上时，所产生的功率损耗并不为零。

3. 非正弦周期电流电路的功率

非正弦周期量的瞬时功率在一个周期内的平均值即为该非正弦周期量的平均功率。设非正弦周期电压、电流可分别展开成傅里叶级数

$$u = U_0 + \sum_{k=1}^{\infty} U_k \sin(k\omega t + \varphi_{uk})$$

$$i = I_0 + \sum_{k=1}^{\infty} I_k \sin(k\omega t + \varphi_{ik})$$

则平均功率为

$$P = \frac{1}{T}\int_0^T p\,\mathrm{d}t = \frac{1}{T}\int_0^T ui\,\mathrm{d}t$$

整理得

$$P = U_0 I_0 + U_1 I_1 \cos\varphi_1 + U_2 I_2 \cos\varphi_2 + U_3 I_3 \cos\varphi_3 + \cdots$$

$$= P_0 + P_1 + P_2 + P_3 + \cdots = P_0 + \sum_{k=1}^{\infty} P_k \tag{4-100}$$

式中，$P_0 = U_0 I_0$ 为直流（或恒定）分量产生的平均功率；$P_1 = U_1 I_1 \cos\varphi_1$ 为一次谐波分量产生的平均功率；$P_2 = U_2 I_2 \cos\varphi_2$ 为二次谐波分量产生的平均功率；以此类推，$P_k = U_k I_k \cos\varphi_k$ 为 k 次谐波分量产生的平均功率。

式(4-100) 表明，非正弦周期电流电路的平均功率等于恒定分量和各次谐波分量分别产生的平均功率的总和。只有相同频率的电压谐波分量与电流谐波分量才能产生平均功率，

不同频率的电压谐波分量与电流谐波分量虽然可形成瞬时功率，但不产生平均功率。

4.9.3　非正弦周期电流电路的计算

单一频率的正弦电源作用在线性稳态电路时，电路中的响应电压、电流也是同频率的正弦量，正弦交流电路的分析可采用相量法。对于非正弦周期信号作用于线性稳态电路时，应用谐波分析法，通过傅里叶级数将非线性周期信号展开成不同频率的正弦周期信号分别计算分析，最后进行瞬时值叠加。

非正弦周期电路的分析步骤如下：

1）将给定的非正弦周期电源（电压或电流）分解成傅里叶级数，得到直流分量和各次谐波分量。高次谐波分量取多少项，要根据电路所需精度及电路的频率特性来确定。

2）分别计算出直流分量和各次谐波分量单独作用时电路的响应。当直流分量单独作用时，采用直流稳态电路的分析方法进行计算（电容等效为开路，电感等效为短路）；当各次谐波分量分别单独作用时，电路为正弦交流电路，可采用相量法进行分析求解。在各次谐波单独作用下，应该注意的是，电感、电容元件对于不同频率的谐波分量呈现不同的电抗，要注意电抗与频率之间的关系，所以必须分别计算各次谐波的响应。

设基波感抗和容抗为

$$X_{L1}=\omega L \qquad X_{C1}=\frac{1}{\omega C}$$

则对于 k 次谐波分量，其感抗、容抗及阻抗角分别为

$$X_{Lk}=k\omega_1 L \qquad X_{Ck}=\frac{1}{k\omega_1 C} \qquad \varphi_k=\arctan\frac{X_k}{R}$$

3）根据叠加定理，把直流分量和各次谐波分量响应的瞬时值进行叠加，其结果就是电路在非正弦周期信号激励下的稳态响应。注意在第2）步中通常应用相量法计算各次谐波分量的响应，表示各次谐波响应的相量代表不同频率的正弦量，所以不能把这些不同频率相应的相量直接相加，而应将其转换成三角函数的瞬时表达式，再进行叠加。这样就得到非正弦周期信号作用下电路响应随时间变化的函数关系式。

例4-26　如图4-74所示 RLC 串联电路中，已知 $R=11\Omega$，$L=15\text{mH}$，$C=80\mu\text{F}$，$u(t)=[11+100\sqrt{2}\sin(1000t)+25.03\sqrt{2}\sin(2000t+90°)]\text{V}$。试求电路中的电流响应 $i(t)$ 及电路中消耗的功率。

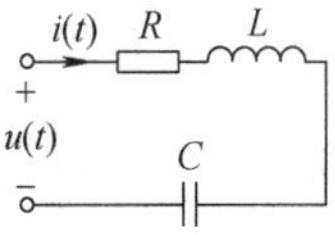

图4-74　例4-26的电路

解： 直流分量 $U_0=11\text{V}$ 单独作用时，电容 C 等效为开路，电感 L 等效为短路，有

$$I_0=0,\ P_0=0$$

基波分量 $u_1(t)=100\sqrt{2}\sin(1000t)\text{V}$ 单独作用时，有

$$\dot{U}_1=100\angle 0°\text{V}$$

$$Z_1=R+\text{j}\left(\omega L-\frac{1}{\omega C}\right)=(11+\text{j}2.5)\Omega\approx 11.28\angle 12.8°\Omega$$

可得

$$\dot{I}_1=\frac{\dot{U}_1}{Z_1}=\frac{100\angle 0°}{11.28\angle 12.8°}\text{A}=8.87\angle -12.8°\text{A}$$

$$i_1(t)=8.87\sqrt{2}\sin(1000t-12.8°)\text{A}$$

$$P_1=U_1I_1\cos\varphi_1=100\times 8.87\cos(0°-12.8°)\text{W}\approx 864.96\text{W}$$

二次谐波分量 $u_1(t)=25.03\sqrt{2}\sin(2000t+90°)\text{V}$ 单独作用时，有

$$\dot{U}_2=25.03\angle 90°\text{V}$$

$$Z_2=R+\text{j}\left(2\omega L-\frac{1}{2\omega C}\right)=(11+\text{j}23.75)\Omega\approx 26.17\angle 65.15°\Omega$$

可得

$$\dot{I}_2=\frac{\dot{U}_2}{Z_2}=\frac{25.03\angle 90°}{26.17\angle 65.15°}\text{A}\approx 0.96\angle 24.85°\text{A}$$

$$i_2(t)=0.96\sqrt{2}\sin(2000t+24.85°)\text{A}$$

$$P_2=U_2I_2\cos\varphi_2=25.03\times 0.96\cos(90°-65.15°)\text{W}\approx 21.8\text{W}$$

由叠加定理求得电路中的电流响应 $i(t)$ 为

$$i(t)=I_0+i_1(t)+i_2(t)=[8.87\sqrt{2}\sin(1000t-12.8°)+0.96\sqrt{2}\sin(2000t+24.85°)]\text{A}$$

电路中消耗的功率为

$$P=P_0+P_1+P_2=(0+865.45+21.8)\text{W}=887.25\text{W}$$

例4-27 图4-75a所示电路中，已知 $u_S(t)=[2+5\sin(100t)]\text{V}$，$i_S(t)=-2\cos t\text{A}$，求稳态电压响应 $u(t)$。

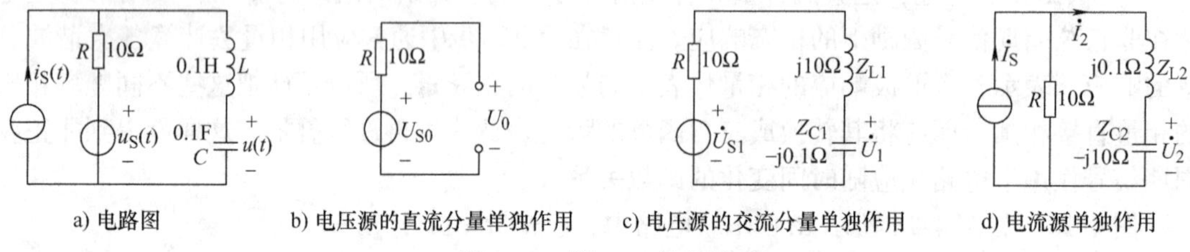

a) 电路图 b) 电压源的直流分量单独作用 c) 电压源的交流分量单独作用 d) 电流源单独作用

图4-75 例4-27的电路

解： 图4-75a所示电路中包含两个含有不同频率分量的激励源，求分别单独作用的响应。电压源包含两个分量，直流分量 $U_{S0}=2\text{V}$ 单独作用的电路图如图4-75b所示，由KVL得

$$U_0=2\text{V}$$

电压源交流分量 $u_{S1}(t)=5\sin(100t)\text{V}$ 单独作用的相量模型如图4-75c所示，有

$$\dot{U}_{S1}=\frac{5}{\sqrt{2}}\angle 0°\text{V}$$

$$Z_{L1}=\text{j}\omega_1 L=\text{j}100\times 0.1\Omega=\text{j}10\Omega$$

$$Z_{C1}=-\text{j}\frac{1}{\omega_1 C}=-\text{j}\frac{1}{100\times 0.1}\Omega=-\text{j}0.1\Omega$$

可得

$$\dot{U}_1 = \frac{Z_{C1}}{R + Z_{L1} + Z_{C1}} \dot{U}_{S1} = \frac{-\mathrm{j}0.1}{10 + \mathrm{j}10 - \mathrm{j}0.1} \times \frac{5}{\sqrt{2}} \angle 0° \mathrm{V} = \frac{0.36}{\sqrt{2}} \angle -134.71° \mathrm{V}$$

即

$$u_1(t) = 0.36\sin(100t - 134.71°)\mathrm{V}$$

电流源 $i_S(t) = -2\cos t\mathrm{A}$ 单独作用的相量模型如图 4-75d 所示，有

$$\dot{I}_S = \frac{2}{\sqrt{2}} \angle -90° \mathrm{A}$$

$$Z_{L2} = \mathrm{j}\omega_2 L = \mathrm{j}1 \times 0.1\Omega = \mathrm{j}0.1\Omega$$

$$Z_{C2} = -\mathrm{j}\frac{1}{\omega_2 C} = -\mathrm{j}\frac{1}{1 \times 0.1}\Omega = -\mathrm{j}10\Omega$$

由分流公式可得

$$\dot{I}_2 = \frac{R}{R + Z_{L2} + Z_{C2}} \dot{I}_S = \frac{10}{10 + \mathrm{j}0.1 - \mathrm{j}10} \times \frac{2}{\sqrt{2}} \angle -90° \mathrm{A} \approx \frac{1.42}{\sqrt{2}} \angle -45.29° \mathrm{A}$$

可得电流源 $\dot{I}_S = \frac{2}{\sqrt{2}} \angle -90° \mathrm{A}$ 单独作用的电压响应分量为

$$\dot{U}_2 = Z_{C2}\dot{I}_2 = -\mathrm{j}10 \times \frac{1.42}{\sqrt{2}} \angle -45.29° \mathrm{V} = \frac{14.2}{\sqrt{2}} \angle -135.29° \mathrm{V}$$

即

$$u_2(t) = 14.2\sin(t - 135.29°)\mathrm{V}$$

由叠加定理可求得两个含有不同频率分量的激励源共同作用下的稳态电路电压响应 $u(t)$ 为

$$u(t) = U_0 + u_1(t) + u_2(t) = [2 + 0.36\sin(100t - 134.71°) + 14.2\sin(t - 135.29°)]\mathrm{V}$$

【课堂限时习题】

4.9.1 非正弦交流电的有效值是幅值的 $1/\sqrt{2}$。(　　)

A) 对　　　　B) 错

4.9.2 下列哪两个电压的有效值是相等的？(　　)。

(1) $u = (\sqrt{2}\cos t + \sqrt{2}\sin t)\mathrm{V}$　(2) $u = (\sqrt{2}\cos t + \sqrt{3}\cos t)\mathrm{V}$　(3) $u = (\sqrt{2}\cos t + \sqrt{2}\cos 3t)\mathrm{V}$

A) (1) 和 (2)　　B) (1) 和 (3)　　C) (2) 和 (3)

4.9.3 某电路的端口电压为 $u = (10 + 2\sin t)\mathrm{V}$，电流为 $i = (2 + 10\cos t)\mathrm{A}$，则平均功率为 (　　)。

A) 30W　　B) 20W　　C) 40W　　D) 400W

习题

【习题4-1】 已知正弦电压 $u(t)=141\sin(100\pi t+60°)$V，求：(1) 角频率 ω、频率 f、周期 T、最大值 U_m 和初相位 φ_0；(2) $t=0$ 时的电压瞬时值 $u(t)$；(3) $t=0.01$s 时的电压瞬时值 $u(t)$；(4) 画出电压的波形图。

【习题4-2】 设 $i_1(t)=120\sin(100\pi t-30°)$A，而 $i_2(t)$ 分别为

(1) $i_2(t)=-8\cos(100\pi t+20°)$A (2) $i_2(t)=6\sin(100\pi t+50°)$A

(3) $i_2(t)=-6\sin(100\pi t-30°)$A (4) $i_2(t)=4\sin(150\pi t+45°)$A

试求 $i_2(t)$ 比 $i_1(t)$ 滞后的角度。

【习题4-3】 分别将 $A_1=-4+\mathrm{j}3$ 和 $A_2=2.78-\mathrm{j}9.20$ 转化为极坐标形式，并计算 $A_1\cdot A_2$ 及 A_1/A_2。

【习题4-4】 分别将 $A_1=10\angle-73°$ 和 $A_2=5\angle-180°$ 转化为代数形式，并计算 A_1+A_2 及 $-A_1+A_2$。

【习题4-5】 已知正弦交流电路中的电压分别为 $u_1(t)=220\sqrt{2}\sin(314t-120°)$V，$u_2(t)=220\sqrt{2}\sin(314t+30°)$V。要求：(1) 在同一个直角坐标系中画出它们的波形图；(2) 分别求出它们的有效值、频率和周期，并计算相位差；(3) 分别写出它们的相量表示式，并画出相量图。

【习题4-6】 已知两个同频率正弦电压的相量式分别为 $\dot{U}_1=50\angle30°$V 及 $\dot{U}_2=-100\angle-150°$V，其频率为 $f=100$Hz。试求： (1) 两个正弦电压的三角函数瞬时表达式；(2) 两个正弦电压的相位差。

【习题4-7】 已知电流 $i_1(t)=10\sqrt{2}\sin(\omega t+45°)$A，$i_2(t)=-10\cos\omega t$A。试求 $\dot{I}_1+\dot{I}_2$ 及 $i_1(t)+i_2(t)$，并画出 $\dot{I}_1+\dot{I}_2$ 的相量图。

【习题4-8】 某元件的电压、电流（关联方向）分别为下述三种情况，试判断它可能是什么元件，若是单一种元件，试求出该元件的参数值（即电阻值、电感值或电容值）。

(1) $\begin{cases}u(t)=10\cos(10t+45°)\text{V}\\ i(t)=2\sin(10t+135°)\text{A}\end{cases}$ (2) $\begin{cases}u(t)=-10\cos t\text{V}\\ i(t)=-\sin t\text{A}\end{cases}$

(3) $\begin{cases}u(t)=10\sin(100t)\text{V}\\ i(t)=2\cos(100t)\text{A}\end{cases}$ (4) $\begin{cases}u(t)=10\cos(314t+45°)\text{V}\\ i(t)=2\cos(314t)\text{A}\end{cases}$

【习题4-9】 将频率为50Hz、幅值为380V的正弦电压加到电感两端，电感的稳态电流的幅值为8.5A。试求：(1) 电感电流的频率；(2) 电感的感抗；(3) 电感的电感值。

【习题4-10】 将频率为40kHz、幅值为3mV及初相位为0°的正弦电压加到电容两端，电容的稳态电流的幅值为100μA。试求：(1) 电容电流的初相位；(2) 电容的容抗；(3) 电容的电容值。

【习题4-11】 已知某元件的正弦电压 $u(t)=12\sin(1000t+30°)$V，若该元件为：

(1) 电阻，且 $R=4\text{k}\Omega$；(2) 电感，且 $L=20\text{mH}$；(3) 电容，且 $C=1\mu\text{F}$。分别求出流过该元件的正弦电流 $i(t)$，并绘出三种情况的相量图。

【习题4-12】 图4-76所示的各个正弦稳态电路中，电流表 A_1、A_2 及电压表 V_1、V_2 的读数均已知，试求电流表A及电压表V的读数，并画出各电压、电流的相量图。

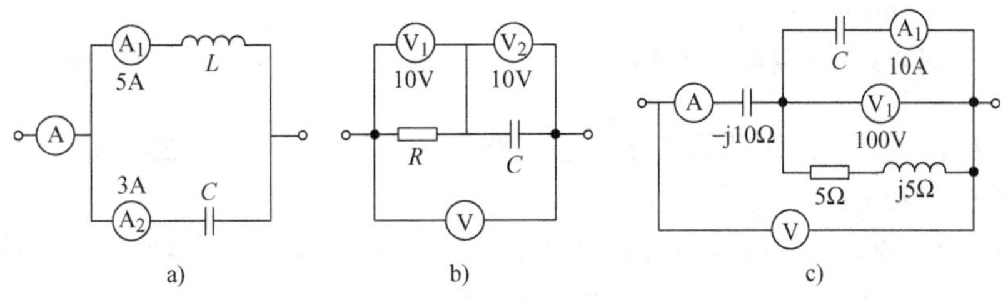

图4-76 习题4-12的电路

【习题4-13】 试求图4-77所示的正弦稳态电路中的电压相量 $\dot{U}$。

【习题4-14】 图4-78所示的正弦稳态电路中，已知 $I_1=I_2=10\text{A}$。试求相量 $\dot{I}$ 和 $\dot{U}_\text{S}$。

【习题4-15】 正弦稳态电路的相量模型如图4-79所示，已知 $U_1=100\text{V}$，$I_2=10\text{A}$，求相量 $\dot{I}$ 和 $\dot{U}$。

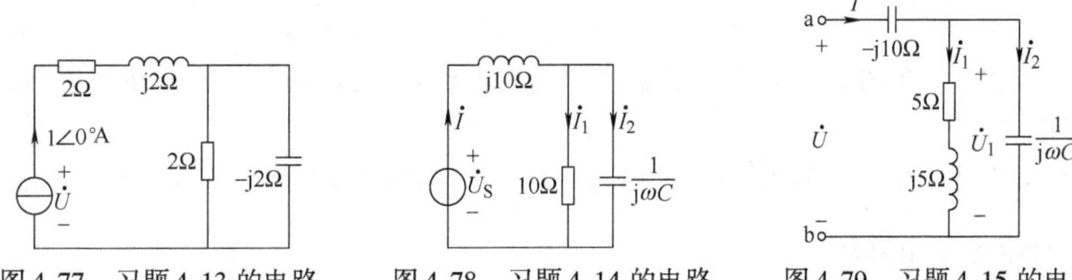

图4-77 习题4-13的电路　图4-78 习题4-14的电路　图4-79 习题4-15的电路

【习题4-16】 在图4-80所示的正弦稳态电路中，已知 $\dot{I}_\text{S}=2\angle0°\text{A}$。试求电压相量 $\dot{U}$，并说明电路呈何种性质（是感性、容性还是阻性?）。

【习题4-17】 图4-81所示的正弦稳态电路中，若 $Z_1=(3-\text{j}4)\Omega$，$Z_2=(4+\text{j}3)\Omega$，电压表的读数为 $U=100\text{V}$。试求电流表A的读数。

图4-80 习题4-16的电路　图4-81 习题4-17的电路

【习题4-18】 图4-82所示的正弦稳态电路中，$u(t)=220\sqrt{2}\sin314t\text{V}$。求 $i_1(t)$、$i_2(t)$ 和 $i(t)$。

【习题4-19】 正弦稳态电路的相量模型如图4-83所示，电压源是同频率的正弦量。试分别用支路电流法和节点电压法求电流相量 $\dot{I}$。

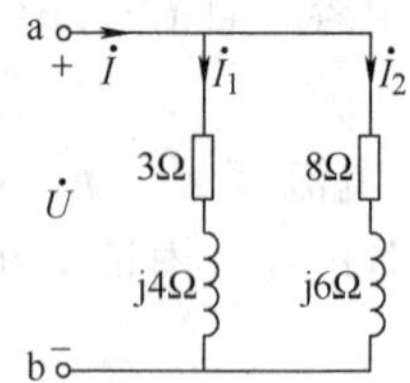

图 4-82 习题 4-18 的电路

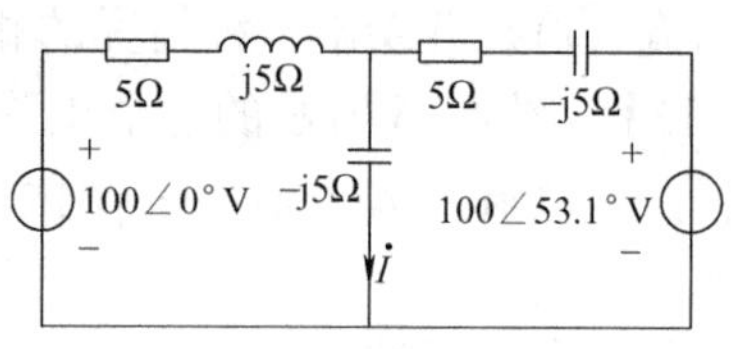

图 4-83 习题 4-19 的电路

【习题 4-20】 在图 4-84 所示正弦稳态电路中，已知 $u_S(t)=9\sqrt{2}\sin 5t\text{V}$。试用支路电流法求解电流 $i_1(t)$ 和 $i_2(t)$。

【习题 4-21】 已知 $u_S(t)=14.14\sin 2t\text{V}$，$i_S(t)=1.414\sin(2t+30°)\text{A}$，列出图 4-85 所示各个正弦稳态电路的支路电流方程和节点电压方程。

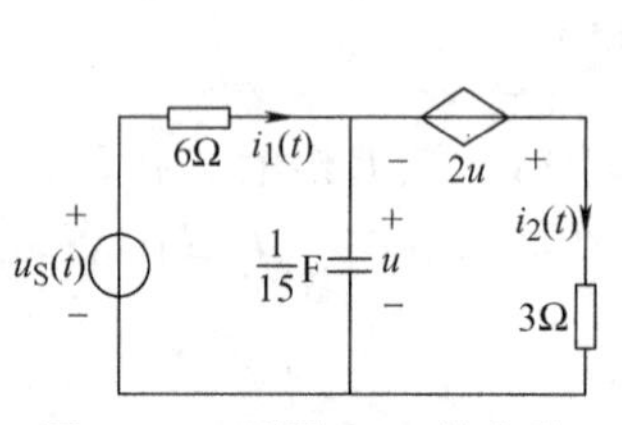

图 4-84 习题 4-20 的电路

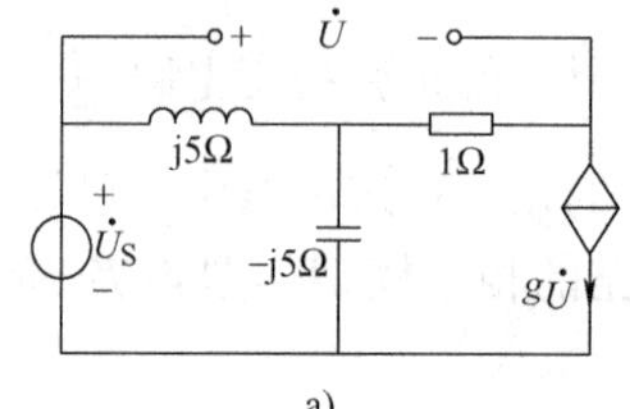

a)

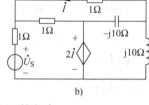

b)

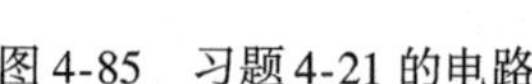

图 4-85 习题 4-21 的电路

【习题 4-22】 在图 4-86 所示正弦稳态电路中，已知 $u_S(t)=100\sqrt{2}\sin 5000t\text{V}$。试用节点电压法求电压 $u(t)$。

【习题 4-23】 在图 4-87 所示正弦稳态电路中，电源信号的角频率 $\omega=5\times10^4\text{rad/s}$，试用叠加定理求电压相量 $\dot{U}$。

【习题 4-24】 试求图 4-88 所示各电路的戴维南等效电路。

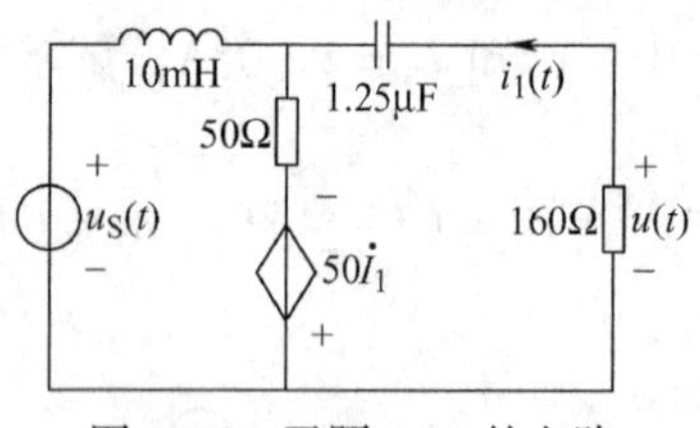

图 4-86 习题 4-22 的电路

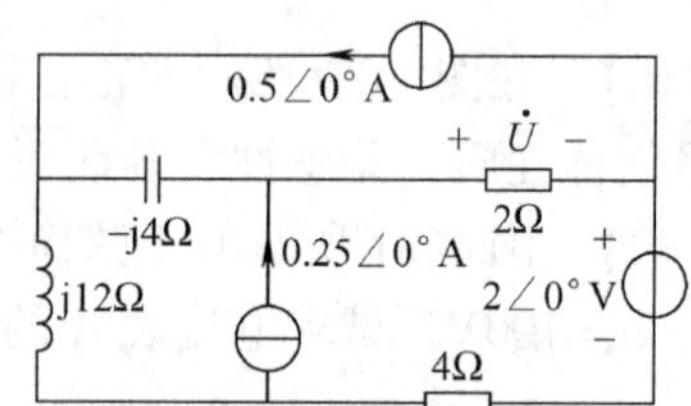

图 4-87 习题 4-23 的电路

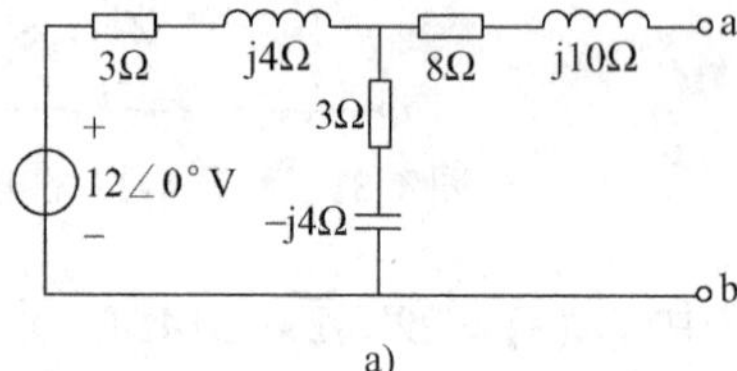

a)

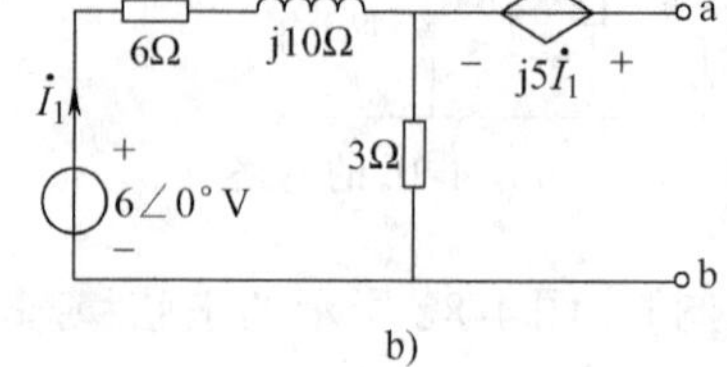

b)

图 4-88 习题 4-24 的电路

【习题 4-25】 在图 4-89 所示正弦稳态电路中，已知 $u(t)=100\sqrt{2}\sin 3140t\text{V}$。试求该电

路的有功功率 P、无功功率 Q、视在功率 S 及功率因数 λ。

【习题4-26】 在图4-90所示正弦稳态电路中，已知 $\dot{I}_S=10\angle0°A$。试求：（1）电阻消耗的有功功率；（2）受控源的有功功率和无功功率。

【习题4-27】 有一感性负载的功率 $P=10kW$，功率因数 $\lambda_1=\cos\varphi_1=0.6$，电压 $U=220V$，频率 $f=50Hz$。若要将电路的功率因数提高到 $\lambda_2=\cos\varphi_2=0.9$，需要并联多大的电容 C？并联电容前后电路的总电流 I 分别为多少？

【习题4-28】 如图4-91所示的串联电路中，已知电阻 $R=10\Omega$，电路的品质因数 $Q=100$，谐振频率 $f_0=1000kHz$。试求：（1）电感量 L 和电容量 C；（2）若外加电压源的有效值 $U_S=100\mu V$，计算谐振电流 I_0 及谐振时电容上的电压 U_{C0}。

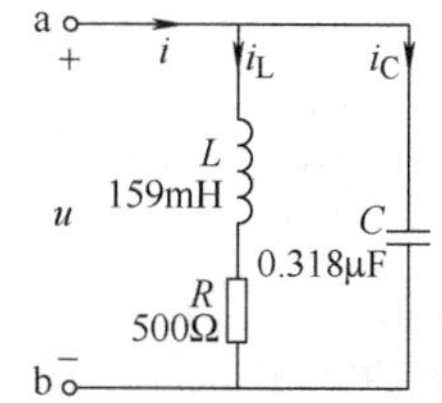

图4-89 习题4-25的电路

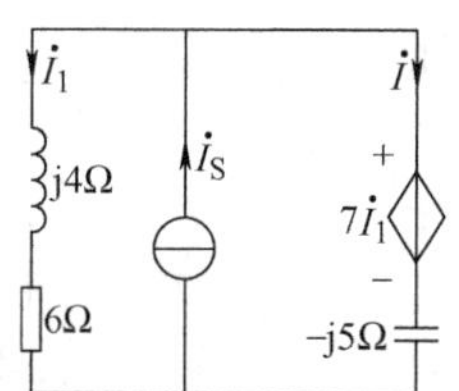

图4-90 习题4-26的电路

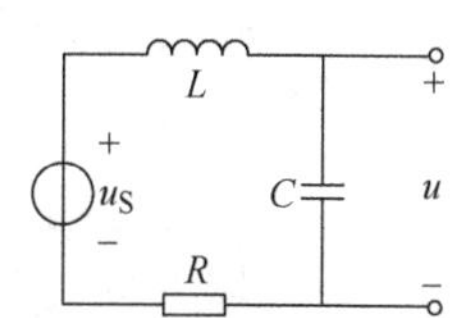

图4-91 习题4-28的电路

【习题4-29】 如图4-92所示的电路中 $U=100V$，谐振时 $I_1=I_C=10A$，试求 R、X_C 和 U_L。

【习题4-30】 如图4-93所示电路为一种常见的并联谐振电路，已知 $R_S=20k\Omega$，$R=2\Omega$，$R_L=40k\Omega$，$L=2mH$，$C=0.05\mu F$。试求空载时电路的并联谐振频率 f_0。

【习题4-31】 已知某电路的端口电压和电流均为非正弦周期量，其数学关系式分别为

$$u(t)=[\sin(t+90°)+\sin(2t-45°)+\sin(3t-60°)]V,\quad i(t)=[5\sin t+2\sin(2t+45°)]A$$

试求端口电压、电流的有效值及该电路消耗的平均功率。

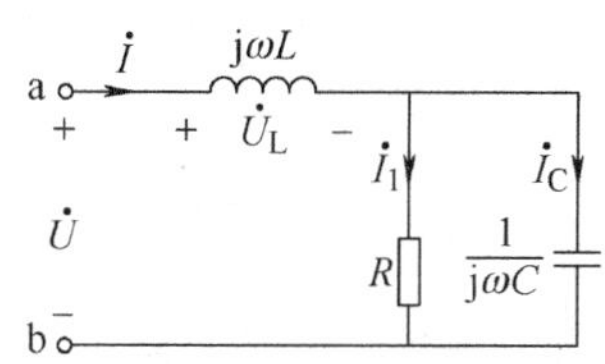

图4-92 习题4-29的电路

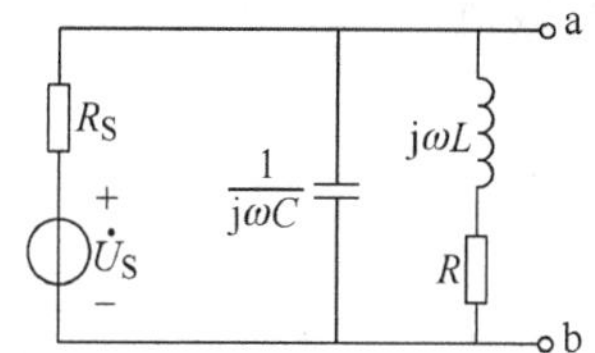

图4-93 习题4-30的电路

【习题4-32】 已知施加在15Ω电阻两端的电压为

$$u(t)=[100+22.4\sin(\omega t-45°)+4.11\sin(3\omega t-67°)]V$$

试求电压的有效值及电阻消耗的平均功率。

【习题4-33】 如图4-94所示电路中，已知 $u_S(t)=(10\sin100t+3\sin500t)V$，试求 $i_L(t)$ 及 $i_C(t)$。

【习题4-34】 如图4-95所示电路中，已知 $u_1(t)=(2+\cos t)V$，$u_2(t)=3\sin(2t)V$，试求 $u(t)$。

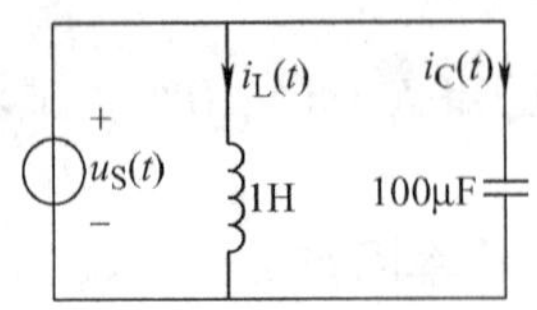

图 4-94 习题 4-33 的电路

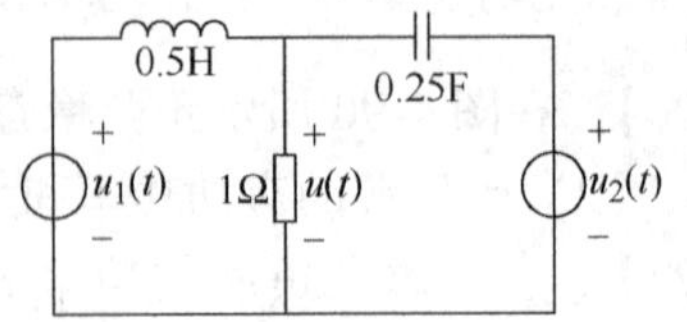

图 4-95 习题 4-34 的电路

【习题 4-35】 如图 4-96 所示电路中，已知 $i_S(t)=\sin t\text{A}$，$u_S(t)=\cos 3t\text{V}$，试求 $u(t)$。

【习题 4-36】 如图 4-97 所示电路中，已知 $R_1=1\Omega$、$R_2=3\Omega$、$L=2\text{H}$、$I_S=4\text{A}$、$u_S(t)=4\sqrt{2}\cos(2t)\text{V}$。试求电流 $i(t)$ 的有效值及两个电源各自提供的功率。

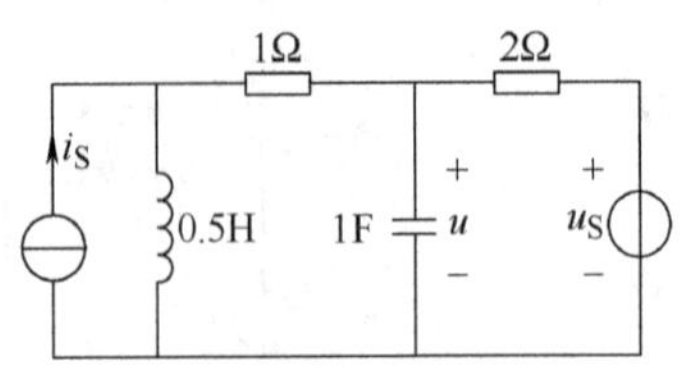

图 4-96 习题 4-35 的电路

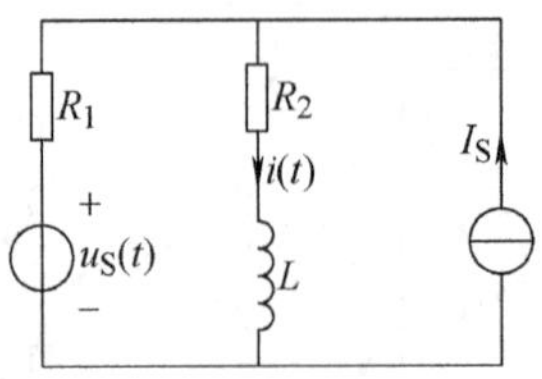

图 4-97 习题 4-36 的电路

【习题 4-37】 如图 4-98 所示电路中，已知 $R=6\Omega$、$\omega L=3\Omega$、$1/(\omega C)=18\Omega$、外施电压 $u(t)=[100+108\sqrt{2}\cos(\omega t-30°)+18\sqrt{2}(3\omega t+30°)]\text{V}$。试求电流 $i(t)$、电压 $u_1(t)$、$u_2(t)$ 的有效值及电路的平均功率。

【习题 4-38】 电路如图 4-99 所示，已知 $R=\omega L_1=20\Omega$、$\omega L_2=30\Omega$、$1/(\omega C_1)=180\Omega$、$1/(\omega C_2)=30\Omega$、$u_S(t)=[40\sqrt{2}\cos\omega t+20\sqrt{2}\cos(3\omega t+60°)]\text{V}$。试求电流 $i_1(t)$、$i_2(t)$ 及电阻 R 消耗的功率 P。

【习题 4-39】 图 4-100 所示电路中，已知 $R=25\Omega$、$\omega L=30\Omega$、$1/(\omega C_1)=120\Omega$、$1/(\omega C_2)=40\Omega$、$u(t)=(75+60\sqrt{2}\cos\omega t+12\sqrt{2}\cos 2\omega t)\text{V}$。试求电流 $i(t)$ 的有效值，$i_L(t)$ 的瞬时值及有效值。

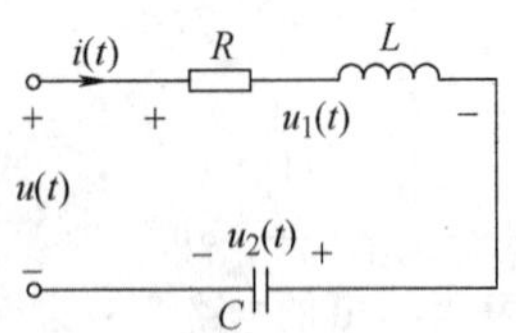

图 4-98 习题 4-37 的电路

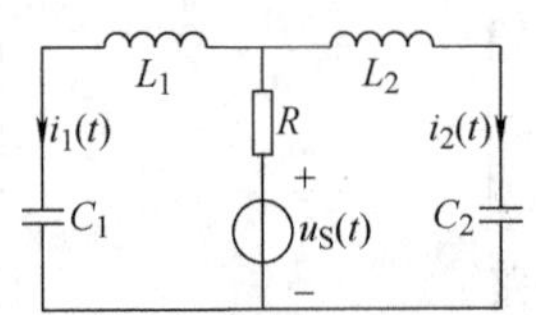

图 4-99 习题 4-38 的电路

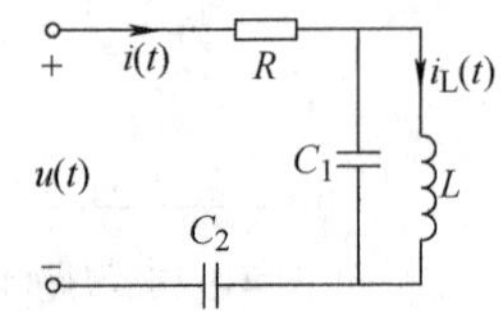

图 4-100 习题 4-39 的电路

第 5 章　三相交流电路及安全用电常识

【章前预习提要】

（1）在了解三相电源的基础上，学习三相电路的电压、电流及功率。

（2）重点掌握星形联结和三角形联结的三相对称电路的分析计算方法。

（3）了解不对称的三相电路的分析方法。

（4）了解安全用电的有关常识。

目前世界各国电力系统在电能的产生、传输、分配及应用各方面多采用三相制（3-Phase System），又称三相电路。三相电路由三相电源（3-Phase Power Supply）和三相负载（3-Phase Load）按照一定方式连接起来组成。三相电源由三相发电机产生，经变压器升高电压后传输到各地，然后按不同用户的需求，在各地变电站再用变压器把高压降到适当的数值。三相交流电路在日常生产和生活中应用非常广泛，日常生活中的照明用电以及许多家用电器如电视机、电冰箱、计算机等电气设备所需的单相电源都是取自三相交流电源中的一相。

三相制交流电路在技术和经济上比单相交流电路具有重大优越性：

1）在电能产生方面：发出同样电压、电功率的三相发电机比单相发电机体积小、重量轻、价格便宜、占地面积小。

2）在电能输送方面：当在相同的两地间损耗相同地输送同功率、同电压的电能时，四条输电线的三相输电所需的导线材料仅为两条输电线的单相输电的 75%，节约了输电线路的成本和材料。

3）在电能电压变换和分配方面：三相变压器比单相变压器经济且便于接入三相和单相负载。

4）在电能应用方面：工农业生产广泛使用的三相电动机比单相电动机结构简单、价格低廉、工作稳定可靠，且单相用电设备也可以很方便地接到三相供电系统上正常工作。

第 4 章的正弦稳态交流电路可以看作是三相交流电路其中的一相，也称为单相交流电路。其中所介绍的各种分析计算方法在三相电路中全部适用。本章结合三相电路的特点进行分析讨论，与第 4 章的相同内容不再赘述。

5.1　三相交流电源

5.1.1　三相交流电源的产生

三相电路中的三相电源是由三相发电机产生的，图 5-1a 是三相发电机的外形图示例，图 5-1b 是三相发电机的横剖面结构示意图。三相发电机主要由定子（电枢）、转子（磁极）

两部分组成，定子固定在机壳上，是不动的，转子是转动的。定子由定子铁心和定子绕组组成，定子铁心由内圆开槽的硅钢片叠压而成，**定子绕组**由铜导线绕制的三个一样的线圈 AX、BY 及 CZ 组成，其中 A、B、C 为线圈的始端，X、Y、Z 为线圈的末端。三个完全相同的线圈在定子铁心槽中放置的角度在空间互差 120°，这样结构的线圈称为**对称三相绕组**。转子铁心由铸钢锻造而成，并在其上绕有集中线圈，称为**励磁绕组**。发电机的转子上的励磁绕组通入直流电流时，转子铁心被磁化，产生恒定磁场，磁场磁极的极性如图 5-1b 所示，当原动机（汽轮机、水轮机等）拖动转子以 ω 的角频率匀速旋转时，形成旋转磁场，分别在定子绕组 AX、BY、CZ 上产生三相交变的感应电动势作为三相感应电压输出，通常记为 u_A、u_B 及 u_C。由于三个定子绕组结构完全相同，处在同一旋转磁场中，且空间位置互差 120°，所以产生的三相感应电压 u_A、u_B 及 u_C 的最大值（或有效值）相等、频率相同、相位相差 120°，规定始端 A、B、C 为参考方向的正极端，末端 X、Y、Z 为参考方向的负极端，如图 5-2a 所示。其瞬时值表达式为（以 u_A 作为初相为零的参考正弦量）

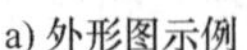
a) 外形图示例

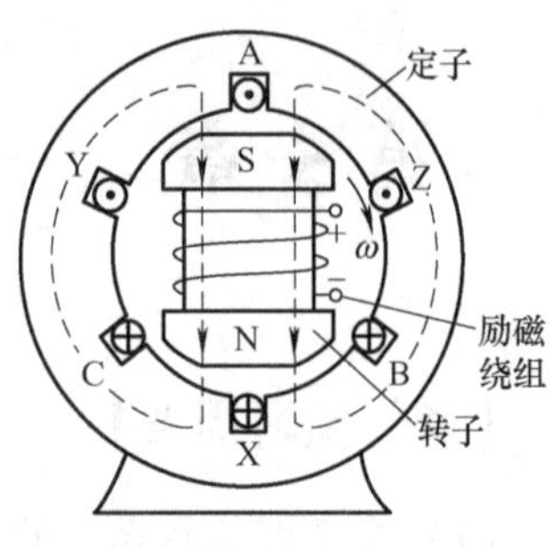

b) 结构示意图

图 5-1 三相发电机

$$\begin{cases} u_A = U_m \sin\omega t \\ u_B = U_m \sin(\omega t - 120°) \\ u_C = U_m \sin(\omega t + 120°) \end{cases} \tag{5-1}$$

当忽略绕组的内阻时，图 5-2a 所示的三相电压可用图 5-2b 所示的三相正弦交流恒压源表示。这样的三个频率相同、幅值相等、相位依次相差 120°的正弦电压源连接成星形或三角形便组成**对称三相交流电源**（Symmetrical 3-Phase Power Supply），简称**三相电源**。相当于三个独立的正弦交流电源组成一组对称的三相电源，依次称为 A 相、B 相和 C 相，通常记为 u_A、u_B 及 u_C。三相电源电压的相位从超前到滞后的次序称为**相序**（Phase Sequence），体现了三相正弦电压源达到最大值或零值的先后顺序。如果各相电源电压相位的次序为 A—B—C（或 B—C—A、C—A—B），则称为**正相序或顺序**；与正相序相反，若相序为 C—B—A（或 A—C—B、B—A—C），则称为**负相序或逆序**。如果各相电压同相位，则称为零序。电力系统一般采用正相序，如无特殊说明，本书中的三相电源均采用正相序。正相序三相对称正弦交流电源各相的波形和相量如图 5-2c、d 所示。

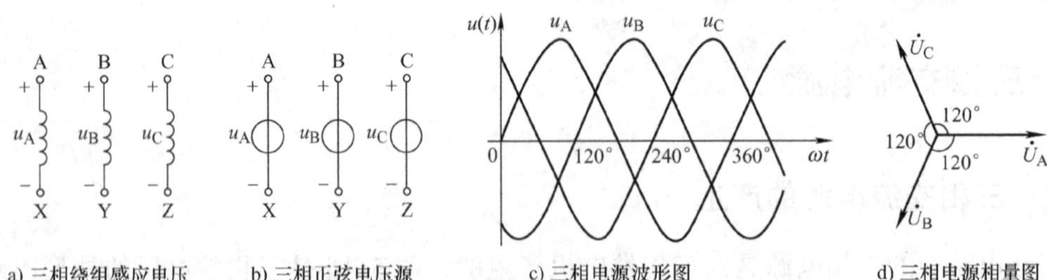

a) 三相绕组感应电压　b) 三相正弦电压源　c) 三相电源波形图　d) 三相电源相量图

图 5-2 三相对称电源

正相序三相对称电源的有效值相量分别表示为

$$\begin{cases}\dot{U}_{\mathrm{A}}=\dot{U}_{\mathrm{B}}\angle 120^{\circ}=\dot{U}_{\mathrm{C}}\angle -120^{\circ}=U\angle 0^{\circ}=U\\ \dot{U}_{\mathrm{B}}=\dot{U}_{\mathrm{A}}\angle -120^{\circ}=\dot{U}_{\mathrm{C}}\angle 120^{\circ}=U\angle -120^{\circ}=U\left(-\dfrac{1}{2}-\mathrm{j}\dfrac{\sqrt{3}}{2}\right)\\ \dot{U}_{\mathrm{C}}=\dot{U}_{\mathrm{A}}\angle 120^{\circ}=\dot{U}_{\mathrm{B}}\angle -120^{\circ}=U\angle 120^{\circ}=U\left(-\dfrac{1}{2}+\mathrm{j}\dfrac{\sqrt{3}}{2}\right)\end{cases} \tag{5-2}$$

由式(5-1)及式(5-2)可得对称三相电源满足

$$u_{\mathrm{A}}+u_{\mathrm{B}}+u_{\mathrm{C}}=0 \qquad 或 \qquad \dot{U}_{\mathrm{A}}+\dot{U}_{\mathrm{B}}+\dot{U}_{\mathrm{C}}=0$$

在三相正弦交流电路中，通常把有效值（或最大值）相等、频率相同、相位相差120°的正弦电压或正弦电流称为**对称的正弦量**。显然，对称正弦量的大小（有效值或幅值）相等，但相位相差120°，相量不等，它们的相量和等于零。

三相电源正常工作时，需按一定方式连接后向负载供电，通常有星形和三角形两种连接方式。

5.1.2　三相电源的连接

1. 三相电源的星形（Y）联结

将三个正弦电压源的负极端X、Y、Z连接在一起，形成一个公共点，该点称为电源**中性点**（Neutral），从中性点引出一条导线，叫作**中性线**(Neutral Wire）或**零线**，用符号N表示。从三个正弦电压源的正极端（始端）A、B、C向外各引出一条输出线，称为**相线**或**端线**，俗称**火线**。这种连接方式称为**三相电源的星形联结**，也可用电源Y**联结**表示。

星形联结的三相电源可用两种方式向负载供电，一种是具有中性线的三相供电系统，称为**三相四线制**（Three-Phase Four-Wire System），由相线与中性线共同向负载供电，可以向负载提供两种对称的三相电源电压，如图5-3所示。另一种为没有中性线的三相供电系统，称为**三相三线制**（Three-Phase Three-Wire System），由三条相线向负载供电，只能向负载提供一种对称三相电源电压，如图5-5所示。

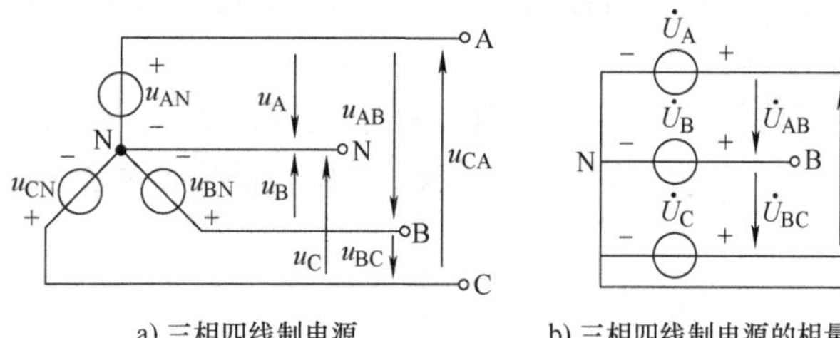

a) 三相四线制电源　　b) 三相四线制电源的相量模型

图5-3　三相对称电源星形联结的三相四线制

三相四线制可以对外输出两种电压，分别称为电源相电压和线电压。**相电压**（Phase Voltage）就是每一相电源两端的输出电压，即每条相线与中性线之间的电压，以相线为相电压的参考正极，以中性线为相电压的参考负极，如图5-3a中的u_{AN}、u_{BN}和u_{CN}，通常简写为u_{A}、u_{B}和u_{C}。图5-3a所示的星形联结三相四线制通常也画成如图5-3b所示的相量模型。显然，三个相电压是有效值（或最大值）相等、频率相同、相位相差120°的对称正弦量。相电压的有效值用U_{A}、U_{B}和U_{C}表示，因为$U_{\mathrm{A}}=U_{\mathrm{B}}=U_{\mathrm{C}}$，相电压的有效值又可以统一用$U_{\mathrm{p}}$表示。**线电压**就是两条相线之间的电压，如图5-3a中的u_{AB}、u_{BC}和u_{CA}，其有效值用U_{AB}、U_{BC}和U_{CA}表示。线电压的参考方向的设定与其双下标字母顺序一致。即线电压u_{AB}的参考方向选定为由 A 指向 B，u_{BC}的参考方向为由 B 指向 C，u_{CA}的参考方向为由 C 指向 A，如图 5-3 所示。

根据上述相电压与线电压设定的参考方向，根据 KVL 及式(5-2) 可得出三相四线制星形联结电源的线电压和相电压的相量关系式为

$$\begin{cases} \dot{U}_{AB} = \dot{U}_A - \dot{U}_B = \dot{U}_A - \dot{U}_A \angle -120° = \sqrt{3}\,\dot{U}_A \angle 30° \\ \dot{U}_{BC} = \dot{U}_B - \dot{U}_C = \dot{U}_B - \dot{U}_B \angle -120° = \sqrt{3}\,\dot{U}_B \angle 30° \\ \dot{U}_{CA} = \dot{U}_C - \dot{U}_A = \dot{U}_C - \dot{U}_C \angle -120° = \sqrt{3}\,\dot{U}_C \angle 30° \end{cases} \tag{5-3}$$

由于三个相电压是对称的正弦量，由式(5-3) 可得线电压也是一组有效值或最大值相等、频率相同、相位相差 120°对称的三相电源电压。各个线电压的有效值相等，且等于相电压有效值的$\sqrt{3}$倍，线电压的有效值可以统一表示为 U_l，即

$$U_{AB} = U_{BC} = U_{CA} = U_l = \sqrt{3}\,U_p \tag{5-4}$$

线电压的相位比对应的相电压超前 30°。因此，正相序的三个线电压的相位也依次相差 120°，即

$$\dot{U}_{BC} = \dot{U}_{AB} \angle -120°$$

$$\dot{U}_{CA} = \dot{U}_{AB} \angle 120°$$

由式(5-3) 画出星形联结三相四线制电源的相电压、线电压相量图如图 5-4 所示。

我国现行的三相四线制 380/220V 低压配电系统中，380V 是三相电源输出的线电压有效值，供三相用电设备使用。220V 则为电源输出的相电压有效值，供单相用电设备使用。通常三相电源铭牌上所标的额定电压指的都是线电压。而欧洲国家的低压配电系统中相电压大多数为 110V。

星形联结的三相三线制没有中性线，通过三条相线对外输出三相对称电源的线电压 u_{AB}、u_{BC}和 u_{CA}，如图 5-5a 所示，通常也画成如图 5-5b 所示的相量模型。

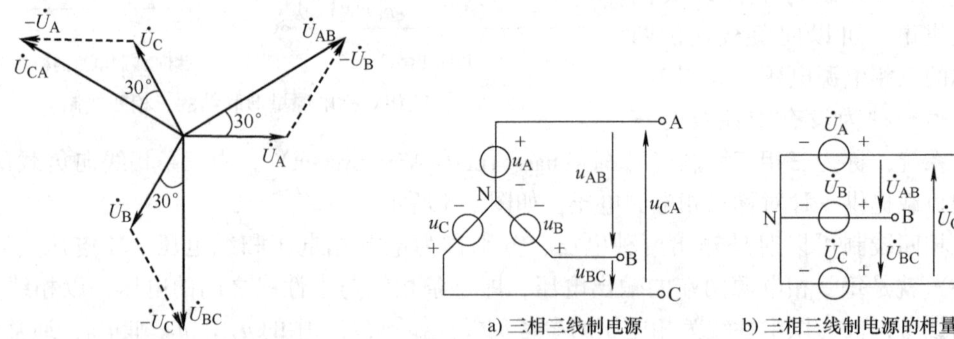

图 5-4 星形联结三相四线制电源的相电压、线电压相量图

图 5-5 三相对称电源星形联结的三相三线制

2. 三相电源的三角形（△）联结

将三相电源的三个始端（正极）、末端（负极）依次首尾相连接，即 A 与 Z 相连、B 与 X 相连、C 与 Y 相连，然后从三个连接点引出三条相线，就是三相电源的三角形联结，简称

三角形电源，常用符号△表示，如图5-6所示。对于三相对称电源有

$$u_A+u_B+u_C=0 \qquad 或 \qquad \dot{U}_A+\dot{U}_B+\dot{U}_C=0$$

只有将三角形联结的三相电源的正、负极正确连接，才能保证在没有负载的情况下电源内部没有环形电流。否则，在电源回路内部将产生较大的环形电流，容易烧毁三相电源。

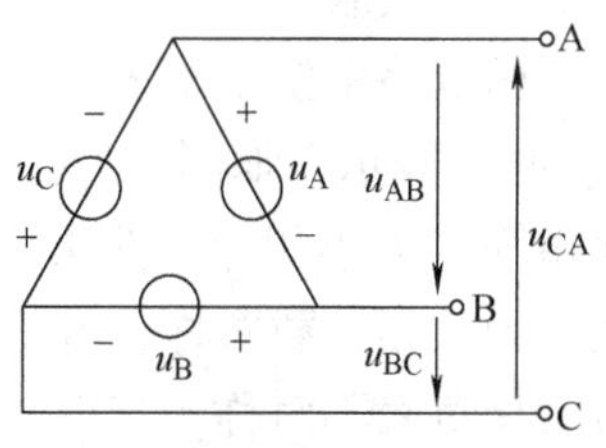

图5-6　三相对称电源的三角形联结

三角形电源没有中性点，显然，三相电源采用三角形联结时为三相三线制，线电压就是相电压，只能向负载提供一种对称的三相电源线电压，即

$$u_{AB}=u_A \qquad u_{BC}=u_B \qquad u_{CA}=u_C$$

用相量表示为

$$\dot{U}_{AB}=\dot{U}_A \qquad \dot{U}_{BC}=\dot{U}_B \qquad \dot{U}_{CA}=\dot{U}_C \tag{5-5}$$

我国供电系统中，三角形电源输出的线电压、相电压有效值相等，且等于380V，即

$$U_{AB}=U_{BC}=U_{CA}=U_l=U_p=380\text{V} \tag{5-6}$$

相位彼此相差120°。显然，三相对称电源线电压的相量和为零，即

$$\dot{U}_{AB}+\dot{U}_{BC}+\dot{U}_{CA}=0 \tag{5-7}$$

【课堂限时习题】

5.1.1　下列三个电源可以通过星形联结组成一组三相对称电源。(　　)

$u_A=U_m\sin3\omega t \qquad u_B=U_m\sin3(\omega t-120°) \qquad u_C=U_m\sin3(\omega t+120°)$

A）对　　B）错　　C）无法确定

5.1.2　下列有关三相对称电源的关系式中，不成立的是（　　）。

A）$u_A+u_B+u_C=0$　　B）$U_A+U_B+U_C=0$　　C）$\dot{U}_A+\dot{U}_B+\dot{U}_C=0$

5.1.3　下列三个电源可以组成一组三相对称电源。(　　)

$u_A=U_m\sin4\omega t \qquad u_B=U_m\sin4(\omega t-30°) \qquad u_C=U_m\sin4(\omega t-60°)$

A）对　　B）错　　C）无法确定

5.1.4　三相电源的星形（Y）联结中，线电压的有效值等于相电压有效值的（　　）倍。

A）3　　B）$\sqrt{3}$　　C）$\sqrt{2}$　　D）2

5.1.5　三相电源的星形（Y）联结中，线电压的相位比对应的相电压（　　）。

A）超前90°　　B）滞后90°　　C）超前30°　　D）滞后30°

5.2　三相电路负载的连接

三相电路中用电设备种类繁多。交流用电设备一般分为三相负载和单相负载两类。如三相交流电动机、大功率三相电炉以及各种三相交流设备是直接由三相交流电源驱动的**三相负载**。而小功率设备，例如照明灯、家用电器、交流电焊机以及工业上需用单相电源供电的用电设备，统称为**单相负载**。三个独立的单相负载分别由三相电源中的每一相电源供电，也组

成了三相负载。

用电路阻抗模型表示负载时，三相负载分别用阻抗 Z_a、Z_b 及 Z_c 或 Z_{ab}、Z_{bc} 及 Z_{cz} 表示，如图5-7所示。如果各相负载的参数都相同，即三相负载的阻抗相等（大小相等、性质相同），即 $Z_a = Z_b = Z_c$ 或 $Z_{ab} = Z_{bc} = Z_{ca}$，这样的负载称为**三相负载对称**；若阻抗不相等，即 $Z_a \neq Z_b \neq Z_c$ 或 $Z_{ab} \neq Z_{bc} \neq Z_{ca}$，就称为**三相负载不对称**。与三相电源的连接方式类似，三相负载的连接也有星形（Y）和三角形（△）两种形式。负载的星形（Y）联结是将三相负载阻抗 Z_a、Z_b 及 Z_c 的一端连接在一起，作为三相负载**中性点**，用符号 N′表示，负载中性点 N′通常接在零线上。三相负载阻抗的另一端分别接在相线 A、B、C 上，如图5-8a 或 b 所示。负载的三角形（△）联结是将三相负载阻抗 Z_{ab}、Z_{bc} 及 Z_{ca} 依次首尾相接，然后从三个连接点引出三条线分别与电源的三条相线相接，如图5-8c 或 d 所示。

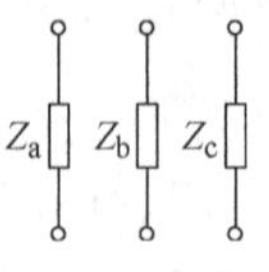

图5-7 三相负载阻抗

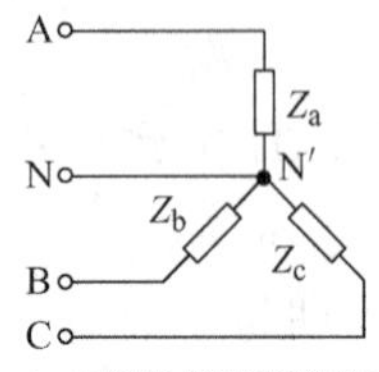

a) 三相负载星形联结1

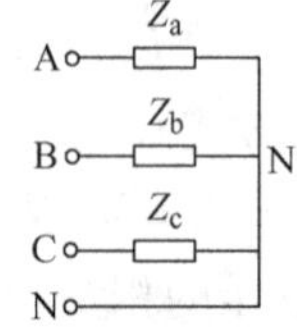

b) 三相负载星形联结2

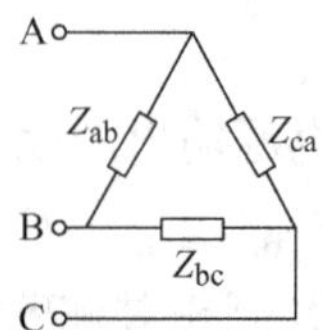

c) 三相负载三角形联结1

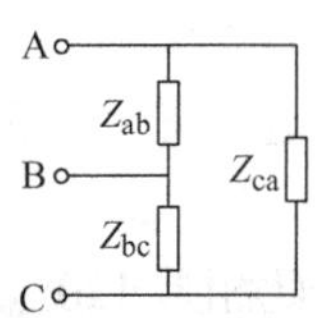

d) 三相负载三角形联结2

图5-8 三相负载阻抗的连接方式

将三相电源和三相负载用输电线连接起来便组成了三相电路。三相电路中，三相电源通常采用星形联结，以便获得两类不同的电压源输出，可以满足不同负载的需要。星形联结的三相电源与负载相接的各种情况如图5-9所示。单相负载有两种连接形式：①额定电压为220V的负载接在三相电源的相线和零线上，负载两端的电压为电源输出的220V相电压，如图5-9b所示；②额定电压为380V的负载接在三相电源的两条相线上，负载两端的电压为电源输出的380V线电压，如图5-9c所示；三相交流电动机等三相负载通常是三相对称负载。当三相对称负载的额定电压为220V时，以星形（Y）方式接入三相电路，如图5-9d所示。当三相对称负载的额定电压为380V时，以三角形（△）方式接入三相电路，如图5-9e所示。

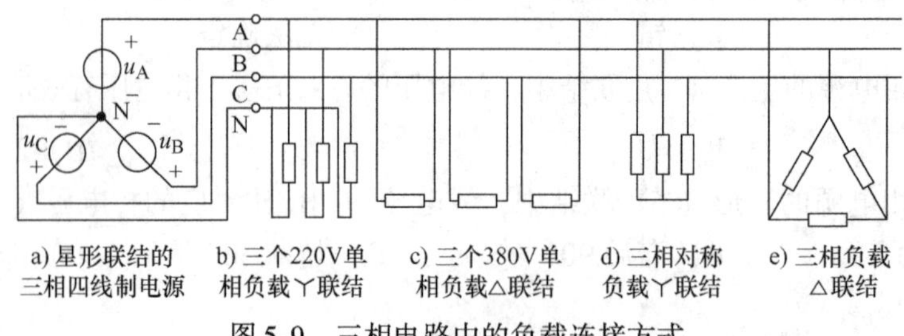

a) 星形联结的三相四线制电源 b) 三个220V单相负载Y联结 c) 三个380V单相负载△联结 d) 三相对称负载Y联结 e) 三相负载△联结

图5-9 三相电路中的负载连接方式

实际三相电路中，三相发电机的三相对称绕组输出的总是有效值（或最大值）相等、频率相同、相位相差120°对称的三相正弦电压源，远距离输电的三条输电线阻抗也相等，但三相负载不一定对称相等。当三相负载对称相等时，称为**三相对称电路**；反之，三相负载不对称时，称为**三相不对称电路**。注意，无论三相电路是否对称，电路中的三相电源总是输出有效值（或最大值）相等、频率相同、相位相差120°对称的正弦电压源。由于三相电源和负载均可连接成星形（Y）或三角形（△），故三相电路有Y-Y、Y-△、△-Y及△-△四种不同的连接方式。其中，Y-Y和Y-△是实际应用中最常见的三相交流电路连接方式，如图5-10a、b所示。

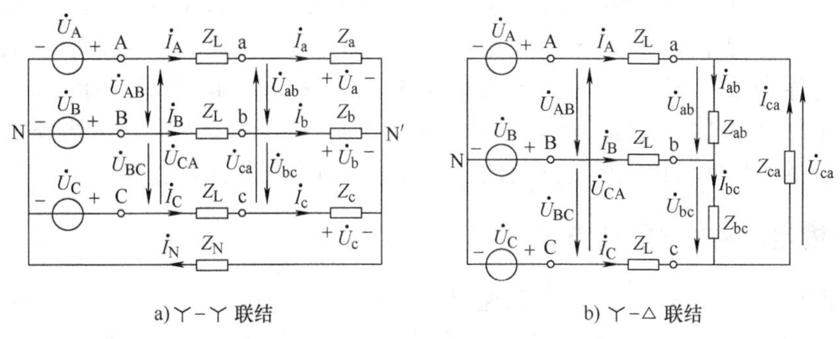

a) Y-Y 联结　　　　b) Y-△ 联结

图5-10　三相交流电路

在图5-10所示的三相交流电路中，每相电压源两端输出的电压称为**电源相电压**（Phase Voltage），分别记为 $\dot{U}_{A}$、$\dot{U}_{B}$ 及 $\dot{U}_{C}$；电源端相线（即端线）之间的电压称为**电源线电压**（Line Voltage），分别记为 $\dot{U}_{AB}$、$\dot{U}_{BC}$ 及 $\dot{U}_{CA}$；每一相负载两端的电压响应称为**负载相电压**，在Y-Y联结中分别记为 $\dot{U}_{a}$、$\dot{U}_{b}$、$\dot{U}_{c}$，Y-△联结中分别记为 $\dot{U}_{ab}$、$\dot{U}_{bc}$、$\dot{U}_{ca}$；Y-Y联结中负载端的相线（即端线）之间的电压称为**负载线电压**，分别记为 $\dot{U}_{ab}$、$\dot{U}_{bc}$ 及 $\dot{U}_{ca}$。流过相线（即端线）的电流称为**线电流**（Line Current），分别记为 $\dot{I}_{A}$、$\dot{I}_{B}$ 及 $\dot{I}_{C}$。负载的电流响应称为负载**相电流**（Phase Current），Y-Y联结中分别记为 $\dot{I}_{a}$、$\dot{I}_{b}$ 及 $\dot{I}_{c}$，Y-△联结中分别记为 $\dot{I}_{ab}$、$\dot{I}_{bc}$ 及 $\dot{I}_{ca}$。Y-Y联结的三相四线制的中性线流过的电流称为**中性线电流**，记为 $\dot{I}_{N}$。此外，图中的 Z_a、Z_b、Z_c 以及 Z_{ab}、Z_{ca}、Z_{bc} 均表示负载阻抗，Z_L 表示输电线等效阻抗，Z_N 表示中性线等效阻抗。各个电压、电流的参考方向如图5-10a、b所示。

对三相交流电路的分析，需要研究各个线电流和相电流、线电压和相电压之间的关系，而它们之间的关系与三相电路的连接方式有关。本章重点分析讨论实际应用中最常见的Y-Y和Y-△两类三相交流电路。

【课堂限时习题】

5.2.1　三相对称负载是指三相负载的（　　）。

A）阻抗模相等、阻抗角相差120°　　B）阻抗模相等、阻抗角也相等

C）三相负载的复阻抗和为零

5.2.2　三相不对称交流电路是指（　　）。

A）三相交流电源不对称、三相负载不对称　　B）三相交流电源不对称、三相负载对称

C）三相交流电源对称、三相负载不对称

5.2.3　三角形联结的三相负载只能接入三相电源也是三角形联结的电路中。（　　）

A）对　　B）错

5.3 三相电路的分析和计算

三相电路实际上属于复杂的正弦交流电路，可以利用第4章介绍的单相正弦交流电路的相量分析法进行分析计算。应先画出电路图，并标出电压和电流的关联参考方向，然后应用电路的基本定律和分析方法求解。由于三相电路含有三相对称电源和三相负载，如果按一般的方法列写KCL、KVL等电路方程，运算会很烦琐。因此，需要根据三相电路的结构特点，利用三相电源的对称性，探究更为简便的分析方法，适当简化计算过程。

5.3.1 三相电路的Y-Y联结方式

三相电路中，三相电源和三相负载通过输电线均连接成星形（Y），称为Y-Y联结。在三相电路的Y-Y联结中，又按是否有中性线分为三相四线制及三相三线制。

当忽略三相输电线及中性线的等效阻抗 Z_L、Z_N 时，三相四线制的Y-Y联结电路如图5-11所示。

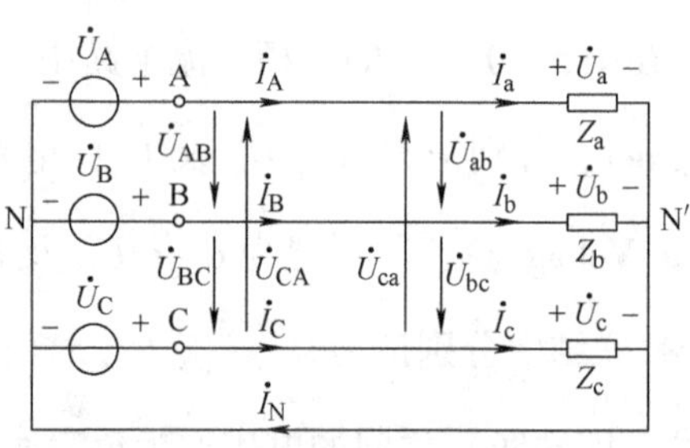

图5-11 三相四线制的Y-Y联结电路

由图5-11可知，每相负载两端的相电压与三相电源输出的相应的相电压完全相同，即

$$\dot U_a=\dot U_A \qquad \dot U_b=\dot U_B \qquad \dot U_c=\dot U_C$$

根据VCR（伏安特性）可得各相负载的相电流分别为

$$\dot I_a=\frac{\dot U_a}{Z_a}=\frac{\dot U_A}{Z_a} \qquad \dot I_b=\frac{\dot U_b}{Z_b}=\frac{\dot U_B}{Z_b} \qquad \dot I_c=\frac{\dot U_c}{Z_c}=\frac{\dot U_C}{Z_c}$$

由图5-11可知，三相对称电路Y-Y联结时，相线（即端线）中的线电流就是流过负载的相电流，即

$$\dot I_A=\dot I_a=\frac{\dot U_a}{Z_a}=\frac{\dot U_A}{Z_a} \qquad \dot I_B=\dot I_b=\frac{\dot U_b}{Z_b}=\frac{\dot U_B}{Z_b} \qquad \dot I_C=\dot I_c=\frac{\dot U_c}{Z_c}=\frac{\dot U_C}{Z_c} \tag{5-8}$$

根据KCL可得中性线的电流为

$$\dot I_N=\dot I_A+\dot I_B+\dot I_C=\dot I_a+\dot I_b+\dot I_c \tag{5-9}$$

1. 三相对称负载

由于三相负载对称，有 $Z_a=Z_b=Z_c=Z=|Z|\angle\varphi$，由式(5-9)可知三相负载的相电流或端线中的线电流都是一组有效值（或最大值）相等、频率相同、相位相差120°对称的正弦量，此时可以用第4章分析单相电路的方法，只要计算出其中单相负载的相电流，其余两相负载电流便可按照对称关系直接写出。各相负载相电流有效值相等，记为 $I_p=I_a=I_b=I_c$，各端线上线电流有效值也相等，记为 $I_l=I_A=I_B=I_C$。在三相对称电路的Y-Y联结中，显然有

$$I_A=I_B=I_C=I_l=I_p \tag{5-10}$$

若只计算A相电流，先画出A相电路，如图5-12所示。设A相电压 $\dot U_A$ 为参考相量，即 $\dot U_A=U\angle 0°$，设负载阻抗 $Z_a=Z_b=Z_c=Z=|Z|\angle\varphi$，则A相电流为

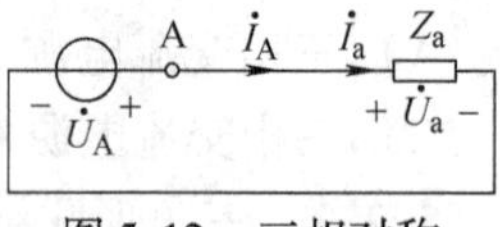

图5-12 三相对称电路中的A相电路

$$\dot{I}_A = \dot{I}_a = \frac{\dot{U}_a}{Z_a} = \frac{\dot{U}_A}{Z} = I_a\angle -\varphi$$

再根据对称性直接写出 B 相、C 相的相电流分别为

$$\dot{I}_B = \dot{I}_b = \dot{I}_a\angle -120° = I_a\angle(-\varphi-120°)$$

$$\dot{I}_C = \dot{I}_c = \dot{I}_a\angle 120° = I_a\angle(-\varphi+120°)$$

三相对称负载（感性）Y-Y联结时的相量图如图 5-13 所示。此时中性线电流为

$$\begin{aligned}\dot{I}_N &= \dot{I}_A + \dot{I}_B + \dot{I}_C = \dot{I}_a + \dot{I}_b + \dot{I}_c \\ &= I_a\angle -\varphi + I_a\angle(-\varphi-120°) + I_a\angle(-\varphi+120°) = 0\end{aligned}$$

既然中性线没有电流流过，故可以将中性线去掉，电路便成为三相对称负载Y-Y联结的三相三线制电路，如图 5-14 所示。

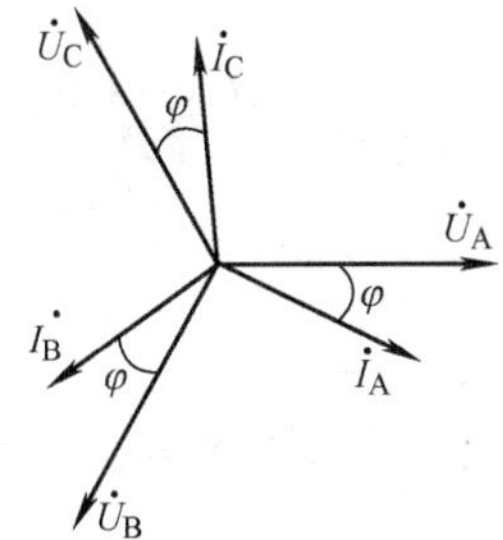

图5-13　Y-Y联结相电压、线（相）电流相量图

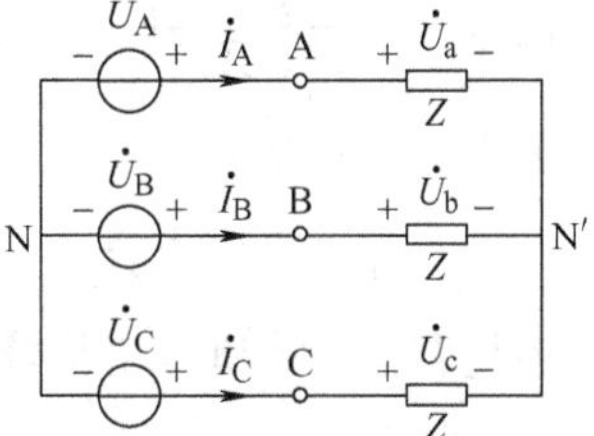

图 5-14　Y-Y联结三相对称负载的三相三线制电路

2. 三相不对称负载

当三相负载不对称时，即 $Z_a \neq Z_b \neq Z_c$。由于中性线的作用，虽然三相负载不对称，加在各相负载两端的电压依然是三相电源的相电压，各相电流应按式(5-8）分别计算，因此三相负载的电流不再是一组对称的三相电流，中性线电流 $\dot{I}_N$ 不再为零，即

$$\dot{I}_N = \dot{I}_A + \dot{I}_B + \dot{I}_C \neq 0$$

因为三相负载不对称时，中性线有电流流过，故不能去掉中性线。正是由于中性线的作用，以保证不对称三相负载上的电压仍为一组对称的三相电压，所以不对称三相负载的三相四线制电路能正常工作。

如果将中性线断开，如图 5-15a 所示，必定导致电源中性点 N 和负载中性点 N′的电位不相等，两点之间产生中性点偏移电压，用 $\dot{U}_{N'N}$表示，这种现象称为**中性点位移**。其相量图如图 5-15b 所示。

偏移电压 $\dot{U}_{N'N}$可用节点电压法求出，即

$$\dot{U}_{N'N} = \frac{\dfrac{\dot{U}_A}{Z_a} + \dfrac{\dot{U}_B}{Z_b} + \dfrac{\dot{U}_C}{Z_c}}{\dfrac{1}{Z_a} + \dfrac{1}{Z_b} + \dfrac{1}{Z_c}}$$

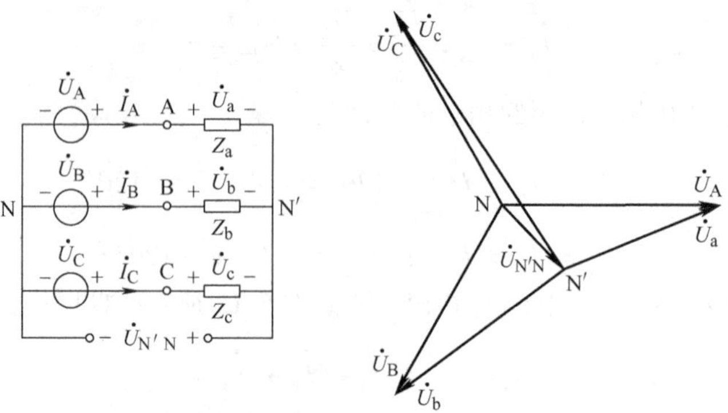

a) 中性线断开的电路
b) 中性线断开的电压相量图(中性点位移)

图 5-15 Y-Y联结三相不对称负载的三相三线制电路

各相的电流为

$$\dot{I}_A = \dot{I}_a = \frac{\dot{U}_A - \dot{U}_{N'N}}{Z_a} \qquad \dot{I}_B = \dot{I}_b = \frac{\dot{U}_B - \dot{U}_{N'N}}{Z_b} \qquad \dot{I}_C = \dot{I}_c = \frac{\dot{U}_C - \dot{U}_{N'N}}{Z_c}$$

各相负载两端的相电压为

$$\dot{U}_a = \dot{U}_A - \dot{U}_{N'N} \qquad \dot{U}_b = \dot{U}_B - \dot{U}_{N'N} \qquad \dot{U}_c = \dot{U}_C - \dot{U}_{N'N}$$

由上面的计算结果可知，星形联结的三相不对称负载，如果中性线断开，则负载中性点与电源中性点之间的电压不会等于零，即 $\dot{U}_{N'N} \neq 0$，因而引起负载的相电压不对称。这势必造成有的负载相电压高于电源的相电压，有的负载相电压低于电源的相电压。从图 5-15b 所示的相量图可以看出，负载中性点 N′与电源中性点 N 不重合，形成中性点位移。在电源对称的情况下，可以根据中性点位移的情况判断负载的不对称程度。当中性点位移较大时，会造成负载上的电压不对称。根据负载相电压不对称的程度，可能使有的负载工作电压升高，超过该负载的额定电压而损坏负载；也可能使有的负载工作电压降低，低于负载的额定电压，使该负载不能正常工作。可见，Y-Y联结的三相三线制电源不能给三相不对称负载供电。凡是有三相不对称负载（如含有单相负载）的供电系统一定要采用三相四线制。

在负载不对称的三相四线制供电系统中，中性线的作用是使三相不对称负载能获得一组三相对称电压，保证各相负载均能在额定电压下独立正常工作。为了保证负载的相电压对称，中性线不能断开。我国供电规程中规定，三相四线制供电电路中，中性线在正常工作时不能断开，三相四线供电的中性线上严禁装开关和熔断器等。

工程上，三相输电线的各条相线等效阻抗认为是相等的，都记为 Z_L。考虑输电线阻抗时，依然遵循三相电路及复杂交流电路的分析方法进行分析。

例 5-1 Y-Y联结的三相对称电路中，各相负载的电阻 $R=30\Omega$，感抗 $X_L=40\Omega$，接到三相对称电源上，已知线电压 $u_{AB}=380\sqrt{2}\sin(314t+30°)\text{V}$。试求负载的相电流 i_a、i_b、i_c 和中性线电流 i_N。

解： 因为三相负载对称，先计算 A 相电流，再根据对称性直接写出 B 相、C 相电流。由线电压 $u_{AB}=380\sqrt{2}\sin(314t+30°)\text{V}$，即 $\dot{U}_{AB}=380\angle 30°\text{V}$，可得 A 相电压为

$$\dot{U}_A=\frac{\dot{U}_{AB}}{\sqrt{3}}\angle -30°=\frac{380}{\sqrt{3}}\angle(30°-30°)\text{V}=220\angle 0°\text{V}=\dot{U}_a$$

各相负载阻抗为

$$Z_a=Z_b=Z_c=Z=R+jX_L=(30+j40)\Omega\approx 50\angle 53.1°\Omega$$

A 相负载相电流，即 A 相线电流为

$$\dot{I}_a=\frac{\dot{U}_a}{Z_a}=\frac{\dot{U}_A}{Z}=\frac{220\angle 0°}{50\angle 53.1°}\text{A}=4.4\angle -53.1°\text{A}=\dot{I}_A$$

再根据对称性直接写出 B 相、C 相的相电流分别为

$$\dot{I}_b=\dot{I}_B=\dot{I}_a\angle -120°=4.4\angle(-53.1°-120°)\text{A}=4.4\angle -173.1°\text{A}$$

$$\dot{I}_c=\dot{I}_C=\dot{I}_a\angle 120°=4.4\angle(-53.1°+120°)\text{A}=4.4\angle 66.9°\text{A}$$

将各个相电流的相量式转换成三角函数瞬时值表示式，分别为

$$i_a=i_A=4.4\sqrt{2}\sin(314t-53.1°)\text{A}$$

$$i_b=i_B=4.4\sqrt{2}\sin(314t-173.1°)\text{A}$$

$$i_c=i_C=4.4\sqrt{2}\sin(314t+66.9°)\text{A}$$

由于三相负载对称，中性线电流为

$$i_N=i_a+i_b+i_c=0$$

例 5-2　三相四线制供电电路的电源电压为 380V，额定电压为 220V 的白炽灯负载分别接在各相电源上。各相灯组的电阻分别为 $R_a=5\Omega$，$R_b=10\Omega$，$R_c=20\Omega$。要求：(1) 画出电路连接图；(2) 各个相电流、线电流和中性线电流。

解：(1) 电源的线电压为 380V，额定电压为 220V 的负载应作星形联结，均衡地接在三相电源上。因三相负载不对称，星形联结中性点必须接中性线。连接图如图 5-16 所示。

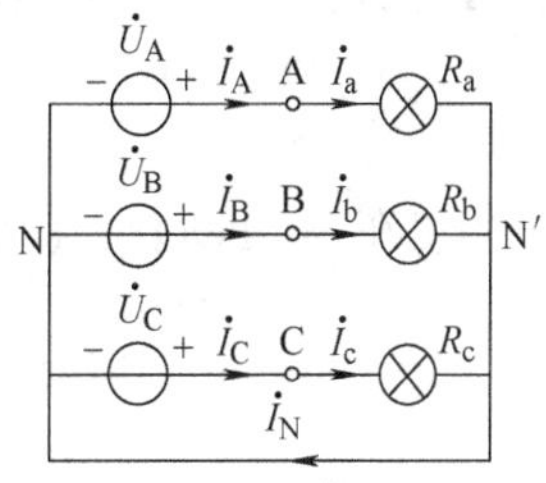

图 5-16　例 5-2 的电路

(2) 设 A 相电压为参考相量，即

$$\dot{U}_A=\frac{380}{\sqrt{3}}\angle 0°\text{V}=220\angle 0°\text{V}$$

星形联结中各相电流等于相应的各线电流，分别为

$$\dot{I}_a=\dot{I}_A=\frac{\dot{U}_a}{Z_a}=\frac{\dot{U}_A}{R_a}=\frac{220\angle 0°}{5}\text{A}=44\angle 0°\text{A}$$

$$\dot{I}_b=\dot{I}_B=\frac{\dot{U}_b}{Z_b}=\frac{\dot{U}_B}{R_b}=\frac{220\angle -120°}{10}\text{A}=22\angle -120°\text{A}$$

$$\dot{I}_c=\dot{I}_C=\frac{\dot{U}_c}{Z_c}=\frac{\dot{U}_C}{R_c}=\frac{220\angle 120°}{20}\text{A}=11\angle 120°\text{A}$$

中性线电流为

$$\dot{I}_N=\dot{I}_A+\dot{I}_B+\dot{I}_C=(44\angle 0°+22\angle -120°+11\angle 120°)\text{A}$$

$$=\left[44+22\left(-0.5-\mathrm{j}\frac{\sqrt{3}}{2}\right)+11\left(-0.5+\mathrm{j}\frac{\sqrt{3}}{2}\right)\right]\mathrm{A}=\left(27.5-\mathrm{j}11\frac{\sqrt{3}}{2}\right)\mathrm{A}\approx 29\angle -19°\mathrm{A}$$

例 5-3 某住宅的照明系统如图 5-17 所示。在线电压为 380V 的三相对称电源中接入 220V、100W 的白炽灯。B 相中接入 10 只白炽灯；C 相中接入 30 只白炽灯；若 A 相上的白炽灯由于出故障被烧坏而开路，中性线也在 M 处断开。试求此时各相负载的相电压和相电流，并判断这种情况下三相电路能否正常安全工作。

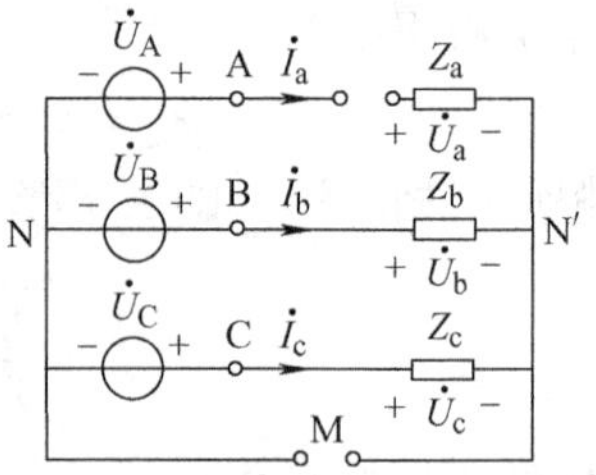

图 5-17 例 5-3 的电路

解：这是中性线断开的Y-Y联结三相不对称电路。设 A 相电压为参考相量，即

$$\dot{U}_{\mathrm{A}}=\frac{380}{\sqrt{3}}\angle 0°\mathrm{V}=220\angle 0°\mathrm{V}$$

则

$$\dot{U}_{\mathrm{BC}}=\dot{U}_{\mathrm{AB}}\angle -120°$$

$$=(\sqrt{3}\,\dot{U}_{\mathrm{A}}\angle 30°)\angle -120°=380\angle -90°\mathrm{V}$$

每只白炽灯的电阻为

$$R=\frac{U^2}{P}=\frac{220^2}{100}\Omega=484\Omega$$

B 相和 C 相的负载阻抗分别为

$$Z_{\mathrm{b}}=\frac{R}{10}=\frac{484}{10}\Omega=48.4\Omega \qquad Z_{\mathrm{c}}=\frac{R}{30}=\frac{484}{30}\Omega\approx 16.1\Omega$$

由于 A 相开路，可得 A 相负载的相电流和相电压分别为

$$\dot{I}_{\mathrm{a}}=0 \qquad \dot{U}_{\mathrm{a}}=0$$

中性线也在 M 处断开，B 相和 C 相组成一个单回路，线电压 $\dot{U}_{\mathrm{BC}}$ 加在负载 Z_{b} 和 Z_{c} 上，则

$$\dot{I}_{\mathrm{b}}=-\dot{I}_{\mathrm{c}}=\frac{\dot{U}_{\mathrm{BC}}}{Z_{\mathrm{b}}+Z_{\mathrm{c}}}=\frac{380\angle -90°}{48.4+16.1}\mathrm{A}\approx 5.9\angle -90°\mathrm{A}$$

B 相、C 相负载上的电压分别为

$$\dot{U}_{\mathrm{b}}=Z_{\mathrm{b}}\dot{I}_{\mathrm{b}}=(48.4\times 5.9\angle -90°)\mathrm{V}=285.6\angle -90°\mathrm{V}$$

$$\dot{U}_{\mathrm{c}}=Z_{\mathrm{c}}\dot{I}_{\mathrm{c}}=(-16.1\times 5.9\angle -90°)\mathrm{V}=-95.0\angle -90°\mathrm{V}$$

由计算结果可知，中性线断开后，各相负载的相电压不对称了，由于 B 相负载阻抗是 C 相负载阻抗的 3 倍，其相电压也是 C 相的 3 倍，超过 B 相负载的额定电压，因此，很可能将 B 相上的白炽灯烧毁。

在电气工程或自动控制三相电动机调速系统中，往往要知道三相电源的相序，其相序可以用一个三相不对称负载星形联结的三相三线制电路来测定，如图 5-18 所示。星形联结的其中

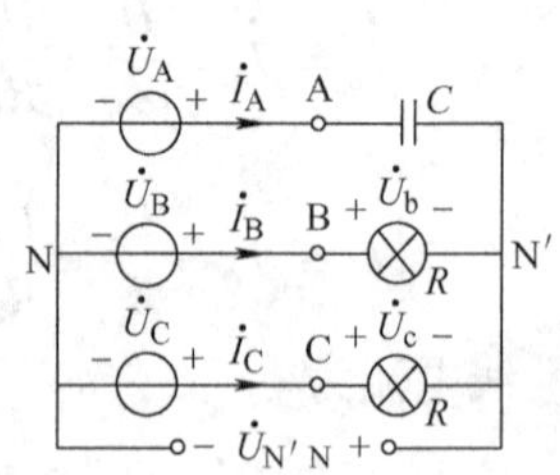

图 5-18 相序指示器电路

一相负载为纯电容 C（或电感 L），另两相分别为具有相同额定功率的白炽灯泡，它们的电阻值 R 相同。此电路能测量三相交流电源的相序，叫作**相序指示器**。

例 5-4　在如图 5-18 所示的相序指示器电路中，如果$\frac{1}{\omega C}=R$，试用计算说明在三相电源对称情况下，如何根据两个灯泡的亮度来确定三相交流电源的相序。

解：设电容所在的那一相为 A 相，且 A 相电压为参考相量 $\dot{U}_A=U\angle 0°\text{V}$，由于三相负载不对称，星形联结的三相三线制电路的电源中性点 N 和负载中性点 N′之间的偏移电压 $\dot{U}_{N'N}$为

$$\dot{U}_{N'N}=\frac{\dot{U}_A \mathrm{j}\omega C+\dot{U}_B\frac{1}{R}+\dot{U}_C\frac{1}{R}}{\mathrm{j}\omega C+\frac{2}{R}}=(-0.2+\mathrm{j}0.6)U=0.63U\angle 108.4°$$

B 相灯泡的电压为

$$\dot{U}_b=\dot{U}_B-\dot{U}_{N'N}=U\angle -120°-(-0.2+\mathrm{j}0.6)U=1.5U\angle -101.5°$$

C 相灯泡的电压为

$$\dot{U}_c=\dot{U}_C-\dot{U}_{N'N}=U\angle 120°-(-0.2+\mathrm{j}0.6)U=0.4U\angle 138.4°$$

所以

$$U_b=1.5U>U_c=0.4U$$

根据计算结果可以判断：若以电容所在的那一相为 A 相，则灯泡亮的那一相为比 A 相滞后的 B 相，而灯泡暗的那一相就是比 A 相超前的 C 相。

5.3.2　三相电路的Y-△联结方式

三相电路中的三相电源采用星形（Y）联结，三相负载采用三角形（△）联结，就是将三相负载阻抗 Z_{ab}、Z_{bc}及 Z_{ca}依次首尾相接，然后从三个连接点引出三条线分别与电源的三条相线相接，不论负载对称或不对称都组成了Y-△联结的三相三线制电路。当不考虑三相输电线的等效阻抗 Z_L 时，Y-△联结的三相三线制电路如图 5-19 所示。由图可知，三相负载两端的相电压 $\dot{U}_{ab}$、$\dot{U}_{bc}$、$\dot{U}_{ca}$就是三相电压源输出的线电压，即

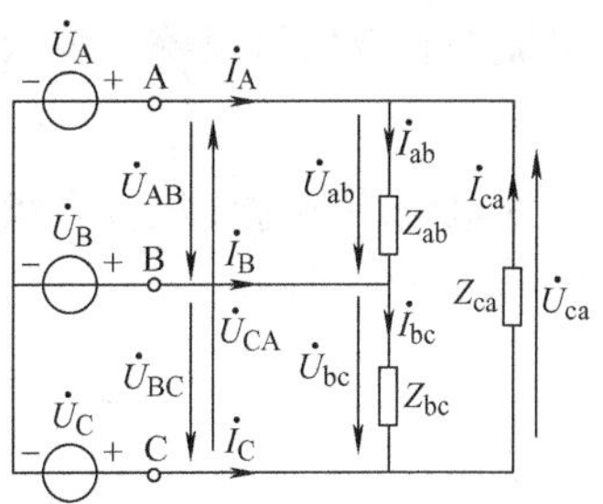

图 5-19　Y-△联结的三相电路

$$\dot{U}_{ab}=\dot{U}_{AB}\qquad \dot{U}_{bc}=\dot{U}_{BC}\qquad \dot{U}_{ca}=\dot{U}_{CA}$$

根据 VCR（伏安特性）可得各相负载的相电流分别为

$$\dot{I}_{ab}=\frac{\dot{U}_{ab}}{Z_{ab}}=\frac{\dot{U}_{AB}}{Z_{ab}}\qquad \dot{I}_{bc}=\frac{\dot{U}_{bc}}{Z_{bc}}=\frac{\dot{U}_{BC}}{Z_{bc}}\qquad \dot{I}_{ca}=\frac{\dot{U}_{ca}}{Z_{ca}}=\frac{\dot{U}_{CA}}{Z_{ca}}\tag{5-11}$$

根据 KCL 可得各相线（即端线）中的线电流与负载相电流的关系分别为

$$\dot{I}_A=\dot{I}_{ab}-\dot{I}_{ca}\qquad \dot{I}_B=\dot{I}_{bc}-\dot{I}_{ab}\qquad \dot{I}_C=\dot{I}_{ca}-\dot{I}_{bc}\tag{5-12}$$

1. 三相对称负载

三相负载对称，即 $Z_{ab}=Z_{bc}=Z_{ca}=Z=|Z|\angle\varphi$ 时，三相负载的相电流为一组对称的正弦量，只要计算出其中任意的一相负载的相电流，其他两相负载的相电流便可按照对称性直接写出。

如图 5-19 所示，设电源线电压 $\dot{U}_{AB}$ 为参考相量，即 $\dot{U}_{AB}=U_{AB}\angle 0°$，三相负载阻抗为 $Z_{ab}=Z_{bc}=Z_{ca}=Z=|Z|\angle\varphi$，则 ab 相负载的相电流为

$$\dot{I}_{ab}=\frac{\dot{U}_{ab}}{Z_{ab}}=\frac{\dot{U}_{AB}}{Z}=\frac{U_{AB}\angle 0°}{|Z|\angle\varphi}=I_{ab}\angle -\varphi=I_p\angle -\varphi$$

再根据三相电路的对称性直接写出 bc 相、ca 相的相电流分别为

$$\dot{I}_{bc}=\dot{I}_{ab}\angle -120°=I_p\angle(-\varphi-120°)$$

$$\dot{I}_{ca}=\dot{I}_{ab}\angle 120°=I_p\angle(-\varphi+120°)$$

式中，I_p 为负载相电流的有效值，当负载对称时有

$$I_{ab}=I_{bc}=I_{ca}=I_p$$

根据 KCL，各个线电流分别为

$$\begin{cases}\dot{I}_A=\dot{I}_{ab}-\dot{I}_{ca}=\dot{I}_{ab}-\dot{I}_{ab}\angle 120°=\dot{I}_{ab}(1-\angle 120°)=\sqrt{3}\,\dot{I}_{ab}\angle -30° \\ \dot{I}_B=\dot{I}_{bc}-\dot{I}_{ab}=\dot{I}_{bc}-\dot{I}_{bc}\angle 120°=\dot{I}_{bc}(1-\angle 120°)=\sqrt{3}\,\dot{I}_{bc}\angle -30° \\ \dot{I}_C=\dot{I}_{ca}-\dot{I}_{bc}=\dot{I}_{ca}-\dot{I}_{ca}\angle 120°=\dot{I}_{ca}(1-\angle 120°)=\sqrt{3}\,\dot{I}_{ca}\angle -30°\end{cases} \tag{5-13}$$

显然，Y-△联结对称三相电路端线中的线电流也是一组有效值相等、频率相同、相位相差 120°对称的正弦量。各个线电流的有效值相等，且等于负载相电流有效值 I_p 的 $\sqrt{3}$ 倍，线电流的有效值可以统一表示为 I_l，即

$$I_A=I_B=I_C=I_l=\sqrt{3}I_p \tag{5-14}$$

线电流的相位要比各自相应的相电流滞后 30°。因此，正相序的三个线电流的相位也依次相差 120°，即

$$\dot{I}_B=\dot{I}_A\angle -120°=\dot{I}_C\angle 120°$$

$$\dot{I}_C=\dot{I}_B\angle -120°=\dot{I}_A\angle 120°$$

Y-△联结的三相对称感性负载电路的线电压、线电流及相电流的相量图如图 5-20 所示。

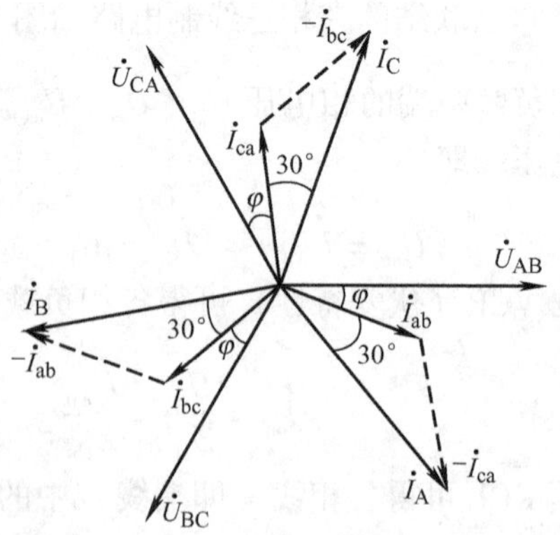

图 5-20 Y-△联结三相对称感性负载电路的线电压、线电流、相电流相量图

2. 三相不对称负载

当三相负载不对称，即 $Z_{ab}\neq Z_{bc}\neq Z_{ca}$ 时，各相负载的电流不再是一组对称的正弦量，式(5-14)的关系不再成立，只能由负载的 VCR（伏安特性），即利用式(5-11）分别计算各相负载的相电流 $\dot{I}_{ab}$、$\dot{I}_{bc}$ 及 $\dot{I}_{ca}$，再根据 KCL，即式(5-12）分别

求取各个端线中的线电流 $\dot{I}_A$、$\dot{I}_B$ 及 $\dot{I}_C$。

例 5-5 Y-△联结的三相对称电路如图 5-21a 所示，不考虑输电线阻抗，电源电压 $\dot{U}_{AB}=380\angle30°V$，各相负载的阻抗均为 $Z=(30+j40)\Omega$。试求：(1) 负载的相电压、相电流和端线中的线电流；(2) 若 ca 相负载断开，其他参数不变，求此时的各个线电流。

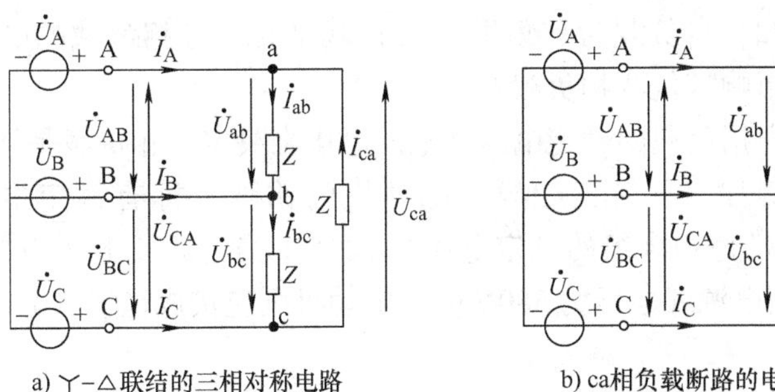

a) Y-△联结的三相对称电路
b) ca相负载断路的电路

图 5-21 例 5-5 的电路

解： 由于三相电路是Y-△联结，且不考虑输电线阻抗，由图 5-21a 可知，三相负载两端的相电压 $\dot{U}_{ab}$、$\dot{U}_{bc}$、$\dot{U}_{ca}$ 就是三相电压源输出的线电压，即

$$\dot{U}_{ab}=\dot{U}_{AB}=380\angle30°V \qquad \dot{U}_{bc}=\dot{U}_{BC}=380\angle-90°V \qquad \dot{U}_{ca}=\dot{U}_{CA}=380\angle150°V$$

(1) 三相负载对称时，ab 相负载的相电流为

$$\dot{I}_{ab}=\frac{\dot{U}_{ab}}{Z_{ab}}=\frac{\dot{U}_{AB}}{Z}=\frac{380\angle30°}{30+j40}A=\frac{380\angle30°}{50\angle53.1°}A=7.6\angle-23.1°A$$

由于负载对称，再根据三相电路的对称性直接写出 bc 相、ca 相的相电流分别为

$$\dot{I}_{bc}=\dot{I}_{ab}\angle-120°=7.6\angle(-23.1°-120°)A=7.6\angle-143.1°A$$

$$\dot{I}_{ca}=\dot{I}_{ab}\angle120°=7.6\angle(-23.1°+120°)A=7.6\angle96.9°A$$

根据式(5-13) 求得各个端线中的线电流分别为

$$\dot{I}_A=\sqrt{3}\,\dot{I}_{ab}\angle-30°=\sqrt{3}\times7.6\angle(-23.1°-30°)A=13.16\angle-53.1°A$$

$$\dot{I}_B=\sqrt{3}\,\dot{I}_{bc}\angle-30°=\sqrt{3}\times7.6\angle(-143.1°-30°)A=13.16\angle-173.1°A$$

$$\dot{I}_C=\sqrt{3}\,\dot{I}_{ca}\angle-30°=\sqrt{3}\times7.6\angle(96.9°-30°)A=13.16\angle66.9°A$$

(2) 当 ca 相负载断开时三相负载不对称，如图 5-21b 所示，各个负载的相电流分别为

$$\dot{I}_{ca}=0$$

$$\dot{I}_{ab}=\frac{\dot{U}_{ab}}{Z_{ab}}=\frac{\dot{U}_{AB}}{Z}=\frac{380\angle30°}{30+j40}A=\frac{380\angle30°}{50\angle53.1°}A=7.6\angle-23.1°A$$

$$\dot{I}_{bc}=\frac{\dot{U}_{bc}}{Z_{bc}}=\frac{\dot{U}_{BC}}{Z}=\frac{380\angle-90°}{30+j40}A=\frac{380\angle-90°}{50\angle53.1°}A=7.6\angle-143.1°A$$

根据 KCL，各个端线的线电流分别为

$$\dot{I}_A = \dot{I}_{ab} = 7.6\angle -23.1°\text{A}$$

$$\dot{I}_B = \dot{I}_{bc} - \dot{I}_{ab} = (7.6\angle -143.1° - 7.6\angle -23.1°)\text{A}$$
$$= (-13.068 - \text{j}1.5785)\text{A} = (13.16\angle 42.55°)\text{A}$$

$$\dot{I}_C = -\dot{I}_{bc} = -7.6\angle -143.1°\text{A} = 7.6\angle 36.9°\text{A}$$

由上述分析计算可知，当负载为三角形（△）联结时，各相负载的电压对称，若其中的某相负载断开，并不影响其他两相负载的工作。

在实际应用中，要根据负载的额定电压和电源电压来决定三相负载是接成星形（Y）还是接成三角形（△）。例如，一台三相异步电动机的铭牌上标有额定电压为380/220V，Y-△联结，这表示电动机每相绕组的额定电压为220V。当电源线电压为220V时，电动机应接成三角形（△）；当电源线电压为380V时，电动机则应接成星形（Y）。

【课堂限时习题】

5.3.1 在三相对称电路的Y-Y联结中，线电流的有效值等于负载相电流有效值的（ ）倍。

A）3　B）$\sqrt{3}$　C）$\sqrt{2}$　D）1

5.3.2 为保证使用安全，三相四线制供电系统中，除了端线应分别安装熔断器外，中性线上（ ）。

A）不能安装熔断器　B）应安装熔断器

5.3.3 在三相对称电路的Y-△联结中，线电流的有效值等于负载相电流有效值的（ ）倍。

A）3　B）$\sqrt{3}$　C）$\sqrt{2}$　D）1

5.3.4 在三相对称电路的Y-△联结中，线电流的相位要比相应的相电流（ ）。

A）超前90°　B）滞后90°　C）超前30°　D）滞后30°

5.4 三相电路功率的计算和测量

与单相交流电路类似，三相交流电路的功率也分为瞬时功率、有功功率、无功功率及视在功率等，这里重点讨论三相电路瞬时功率的特点及有功功率的计算和测量。

5.4.1 三相电路功率的计算

1. 三相对称电路的瞬时功率

在三相对称电路中，设对称的三相负载的相电压、相电流分别为

$$u_a = \sqrt{2}U_p\sin\omega t \qquad i_a = \sqrt{2}I_p\sin(\omega t - \varphi)$$

$$u_b = \sqrt{2}U_p\sin(\omega t - 120°) \qquad i_b = \sqrt{2}I_p\sin(\omega t - \varphi - 120°)$$

$$u_c = \sqrt{2}U_p\sin(\omega t + 120°) \qquad i_c = \sqrt{2}I_p\sin(\omega t - \varphi + 120°)$$

式中，U_p、I_p 分别为负载相电压、相电流的有效值；φ 为负载的阻抗角。

根据能量守恒定律，经三角函数的运算，可得三相负载总的瞬时功率为

$$p = p_a + p_b + p_c = u_a i_a + u_b i_b + u_c i_c = 3U_p I_p \cos\varphi \tag{5-15}$$

式(5-15) 表明，任何时刻三相对称负载瞬时功率总和是个与时间无关的常数，是个定值，这种性质称为**瞬时功率平衡**。瞬时功率平衡是三相供电制的一个显著优点。对发电机而言，由于任何瞬时转换成的电功率都不变，因此发电机所需的机械转矩也是恒定的，在转动过程中不会发生振动。对于三相电动机负载而言，会使其瞬时转矩恒定，运行平稳，这是三相对称电路的优点之一。

2. 三相电路的有功功率

不论负载为何种连接形式，也不论三相负载是否对称，根据能量守恒定律，三相电路中三相负载消耗的总有功功率应为各相负载有功功率之和，即

$$P = P_a + P_b + P_c = U_a I_a \cos\varphi_a + U_b I_b \cos\varphi_b + U_c I_c \cos\varphi_c \tag{5-16}$$

式(5-16) 中的电压、电流为各相负载相电压、相电流的有效值，φ_a、φ_b、φ_c 为各相负载的阻抗角，即相应的相电压与相电流之间的相位差角，也就是功率因数角。

当三相负载对称时，各相负载的相电压、相电流的有效值相等，它们之间的相位差角也相等，即

$$U_a = U_b = U_c = U_p \qquad I_a = I_b = I_c = I_p \qquad \varphi_a = \varphi_b = \varphi_c = \varphi$$

代入式(5-16) 可得三相对称负载的有功功率为

$$P = 3U_p I_p \cos\varphi \tag{5-17}$$

即三相对称负载总的有功功率是单相负载有功功率的三倍。

当三相对称负载为星形（Y）联结时，把 $U_p = \dfrac{U_l}{\sqrt{3}}$、$I_p = I_l$ 代入式(5-17) 可得

$$P_Y = 3U_p I_p \cos\varphi = 3 \times \frac{U_l}{\sqrt{3}} \times I_l \cos\varphi = \sqrt{3} U_l I_l \cos\varphi \tag{5-18}$$

当三相对称负载为三角形（△）联结时，把 $U_p = U_l$、$I_p = \dfrac{I_l}{\sqrt{3}}$代入式(5-17) 可得

$$P_\triangle = 3U_p I_p \cos\varphi = 3U_l \times \frac{I_l}{\sqrt{3}} \cos\varphi = \sqrt{3} U_l I_l \cos\varphi \tag{5-19}$$

比较式(5-18) 和式(5-19) 可知，三相对称负载无论作星形（Y）联结，还是作三角形（△）联结，无论是用相电压和相电流，还是用线电压和线电流来计算三相有功功率的表示式是一样的。那么，同一个三相对称负载分别以星形（Y）联结和三角形（△）联结两种不同的方式接入相同的三相对称交流电源中，从电路吸收的总有功功率相等吗？即 $P_Y = P_\triangle$ 是否成立？由于相同的三相对称交流电源输出的线电压相同，但是同一个三相对称负载以不同的连接方式接入电路时，电路中的线电流并不相等，当负载作三角形（△）联结时的线电流是星形（Y）联结时线电流的 3 倍，因此，三相对称负载的功率也不相等，作△联结时的功率是作Y联结时功率的 3 倍。

设三相对称负载中，各相负载的复阻抗 $Z = |Z| \cos\varphi$。当此三相对称负载为星形（Y）联结时，由于 $U_p = U_l/\sqrt{3}$、$I_p = I_l$，由式(5-18) 可得

$$P_Y = \sqrt{3} U_l I_l \cos\varphi = \sqrt{3} U_l I_p \cos\varphi$$

$$=\sqrt{3}U_l\frac{U_p}{|Z|}\cos\varphi=\sqrt{3}U_l\frac{U_l}{\sqrt{3}|Z|}\cos\varphi=\frac{U_l^2}{|Z|}\cos\varphi \tag{5-20}$$

当此三相对称负载为三角形（△）联结时，由于 $U_p=U_l$、$I_p=\dfrac{I_l}{\sqrt{3}}$，由式(5-19) 得

$$P_{\triangle}=\sqrt{3}U_lI_l\cos\varphi=\sqrt{3}U_l\sqrt{3}I_p\cos\varphi$$
$$=3U_l\frac{U_p}{|Z|}\cos\varphi=3U_l\frac{U_l}{|Z|}\cos\varphi=3\frac{U_l^2}{|Z|}\cos\varphi \tag{5-21}$$

比较式(5-20) 和式(5-21) 可知，一个三相对称负载以三角形（△）方式接入电路吸收的有功功率是以星形（Y）方式接入电路吸收的有功功率的三倍，即

$$P_{\triangle}=3P_{Y} \tag{5-22}$$

注意，如果负载的额定电压为电源的线电压，当以星形（Y）方式接入电路时，该负载的工作电压为电源的相电压，处于欠电压的工作状态。

在三相电路中，因为各种电气设备铭牌上标示的额定电压、额定电流均是指线电压和线电流，同时测量线电压和线电流较为方便，因此常用线电压、线电流及负载的阻抗角，也就是功率因数角来计算三相对称负载的有功功率。

3. 三相电路的无功功率和视在功率

与上述有功功率的分析方法类似，三相负载的总无功功率也等于各相负载无功功率之和，即

$$Q=Q_a+Q_b+Q_c=U_aI_a\sin\varphi_a+U_bI_b\sin\varphi_b+U_cI_c\sin\varphi_c \tag{5-23}$$

若三相负载对称，无论是星形（Y）联结，还是三角形（△）联结，都有

$$Q=3U_pI_p\sin\varphi=\sqrt{3}U_lI_l\sin\varphi \tag{5-24}$$

三相总视在功率为

$$S=S_a+S_b+S_c=U_aI_a+U_bI_b+U_cI_c=\sqrt{P^2+Q^2} \tag{5-25}$$

若三相负载对称，无论是星形（Y）联结，还是三角形（△）联结，也有

$$S=3U_pI_p=\sqrt{3}U_lI_l \tag{5-26}$$

例 5-6 有一组三相对称负载，负载的 $R=4\Omega$，$X=3\Omega$，额定电压为 $U_N=380$V，若分别以星形（Y）联结和三角形（△）联结两种方式接入线电压为 380V 的三相交流电源上。不考虑输电线阻抗，试求该三相负载的有功功率、无功功率和视在功率。

解：（1）当三相对称负载作星形（Y）联结时

因为电源的线电压 $U_l=380$V，则相电压 $U_P=U_l/\sqrt{3}=380\text{V}/\sqrt{3}=220$V。负载作星形（Y）联结时，负载上的相电压也为 220V。负载的功率因数及功率因数角分别为

$$\cos\varphi=\frac{R}{\sqrt{R^2+X^2}}=\frac{4}{\sqrt{4^2+3^2}}=0.8 \qquad \varphi\approx36.9°$$

负载的相电流，即端线上的线电流为

$$I_p=I_l=\frac{U_p}{\sqrt{R^2+X^2}}=\frac{220}{\sqrt{4^2+3^2}}\text{A}=44\text{A}$$

三相负载的有功功率、无功功率和视在功率分别为

$$P=\sqrt{3}U_lI_l\cos\varphi=(\sqrt{3}\times380\times44\times\cos36.9°)\text{W}\approx23.1\text{kW}$$

$$Q=\sqrt{3}U_lI_l\sin\varphi=(\sqrt{3}\times380\times44\times\sin36.9°)\text{var}\approx17.4\text{kvar}$$

$$S=\sqrt{3}U_lI_l=(\sqrt{3}\times380\times44)\text{V}\cdot\text{A}\approx28.9\text{kV}\cdot\text{A}$$

（2）当三相对称负载作三角形（△）联结时

因为电源的线电压为 $U_l=380\text{V}$，负载作三角形（△）联结时，负载额定电压为 $U_\text{N}=380\text{V}$，与电源线电压相等。负载的相电流为

$$I_l=\sqrt{3}I_\text{p}=\sqrt{3}\times\frac{U_\text{p}}{\sqrt{R^2+X^2}}=\sqrt{3}\times\frac{380}{\sqrt{4^2+3^2}}\text{A}\approx131.4\text{A}$$

三相负载的有功功率、无功功率和视在功率分别为

$$P=\sqrt{3}U_lI_l\cos\varphi=(\sqrt{3}\times380\times131.4\times\cos36.9°)\text{W}\approx69.1\text{kW}$$

$$Q=\sqrt{3}U_lI_l\sin\varphi=(\sqrt{3}\times380\times131.4\times\sin36.9°)\text{var}\approx51.9\text{kvar}$$

$$S=\sqrt{3}U_lI_l=(\sqrt{3}\times380\times131.4)\text{V}\cdot\text{A}=86.4\text{kV}\cdot\text{A}$$

由以上计算可知，当电源线电压相同时，同一组三相对称负载作星形（Y）联结时，负载工作在欠电压状态，并且负载得到的功率是三角形（△）联结时的1/3。

5.4.2　三相电路功率的测量

电路的功率是与电压和电流乘积有关的物理量，因此测量功率的电动式仪表必须有两组测量线圈：一组是用来测量负载电压的可动线圈，匝数较多，导线较细，并串有高阻值的倍压器，测量时与负载并联，称为并联线圈或电压线圈；另一组是测量电流的固定线圈，匝数较少，导线较粗，测量时与负载串联，称为串联线圈或电流线圈。功率表的基本结构如图5-22a所示，其文字符号为W，图形符号如图5-22b所示。如果将电动式功率表的两个线圈中的一个反接，指针就反向偏转，这样就不能正确读出功率表的数值。为了保证功率表正确连接，在两个线圈的起始端标有“•”或其他相同的符号，这两端都应连在电源的同一端，如图5-22c所示。

测量单相交流电路的功率时，只要使用一个量程合适的功率表，将功率表的电流线圈串联接入到待测负载与相电压之间，电压线圈并联接入到该相电压上，按图5-22c所示电路连接即可。

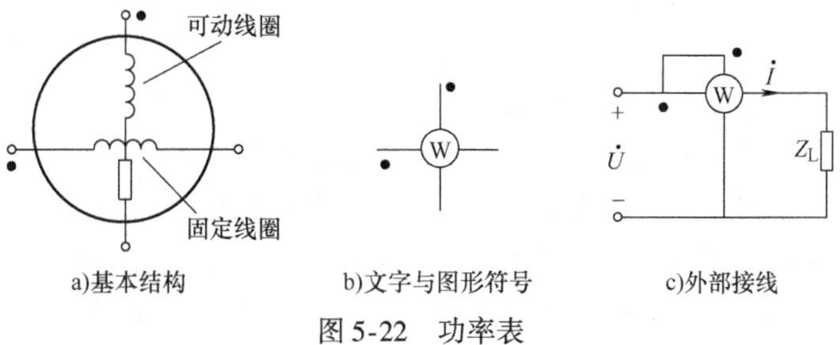

图5-22　功率表

在三相四线制电路中，用三表法（或一表法），接线如图5-23所示。用3个功率表分别

测量各相的功率（或用一个功率表分别测 3 次），再将三表所测的功率相加，就是三相电路的总功率。当三相负载对称时，只要测量出其中一相电路的功率，然后乘以 3 就得到三相对称电路的总功率。

对于三相三线制电路，不管负载对称还是不对称，也不管负载是星形联结还是三角形联结，都可以用两个功率表测量三相电路的功率，接线如图 5-24 所示，两个功率表读数之和为三相总功率。这种测量方法称为二瓦计法，也称两表法。

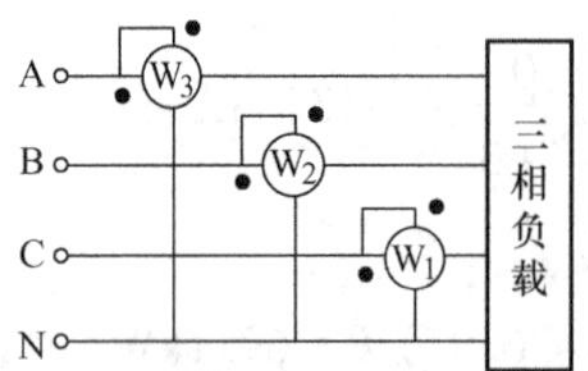

图 5-23 三表法测量三相四线制电路的功率

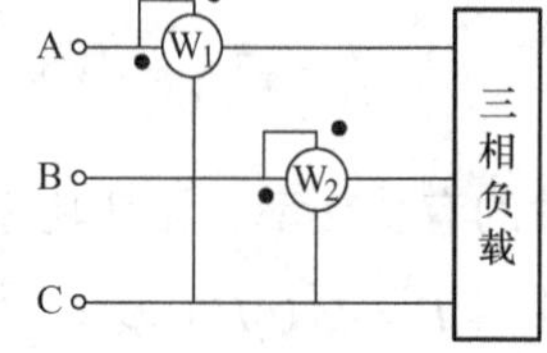

图 5-24 两表法则量三相三线制电路的功率

设三相电路的瞬时功率为 p，有

$$p = u_A i_A + u_B i_B + u_C i_C$$

由于没有中性线，$i_A + i_B + i_C = 0$，即 $i_C = -i_A - i_B$ 代入上式，可得

$$\begin{aligned} p &= u_A i_A + u_B i_B + u_C i_C = u_A i_A + u_B i_B + u_C(-i_A - i_B) \\ &= (u_A - u_C) i_A + (u_B - u_C) i_B = u_{AC} i_A + u_{BC} i_B \end{aligned}$$

则三相电路的平均功率为

$$\begin{aligned} P &= \frac{1}{T}\int_0^T p\mathrm{d}t = \frac{1}{T}\int_0^T u_{AC} i_A \mathrm{d}t + \frac{1}{T}\int_0^T u_{BC} i_B \mathrm{d}t \\ &= U_{AC} I_A \cos\varphi_1 + U_{BC} I_B \cos\varphi_2 = P_1 + P_2 \end{aligned} \quad (5\text{-}27)$$

式(5-27) 表明，三相电路的功率可用两个功率表来测量。P_1 为功率表 W_1 的读数；P_2 为功率表 W_2 的读数；每个功率表的电流线圈中通过的是线电流，电压线圈上所加的是线电压。φ_1 为线电压 u_{AC} 与线电流 i_A 的相位差；φ_2 为线电压 u_{BC} 与线电流 i_B 的相位差。接线时要注意两个功率表电压线圈的一端要接在一个公共相上。

两表法测量三相三线制电路的功率可以采用多种不同的接线方式，例如可以采用如图 5-25 所示的接线方式。同理可证得该接线方式下三相电路的功率表示式为

$$P = U_{AB} I_A \cos\varphi_1 + U_{CB} I_C \cos\varphi_2 = P_1 + P_2 \quad (5\text{-}28)$$

式中，φ_1 为线电压 u_{AB} 与线电流 i_A 的相位差；φ_2 为线电压 u_{CB} 与线电流 i_C 的相位差。

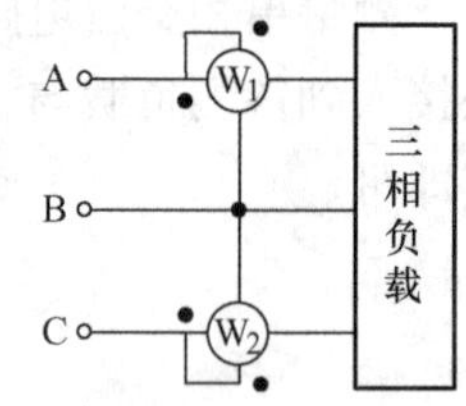

图 5-25 两表法则量三相三线制电路功率的不同接法

两表法测量三相三线制电路的功率采用不同的接线方式测得的两功率表读数不同。在计算功率表的数值时，取决于该功率表并接在哪两条端线之间，串接在哪条端线上，以此确定功率计算式中的线电压、线电流，及其两者的相位差。但在测量误差范围内，不同的接线方式对应的两个功率表读数和相等。

值得注意的是，在一定条件下，两个功率表之一的读数可能为负，求代数和时，该读数应取负值，单独一个功率表的读数是没有任何意义的。

例 5-7 如图 5-24 所示电路为三相对称电路，已知三相对称负载星形联结且吸收的功率

为2.5kW，功率因数 $\lambda=\cos\varphi=0.866$（感性），线电压为380V。试求图中两个功率表的读数。

解：已知电源线电压为 $U_l=380\text{V}$，可设线电压 $\dot{U}_{AB}=380\angle30°\text{V}$，则有

$$\dot{U}_{BC}=\dot{U}_{AB}\angle-120°=380\angle-90°\text{V}$$

$$\dot{U}_{CA}=\dot{U}_{AB}\angle120°=380\angle150°\text{V}$$

$$\dot{U}_{AC}=-\dot{U}_{CA}=\dot{U}_{CA}\angle-180°=380\angle-30°\text{V}$$

设三相对称感性负载的阻抗角为 φ，星形联结的负载对应的线电流、相电流相等，即

$$\dot{I}_A=I_A\angle-\varphi$$

由三相对称电路的功率计算式(5-18) 可得线电流的有效值为

$$I_l=\frac{P}{\sqrt{3}U_l\cos\varphi}=\frac{2500}{\sqrt{3}\times380\times0.866}\text{A}=4.368\text{A}$$

由感性负载的功率因数 $\lambda=\cos\varphi=0.866$，可得负载的阻抗角为

$$\varphi=\arccos\lambda=\arccos0.866=30°$$

则图5-24中串接入功率表所在端线中的线电流分别为

$$\dot{I}_A=I_A\angle-\varphi=I_l\angle-\varphi=4.386\angle-30°\text{A}$$

$$\dot{I}_B=\dot{I}_A\angle-120°=4.386\angle-150°\text{A}$$

由式(5-27) 可得两个功率表的读数分别为

$$\begin{aligned}P_1&=U_{AC}I_A\cos\varphi_1=380\times4.386\cos[(-30°)-(-30°)]\\&=380\times4.386\cos0°\text{W}=1666.68\text{W}\end{aligned}$$

$$\begin{aligned}P_2&=U_{BC}I_B\cos\varphi_2=380\times4.386\cos[(-90°)-(-150°)]\\&=380\times4.386\cos60°\text{W}=833.34\text{W}\end{aligned}$$

其实，只要求得两个功率表之一的读数，另一个功率表的读数就等于三相电路总功率减去求得的功率表读数。例如，求出 $P_1=1666.68\text{W}$ 后，由 $P=P_1+P_2$ 可得另一个功率表的读数为

$$P_2=P-P_1=(2500-1666.68)\text{W}=833.32\text{W}$$

【课堂限时习题】

5.4.1　三相对称电路负载的瞬时功率总和是个与时间无关的定值。(　　)

A）对　　　　B）错

5.4.2　下列有关三相对称电路的功率计算式中，错误的是（　　）。

A）$P=3U_pI_p\cos\varphi$　　B）$P=\sqrt{3}U_lI_l\cos\varphi$　　C）$P=\sqrt{3}U_pI_p\cos\varphi$

5.4.3　三相对称电路中，三相负载由星形（Y）联结改接成三角形（△）联结时，负载得到的功率将（　　）。

A）减少3倍　　B）增加3倍　　C）减少$\sqrt{3}$倍　　D）增加$\sqrt{3}$倍

5.5 安全用电

电能作为应用最广泛的能源之一，不仅在生产建设和日常生活中发挥着巨大的作用，同时也会因为使用不当而造成物质损失甚至人身伤害。因此，掌握安全用电知识对保护人身和电气设备的安全十分重要。

5.5.1 安全用电常识

触电是指当人体意外接触带电体或电弧波及人体时，人体与大地或其他导体构成电流通路的现象，其实质是电流对人体的危害。触电的危害程度与电流的大小和频率、电流流过人体的时间和途径等因素有关。工频电流的危害性大于直流电。一般来说，通过人体的电流一般不能超过7~10mA，有的人对5mA的电流就有感觉。当通过人体的电流为10~15mA时，人会产生强烈的颤抖、呼吸困难、心律不齐等症状；当通过人体的电流超过30mA时，会有生命危险。

人体电流取决于触电电压的大小和人体的体电阻。人体的电阻变化比较大，皮肤干燥时，人体电阻大约为$10^4\Omega$以上，但在皮肤出汗等潮湿条件下，电阻有可能为几百欧。我国根据具体环境条件的不同规定了三个安全电压，即12V、24V、36V。36V以下的电压，一般不会在人体中产生超过30mA的电流，故常把36V以下的电压称为安全电压。而在潮湿环境或在金属构件上作业时，应使用12V或24V的安全电压。触电的后果还与触电持续时间及触电部位有关，触电时间越长越危险。

5.5.2 触电方式

在三相电力系统中，按照人体触及带电体的方式和电流流过人体的路径，一般分为单相触电和两相触电。

电源中性点接地的单相触电就是人体只触及三相电源的一根带电相线的触电事故，如图5-26所示。此时人体承受电源的相电压。电源通过人体电阻、中性点接地电阻构成回路，形成较大的体电流i_b，造成人身伤害。如果人体与地面的绝缘良好，危险程度就会大大降低。电源中性点不接地的单相触电如图5-27所示。因为导线与大地之间存在分布电容，当空气潮湿、导线绝缘不良时，线路对地的等效绝缘阻抗会减小。如果这时人体触及三相电源的某一根端线，就会形成较大的电流，造成触电事故。或者当有电线落地时，有电流流入大地，在落地点周围产生电压降，当人体接近落地点时，两脚之间会承受跨步电压而触电。

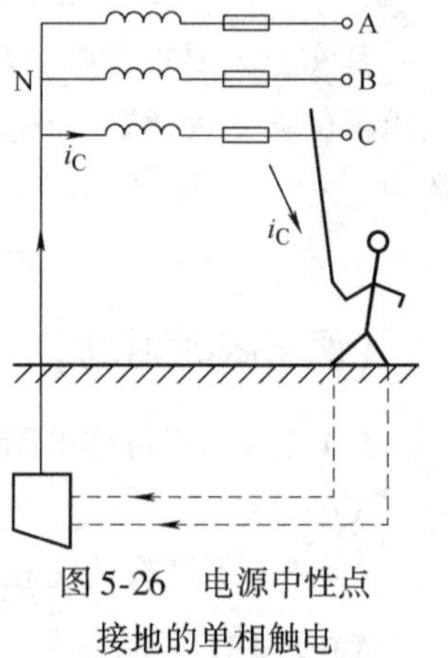

图5-26 电源中性点接地的单相触电

所谓两相触电是指人体同时触及三相电源中的两根端线的情形，这时人体直接承受线电压的作用，危险性更大，但这种情况不常见。两相触电如图5-28所示。

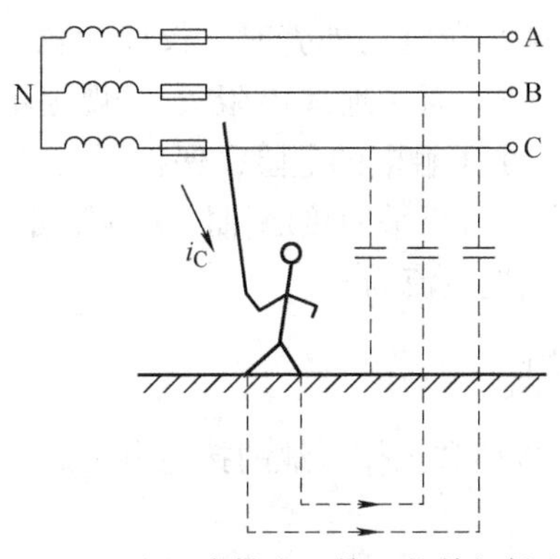

图 5-27　电源中性点不接地的单相触电

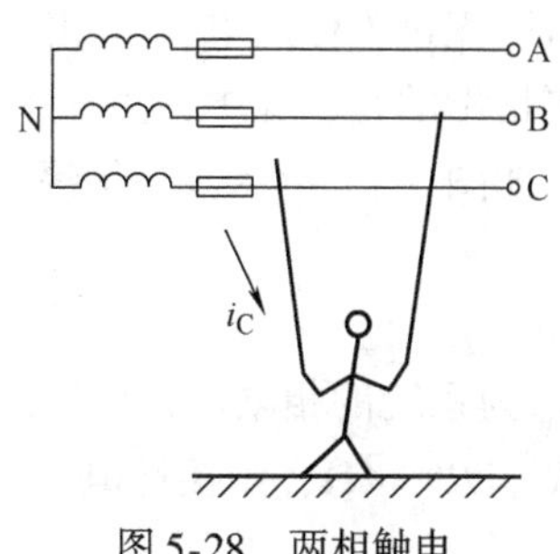

图 5-28　两相触电

5.5.3　接地和接零

电气设备的外壳在正常运行时是不带电的，但如果绝缘损坏或由于其他原因可能会导致外壳带电。为了防止电气设备意外带电造成人体触电事故，以保障人身安全和电力系统正常工作的需要，要求电气设备采取接地和接零的保护措施。常见的保护措施主要分为工作接地、保护接地和保护接零等。

1. 工作接地

接地就是按照一定的技术规范将电网或电气设备的某一部分通过接地装置同大地连接。电力系统为了运行和安全的需要，常将三相电源的中性点接地，这种接地方式称为**工作接地**，其作用是保持电路系统电位的稳定性，降低人体的接触电压，减轻高压窜入低压等故障条件下产生的过电压危险，以便迅速切断故障设备。三相电动机的工作接地如图 5-29 所示。

2. 保护接地

对于中性点不接地的低压供配电系统，将电气设备的金属外壳（正常情况下不带电）用足够粗的导线与接地体可靠连接，称为**保护接地**。

电气设备（以三相电动机为例）保护接地的示意图如图 5-30 所示，将电动机的金属外壳通过接地体接入大地。假设电动机的某一相绕组的绝缘损坏与外壳相碰时，使金属外壳带电。在外壳未接地时，人体触及金属外壳相当于单相触电。如果将电气设备的金属外壳可靠

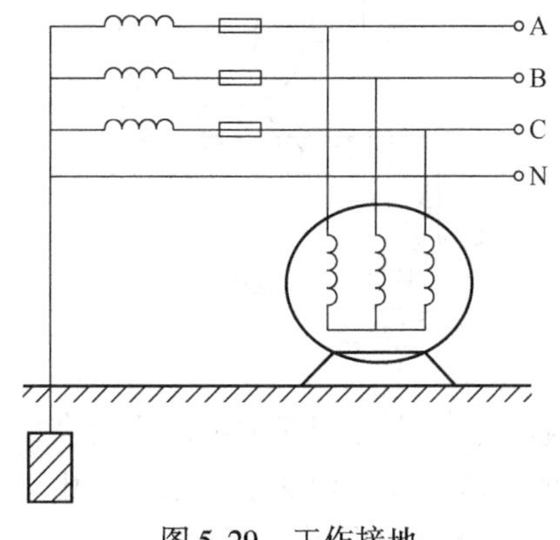

图 5-29　工作接地

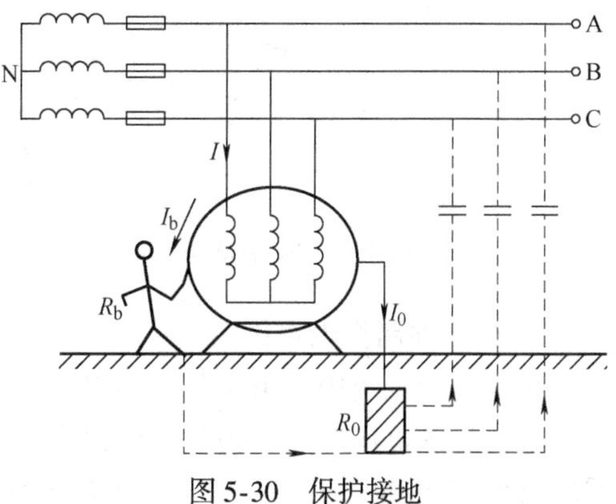

图 5-30　保护接地

接地，由于其外壳与大地有良好接触，当人体触及带电的外壳时，仅仅相当于很大的电阻 R_b（人体电阻 R_b 大于 $1k\Omega$）与接地体并联的支路，而接地体电阻 R_0（规定不能大于 4Ω）很小，所以流过人体的电流 I_b 很小，从而大大减少了触电的危险，保护了人身安全。

需要指出的是，在中性点接地的供电系统中，若只采用接地保护是不能可靠地防止触电事故的，如图 5-31 所示，当绝缘设备损坏时，接地电流为

$$I_e = \frac{U_p}{R_0 + R_0'}$$

式中，U_p 为系统的相电压；R_0、R_0' 分别为保护接地和工作接地的接地电阻。

若 $R_0 = R' = 4\Omega$，则接地电流为

$$I_e = \frac{U_p}{R_0 + R_0'} = \frac{U_p}{2R_0}$$

接地外壳对地电压为

$$U_e = I_e R_0 = \frac{U_p}{R_0 + R_0'} R_0 = \frac{U_p}{2R_0} R_0 = \frac{U_p}{2}$$

如果供电系统的相电压 $U_p = 220V$，则有 $I_e = 27.5A$，$U_e = 110V$，这对人体是极不安全的。

3. 保护接零

对于中性点接地的三相四线制供电系统，还需将电气设备的金属外壳与电源的中性线连接起来，这样的连接称为**保护接零**，如图 5-32 所示。当电气设备某一相的绝缘损坏等原因造成其金属外壳漏电时，由电气设备的金属外壳、零线形成单相短路，短路电流能促使线路上的保护装置迅速动作，切断电源使金属外壳不再带电，使故障点脱离电源，消除人体触及金属外壳时的触电危险，起到保护作用。

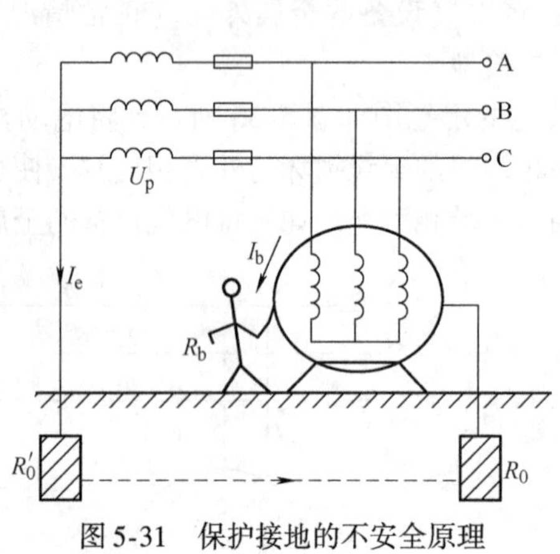

图 5-31 保护接地的不安全原理

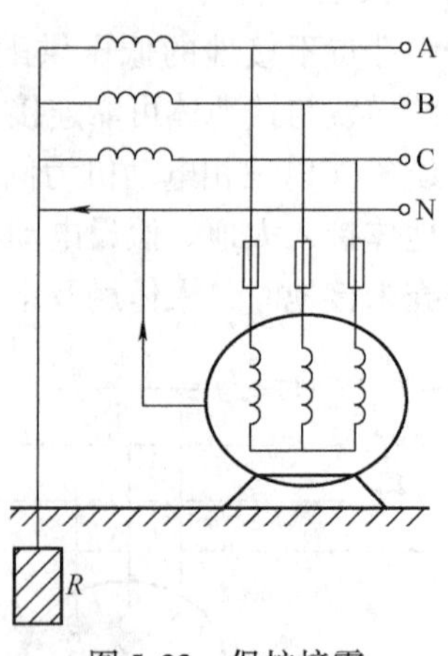

图 5-32 保护接零

4. 三相五线制供电系统

三相四线制系统中，由于负载不对称，零线中有电流，因而零线对地电压不为零，一般距电源越远处的电压越高。为了确保设备金属外壳对地电压为零，增加了一条专门用于保护接零的保护零线 PE，就构成了**三相五线制供电系统**，如图 5-33 所示。这种供电系统有五条引出电线，分别为三条相线 A、B、C，一条工作零线 N 及一条保护零线 PE。保护零线 PE

与系统中各设备或线路的金属外壳、接地母线连接，以防止触电事故的发生。正常情况下工作时，工作零线 N 中有电流。由于没有闭合，保护零线 PE 无电流流过，确保连接在保护零线上的各电气设备金属外壳的电位为零。当绝缘损坏等原因造成金属外壳带电时，短路电流经过保护零线 PE，使保护装置迅速动作，切断电源，清除触电事故。这种三相五线制供电系统比三相四线制系统更安全、更可靠，家用电器都应设置这种系统。

另外，金属外壳的单相电器，必须使用三眼插座和三角插头，金属外壳要可靠接零，以保证人体不会触电。

5. 重复接地

在中性点接地的供电系统中，除了采用保护接零外，还可以将零线相隔一定距离多处接地，称为**重复接地**，如图 5-34 所示。由于多处重复接地的接地电阻并联，使外壳对地电压大大降低，减小了危险程度。

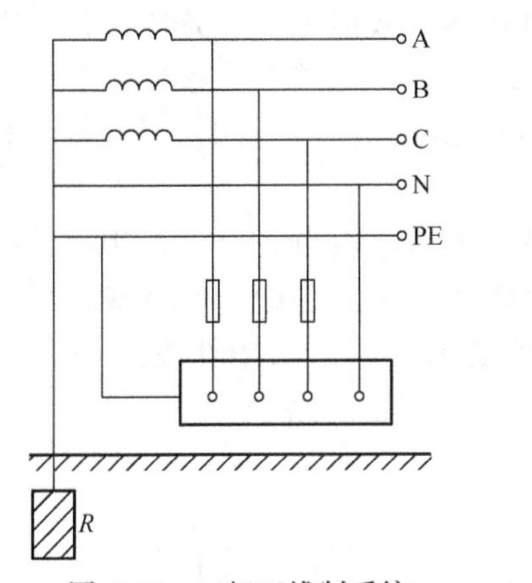

图 5-33　三相五线制系统

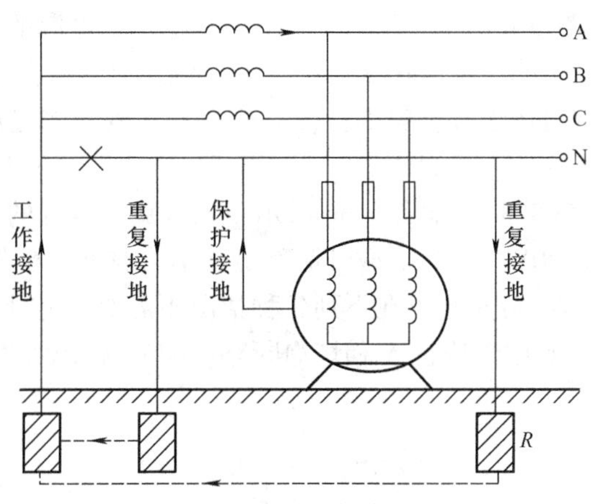

图 5-34　重复接地

总之，为确保用电安全，必须采取保护接地、保护接零、安装漏电保护装置等一系列保护措施。当有人发生触电事故时，还必须采取科学的救治方法，以确保人身、设备、电力系统各方面的安全。

【课堂限时习题】

5.5.1　对于中性点不接地的低压供配电系统，将电气设备的金属外壳（正常情况下不带电）用足够粗的导线与接地体可靠连接，称为（　　）。

A）工作接地　　B）保护接地　　C）保护接零　　D）工作接零

5.5.2　在中性点接地的三相四线制供电系统中，若只采用接地保护是不能可靠地防止触电事故的。（　　）

A）对　　B）错

5.5.3　对于中性点接地的三相四线制供电系统，还需将电气设备的金属外壳与电源的中性线连接起来，这样的连接称为（　　）。

A）工作接地　　B）保护接地　　C）保护接零　　D）工作接零

习题

【习题5-1】 Y-Y联结的三相对称电路中，已知电源相电压 $\dot{U}_C = 240\angle 0°\text{V}$，各相负载阻抗为 $100\angle 20°\Omega$，试求各个线电流。

【习题5-2】 已知三相对称电源的线电压为 $U_l = 380\text{V}$，三相对称负载星形联结，各相负载的阻抗为 $Z = (60 + \text{j}80)\Omega$。试求：（1）相电流及线电流的有效值；（2）画出相量图；（3）若输电线阻抗 $Z_L = (5 + \text{j}4)\Omega$，再求负载的相电流及线电流的有效值。

【习题5-3】 Y-Y联结的三相四线制电路中，电源的线电压有效值为240V，各相负载阻抗分别为 $Z_a = 3\angle 0°\Omega$、$Z_b = 4\angle 60°\Omega$ 及 $Z_c = 5\angle 90°\Omega$，试求各相负载的相电流及中性线电流。

【习题5-4】 如图5-35所示三相电路，电源的线电压有效值为 $U_l = 380\text{V}$，各相负载分别为 $R_a = 20\Omega$、$R_b = 10\Omega$、$R_c = 5\Omega$，额定电压均为220V，现将三个负载接成星形且无中性线，再与电源连接。要求：（1）求各相负载的相电压和相电流；（2）用计算说明该电路能否正常工作。

【习题5-5】 如图5-36所示三相电路，电源的相电压有效值为220V，A相负载灯泡额定功率为40W、B相负载灯泡额定功率为60W、C相负载灯泡额定功率为100W，额定电压均为220V。分别求出在下列各种情况下各相灯泡上的电压：（1）有中性线；（2）无中性线；（3）有中性线且A相灯泡断路；（4）无中性线且A相灯泡短路。

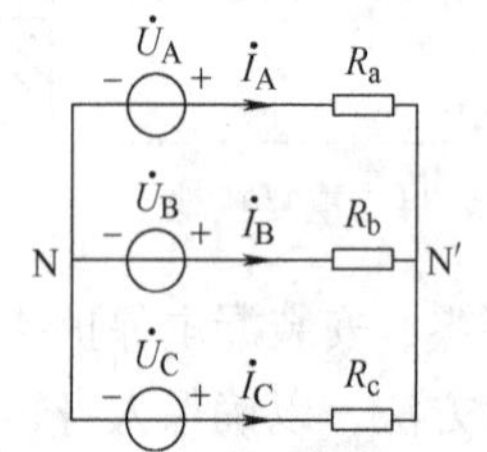

图5-35 习题5-4的电路

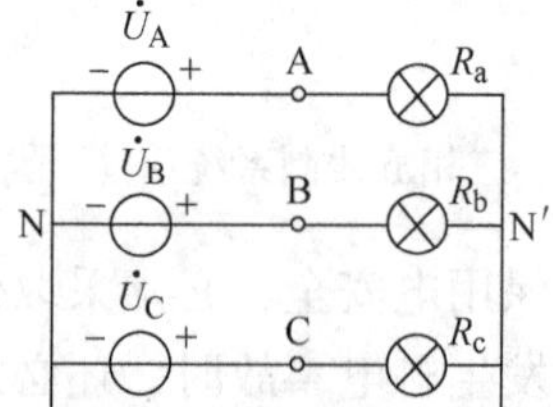

图5-36 习题5-5的电路

【习题5-6】 已知三相对称电源的线电压为 $U_l = 380\text{V}$，三相对称负载三角形联结，各相负载的阻抗为 $Z = (15 + \text{j}20)\Omega$。试求：（1）相电流及线电流的有效值；（2）画出相量图；（3）若输电线阻抗 $Z_L = (1 + \text{j}2)\Omega$，再求负载的相电流及线电流的有效值。

【习题5-7】 设三相对称负载的各相阻抗均为 $Z = (29 + \text{j}21.8)\Omega$，试计算下列两种情况下的三相平均功率：（1）三个对称负载接成星形联结到线电压为380V的三相电源上；（2）三个对称负载接成三角形联结到线电压为220V的三相电源上。

【习题5-8】 将三相对称感性负载三角形联结后接到线电压为380V的三相电源上，已知感性负载的有功功率 $P = 5\text{kW}$，功率因数 $\cos\varphi = 0.76$。试求：（1）相电流及线电流的有效值；（2）若将此感性负载改接成星形，同样联结到线电压为380V的三相电源上，计算此时该三相负载的有功功率 P。

【习题5-9】 三相对称电路负载为星形联结，各相负载阻抗均为 $Z = (5 + \text{j}8.66)\Omega$，若测得电路无功功率 $Q = 500\sqrt{3}\,\text{var}$，试求负载有功功率 P。

【习题5-10】 在线电压为380V的三相四线制电源上，接有对称星形联结的荧光灯，荧光灯消耗的总功率为120W，功率因数$\cos\varphi=0.6$。此外，在C相上接有40W的白炽灯一只，电路如图5-37所示。试求各个线电流$\dot{I}_A$、$\dot{I}_B$、$\dot{I}_C$及中性线电流$\dot{I}_N$。

【习题5-11】 图5-38所示三相对称电路中，三角形（△）负载阻抗$Z_1=(60+j80)\Omega$，星形（Y）负载阻抗$Z_2=(40+j30)\Omega$，电流表A的读数为3A。试求星形（Y）联结负载所消耗的功率P_2。

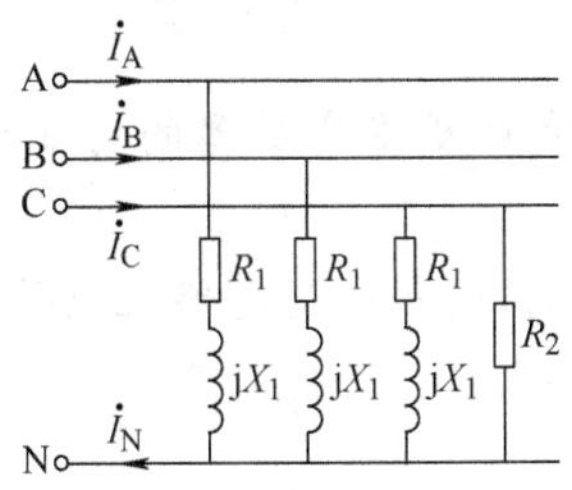

图5-37　习题5-10的电路

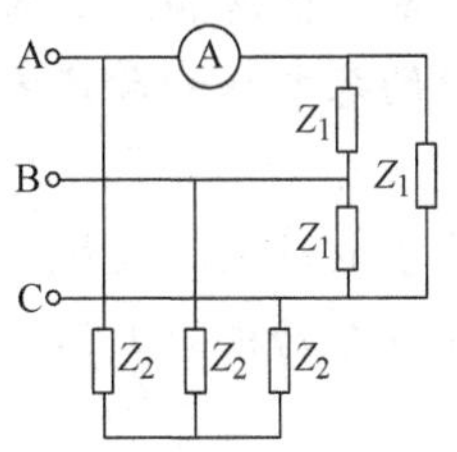

图5-38　习题5-11的电路

【习题5-12】 如图5-39所示电路为三相对称电路，已知三相对称负载吸收的功率为2.4kW，功率因数$\lambda=\cos\varphi=0.4$（感性），线电压为380V。试求两个功率表的读数。

【习题5-13】 如图5-40所示电路中，三相对称电源的线电压为$U_l=380V$，负载$Z=(50+j50)\Omega$，$Z_1=(100+j100)\Omega$，Z_A由R、L、C串联组成，$R=50\Omega$，$X_L=314\Omega$及$X_C=264\Omega$。试求：（1）开关S打开时的线电流；（2）若用二瓦计法测量电源端三相功率，试画出接线图，并求出两个功率表在开关S闭合时的读数。

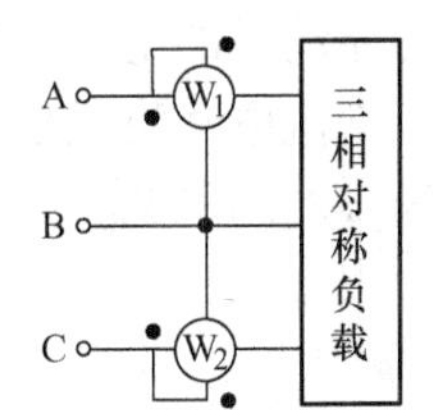

图5-39　习题5-12的电路

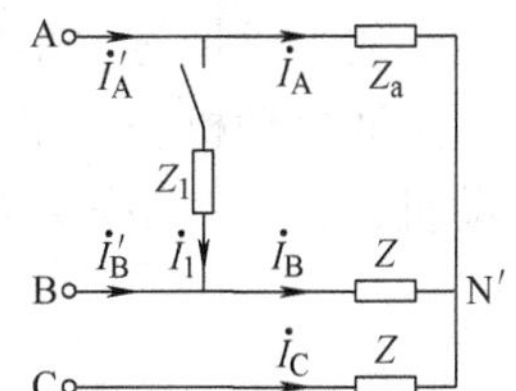

图5-40　习题5-13的电路

第6章 变压器与三相异步电动机

【章前预习提要】

(1) 了解磁路的基本概念和基本物理量。

(2) 了解变压器的基本结构和基本工作原理；重点掌握变压器的电压变换、电流变换以及阻抗变换。

(3) 学习三相异步电动机的结构、工作原理、机械特性、运行特性及使用常识。

(4) 了解单相异步电动机的工作原理及起动方法。

前面章节中介绍了电路的基本概念、基本定律，以及电路中常用分析方法等电工基础方面的内容。在工程实践中，广泛应用着机电能量转换和信号转换的器件，如电机、变压器、继电器、接触器等，它们的工作原理和特性分析都是以磁路和带铁心电路分析为基础的，为了正确理解和运用这些器件，本章在磁路知识的基础上，介绍现代生产和生活中广泛应用的变压器和电动机等电工设备。

变压器（Transformer）是一种静止的电能转换设备。利用电磁感应原理，变压器能将一种等级的交流电压和电流变换成同频率的另一种等级的电压和电流。它的出现使交流电的广泛应用成为现实。

电动机能够将电能转化为机械能，用各种电动机作为原动机的电力拖动已成为主要的拖动形式。电动机可分为交流电动机和直流电动机两大类。交流电动机又分为异步电动机和同步电动机，而异步电动机又分为三相异步电动机和单相异步电动机两类。本章重点介绍三相异步电动机。

6.1 磁路

变压器和电动机都是利用电磁感应定律工作的，借助于磁场这个媒介，可实现电能与电能或电能与机械能的转换。为简化起见，工程中常用磁路来描述和分析磁场及电磁关系。

除了天然磁体产生的磁场外，实际应用中更多的是利用电流来产生磁场，该电流被称为**励磁电流**。为了用较小的电流产生足够强的磁场，在一些电工设备中（如变压器）通常采用铁磁材料做成一定形状的铁心（有时铁心中会有气隙），并在上面绕制一段导线制成线圈，由于磁性材料的磁导率比周围空气高很多，使铁心线圈中的电流所产生的磁通绝大部分集中在铁心内通过，这部分磁通称为**主磁通**，用来进行能量转换或传递，用 Φ 表示主磁通的大小；围绕载流线圈，在部分铁心和铁心周围的空间，还存在少量分散的磁通，这部分磁通称为**漏磁通**，用 Φ_σ 表示，漏磁通不参与能量转换或传递，主磁通和漏磁通所通过的路径分别构成主磁路和漏磁路。用于激励磁路中磁通的载流线圈称为励磁线圈，励磁线圈中的电流即为励磁电流。若励磁电流为直流，磁路中的磁通是恒定的，则这种磁路称为直流磁路，直流电机的磁路就属于这一类。若励磁电流为交流，磁路中的磁通是随时间而变化的，则这种磁路称为交流磁路，交流铁心线圈、变压器、感应电机的磁路都属于这一类。如图 6-1 所示的是两种常见的典型磁路：图 6-1a 为封闭铁心形成的磁路，图 6-1b 为有气隙铁心的磁路。

在图 6-1a 中，忽略漏磁通，设铁心截面积为 S，平均磁路长度为 l，根据安培环路定律（可查阅《大学物理》的相关知识）有

$$F = IN = Hl = \frac{B}{\mu}l = \Phi\frac{l}{\mu S} \tag{6-1}$$

或

$$\Phi = BS = \frac{IN}{l/\mu S} = \frac{F_{\mathrm{m}}}{R_{\mathrm{m}}} \tag{6-2}$$

式(6-2) 称为**磁路的欧姆定律**。式中，I 为通入线圈的电流，即**励磁电流**。N 为线圈的**匝数**。B 为**磁感应强度**，也称为**磁通密度**，是描述磁场内某点磁场强弱和方向的物理量。在国际单位制中，磁感应强度 B 的单位为 T（特斯拉，简称特）。Φ 为**磁通量**，表示穿过某一截面积 S 的磁感应强度 B 的通量，称为通过该面积的磁通量，简称**磁通**。磁通 Φ 的单位为 Wb（韦伯）。磁路中的磁通 Φ 通常由线圈通入的励磁电流 I 产生。励磁电流 I 越大，所产生的磁通 Φ 就越大；线圈的匝数 N 越多，所产生的磁通 Φ 也越大。因此把励磁电流 I 和线圈的匝数 N 的乘积称为**磁通势**或**磁动势**，记作 $F = IN$，用以表示通电线圈产生磁场的能力。在国际单位制中，磁通势 F 的单位为 A（安）。H 为**磁场强度**，是描述磁场的一个基本物理量，通过它来确定磁场和电流之间的关系。在国际单位制中，H 的单位为 A/m（安每米）。μ 为**磁导率**，是描述磁场介质导磁能力的物理量，其单位是 H/m（亨每米）。R_{m} 为**磁阻**，表示磁路对磁通的阻碍作用。式(6-2) 表明磁通势 F 越大，所激发的磁通量 Φ 就越大；而磁阻 R_{m}越大，所产生的磁通量 Φ 就越小。

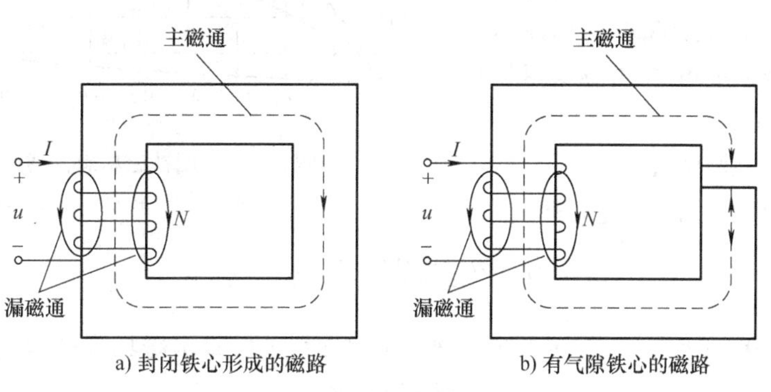

a) 封闭铁心形成的磁路　　b) 有气隙铁心的磁路

图 6-1　两种常见的典型磁路

磁路和电路有许多相似之处，但磁路的分析和计算要比电路复杂困难。例如，在电路分析计算时一般不涉及电场问题，而在处理磁路时离不开磁场的概念。一般电路中可以不考虑漏电现象。因为磁路材料的磁导率比周围介质的磁导率并非大很多，漏磁相对漏电更为严重，在磁路的定性分析时通常需要考虑漏磁通，而在定量计算时可忽略。磁路欧姆定律与电路欧姆定律只是形式上的相似，由于磁导率 μ 不是常数，它随激励电流而变化，所以磁路的欧姆定律更多的是用来做定性分析，通常不能直接用于定量计算。

磁路的定量计算主要包括给定磁通求磁通势和给定磁通势求磁通两类问题。在电机和变压器设计中，一般是先给定磁通，然后按照给定的磁通计算所需要的磁通势。下面给出求解磁通势 F 的一般计算步骤：

（1）分段计算磁感应强度　将磁路按照均匀性分段（即材料相同、截面积相等），计算各段的磁感应强度 $B_i = \Phi/S_i$。

（2）查找各段的磁感应强度　根据各段磁路的磁性铁心材料的磁化曲线 $B=f(H)$，找出与 B_i 相对应的磁场强度 H_i。对于空气隙或者非磁性材料的磁场强度，可按照下式计算：

$$H_0 = \frac{B_0}{\mu_0} = \frac{B_0}{4\pi \times 10^{-7}} \tag{6-3}$$

式中，$\mu_0 = 4\pi \times 10^{-7}$H/m 为真空中测得的磁导率。非磁性材料的磁导率 μ 近似等于 μ_0，而铁磁性物质的磁导率很高，即 $\mu \gg \mu_0$。

（3）计算各段磁路的磁通势

$$F_i = H_i l_i \tag{6-4}$$

（4）计算总的磁通势

$$F = NI = \sum F_i = \sum H_i l_i \tag{6-5}$$

图6-2所示的是三种最常见的电工材料（铸铁、铸钢、硅钢片）的磁化曲线。

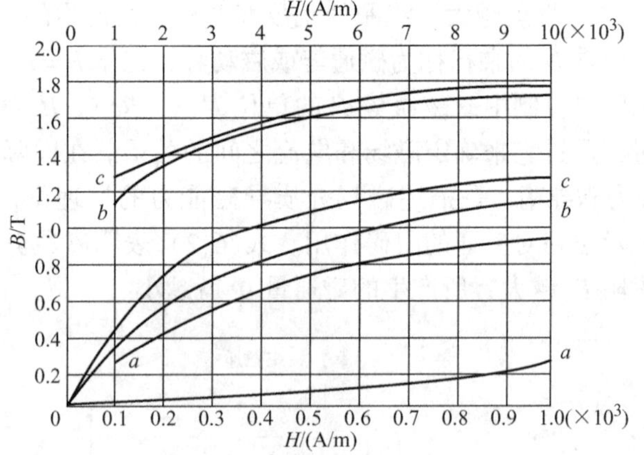

图6-2　常用铁磁材料的磁化曲线

a—铸铁　b—铸钢　c—硅钢片

例6-1　图6-1a所示的铁心线圈为100匝，铁心中的磁感应强度 $B=0.9$T，磁路的平均长度为10cm。试求：(1) 铁心材料为铸铁时的励磁电流；(2) 铁心材料为硅钢片时的励磁电流。

解：(1) 当 $B=0.9$T 时，由图6-2的铸铁磁化曲线 a 可查出磁场强度 H 为

$$H = 9000\text{A/m}$$

根据式(6-1)，可得励磁电流 I 为

$$I = \frac{Hl}{N} = \frac{9000 \times 0.1}{100}\text{A} = 9\text{A}$$

(2) 当 $B=0.9$T 时，由图6-2的硅钢片磁化曲线 c 可查出磁场强度 H 为

$$H = 260\text{A/m}$$

根据式(6-1)，可得励磁电流 I 为

$$I = \frac{Hl}{N} = \frac{260 \times 0.1}{100}\text{A} = 0.26\text{A}$$

可见，要得到同样的磁感应强度 B 值，所用铁心材料不同，则磁通势 F 或励磁电流 I 相差很大。

在励磁电流 I 相同的条件下，采用磁导率 μ 较高的铁心材料，可以减少线圈的匝数，从而减少用铜量。还可以减少铁心的截面积，从而减少用铁量。

例 6-2　图 6-1b 所示的磁路中，铁心中的磁感应强度 $B=0.9\text{T}$，用硅钢片作为材料，铁心长度为 9.8cm，空气隙的长度为 0.2cm，铁心线圈匝数 N 为 100 匝，试求励磁电流 I。

解：当 $B=0.9\text{T}$ 时，由图 6-2 的硅钢片磁化曲线 c 可查出磁场强度 H 为

$$H=260\text{A/m}$$

根据式(6-3)，可得空气隙中的磁场强度 H_0 为

$$H_0=\frac{B_0}{\mu_0}=\frac{0.9}{4\pi\times10^{-7}}\text{A/m}\approx7.2\times10^5\text{A/m}$$

根据式(6-5)，可得总的磁通势为

$$F=NI=H_il_i+H_0\delta=(260\times0.098+7.2\times10^5\times0.2\times10^{-2})\text{A}=1465.48\text{A}$$

可得励磁电流 I 为

$$I=\frac{F}{N}=\frac{1465.48}{100}\text{A}\approx14.65\text{A}$$

可见，在磁路中有气隙时，由于其磁导率低，磁通势差不多都用在空气隙上面，从而大大增加了电流 I。磁路应尽可能全部通过铁心，如果磁路中必须要有气隙存在，例如电动机的定子与转子之间存在有气隙，也应尽可能减少气隙的长度。

【课堂限时习题】

6.1.1　描述磁场特性的基本物理量有（　　）。(多选题)

A）磁感应强度 B　　B）磁通 Φ　　C）磁场强度 H　　D）磁导率 μ

6.1.2　磁导率 μ 不是常数，它随激励电流变化而变化。(　　)

A）对　　B）错

6.2　变压器

变压器是利用电磁感应原理传输交流电能或电信号的电气设备，它不仅用于交流电压、交流电流的变换，还具有阻抗变换和信号传递的作用，在电力和电子电路中得到广泛应用。

变压器种类繁多，按照用途不同，变压器可分为电力变压器、特种变压器、仪用变压器和整流变压器等；按照相数不同，变压器又可分为单相变压器、三相变压器和多相变压器等；按照变压器的绕组数量不同，可分为双绕组变压器、三绕组变压器、多绕组变压器和自耦变压器等；还可按照冷却方式的不同，分为用空气冷却的干冷式变压器和用变压器油冷却的油浸式变压器等。

下面以单相变压器为例，介绍它的基本结构、工作原理以及使用知识。

6.2.1　变压器的结构和工作原理

1. 变压器的基本结构

变压器主要由铁心和绕在铁心上的多个绕组两部分构成。工频和音频变压器的铁心均采用硅钢片等软磁材料构成闭合的磁路，以增强磁通、减小变压器体积和铁心损耗。而中高频变压器、开关变压器等由于工作频率高，其铁心须采用非金属的铁氧体材料，常称为磁心。绕组采用高强度绝缘铜线或铝线绕成，它是变压器的电路部分，并要求铁心、各绕组之间相

互绝缘。除了铁心和绕组外，较大容量的变压器还有冷却系统、保护装置以及绝缘套管等。大容量变压器通常为三相变压器。

变压器从结构上可以分为壳式变压器和心式变压器两种，其结构示意图如图6-3所示。壳式变压器的特点是铁心包围着绕组、用铜量少、散热性差，常用在小功率的小型变压器。心式变压器的特点则由绕组包围着铁心、用铜量较多、散热性好，多用于大容量变压器，如电力变压器等。

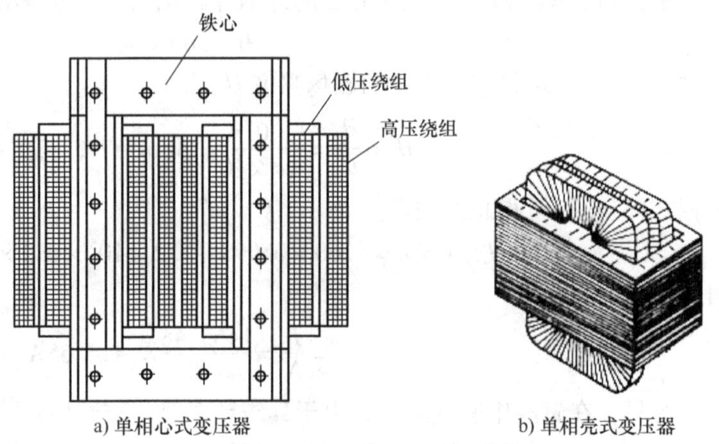

a) 单相心式变压器　b) 单相壳式变压器

图6-3　变压器的结构示意图

变压器工作时线圈绕组和铁心都会发热，如果该热量不能及时散发，将加速变压器绝缘材料的老化和损坏。因此，大容量变压器一般都会采取风冷或油浸等散热措施。如电力变压器通常将铁心和绕组浸入油箱中，油箱外壁装有散热片或者散热油管，如图6-4所示。

2. 变压器的工作原理

变压器种类虽然较多，用途各异，不同类型的变压器在容量、结构、外形等方面差别较大，但是其基本构造和工作原理基本都相同。与电源相连的绕组称为一次绕组（旧称为初级绕组、原绕组），与负载相连的绕组称为二次绕组（旧称为次级绕组、副绕组）。一般来说，变压器的一次侧只有一个绕组，少数有两个绕组，而二次侧可以有多个绕组，变压器的结构原理图如图6-5所示。

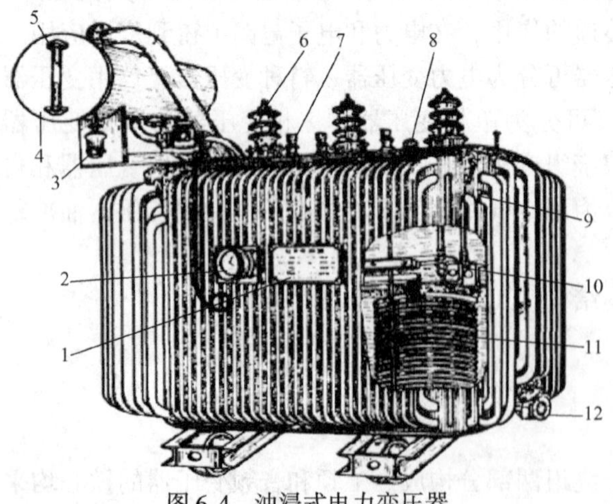

图6-4　油浸式电力变压器

1—铭牌　2—信号式温度计　3—吸湿器　4—储油柜　5—油表　6—高压套管　7—低压套管　8—分接开关　9—油箱　10—铁心　11—线圈及绝缘　12—放油阀门

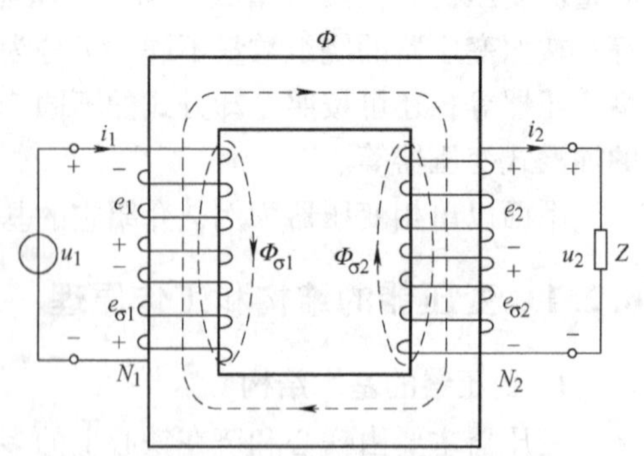

图6-5　变压器的结构原理图

在图6-5中，闭合铁心上绕有匝数分别为N_1、N_2的两个线圈。当变压器的一次侧外接交流电源u_1时，一次绕组中将流过交流电流i_1，该电流即为励磁电流。励磁电流i_1流过一次绕组产生磁通势N_1i_1，其主要部分沿铁心闭合，与一次绕组、二次绕组相交链，分别产生感应电动势e_1和e_2。如果二次绕组中接有负载，形成闭合回路，则二次绕组中就有电流i_2流过，那么i_2在二次绕组中建立的磁通势N_2i_2也产生磁通，并通过铁心闭合。因此，铁心中的磁通是由一次绕组、二次绕组的磁通势共同产生的合磁通，称为**主磁通**，用Φ来表示。另外，一次绕组、二次绕组的磁通势还分别产生漏磁通$\Phi_{\sigma1}$和$\Phi_{\sigma2}$，从而在各自的绕组中产生漏磁电动势$e_{\sigma1}$和$e_{\sigma2}$。电流、磁通和电动势符合右手螺旋定则。由于变压器的铁心由高磁导率的材料制作而成，磁导率比空气和变压器油大得多，主磁通占绝大部分，而漏磁通只占很小的一部分，故通常忽略漏磁通的影响。变压器的电路模型如图6-6所示，图中R_1、R_2分别表示变压器一次绕组、二次绕组损耗的电阻。

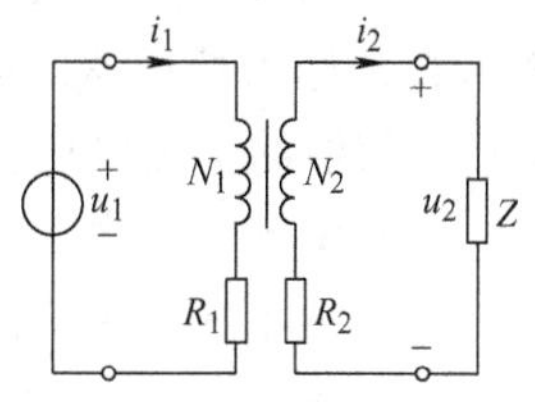

图6-6 变压器的电路模型图

下面分别讨论变压器的电压变换、电流变换以及阻抗变换。

（1）电压变换 对图6-5左侧的一次绕组电路列写基尔霍夫电压方程（KVL），有

$$u_1 = R_1 i_1 - e_{\sigma1} - e_1 \tag{6-6}$$

式中，R_1为一次绕组的电阻。如果忽略表示一次绕组损耗的电阻R_1和漏磁通的影响，则有

$$u_1 \approx -e_1 \tag{6-7}$$

设铁心内主磁通为

$$\Phi = \Phi_{\mathrm{m}}\sin\omega t$$

由电磁感应定律知，主磁通在一次绕组中产生的感应电动势为

$$\begin{aligned} e_1 &= -N_1\frac{\mathrm{d}\Phi}{\mathrm{d}t} \\ &= -N_1\omega\Phi_{\mathrm{m}}\cos\omega t \\ &= 2\pi f N_1\Phi_{\mathrm{m}}\sin\left(\omega t - \frac{\pi}{2}\right) \\ &= E_{1\mathrm{m}}\sin\left(\omega t - \frac{\pi}{2}\right) \end{aligned} \tag{6-8}$$

其感应电动势的有效值为

$$E_1 = \frac{2\pi f N_1}{\sqrt{2}}\Phi_{\mathrm{m}} = 4.44 f N_1\Phi_{\mathrm{m}} \approx U_1 \tag{6-9}$$

式(6-9)是讨论主磁通Φ与其产生的感应电动势E_1有效值的重要关系式。

同理，对图6-5右侧的二次绕组电路列写基尔霍夫电压方程（KVL），有

$$e_2 = R_2 i_2 - e_{\sigma2} + u_2 \tag{6-10}$$

式中，R_2为二次绕组的电阻。同理，可得二次绕组中的感应电动势的有效值为

$$E_2 = 4.44 f N_2\Phi_{\mathrm{m}} \tag{6-11}$$

当变压器空载，即二次侧开路时，$i_2=0$，有

$$e_2 = u_{20} \quad 或 \quad E_2 = U_{20} \tag{6-12}$$

式中，U_{20}是变压器空载时二次绕组的端电压。

当变压器带负载运行时，忽略表示二次绕组损耗的电阻 R_2 和漏磁通的影响，同理有

$$e_2 \approx u_2 \quad \text{或} \quad E_2 \approx U_2 \tag{6-13}$$

由此可得一次、二次绕组的电压有效值的关系为

$$\frac{U_1}{U_2} \approx \frac{E_1}{E_2} = \frac{N_1}{N_2} = K \tag{6-14}$$

由式(6-14) 可知，一次、二次绕组电压有效值的比值 K 等于一次、二次侧匝数的比，该比值 K 称为变压器的电压比，旧称变比。当一次、二次绕组匝数不同时，变压器就可以把某一数值的交流电压变换为同频率的另一数值的交流电压，这就是变压器的电压变换作用。当变压器的一次、二次绕组匝数 $N_1 > N_2$，即电压比 $K > 1$ 时，称为**降压变压器**；反之，$N_1 < N_2$，即电压比 $K < 1$ 时，称为**升压变压器**。

电压比在变压器的铭牌上有标注，它表示一次、二次绕组的额定电压之比，其中二次绕组的额定电压是一次绕组上加额定电压时二次绕组的空载电压，它比负载的额定电压高 5% ~10% 。

（2）电流变换　变压器带负载运行时，二次侧中有电流 i_2 流过，此时的磁通 Φ 是由磁通势 $N_1 i_1$ 和电流 i_2 产生的磁通势 $N_2 i_2$ 共同产生的合磁通，由 $U_1 \approx E_1 = 4.44 f N_1 \Phi_m$ 知，如果电源电压 U_1 和频率 f 不变，E_1 和 Φ_m 也都近似为常数，即铁心中主磁通的最大值在变压器空载和有负载时基本相等。因此，空载和有负载时磁路中的磁通势也基本相等，即

$$N_1 i_1 + N_2 i_2 = N_1 i_0$$

或者写成相量形式

$$N_1 \dot{I}_1 + N_2 \dot{I}_2 = N_1 \dot{I}_0 \tag{6-15}$$

式(6-15) 称为磁通势平衡方程。

变压器的空载电流 I_0 很小，它的有效值在一次绕组额定电流的 10% 以内。因此，与 $N_1 i_1$ 相比，可忽略 $N_1 i_0$，式(6-15) 可写成

$$N_1 \dot{I}_1 \approx -N_2 \dot{I}_2 \tag{6-16}$$

其一次、二次绕组的电流有效值的关系为

$$\frac{I_1}{I_2} \approx \frac{N_2}{N_1} = \frac{1}{K} \tag{6-17}$$

式(6-17) 表示变压器一次、二次绕组电流的有效值之比近似等于它们的匝数比的倒数，这就是变压器的电流变换作用。变压器中的电流虽然由负载的大小来决定，但是当二次绕组电流的有效值 I_2 增大时，为了维持主磁通最大值 Φ_m 保持不变，一次电流的有效值 I_1 也随之增大。即无论负载如何变动，一次、二次绕组电流的有效值之比近似不变，即一次电流总是自动适应负载电流的变化。式(6-16) 表示一次、二次绕组的电流反相，二次绕组的磁通势对一次绕组的磁通势实际上是去磁作用。

根据式(6-14) 及式(6-17)，可得变压器一次、二次绕组的电压、电流有效值间的关系为

$$\frac{U_1}{U_2} = \frac{I_2}{I_1} \tag{6-18}$$

或

$$U_1I_1 = U_2I_2 \tag{6-19}$$

式(6-18) 说明变压器一次、二次绕组中电压高的一侧电流小，而电压低的一侧电流大。变压器实质上就是把一次侧的能量或变化的电信号通过磁通的联系传输到二次侧，实现了能量或信号的变换和传输。

例 6-3　已知变压器一次绕组的匝数 $N_1 = 800$ 匝、电压有效值 $U_1 = 220\text{V}$；二次绕组的匝数 $N_2 = 200$ 匝、电流有效值 $I_2 = 8\text{A}$。负载为纯电阻，试求变压器二次电压有效值 U_2、一次电流有效值 I_1 及输入功率 P_1、输出功率 P_2。(忽略变压器的漏磁和损耗)

解：根据式(6-14)，变压器的电压比为

$$K = \frac{N_1}{N_2} = \frac{800}{200} = 4$$

可得变压器的二次电压为

$$U_2 = \frac{U_1}{K} = \frac{220}{4}\text{V} = 55\text{V}$$

根据式(6-17)，变压器的一次电流为

$$I_1 = \frac{I_2}{K} = \frac{8}{4}\text{A} = 2\text{A}$$

变压器的输入功率为

$$P_1 = U_1I_1 = 220 \times 2\text{W} = 440\text{W}$$

变压器的输出功率为

$$P_2 = U_2I_2 = 55 \times 8\text{W} = 440\text{W}$$

(3) 阻抗变换作用　变压器除了具有变换电压、变换电流的作用外，还可以进行阻抗的变换，以实现阻抗“匹配”，广泛应用在要求阻抗匹配的电路中。在图 6-7a 所示的电路中，负载阻抗模 $|Z|$ 接在变压器的二次侧，对电源而言，图中变压器和负载一起（点画线内的部分）可以用一个阻抗模 $|Z'|$ 来等效，要保证变换前、后变压器一次绕组的输入电压、电流及输入功率不变，等效电路如图 6-7b 所示。

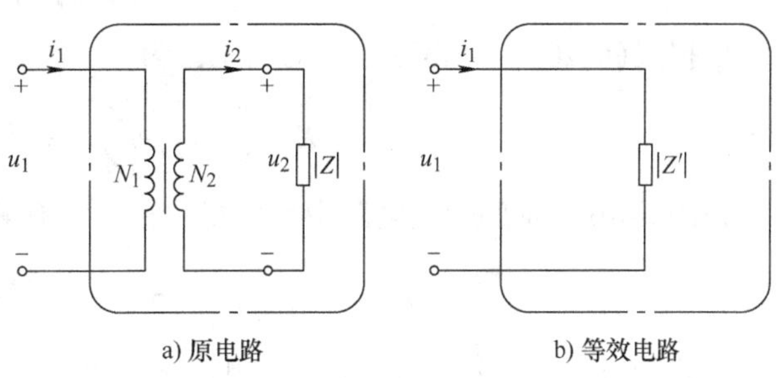

a) 原电路　　b) 等效电路

图 6-7　变压器的阻抗变换

根据式(6-14) 及式(6-17)，从变压器的一次侧看，有

$$\frac{U_1}{I_1} = \frac{\frac{N_1}{N_2}U_2}{\frac{N_2}{N_1}I_2} = \left(\frac{N_1}{N_2}\right)^2 \frac{U_2}{I_2}$$

由图 6-7 可知

$$\frac{U_1}{I_1} = |Z'| \qquad \frac{U_2}{I_2} = |Z|$$

则有

$$|Z'| = \left(\frac{N_1}{N_2}\right)^2 |Z| = K^2 |Z| \qquad (6\text{-}20)$$

式中，等效阻抗模$|Z'|$也称为折算阻抗。由此可见，变压器具有阻抗变换作用。

采用匝数比合适的变压器，可以把负载阻抗模变换为所需要的、比较合适的数值。当等效输入阻抗模$|Z'|$与一次侧信号源阻抗模$|Z_0|$相等，即$|Z'| = |Z_0|$时，负载吸收的功率为最大值，从而实现电路的阻抗匹配，如图 6-8 所示。注意负载的性质在等效变换过程中保持不变。

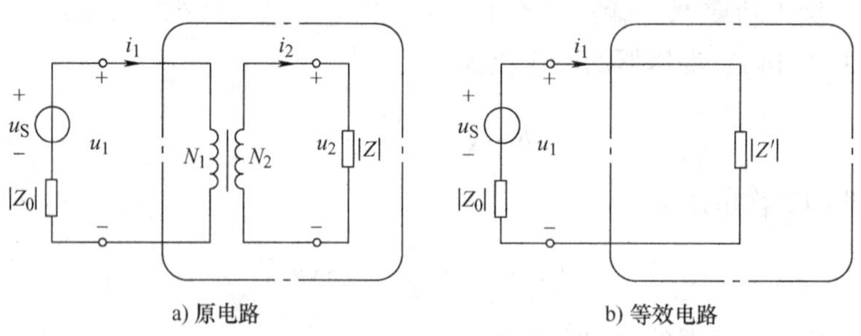

a) 原电路　　b) 等效电路

图 6-8　变压器的阻抗匹配

例 6-4　有一交流信号源的电压有效值为 1.5V，内阻抗为 300Ω，负载阻抗为 75Ω。欲使负载获得最大功率，必须在信号源和负载之间接入一个电压比合适的匹配变压器，使等效输入阻抗等于信号源的内阻抗，如图 6-8a 所示。试求变压器的电压比、一次和二次电流的有效值分别为多少？

解：要使负载获得最大功率，应使变压器的等效输入阻抗等于信号源的内阻抗，即

$$|Z'| = 300\Omega$$

根据式(6-20)，可得变压器的电压比为

$$K = \frac{N_1}{N_2} = \sqrt{\frac{|Z'|}{|Z|}} = \sqrt{\frac{300}{75}} = 2$$

在图 6-8b 所示的等效电路中，可得一次电流有效值为

$$I_1 = \frac{U_S}{|Z_0| + |Z'|} = \frac{1.5\text{V}}{(300+300)\Omega} = 2.5\text{mA}$$

由式(6-17)，可得变压器的二次电流有效值为

$$I_2 = KI_1 = 2 \times 2.5\text{mA} = 5\text{mA}$$

例 6-5　交流信号源电压的有效值 $U = 120\text{V}$，内阻 $R_0 = 800\Omega$，负载 $R_L = 8\Omega$。

(1) 如果将负载直接与信号源相接，负载获得多大功率？

(2) 如用变压器进行阻抗匹配，求负载获得的最大功率以及变压器的电压比。

解：(1) 负载直接接信号源时，负载获得的功率为

$$P = I^2 R_L = \left(\frac{U}{R_0 + R_L}\right)^2 R_L = \left(\frac{120}{800+8}\right)^2 \times 8\text{W} \approx 0.176\text{W}$$

(2) 最大输出功率时，R_L 折算到一次绕组中的等效电阻 R_L' 等于 800Ω，此时负载获得的最大功率为

$$P_{max} = I^2 R_L' = \left(\frac{U}{R_0 + R_L'}\right)^2 R_L' = \left(\frac{120}{800+800}\right)^2 \times 800\text{W} = 4.5\text{W}$$

则变压器的电压比为

$$K=\frac{N_1}{N_2}=\sqrt{\frac{R_L'}{R_L}}=\sqrt{\frac{800}{8}}=10$$

6.2.2 变压器的额定值

变压器正常运行的状态和条件称为变压器的额定工况，表征变压器额定工况下的电压、电流和功率称为变压器的额定值。制造厂家通常将标注了变压器额定参数的铭牌附在其外壳上，铭牌上的数据都是按照国家标准注明的一系列额定值。

变压器的主要额定值有以下几个：

（1）额定电压 U_{1N} 和 U_{2N}　根据绝缘材料和允许发热所规定的应加在变压器一次绕组上的正常工作电压有效值即为一次额定电压 U_{1N}；二次额定电压 U_{2N} 是指当变压器一次侧上加额定电压 U_{1N} 时，其二次输出电压的有效值。

在三相变压器中，一次绕组、二次绕组的额定电压 U_{1N} 和 U_{2N} 都是指线电压。

（2）额定电流 I_{1N} 和 I_{2N}　变压器一次额定电流 I_{1N} 和二次额定电流 I_{2N} 是指根据绝缘材料所允许的温度而规定的变压器一次、二次绕组中允许长期通过的最大电流的有效值。

在三相变压器中，一次绕组、二次绕组的额定电流 I_{1N} 和 I_{2N} 都是指线电流。

（3）额定容量 S_N　额定容量 S_N 是指变压器的二次侧额定视在功率，其值等于二次额定电压 U_{2N} 和额定电流 I_{2N} 的乘积，单位为 V · A（伏安）或 kV · A（千伏安）。

单相变压器的额定容量为

$$S_N=U_{2N}I_{2N}\approx U_{1N}I_{1N} \tag{6-21}$$

三相变压器的额定容量为

$$S_N=\sqrt{3}U_{2N}I_{2N}\approx\sqrt{3}U_{1N}I_{1N} \tag{6-22}$$

额定容量实际上是变压器在额定条件下长期运行时，允许输出的最大功率。反映了变压器传送电功率的能力。但在实际运行时，变压器的输出功率的大小是由负载阻抗以及负载的功率因数决定的。

（4）额定频率 f_N　额定频率 f_N 是指变压器应接入的电源频率。我国规定标准工业频率为 50Hz。

需要注意的是，使用变压器时一般不能超过其额定值。此外，还要注意工作温度不要过高，必须分清一次绕组和二次绕组，防止变压器绕组短路，以免烧毁变压器等。

6.2.3 变压器的外特性与效率

1. 变压器的外特性

对于负载而言，变压器就是一个有内阻抗的实际电压源。当变压器二次侧带负载运行时，负载变化会引起二次电流 i_2 变化，由于一次绕组和二次绕组的阻抗压降以及漏磁通的影响，从而使二次输出电压 u_2 随着负载电流 i_2 的变化而变化。变压器的外特性就是描述输出电压 u_2 随着负载电流 i_2 变化的关系。所谓外特性就是在变压器一次电压 u_1 和负载功率因数 $\cos\varphi_2$ 一定的条件下，二次电压 u_2 与负载电流 i_2 的变化关系，即 $u_2=f(i_2)$，其对应的曲线称为外特性曲线，如图 6-9 所示。

由图6-9可见，对于电阻性负载，其功率因数 $\cos\varphi_2=1$，二次输出电压 u_2 随着负载电流 i_2 的增大而稍有下降；当功率因数 $\cos\varphi_2=0.8$（滞后），为电感性负载时，u_2 随着 i_2 的增大而下降的程度加大；当功率因数 $\cos(-\varphi_2)=0.8$（超前），为电容性负载时，u_2 随着 i_2 的增大反而有所增加。由此可见，负载的功率因数对变压器外特性的影响很大。

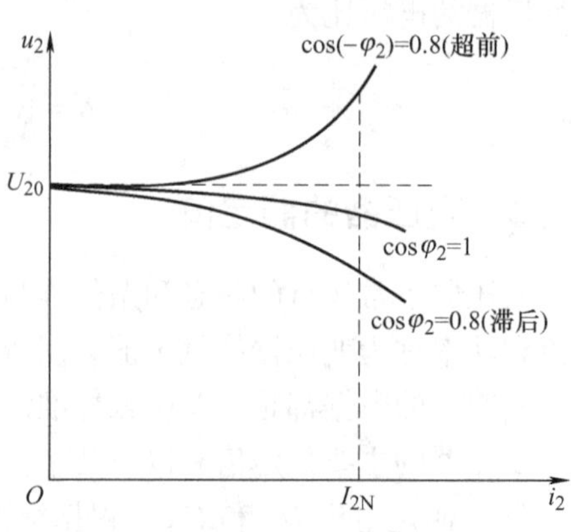

图6-9 变压器的外特性曲线

图6-9中 U_{20} 为二次绕组的空载电压，I_{2N} 为二次绕组的额定电流。从变压器空载到带额定负载，二次电压 U_2 的变化程度用电压的相对变化率 $\Delta U\%$（又称电压调整率）来表示，即

$$\Delta U\%=\frac{U_{20}-U_2}{U_{20}}\times100\% \tag{6-23}$$

电压调整率 $\Delta U\%$ 越小，说明输出电压越稳定。对于一般的变压器，其电阻和漏抗压降都较小，通常要求 $\Delta U\%$ 不超过5%。

2. 变压器的效率

变压器工作时的功率损耗主要包括绕组上的铜损 ΔP_{Cu} 和铁心上的铁损 ΔP_{Fe} 两部分。其中一次、二次绕组的铜损 ΔP_{Cu} 为

$$\Delta P_{Cu}=R_1I_1^2+R_2I_2^2 \tag{6-24}$$

显然，二次绕组的铜损与负载电流的二次方成正比。

变压器的铁损 ΔP_{Fe} 主要包括磁滞损耗和涡流损耗，其大小与铁心内磁感应强度的最大值 B_m 有关，与负载无关。

变压器输出功率 P_2 与对应的输入功率 P_1 的比值称为变压器的效率，即

$$\eta=\frac{P_2}{P_1}\times100\%=\frac{P_2}{P_2+\Delta P_{Fe}+\Delta P_{Cu}}\times100\% \tag{6-25}$$

小型变压器的效率通常在80%以上，电力变压器的效率 η 一般在95%以上。

当负载的功率因数 $\cos\varphi_2$ 为一定值，变压器输出功率 P_2 为零时，效率 η 也为零；随着输出功率 P_2 的增加，效率 η 也上升，直至最大值，然后又降低。这是由于变压器的铁损 ΔP_{Fe} 基本不变，而铜损 ΔP_{Cu} 则与负载电流的二次方成正比。当负载电流增大到一定程度后，铜损急剧增大，使效率 η 很快下降。实验证明，当变压器的铜损 ΔP_{Cu} 与铁损 ΔP_{Fe} 相等时，变压器的效率 η 达到最大。大型变压器的效率 η 可高达96%～99.5%，小型变压器的效率 η 通常为60%～90%。

例6-6 有一带电阻负载的单相变压器，其额定数据如下：额定容量 $S_N=1\text{kV}\cdot\text{A}$；额定电压 $U_{1N}=220\text{V}$，$U_{2N}=115\text{V}$；额定频率 $f_N=50\text{Hz}$。由试验测得：铁损 $\Delta P_{Fe}=40\text{W}$，额定负载（即满载）时的铜损 $\Delta P_{Cu}=60\text{W}$。试求：（1）变压器的额定电流 I_{1N} 和 I_{2N}；（2）满载和半载时的效率 η。

解：（1）根据式(6-21)，可得额定容量时的额定电流为

$$I_{1N}=\frac{S_N}{U_{1N}}=\frac{1\times10^3}{220}A\approx4.55A$$

$$I_{2N}=\frac{S_N}{U_{2N}}=\frac{1\times10^3}{115}A\approx8.70A$$

（2）根据式(6-25)，可得满载和半载时的效率分别为

$$\eta_1=\frac{P_2}{P_2+\Delta P_{Fe}+\Delta P_{Cu}}\times100\%=\frac{1\times10^3}{1\times10^3+40+60}\times100\%\approx90.9\%$$

$$\eta_2=\frac{P_2}{P_2+\Delta P_{Fe}+\Delta P_{Cu}}\times100\%=\frac{\frac{1}{2}\times10^3}{\frac{1}{2}\times10^3+40+\left(\frac{1}{2}\right)^2\times60}\times100\%\approx90.1\%$$

6.2.4　特殊变压器

1. 自耦变压器

自耦变压器也称为单相调压器，其结构特点是铁心上只有一个绕组，其二次绕组是一次绕组的一部分。这种变压器的一次、二次绕组除了磁的联系外，还有电的直接联系，该种变压器的电压、电流关系与普通变压器相同。自耦变压器的原理如图6-10所示，通过滑动触头在同一个线圈上移动，改变二次绕组的匝数，从而改变输出电压的大小。其电压之比和电流之比分别为

$$\frac{U_1}{U_2}=\frac{N_1}{N_2}=K \tag{6-26}$$

$$\frac{I_1}{I_2}=\frac{N_2}{N_1}=\frac{1}{K} \tag{6-27}$$

自耦变压器一次、二次绕组是采用同一个绕组，它可以减少尺寸和节省铜线材料，使输出电压在较大的范围内任意调节，且可以提高变压器的效率，常用在电源电压较稳定的场合。实验室中常用的调压器就是一种利用滑动触头改变二次绕组匝数的自耦变压器，其外形如图6-11所示。自耦变压器可用于升压和降压，在电力系统中主要是用于连接相近电压等级的电网。

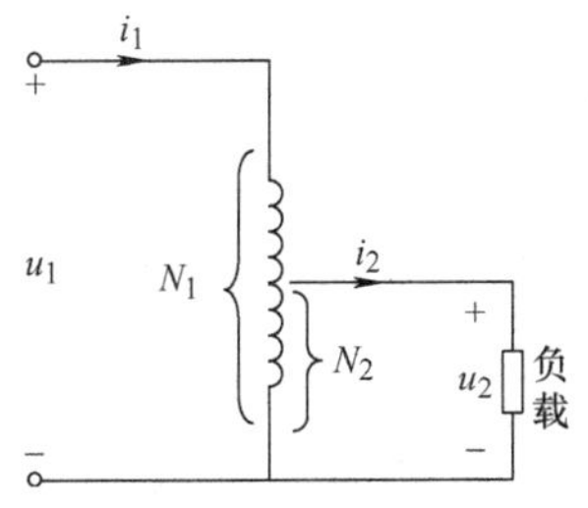

图6-10　自耦变压器原理示意图

图6-11　调压器外形图例

由于自耦变压器的一次、二次绕组之间有电的直接联系，在使用时应特别注意，一次、二次绕组不可以接错，否则会造成电源被短路或烧坏自耦变压器。当发生一次绕组短路或二次绕组断线等故障时，高压直接窜入低压侧，可能造成设备或人身事故。

2. 仪用互感器

用于测量用的变压器称为仪用互感器，简称互感器。采用互感器的目的是扩大测量仪表的量程，使测量仪表与大电流或高电压电路隔离。其工作原理和变压器相同，都是运用电磁感应原理来工作的。

仪用互感器按用途可分为电流互感器（Current Transformer，CT）和电压互感器（Potential Transformer，PT）两种。

（1）电流互感器　电流互感器是一种将大电流变换为小电流的仪用变压器。其结构和变压器类似，它的一次绕组用粗导线绕成，匝数很少，且与被测线路串联。二次绕组导线细、匝数较多，直接接入电流表或其他电流线圈。电流互感器的实际工作情况相当于短路运行的变压器，其工作原理示意图如图6-12所示。

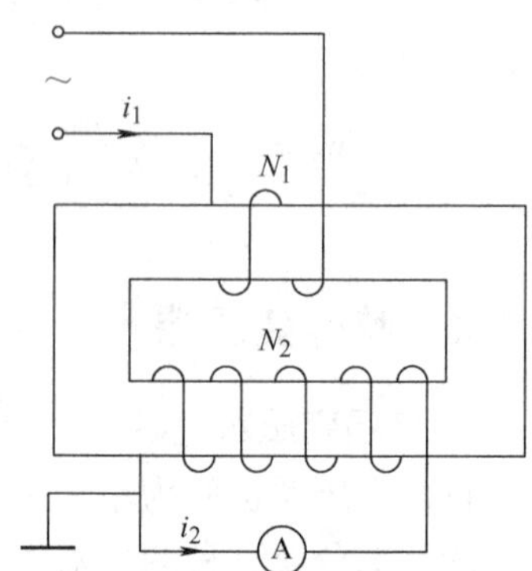

图6-12　电流互感器原理示意图

根据变压器的电流变换关系，有

$$I_2 = \frac{N_1}{N_2} I_1 = KI_1 \tag{6-28}$$

由式(6-28)可知，电流表测得的电流 I_2 为被测线路电流 I_1 的 K 倍，这里电流比 K 小于1，这样就能将待测电路（一次侧）的大电流转换成较安全的小电流（二次侧）进行测量。通常电流互感器二次侧的额定电流设计为5A或者1A，测量线路上电流可以小至几安和大至几万安。

由于电流互感器二次绕组上的电流表阻抗很小，折合到一次绕组的阻抗也很小，故电流互感器相当于一个短路运行的变压器，在使用时，二次侧严禁开路。因为当二次电流等于零时，二次电流产生的去磁磁通也消失了，此时，测量电流会全部成为励磁电流，使互感器铁心的饱和磁通很高，将在二次绕组中产生非常高的电压，而且铁心损耗增加，从而引起铁心过热，会损坏绝缘。因此，为了防止二次侧的高电压对人身造成伤害及烧毁电流互感器，绝不允许二次侧开路或在二次侧电路中接入熔断器，而且为了防止高压串入二次侧，电流互感器的铁心和二次绕组一般都要可靠接地。

（2）电压互感器　电压互感器是一种用于降压的仪用变压器，其工作原理示意图如图6-13所示。电压互感器的一次绕组匝数较多，并与被测量的高压线路并联。二次绕组匝数较少，连接电压表或者带保护装置的电压线圈，其阻抗值都相当高。通常二次侧的额定电压为100V。由于电压互感器在二次侧接入高阻抗负载，它相当于一个空载运行的变压器。

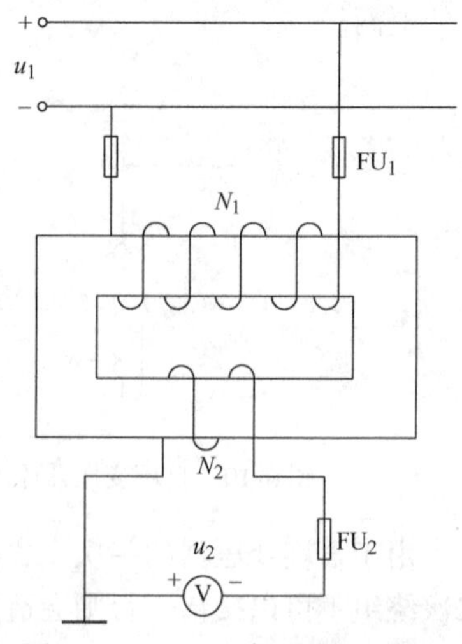

图6-13　电压互感器原理示意图

根据变压器的电压变换关系

$$\frac{U_1}{U_2} = \frac{N_1}{N_2} = K$$

有

$$U_2 = \frac{1}{K} U_1 \tag{6-29}$$

由式(6-29) 可知，电压表测得的电压 U_2 为被测线路电压 U_1 的 $1/K$ 倍，这里电压比 K 大于 1，这样就能将待测电路（一次侧）的大电压转换成较安全的低电压（二次侧）进行测量。

电压互感器在使用时，一定要注意一次、二次侧不允许短路，否则会因电流过大，导致线圈发热，甚至烧毁，因此在一次、二次电路中必须接有熔断器。另外，二次绕组必须可靠接地，以防止绝缘损坏而导致高压串入二次侧，进而危及测量人员的安全。

【课堂限时习题】

6.2.1　实际变压器铁心中的主磁通是随负载电流的增大（由空载到满载）而增大。(　　)

A）对　　B）错

6.2.2　变压器一次、二次绕组中电压高的一侧电流大，而电压低的一侧电流小。(　　)

A）对　　B）错

6.2.3　变压器是把某一数值的电压变换为不同频率的另一数值的电压。(　　)

A）对　　B）错

6.3　三相异步电动机

电动机的主要作用是将电能转换为机械能。现代生产机械广泛应用电动机来驱动，有利于简化生产机械的结构，提高生产效率和产品质量，能够实现自动控制和远距离操作，减轻繁重的体力劳动。

电动机可分为交流电动机和直流电动机两大类。其中，根据定子相数的不同，交流异步电动机可以分为单相异步电动机、两相异步电动机和三相异步电动机等。若是按照转子结构的不同，又分为绕线转子异步电动机和笼型异步电动机，后者又包括单笼异步电动机、双笼异步电动机和深槽异步电动机等。

在工业生产中，最常见的是三相异步电动机（Three-phase Induction Motor），主要用于拖动各种生产机械。三相异步电动机被广泛地应用于驱动各种金属切削机床、轻工机械、起重机、压缩机、传送带、铸造机械等；在民用电器中，电扇、洗衣机、电冰箱、空调机等都由单相异步电动机驱动。总之，异步电动机应用范围广，需求量大，是一种不可缺少的动力设备。

这里主要讨论三相异步电动机的有关知识，包括其基本结构和工作原理、机械特性和运行特性以及三相异步电动机的使用等内容。

6.3.1　三相异步电动机的结构

三相异步电动机主要由静止不动的定子和旋转的转子两部分组成，其基本构造如图 6-14 所示。转子装在定子腔内，为了使转子在定子内顺利转动，定子与转子之间要留有一定的气隙，此外还有端盖、轴承、风扇

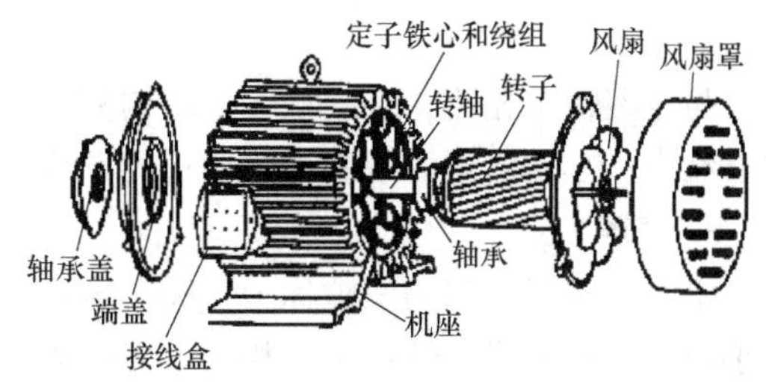

图 6-14　三相异步电动机结构示意图

和机座等辅助部件。

1. 定子

定子主要由铁心、三相定子绕组和机座三部分组成，用于产生旋转磁场，并构成磁路。

定子铁心是由导磁性能较好、0.5mm 厚的硅钢片叠压而成，硅钢片的片与片之间是绝缘的，以减少在定子铁心中所引起的涡流损耗。铁心内圆沿轴方向冲有槽，这些槽均匀分布在定子铁心的内圆周上，用以放置三相定子绕组。

定子绕组是异步电动机定子的电路部分，由许多线圈按一定规律连接而成，并嵌放在定子铁心内圆周上的槽内。常用的槽形有半闭口槽、半开口槽及开口槽等，其中嵌入半闭口槽内的线圈是高强度漆包圆导线，而放入半开口槽和开口槽内的线圈都是成型线圈。放入槽内的线圈与槽壁之间必须隔有“槽绝缘”，以免电动机在运行时绕组与铁心之间出现击穿短路故障。

机座的作用是固定和支撑定子铁心，同时也是主要的通风散热部件。小型异步电动机一般都采用铸铁或铝合金机座，并根据不同的冷却方式而采用不同的机座型式。例如小型封闭式电动机，电动机中损耗变成的热量全部都要通过机座散出，为了加强散热能力，在机座的外表面有很多均匀分布的散热筋，以增大散热面积。对于大中型异步电动机，一般采用钢板焊接的机座。

2. 转子

转子主要由转子铁心、转子绕组和转轴三部分组成。

转子铁心一般也是由 0.5mm 厚的高磁导率硅钢片叠压而成，表面同样冲有均匀分布的槽，用于放置转子绕组，转子铁心被固定在转轴或转子支架上，整个转子铁心的外表面成圆柱形。转子铁心与定子铁心之间有微小的空气隙，它们共同组成电动机的磁路。

转子绕组的作用是产生感应电动势和感应电流，流过电流的转子导体在磁场中受到磁场力的作用，产生电磁转矩，从而使转子转动。根据不同的绕组结构，转子绕组分为笼型和绕线型两种。

(1) 笼型转子　在转子铁心的每个槽内放置铜条（或铸铝），再将全部铜条两端都焊接在两个铜端环上，形成一个自身闭合的短接回路，如图 6-15a 所示。如果去掉转子铁心，整个绕组的外形就像一个“松鼠笼”，由此得名笼型转子，如图 6-15b 所示。由于笼型转子结构简单、制造方便、运行可靠，因此广泛应用在中小型电动机中。

(2) 绕线型转子　将绝缘导线制成的绕组放置在转子铁心槽内，然后连接成对称的三相绕组，由此得名绕线型转子。转子绕组通常接成星形，并引出三条端线分别接到三个集电环上，再通过电刷使转子绕组与外电路接通。通过集电环和电刷，可将附加电阻或其他控制装置接入转子回路中，以便改善电动机的起动性能或调速特性。绕线型转子的结构如图 6-16 所示。

与笼型转子相比，绕线型转子结构复杂、成本高、运行可靠性也稍差，一般用于要求起动电流小、起动转矩大或者需要调速的场合。

3. 气隙

定子、转子之间的间隙称为气隙。异步电动机定子与转子之间的气隙是很小的，气隙的大小与异步电动机的性能密切相关。气隙越大，磁阻也越大，就需要用较大的励磁电流产生同样大小的旋转磁场，而励磁电流是无功电流，其值的增大会降低电动机的功率因数。为了减小励磁电流，以便提高功率因数，异步电动机的气隙应尽可能小。另一方面，较大气隙形成的较大磁阻可以减少气隙磁场中的谐波分量，从而可减少附加损耗。此外，如果气隙过小，会使装配困难和运转不安全。因此，应该全面综合考虑，权衡利弊，设计合适的气隙尺寸。中小型电动机的气隙一般为0.2～1.5mm。

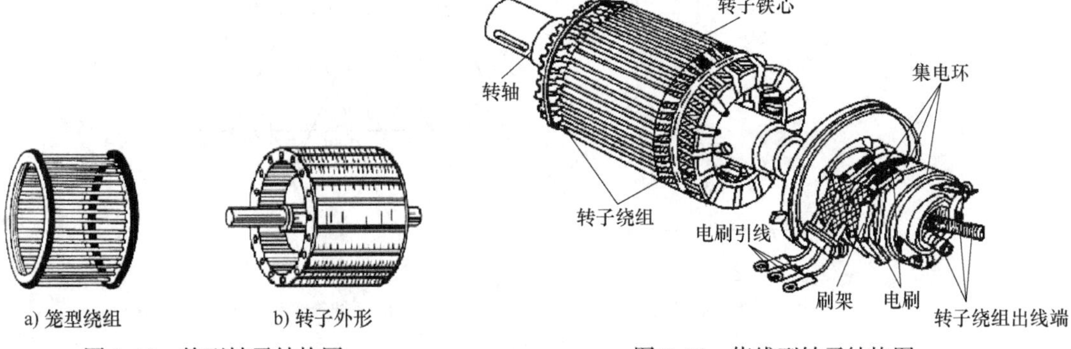

图6-15 笼型转子结构图　　图6-16 绕线型转子结构图

6.3.2 三相异步电动机的工作原理

三相异步电动机转动原理的依据是法拉第电磁感应定律和载流导体在磁场中受到电磁力作用，其转动原理的演示图如图6-17所示。在装有手柄的马蹄形磁铁的两磁极间放置一个可以自由转动的笼型转子，当转动手柄带动马蹄形磁铁旋转时，磁铁和转子发生相对运动，转子导体切割磁力线，在其内部产生感应电动势和感应电流，转子导体一旦形成感应电流，就受到电磁力的作用，由电磁力产生电磁转矩，在电磁转矩的作用下，笼型转子就会跟着马蹄形磁铁转动。磁铁转动得快，转子也旋转得快；磁铁转动得慢，转子也旋转得慢；若改变马蹄形磁铁转动方向，笼型转子的旋转方向随之改变。

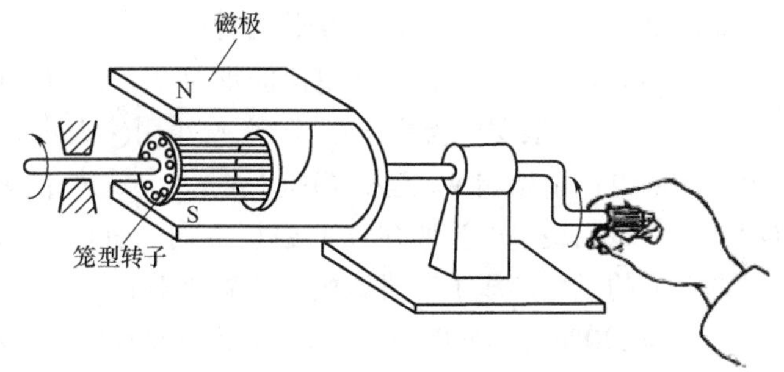

图6-17 异步电动机转子转动的演示图

因此，必须先产生一个旋转磁场来带动转子转动，而且转子的转动速度与磁场的旋转速度不能相同，才能形成相对运动。此外，转子的金属导条要自成闭合回路，以便产生感应电流。

根据上述原理，首先在三相异步电动机的定子绕组中通入三相对称电流，以便形成旋转磁场，再与转子绕组内的感应电流相互作用，产生电磁转矩，从而使电动机运转起来。

1. 旋转磁场的产生

三相异步电动机的定子铁心中，放有空间位置上彼此相隔120°的三相对称绕组U_1U_2、V_1V_2、W_1W_2，将三相对称绕组星形联结，如图6-18a所示。接入三相交流电源，三相绕组中就有三相对称正弦交流电流，即

$$i_1 = I_m \sin\omega t$$
$$i_2 = I_m \sin(\omega t - 120°)$$
$$i_3 = I_m \sin(\omega t + 120°)$$

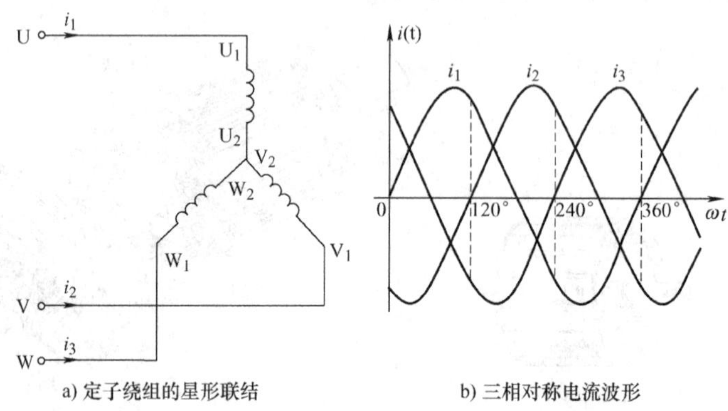

a) 定子绕组的星形联结　　b) 三相对称电流波形

图6-18　三相对称交流电流

其波形如图6-18b所示。取绕组始端指向末端的方向作为电流的参考方向，在正半周，电流的实际方向和参考方向一致；在负半周，电流的实际方向和参考方向相反。

为了分析旋转磁场的产生过程，在图6-18b所示的三相电流波形中选取四个特定时刻$\omega t=0°$、$\omega t=120°$、$\omega t=240°$及$\omega t=360°$进行分析。

由图6-18b所示的三相交流电流波形可知，在$\omega t=0°$时刻，$i_1=0$，即U_1U_2绕组中没有电流；i_2为负值，表明电流由末端V_2流入（用⊗表示），从始端V_1流出（用⊙表示）；i_3为正值，表明电流由始端W_1流入（用⊗表示），从末端W_2流出（用⊙表示）。根据右手螺旋定则，确定每相绕组电流所建立的磁场方向，进而得到三相电流的合成磁场如图6-19a所示，即合成的磁场形成了一对磁极，故磁极对数$p=1$。

当$\omega t=120°$时，$i_2=0$，即V_1V_2绕组中没有电流；i_1为正值，表明电流由始端U_1流入（用⊗表示），从末端U_2流出（用⊙表示）；i_3为负值，表明电流由末端W_2流入（用⊗表示），从始端W_1流出（用⊙表示）。根据右手螺旋定则，确定每相绕组电流所建立的磁场方向，进而得到三相电流的合成磁场如图6-19b所示，此时同$\omega t=0°$时的合成磁场相比，按顺时针方向旋转了120°。

同理，当$\omega t=240°$时，同$\omega t=0°$时相比，合成磁场已在空间按顺时针方向转过了240°，如图6-19c所示；而当$\omega t=360°$时，合成磁场转回到$\omega t=0°$的情形，又如图6-19a所示。

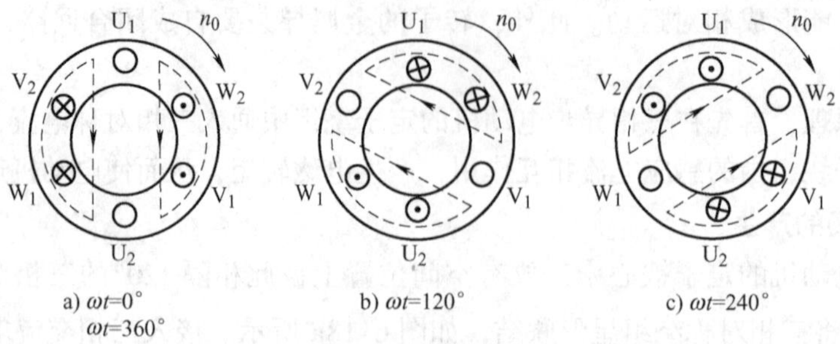

a) ωt=0°　ωt=360°　　b) ωt=120°　　c) ωt=240°

图6-19　三相电流产生的旋转磁场

由上述分析可知，当定子绕组中通入三相交流电流后，其产生的合成磁场并不是静止不动的，而是随着电流的变化在空间不断地旋转，当定子绕组中的电流变化一个周期时，合成磁场也按电流的相序方向在空间旋转一周，即旋转磁场的旋转速度与电流的变化是同步的。随着定子绕组中的三相电流不断地做周期性变化，形成的合成磁场也不断地旋转，因此称为旋转磁场，这就产生了能够使异步电动机转动所需要的旋转磁场。

旋转磁场的方向是由三相绕组中电流的相序决定的，若要改变旋转磁场的方向，只要改变通入定子绕组的电流相序，即将三根电源线中的任意两根对调，这时，转子的旋转方向随之改变。如果原先相序 U、V、W 顺时针排列，则合成磁场顺时针方向旋转，若把三根电源线中的任意两根，例如将 V 相电流通入 W 相绕组中，W 相电流通入 V 相绕组中，则相序变为 U、W、V，则旋转磁场必然逆时针方向旋转。利用这一特性可方便地改变三相电动机的旋转方向。

当每相绕组只有一个线圈时，绕组的始端之间相差120°的空间角时，产生的旋转磁场具有一对 N、S 磁极，即磁极对数 $p=1$，电流每变化一周（360°），磁场在空间也正好旋转一周（360°）。若电流频率为f_1，则磁极对数为 $p=1$ 的旋转磁场每分钟转速为 $n_0=60f_1$；当每相绕组有两个线圈串联时，绕组的始端之间相差60°的空间角时，产生的旋转磁场具有两对 N、S 磁极，即磁极对数 $p=2$，则电流每变化一周（360°），磁场在空间只旋转半周（180°），即

$$n_0=\frac{60f_1}{2}$$

同理，当旋转磁场具有 p 对磁极时，磁场的旋转速度为

$$n_0=\frac{60f_1}{p} \tag{6-30}$$

式中，n_0为**旋转磁场的转速**，也称为**同步转速**；f_1为定子电源的频率；p 为磁极对数。

由式(6-30) 可知，旋转磁场的转速 n_0的大小与电流频率f_1成正比，与磁极对数 p 成反比。而f_1由异步电动机的供电电源频率决定，磁极对数 p 由三相绕组的各相串联多少线圈决定。通常，对于一台具体的异步电动机，频率f_1和磁极对数 p 都是确定的，所以旋转磁场的转速 n_0为常数。

在我国，工频交流电的频率 $f_1=50\text{Hz}$，则由式(6-30) 可得到旋转磁场的转速 n_0与磁极对数 p 之间的关系，见表 6-1。

表 6-1　旋转磁场的转速 n_0与磁极对数 p 之间的关系

磁极对数 p	1	2	3	4	5	6
磁场转速 n_0/(r/min)	3000	1500	1000	750	600	500

2. 三相异步电动机的转动原理

三相异步电动机的转动原理图如图 6-20 所示。由上面的分析可知，当定子三相对称绕组外接三相交流电源后，定子的三相绕组中流过三相对称电流，从而产生旋转磁场。假设定子旋转磁场以转速 n_0 沿顺时针方向旋转，它的磁力线将切割转子导体，在转子导体中产生感应电动势，进而形成感应电流，感应电流的方向由右手定则确定，如图 6-20 中的“⊗”（流入）和“⊙”（流出）所示。根据电磁定律可知，有感应电流流过的转子导体在磁场中受到电磁力 F 的

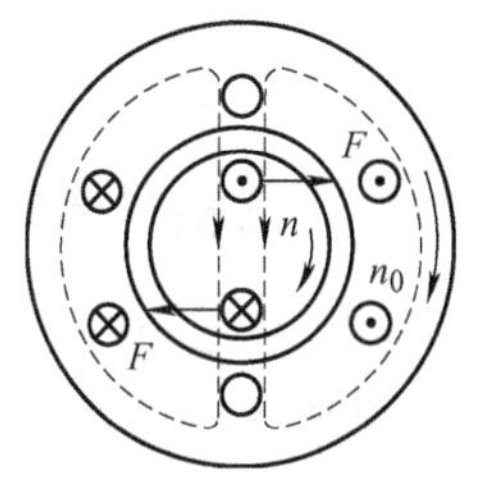

图 6-20　三相异步电动机的转动原理图

作用，通过左手定则确定电磁力 F 的方向，再由电磁力产生电磁转矩，由图 6-20 所示的原理图可知，电磁转矩的方向与定子形成的旋转磁场的转动方向相同，从而驱动转子沿旋转磁场方向以转速 n 转动起来。如果改变接入的三相交流电源的相序，使旋转磁场反转，那么电动机也跟着反转。若在电动机轴上外带机械负载，便能驱动机械负载转动，这样电动机就把输入的电能转换成轴上的机械能输出。

3. 转差率

由三相异步电动机的转动原理可知，异步电动机带负载运行时，虽然电动机的转动方向与旋转磁场的转动方向相同，但转子的转速 n 恒小于旋转磁场的转速 n_0。因为假设转子的转速 n 与旋转磁场的转速 n_0 相等，则转子与旋转磁场之间没有相对运动，因而磁力线不会切割转子导条，转子就不会产生感应电动势及感应电流，无法形成电磁转矩，电动机不可能旋转。所以，转子的转速 n 必然小于旋转磁场的转速 n_0。由于转子转速 n 和旋转磁场的转速 n_0 之间总是存在着差异，则称三相电动机为异步电动机。又因为异步电动机转子电动势和转子电流是通过电磁感应作用产生的，所以又称其为感应电动机。

旋转磁场的转速（即同步转速 n_0）与转子转速 n 二者之差（n_0-n）与同步转速 n_0 的比值定义为**转差率**，用 s 表示

$$s=\frac{n_0-n}{n_0} \tag{6-31}$$

转差率 s 表示电动机转子转速 n 与旋转磁场转速 n_0 相差的程度，是反映异步电动机运行情况的一个重要参数。在电动机起动的瞬间，转子转速 $n=0$，转差率 $s=1$；当转子转速 n 等于同步转速 n_0，即 $n=n_0$ 时，转差率 $s=0$，可以视为理想空载运行；转子转速 n 越接近同步转速 n_0，转差率 s 越小。三相异步电动机在额定状态下稳定运行时，由于额定转速 n_N 与同步转速 n_0 相近，所以转差率 s 很小，通常异步电动机在额定负载时的额定转差率 s_N 约为 0.01～0.04。

例 6-7 一台三相异步电动机的额定转速为 $n_N=720\text{r/min}$，电源频率为 50Hz，试确定该电动机磁极对数 p，并求额定转差率 s_N。

解：已知额定转速 $n_N=720\text{r/min}$，因为额定转速略低于同步转速，由表 6-1 可知，同步转速 $n_0=750\text{r/min}$，根据式(6-30) 可得磁极对数 p 为

$$p=\frac{60f_1}{n_0}=\frac{60\times50}{750}=4$$

（亦可通过表 6-1 由同步转速 $n_0=750\text{r/min}$ 直接确定磁极对数 $p=4$）

根据式(6-31) 可得额定转差率为

$$s_N=\frac{n_0-n_N}{n_0}=\frac{750-720}{750}=0.04$$

6.3.3 三相异步电动机的机械特性

三相异步电动机的电磁转矩 T（简称转矩）是由转子电流与旋转磁场相互作用而产生的，是描述异步电动机机械特性最重要的物理量之一。

根据相关理论分析，电磁转矩 T 可由下式确定：

$$T=K_T\Phi I_2\cos\varphi_2 \tag{6-32}$$

式中，K_T 是与电动机结构有关的比例常数；Φ 为旋转磁场的每极磁通；I_2 为转子电流的有效值；$\cos\varphi_2$ 为转子电路的功率因数（感性）。

根据相关理论分析还可知，转子电流 I_2 与转差率 s 有关。因此，电磁转矩 T 也与转差率 s 有关。电磁转矩 T 与转差率 s 之间的变化关系，即 $T=f(s)$，称为异步电动机的**转矩特性**，如图 6-21 所示。

由图 6-21 可以看到，当转差率 $s=0$，即同步转速 n_0 与转子转速 n 相等（$n=n_0$）时，电磁转矩 $T=0$，这是理想空载运行状态；随着转差率 s 的增大，电磁转矩 T 也开始增大，但到达最大值 T_m 以后，随着转差率 s 的增大，转矩 T 反而减小，因此最大转矩 T_m 也称为临界转矩，对应于 T_m 的 s_m 称为临界转差率。此外，图中的转矩 T_N 是额定转速 n_N 下对应的额定转矩，T_{st} 为起动转矩。

当电源电压一定时，转子转速 n 与电磁转矩 T 之间的关系，即 $n=f(T)$ 称为异步电动机的机械特性，对应的曲线称为异步电动机的机械特性曲线，如图 6-22 所示。

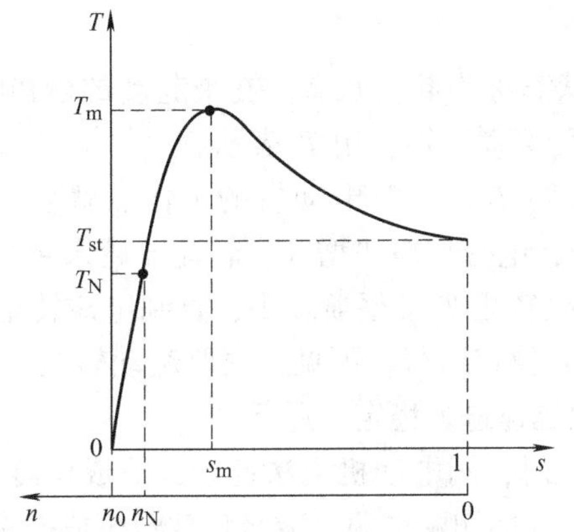

图 6-21 三相异步电动机的转矩特性

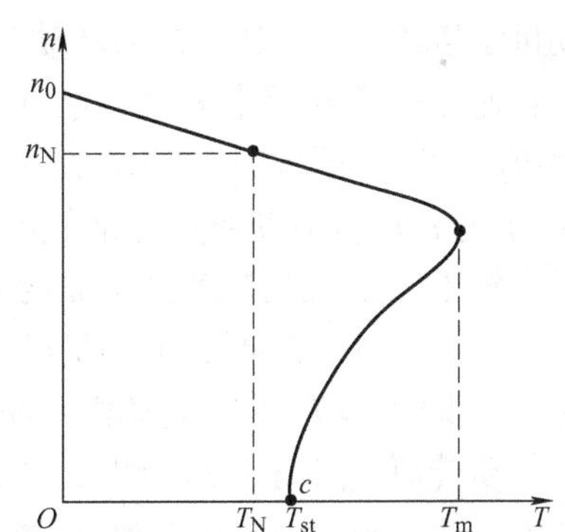

图 6-22 三相异步电动机的机械特性

在图 6-22 中，以最大转矩 T_m 为界，分为两个区，上部为稳定区，下部为不稳定区。当电动机工作在上部稳定区内某点时，电磁转矩 T 与负载转矩 T_L 相平衡，电动机保持匀速转动。如果负载转矩 T_L 发生变化，电磁转矩 T 将自动适应负载转矩 T_L 的变化，达到新的平衡，电动机进入稳定运行状态。当电动机工作在下部的不稳定区时，电磁转矩 T 将不能自动适应负载转矩 T_L 的变化，电动机不能稳定运行。

研究机械特性的目的是为了分析电动机的运行性能。在如图 6-22 所示的机械特性曲线上，要关注对电动机运行特别重要的三个转矩。

1. 额定转矩 T_N

电动机在额定电压下，以额定转速驱动负载运行，并输出额定功率时的转矩称为额定转矩，用 T_N 表示。由理论分析可得

$$T_N = 9550\frac{P_N}{n_N} \tag{6-33}$$

式中，P_N 为电动机的额定功率（kW）；n_N 为电动机的额定转速（r/min）；T_N 为电动机的额定转矩（N·m）。

2. 最大转矩 T_m

在机械特性曲线上，转矩的最大值称为最大转矩或者临界转矩，用 T_m 表示。它是机械特性稳定区与不稳定区的分界点。

当电动机运行时，如果负载转矩 T_L 超过最大转矩 T_m，电动机带不动负载，转速 n 将迅速下降为零，发生“闷车”现象，此时定子绕组电流迅速升高到额定电流的 4～7 倍，使电动机定子绕组严重过热，甚至烧毁。故一旦发生“闷车”现象，必须立即切断电源，并卸掉过重的负载。因此，额定转矩 T_N 要选得比最大转矩 T_m 低，使电动机能有短时过载运行的能力。通常，用最大转矩 T_m 与额定转矩 T_N 的比值 λ 来表示过载系数，即

$$\lambda = \frac{T_m}{T_N} \tag{6-34}$$

过载系数 λ 用于衡量电动机的短时过载能力和运行的稳定性。普通的中小型三相异步电动机的过载系数 λ 一般为 1.8～2.3。起重机等特殊用途的异步电动机过载系数取为 3.3～3.4 或更大。

3. 起动转矩 T_{st}

电动机刚接通电源，转子尚未转动时的工作状态称为起动状态。在被起动的最初瞬间，电动机的转速 $n=0$，转差率 $s=1$，这时的转矩称为起动转矩，用 T_{st}表示。

电动机起动时，要求起动转矩 T_{st}大于负载转矩 T_L，此时电动机的工作点就会沿着如图 6-22 所示的 $n=f(T)$ 机械特性曲线的底部上升，电磁转矩 T 增大，转速 n 越来越高，很快越过最大转矩 T_m，然后随着转速 n 的升高，电磁转矩 T 又逐渐减小，直到电磁转矩 T 等于负载转矩 T_L，即 $T=T_L$ 时，电动机以某一转速 n 稳定运行。可见，只要起动转矩 T_{st}大于负载转矩 T_L，即 $T_{st}>T_L$ 时，电动机一经起动，便迅速进入稳定区运行。

如果起动转矩 T_{st}小于负载转矩 T_L，即 $T_{st}<T_L$ 时，则电动机无法起动，造成堵转现象，电动机的电流达到最大，造成电动机过热。为此应立即切断电源，减轻负载转矩或排除故障后再重新起动。

通常用起动转矩 T_{st}与额定转矩 T_N 的比值来反映异步电动机的直接起动能力，用 λ_{st}表示，即

$$\lambda_{st} = \frac{T_{st}}{T_N} \tag{6-35}$$

普通中小型笼型异步电动机的 λ_{st}一般为 1.2～2.2。

正常情况下，一般要求三相异步电动机的转矩要满足 $T_m>T_{st}>T_N \geqslant T_L$，这样电动机既可以直接起动，也可以长期稳定运行；若出现 $T_L>T_N$ 的情况，电动机只能短时间运行，否则会损坏电动机；不允许出现 $T_L>T_m$ 这种情况，否则电动机很容易损坏。

例 6-8 某三相异步电动机，已知额定功率 $P_N=55\text{kW}$、额定转速 $n_N=2970\text{r/min}$、过载系数 $\lambda=2.2$、起动转矩系数 $\lambda_{st}=2.0$。如果负载转矩 $T_L=200\text{N}\cdot\text{m}$，试分析电动机的运行情况。

解：据式(6-33) 得

$$T_N = 9550\frac{P_N}{n_N} = 9550\times\frac{55}{2970}\text{N}\cdot\text{m} \approx 176.85\text{N}\cdot\text{m}$$

由式(6-34) 可求得最大转矩 T_m为

$$T_m = \lambda T_N = 2.2 \times 176.85\text{N}\cdot\text{m} = 389.07\text{N}\cdot\text{m}$$

由于 $T_N < T_L < T_m$，所以电动机可以带此负载短时间运行。

由式(6-35) 可求得起动转矩 T_{st} 为

$$T_{st} = \lambda_{st} T_N = 2.0 \times 176.85\text{N}\cdot\text{m} = 353.7\text{N}\cdot\text{m}$$

由于 $T_{st} > T_L$，所以电动机可以带此负载直接起动。

6.3.4　三相异步电动机的运行特性

1. 三相异步电动机的起动

电动机接通电源后，由静止到拖动生产机械正常运转，即转速由零上升到稳定值的过程即为起动过程。起动电流和起动转矩是反映异步电动机起动性能的两个主要指标。电动机的起动转矩必须大于负载转矩，否则电动机不能起动。在满足起动转矩足够大的前提下，起动电流越小越好。

三相异步电动机在接入电源起动的瞬间，转速 $n=0$、转差率 $s=1$，旋转磁场和静止转子间的相对转速最大，因此转子中的电流很大，定子从电源吸取的电流也必然很大，这时的定子电流称为**起动电流**。中小型笼型异步电动机的起动电流可以达到额定电流的 5 ~7 倍。虽然起动过程很短，仅几分之一秒到几秒，但如果频繁起动，电动机会发热，甚至烧毁。同时，过大的起动电流在输电线路上造成的电压降较大，影响同一电网上其他用电设备的正常运行。例如，使其他电动机因电压降落，电磁转矩变小，转速下降，甚至导致停转。为此常需要采用一些适当的起动方法，把起动电流限制在一定数值范围内。异步电动机的起动方法通常有以下几种：

（1）**直接起动**　将额定电压直接加在定子绕组上使电动机起动的方法称为**直接起动**，又叫**全压起动**。如图 6-23 所示，这种方法设备简单、操作方便、起动迅速、成本较低，但起动电流较大。只要电网的容量允许，应尽量采用直接起动。

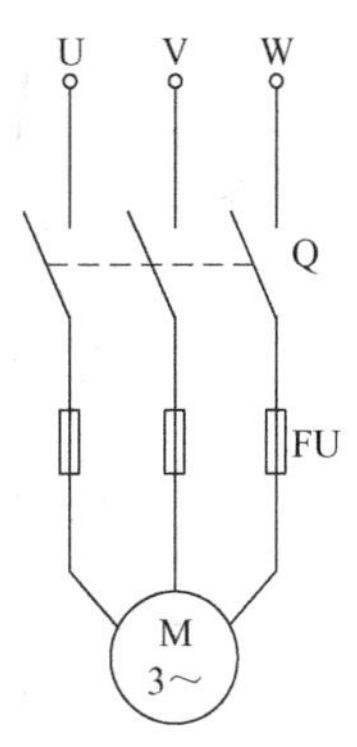

图 6-23　直接起动

电动机能否直接起动，电力管理部门有一定的规定。如果用户由独立的变压器供电，对于频繁起动的电动机，其容量不超过变压器容量的 20% 时，允许直接起动；对于不经常起动的电动机，其容量不超过变压器容量的 30% 时，可以直接起动。如果用户没有独立的变压器供电，电动机在直接起动时电压降不应超过 5% 。

通常，7kW 以下的异步电动机均可直接起动，而 7kW 以上的电动机不能直接起动，需要用其他方法起动，但实际上没有什么严格的规定，而是根据电源的容量大小、起动次数和允许干扰的程度及电动机的形式等来决定的。一般来说，由变压器供电时不经常起动的电动机容量应不大于变压器容量的 30% ，而经常起动的电动机的容量应不超过变压器的 20% ，允许直接起动的电动机的最大容量应以起动时造成的电压降落不超过额定电压的 5% 为原则。大中型异步电动机应该采用减压起动，否则过大的起动电流会对电动机造成伤害，还会导致电网电压的剧烈波动影响其他负载的正常工作。

（2）**减压起动**　如果电动机容量较大或起动频繁，为了限制起动电流，通常采用减压起动。减压起动是在起动时降低加在定子绕组上的电压，电动机转速升高到接近额定值时，再使电源恢复到额定值，转入正常运行的方法。

常用的减压起动方法有三种：定子电路串电阻（或电抗）减压起动、自耦变压器减压起动、Y-△换接减压起动等。

1）串电阻（或电抗）减压起动。定子串电阻减压起动原理图如图6-24所示。电动机起动时，起动开关 Q_1 闭合、运行开关 Q_2 打开，在三相定子电路中串接电阻（或电抗），使电动机定子绕组电压降低，以达到限制起动电流的目的。一旦电动机转速接近额定值时，再把运行开关 Q_2 闭合，串联的分压电阻（或电抗）被短路，使电动机进入全电压正常运行。这种起动方式由于不受电动机接线形式的限制，设备简单，因而常应用在中小型机床中。

串电阻起动的优点是控制电路结构简单、成本低、动作可靠，提高了功率因数，有利于保证电网质量。但由于定子串电阻减压起动，起动电流随定子电压成正比下降，而起动转矩则随电压的二次方关系下降。同时，每次起动都要消耗大量的电能。因此，串电阻减压起动仅适用于要求起动平稳的中小容量电动机以及起动不频繁的场合，大容量电动机多采用串电抗减压起动。

2）Y-△换接减压起动。这种方法是在起动时把定子绕组接成星形（Y），待转速上升到接近额定值时，再换接成三角形（△）进入正常运行，其起动原理图如图6-25所示。在起动时，将转换开关 Q_1 扳到“Y起动”位置，即将定子绕组接成星形（Y），使每相绕组承受的电压为电源的相电压，减小了起动电流对电网的影响。而在其起动后期，即将起动完毕，则把转换开关 Q_1 扳到“△运行”位置，从而把定子绕组换接成三角形（△）接法，使每相绕组承受的电压变换为电源的线电压，电动机进入正常运行。这样，在起动时就把定子每相绕组上的电压降到正常工作电压的 $1/\sqrt{3}$。

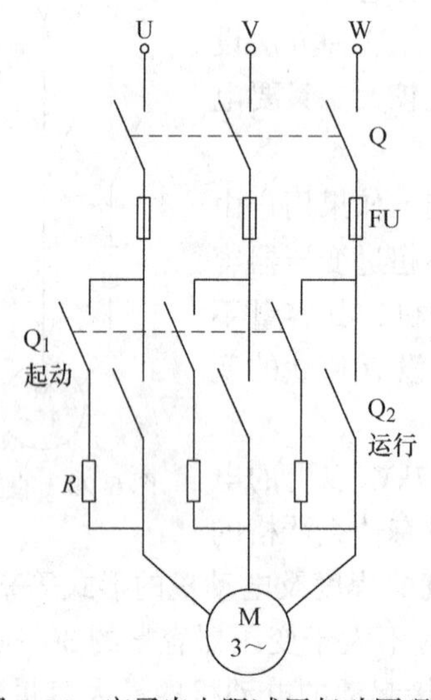

图6-24 定子串电阻减压起动原理图

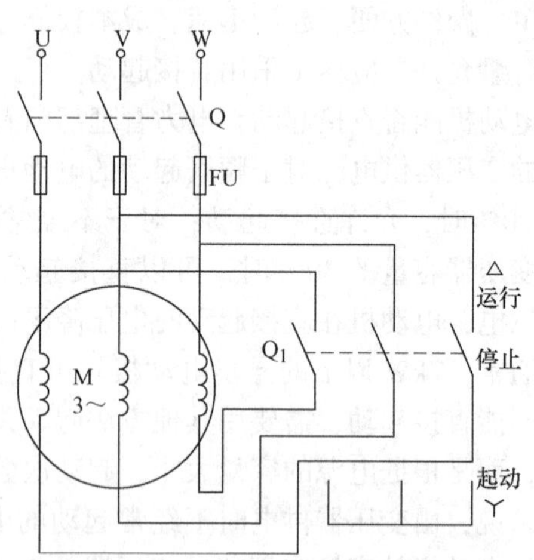

图6-25 Y-△换接减压起动原理图

Y-△换接减压起动可以使起动电流降为直接起动时的1/3，起动转矩也减小为直接起动时的1/3。因此，该方法适用于轻载或空载起动的场合，起动完毕后再加上机械负载。

凡是定子三相绕组头尾端都引出并且正常运行时定子绕组接成三角形的笼型异步电动机，均可采用这种Y-△减压起动方式。

3）自耦变压器减压起动。电动机在起动过程中，利用三相自耦变压器来降低加在定子绕组上的端电压，其原理图如图6-26所示。自耦变压器的一次绕组和电源相连接，二次绕组与电动机的定子绕组相连接。起动前，先将转换开关 Q_1 扳到“起动”位置，电网电压经自耦变压器降压后送到电动机定子绕组上，起动完毕后，再将转换开关 Q_1 接至“运行”位置，自耦变压器便被切除，电动机直接接入电网的交流电源，定子绕组正常运行。

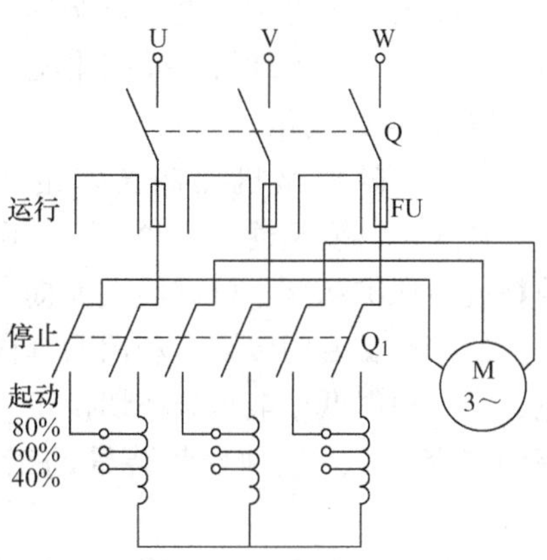

图6-26　自耦变压器减压起动原理图

自耦变压器的二次绕组一般备有三个抽头，其输出电压分别为电源电压的80%、60%和40%，使用时可以根据对起动电流和起动转矩的不同要求，选择不同的起动电压。

在获得同样的起动转矩的条件下，采用自耦变压器减压起动比采用串电阻减压起动从电网获取的电流要小得多，对电网电流冲击小，功率损耗也小，所以自耦变压器被称之为起动补偿器。换言之，若从电网取得同样大小的起动电流，采用自耦变压器减压起动会产生较大的起动转矩。这种起动方法常用于容量较大的电动机。其缺点是自耦变压器价格较贵，相对电阻结构复杂，体积庞大，且是按照非连续工作制设计制造的，故不允许频繁操作。

2. 三相异步电动机的调速

调速是指人为地改变电动机的转速，以满足驱动各种生产机械的需求。调速的方法很多，可以采用机械调速，也可以采用电气调速。采用电气调速可以简化机械变速结构，能获得较好的调速效果。

根据式(6-30)及式(6-31)可得

$$n=(1-s)\frac{60f_1}{p} \tag{6-36}$$

由式(6-36)可知，可以通过改变电源频率 f_1、磁极对数 p 和转差率 s 三种方法来实现对异步电动机转速 n 的调节。

(1) 变极调速　变极调速是通过改变定子绕组的连接方式，使定子绕组磁极对数 p 改变，从而实现对异步电动机转子转速 n 的调节。

由于改变磁极对数 p 实现调速的方法属于有级调速，不能实现平滑的无级调速，级差较大，目前已生产的变极调速电动机有双速、三速、四速等多速电动机。在机床中常用减速齿轮箱来扩大调速范围。变极调速虽然不能平滑无级调速，但稳定性良好、无转差损耗、控制方便，而且比较经济、简单。适用于不需要无级调速的生产机械，如金属切削机床、升降机、起重设备、风机、水泵等。

(2) 变频调速　根据式(6-36)，异步电动机的转速 n 与电源频率 f_1 成正比，随着电力电子技术的迅速发展，很容易通过变频装置，实现大范围平滑地改变电源频率 f_1，从而实现平滑的无级调速。目前常用的变频装置主要有两种：

1）交-直-交变频装置（简称VVVF变频器）。这种变频装置先用晶闸管整流装置将交流电整流成平滑的直流电，然后再利用大功率晶体管（GTR、IGBT等）组成的逆变器将直流电变换成频率可调、电压可调的交流电来驱动交流电动机，其基本构成框图如图6-27所示。

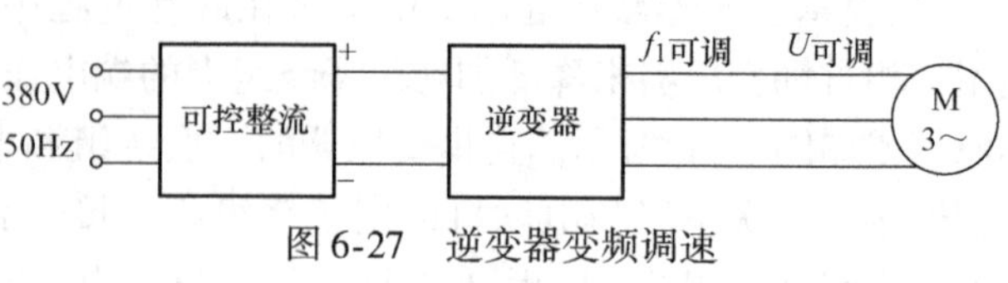

图6-27 逆变器变频调速

目前，随着微机控制技术的发展，使VVVF变频器的变频范围、调速精度、保护功能、可靠性大大提高。

2）交-交变频装置。利用两套极性相反的晶闸管整流电路向三相异步电动机每组绕组供电，交替地以低于电源频率切换正、反两组整流电路的工作状态，使电动机绕组得到相应频率的交变电压。这种变频装置的工作原理和VVVF变频器类似，只是没有中间直流变换环节。

变频调速效率高、范围大、稳定性好，调速过程中没有附加损耗，频率可以连续调节，其属于无级调速。适用于要求精度高、调速性能较好的场合。

（3）变转差率调速 变转差率调速只适用于绕线转子异步电动机。在绕线转子异步电动机的转子电路中接入一个调速电阻，改变电阻的大小，就能实现调速。这种调速方法的优点是设备简单、调速平滑、控制方便，但能量消耗大，属有级调速，常应用于起重设备与恒转矩负载中。

3. 三相异步电动机的制动

异步电动机在电源被切断后，由于电动机转动部分和生产机械都具有惯性，要继续转动一段时间才能停转。为了提高生产效率及确保人身和设备的安全，可以采取有效的制动措施使电动机能迅速停车或反转。

异步电动机制动的方法有机械制动和电气制动两类。

通常是利用电磁抱闸来实现机械制动的。电动机起动时，同时给电磁抱闸线圈通电，电磁铁吸合，抱闸打开；电动机断电时，抱闸线圈同时断电，电磁铁释放，在弹簧作用下，抱闸把电动机转子紧紧抱住，从而实现制动。起重机常采用这种机械制动方式。

电气制动就是要求电动机产生的转矩与转子的转动方向相反，即有一个制动转矩，使电动机迅速停止转动。常用的电气制动方法有以下两种：

（1）能耗制动 能耗制动的原理图如图6-28所示。当电动机进行能耗制动时，开关Q从“运行”位置切换到“制动”位置，即切断与定子绕组相连接的三相电源，同时在定子绕组V、W间接入低压直流电，有直流电流通过定子绕组，在定子与转子之间建立的磁场是固定不变的，而转子由于惯性继续沿原方向转动切割固定磁场，产生一个与转子旋转方向相反的制动转矩，使电动机迅速停转。停转后，转子与磁场相对静止，制动转矩随之消失。这种方法是把转子的动能转换为电能，在转子电路中以热能形式迅速消耗掉的制动方法，故称为**能耗制动**。能耗制动的特性是制动能量消耗小，能准确地停车，并且在制动的后期阶段，随着转速降低，能耗制动转矩也很快减小，所以制动比较平稳。但是制动的效果随着转速的降低变差。

可以通过改变定子励磁电流或者转子电路中串入电阻（绕线转子异步电动机）的大小来调节制动转矩。这种方法的制动时间很短，制动转矩的大小与直流电流有关，直流电流的大小一般为电动机额定电流的0.5～1倍。一般应用在制动要求准确、平稳的场合。

（2）反接制动 反接制动的原理图如图6-29所示。当电动机进行反接制动时，开关Q

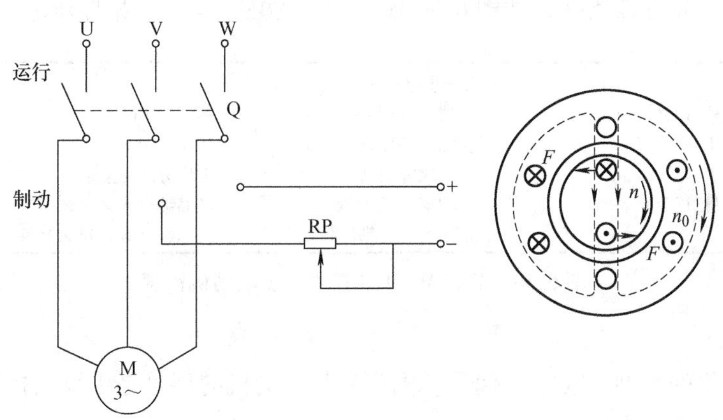

图6-28　能耗制动原理图

由“运行”位置切换到“制动”位置，在电动机脱离电源后，把电动机与电源连接的三根导线中的任意两根对调一下，即改变三相电源的相序，使旋转磁场的方向发生反转，而转子由于惯性仍沿原方向转动，因而产生的电磁转矩与电动机转动方向相反，这时的转矩就是制动转矩，对电动机产生制动作用，电动机迅速减速。当转速接近于零时，利用控制电路将电源自动切断，以免电动机反转。反接制动的优点是制动比较简单、制动转矩较大、停机迅速。由于反接制动时旋转磁场与转子的相对转速很大，因而制动电流较大、消耗能量较大、机械冲击强烈、易损坏传动部件。为了减小制动电流，笼型电动机通常在定子电路中串接电阻，绕线转子电动机则在转子电路中串入电阻。异步电动机的电源反接制动用于准确停车有一定困难，主要是容易造成电动机反转，而且电能损耗也比较大。一些中型车床和铣床主轴的制动中采用这种制动方法。

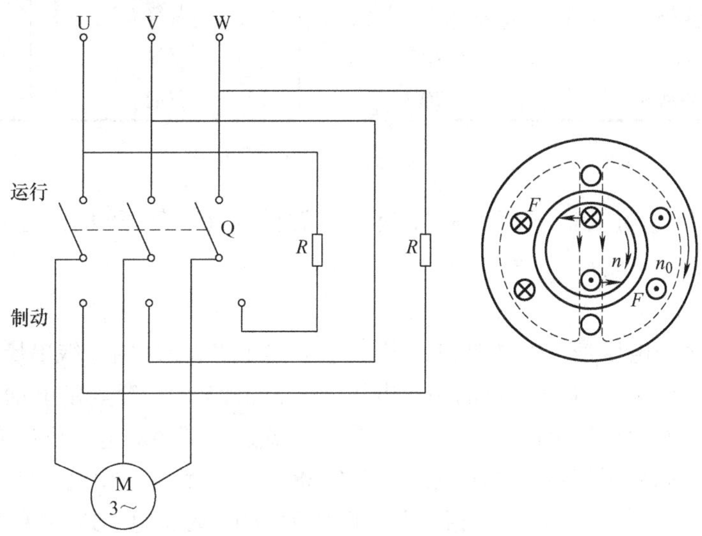

图6-29　反接制动原理图

6.3.5　三相异步电动机的使用

三相异步电动机的机座壳上带有一块铭牌，上面标有该电动机的有关技术数据。要正确使用电动机，必须先看懂铭牌。如图 6-30 所示为 Y180M－4 型三相异步电动机的铭牌。

三相异步电动机		
型号 Y180M–4	功率 18.5kW	频率 50Hz
电压 380V	电流 35.9A	接法 △
转速 1470r/min	绝缘等级 B	工作方式 连续
重量 172kg	功率因数 0.86	产品编号××××××
	×××电机厂制造	××××年××月

图 6-30 Y180M－4 型三相异步电动机铭牌

1. 型号

型号是电动机的类型、规格的代号。国产异步电动机的型号是由汉语拼音字母、国际通用符号以及阿拉伯数字组成，例如：

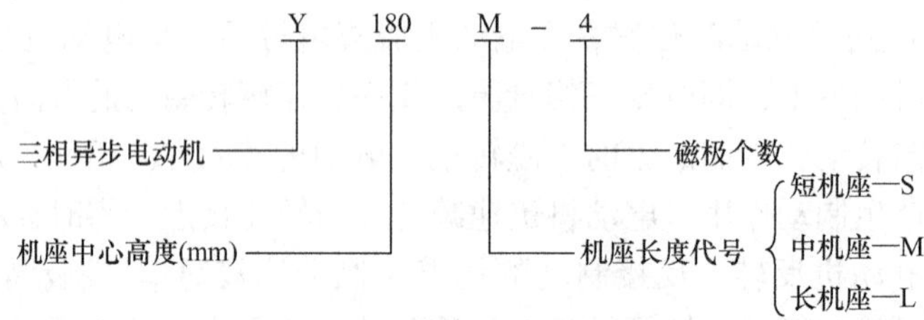

三相异步电动机部分产品的名称代号及其汉字意义摘录于表 6-2 中。

表 6-2 三相异步电动机产品名称代号

产品名称	新代号	汉字意义	老代号
三相异步电动机	Y	异	J，JO
绕线转子三相异步电动机	YR	异绕	JR，JRO
防爆型三相异步电动机	YB	异爆	JB，JBS
高起动转矩三相异步电动机	YQ	异起	JQ，JQO

2. 额定频率

额定频率是指电动机定子绕组所加交流电源的频率，我国工业用交流电标准频率为 50Hz。

3. 额定电压

铭牌上所标示的电压是指电动机在额定运行时，加到定子绕组上线电压的有效值，即额定电压 U_N。Y 系列三相异步电动机的额定电压统一为 380V。一般规定电动机运行时，工作电压的变化范围应不超过额定值的 ±5%，电压过高或过低都会对电动机造成损害。

电动机铭牌上如果标有两种电压值，如 220/380V，表示当三相电源线电压为 220V 时，电动机应联结成三角形（△）；当三相电源线电压为 380V 时，电动机应联结成星形（Y）。

4. 额定电流

铭牌上所标示的电流是指电动机在额定运行时，定子绕组线电流的有效值，即额定电流，用 I_N 表示。标有两种电压的电动机应相应标出两种额定电流。如 10.6/6.2A，表示当定子绕组作三角形联结时，额定电流为 10.6A；而作星形联结时，其额定电流为 6.2A。

5. 额定功率和效率

铭牌上所标示的功率是指在额定电压、额定频率、额定负载运行时，电动机轴上输出的机械功率值，即额定功率，也称额定容量，用 P_N 表示。

效率 η 是指输出的额定机械功率 P_N 与电源输入电功率 P_{1N}之比，即

$$\eta = \frac{P_N}{P_{1N}} \times 100\% \tag{6-37}$$

一般来说，三相异步电动机运行时的效率 η 为 72% ~93%。

因为三相异步电动机是三相对称负载，所以电源的输入功率 P_{1N}为

$$P_{1N} = \sqrt{3} U_N I_N \cos\varphi_N \tag{6-38}$$

式中，U_N 为电动机的额定线电压；I_N 为额定电流；$\cos\varphi_N$为电动机铭牌上的功率因数。为了提高功率因数，要尽量避免电动机轻载或空载运行。

6. 额定转速

铭牌上所标的转速是指电动机在额定电压、额定电流以及额定频率运行时，电动机轴上的转速，即额定转速 n_N，单位为 r/min（转/分钟）。

7. 接法

接法是指电动机在额定电压下，三相定子绕组的连接方式。通常，Y 系列三相异步电动机额定功率在 3kW 及以下的为Y联结，4kW 及以上的为△联结。

如果电动机铭牌标明“电压 220/380V，接法△/Y”，在这种情况下，则由电源电压的大小来决定采用何种接法。如果电源电压为 220V，则联结成三角形（△）；如果电源电压为 380V，则应联结成星形（Y）。注意对应这两种不同接法下形成的定子绕组的相电压都是 220V 的额定电压。

8. 绝缘等级

绝缘等级是指电动机定子绕组所用绝缘材料允许的最高温度等级，现常用的有 B、F、H 三个等级。目前，一般电动机采用较多的是 155（F）级。

电动机运行时温度高出环境温度的容许值叫作容许温升。例如，环境温度为 40℃时，容许温升为 80℃的电动机最高允许温度为 120℃。

容许温升的高低与电动机所采用的绝缘材料的绝缘等级有关。常用绝缘材料的绝缘等级及其最高容许温度见表 6-3。

表 6-3　绝缘等级及其最高容许温度

绝缘等级	B	F	H
最高容许温度/℃	130	155	180

9. 功率因数

功率因数为定子绕组相电压与相电流相位差角 φ 的余弦，即 $\cos\varphi$。三相异步电动机中，由于存在较大的空气隙，故功率因数较低，在额定运行时约为 0.7 ~0.9，而在轻载和空载时更低，空载时只有 0.1 ~0.2。

10. 工作方式

工作方式是指电动机在铭牌所规定的条件下对运行时间的限制，以防止电动机内部温度

超过极限值。

异步电动机常见的工作方式主要有三种：

（1）连续工作方式　在铭牌上所规定的额定功率下，允许电动机长期连续运行，且温升不会超过容许值，可以用代号 S1 表示。

（2）短时工作方式　只允许电动机按额定功率在规定时间内运行，如果运行时间超过规定时间，会使电动机过热而损坏，可以用代号 S2 表示。

（3）断续周期工作方式　只允许电动机以一定周期间歇方式运行。例如起重机械的拖动多为此种方式，可以用代号 S3 表示。

6.3.6 三相异步电动机的选择

三相异步电动机应用很广泛，选择是否合理，对运行的安全性和经济、技术指标的实现都有很大影响。在选择电动机时，应根据实际需要，综合考虑经济、安全等因素，必须合理选择其功率、类型、电压和转速等。

1. 功率的选择

由生产机械所需的功率来选择电动机功率（即容量）。功率选得过大，虽然能保证电动机正常运行，但不经济；功率选得过小，不能保证电动机和生产机械正常工作，长期过载运行，将使电动机烧坏，并造成严重设备事故。

对于连续运行的电动机，先要计算出生产机械的功率，使电动机的额定功率等于或稍大于生产机械的功率即可。

2. 类型的选择

可以综合考虑电源类型、机械特性、调速与起动特性、维护及价格等方面来选择电动机的类型。例如：

1）通常生产现场所用的都是三相交流电源，如果无特殊要求，一般都采用交流电动机。

2）如果机械特性要求较硬，而调速无特殊要求的场合，尽可能选用笼型电动机。这是因为笼型电动机具有结构简单、价格低、维护方便的优点。

3）如果要求起动性能好，且小范围内能够平滑调速时，可选用绕线转子电动机。

4）如果要求转速恒定或功率因数较高时，宜选用同步电动机。

3. 电压的选择

要根据电动机类型、功率及工作场所的电源电压来选择电动机的电压。在条件允许的情况下，容量大于 100kW 的电动机一般选用 3kV 或 6kV 的高压电动机，小容量的 Y 系列电动机只有 380V 一个电压等级。

4. 转速的选择

电动机的额定转速取决于生产机械的要求和传动机构的变速比。额定功率一定时，转速越高，则体积越小，价格越低，但需要变速比大的传动减速机构。因此，必须综合考虑电动机和机械传动等方面的因素。

5. 结构类型的选择

电动机驱动的生产机械种类繁多，工作环境也各不相同。由于绕组的绝缘层容易受到潮湿水汽或含有酸性气体的侵蚀，灰尘很多的工作环境会导致散热条件恶化。因此需要生产各种不同结构类型的电动机，以保证在不同的工作环境中都能安全可靠地运行。常见的电动机的结构类型主要有下列几种：

（1）开启式　电动机在结构上无特殊防护装置，通风良好，适用于干燥无灰尘的场所。

（2）防护式　在机壳或端盖下面有通风，以防止铁屑等杂物掉入，或将外壳做成挡板状，防止在一定角度内有雨水滴入。

（3）封闭式　外壳严密封闭，靠电动机自身风扇冷却或外部风扇冷却，并在外壳带有散热片。在灰尘多、潮湿或含有酸性气体的场所，采用这种封闭式电动机。

（4）防爆式　整个电动机严密封闭，用于有爆炸性气体和粉尘的场所。

此外，还要根据实际的安装要求，选用不同安装结构的电动机。

【课堂限时习题】

6.3.1　三相异步电动机的旋转磁场与转子电流相互作用产生的转矩称为（　　）。

A）起动转矩　　B）电磁转矩　　C）最大转矩　　D）额定转矩

6.3.2　电动机起动时，要求起动转矩 T_{st} 应大于负载转矩 T_L，以便起动后迅速进入稳定区运行。（　　）

A）对　　B）错

6.3.3　电动机的额定转矩 T_N 必须超过最大转矩 T_{max}，否则容易导致“闷车”现象。（　　）

A）对　　B）错

6.4　单相异步电动机

单相异步电动机的定子绕组由单相交流电源供电，与三相异步电动机的工作原理相似，由定子绕组通入交流电产生旋转磁场，切割转子导体产生感应电动势和感应电流，进而产生电磁转矩使转子转动。

单相异步电动机的结构简单、成本低、噪声小、使用方便，在工业控制和日常生产中具有广泛的应用，特别是在家用电器、电动工具、医疗器械等领域的使用尤为普遍。最常见的如风扇、洗衣机、电冰箱、空调等设备所用的电动机都是单相异步电动机。与同容量的三相异步电动机相比，单相异步电动机的体积较大、运行性能较差。单相异步电动机一般应用于功率在几千瓦以下的小容量场合。

6.4.1　单相异步电动机的工作原理

单相异步电动机定子为单相绕组，转子一般为笼型。当单相正弦交流电通入定子的单相绕组时，就在绕组轴线方向上产生一个空间位置保持不动的交变脉动磁场，空气隙中各点的磁感应强度 B 在时间上随交变电流按正弦规律变化。而在某一瞬间，空气中的磁感应强度又按正弦规律分布，如图 6-31 所示。可见，单相异步电动机中的磁场是一个静止的脉动磁场，它不同于三相异步电动机中的旋转磁场。

单相异步电动机中静止的脉动磁场在每一时刻可以分解为两个转速相等而旋转方向相反的旋转磁场，如图 6-32 所示。其转矩特性如图 6-33 所示，它们分别在转子中感应出大小相

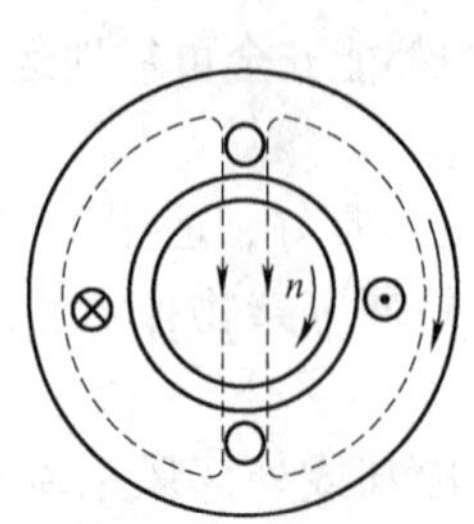

a) 单相异步电动机的旋转磁场

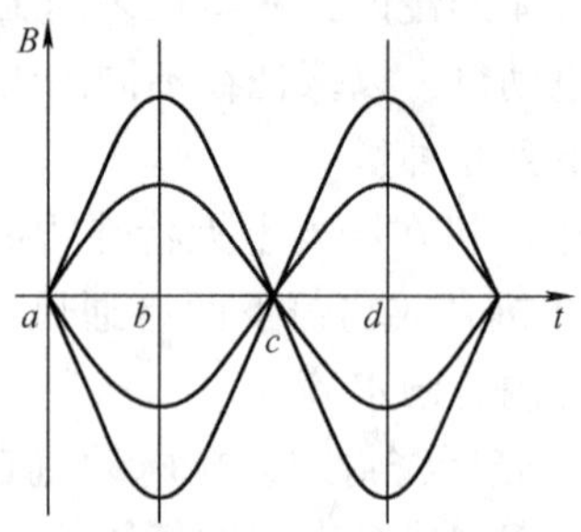

b) 不同瞬间空气隙中磁感应强度的分布

图 6-31 单相异步电动机的旋转磁场及不同瞬间磁感应强度的分布

等、方向相反的电压和电流，并产生大小相等、方向相反的电磁转矩 T_1、T_2，合成转矩 T 为零，即单相异步电动机没有起动转矩，它不能自行起动，如图 6-33 中 1.0 处。

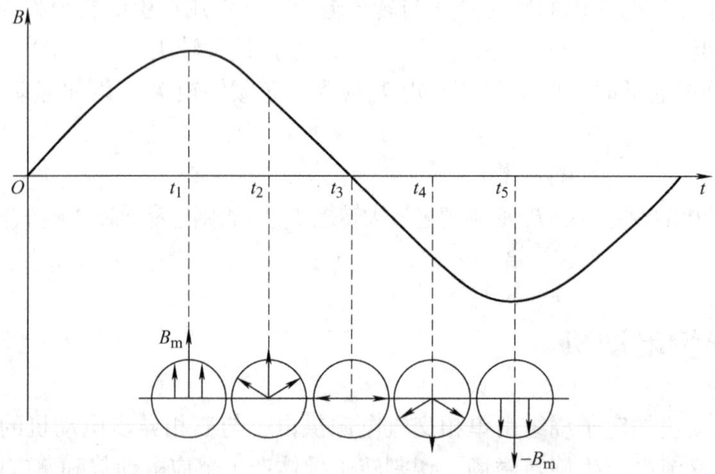

图 6-32 单相异步电动机脉动磁场的分解

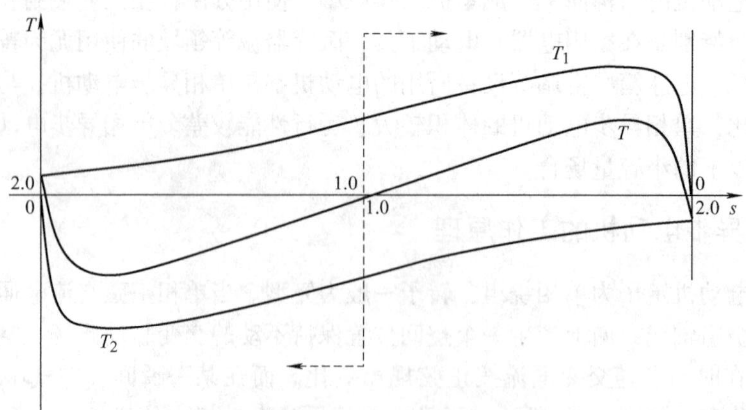

图 6-33 单相异步电动机的电磁转矩

如果在外力作用下使转子转动，使转子转动的方向与两个旋转磁场中的一个方向相同，从而产生与转子转向相同的较大的电磁转矩 T_1，又由于转子转动的方向与另一个旋转磁场方向相反，从而产生与转子转向相反且较小的电磁转矩 T_2，因此，合成转矩 T 不等于零，即 $T=T_1-T_2\neq 0$，这样就使单相异步电动机沿着外力方向加速转动，直到与负载转矩相平衡，稳定运行在某一转速。因此，要解决单相异步电动机的应用问题，首先必须解决它的自起动问题，要在单相异步电动机内部先建立一个旋转磁场，以便产生起动转矩。

6.4.2　单相异步电动机的起动方法

单相异步电动机根据起动方法的不同，分为分相式和罩极式等类型。

1. 分相式单相异步电动机

将多相电流通入多相绕组中就能产生一个旋转磁场。例如在两个空间相隔90°的绕组分别通入具有一定相位差的同频率正弦交流电，就能形成旋转磁场。分相式单相异步电动机有电容分相式和电阻分相式两种类型。

（1）电容分相式单相异步电动机　电容分相式单相异步电动机的定子上嵌有空间相位相差90°的两套绕组，其中一套称为工作绕组 U_1U_2（也称主绕组），另一套称为起动绕组 Z_1Z_2（也称辅助绕组），起动绕组 Z_1Z_2 与电容器 C 串联，再与工作绕组 U_1U_2 并联，然后接在单相交流电源上，如图6-34所示。适当选择电容器 C 的电容量，使起动绕组的电流相位比工作绕组的电流相位超前达90°。由三相异步电动机的转动原理可知，这两个绕组中的电流可以产生一个合成的旋转磁场。在此旋转磁场的作用下，使转子沿着同一方向运转起来。分相电容器 C 一般选用交流电解电容器。

电容分相式异步电动机的转动方向是由起动绕组和工作绕组的接法决定的，当两套绕组完全相同时，要使电动机反转，只要转换其中任意一相绕组的电源接线端，即调换电容器 C 的串联位置，就可以改变两个绕组的相位关系，使旋转磁场的转动方向改变，从而实现电动机的反转。

电容分相式异步电动机常用于家用电器中。如图6-35所示为洗衣机的电动机正反转控制原理图。洗涤时要求能实现正反转，且两个转向性能要相同。因此，工作绕组和起动绕组要完全相同，才可以互换。当转换开关K置于“1”时，工作绕组为 U_1U_2，电容器 C 与 Z_1Z_2 串联，即 Z_1Z_2 为起动绕组；转换开关K置于“2”时，工作绕组转换为 Z_1Z_2，电容器 C 与 U_1U_2 串联，即起动绕组转换为 U_1U_2，实现洗衣机的电动机反转。

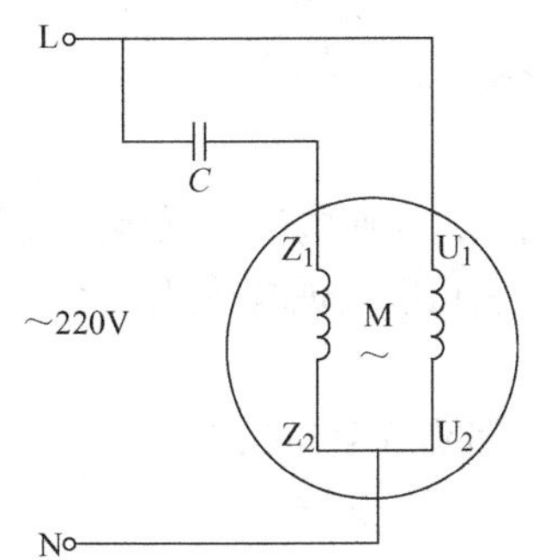

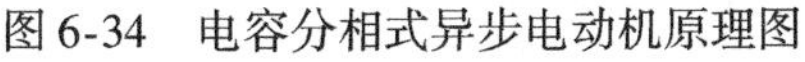
图6-34　电容分相式异步电动机原理图

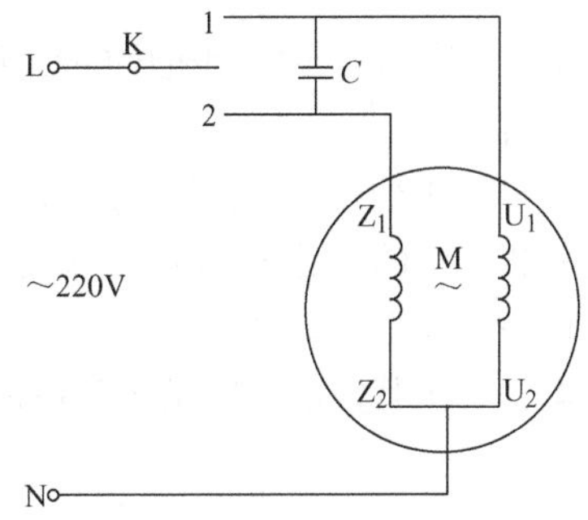

图6-35　洗衣机洗涤电动机正反转控制原理图

（2）电阻分相式单相异步电动机　电阻分相式单相异步电动机的原理如图6-36所示。图中的PTC为正温度系数的热敏电阻，PTC与起动绕组 Z_1Z_2 串联，当电动机接通电源时，热敏电阻PTC的温度较低，阻抗较小，通过很大的起动电流。随着电流的通过，热敏电阻

PTC 温度升高，达到某一值后，阻抗急剧增大，电流大幅度下降，最后达到几十毫安的稳定值，使起动绕组处于“断路状态”，这样就在短时间内完成了电动机的起动。由于热敏电阻 PTC 元件的热惯性，每次停机后，电动机必须间隔 3～5min 后，热敏电阻 PTC 才能恢复到接近室温，呈现低阻抗，才能重新起动运转。因此，电阻分相式可以防止由于连续起动而损坏电动机。家用电器中的空调、电冰箱等多采用电阻分相式单相异步电动机。

2. 罩极式异步电动机

罩极式异步电动机的结构如图6-37 所示。在定子上有凸出的磁极，主绕组（定子绕组）套装在磁极上，将短路铜环的一个边嵌入在磁极面上的开凹槽内，短路铜环相当于一个副绕组，短路铜环内的磁极称为被罩部分，其余则称为未罩部分。当定子绕组通入交流电时，产生的交变磁通在极面上被分为未罩部分和被罩部分。由于短路铜环产生的感应电流阻碍交变磁通的作用，使被罩部分磁通的相位滞后于未罩部分磁通的相位一个电角度，使得磁通在空间被分成相位不同的两部分，形成移动磁场。在移动磁场的作用下，转子便沿着磁极的未罩部分转向被罩部分的方向转动起来。

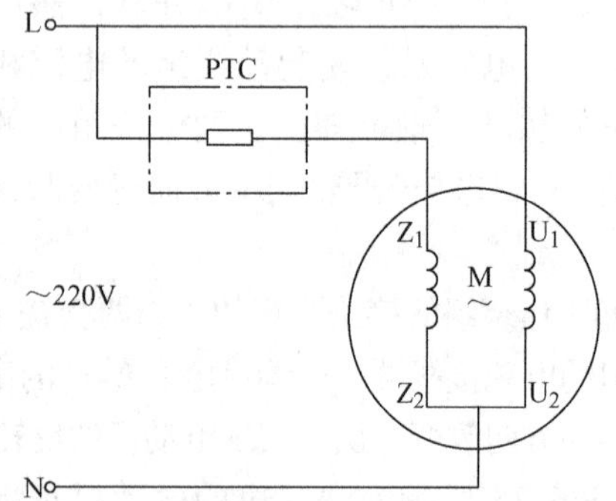

图6-36 电阻分相式单相异步电动机原理图

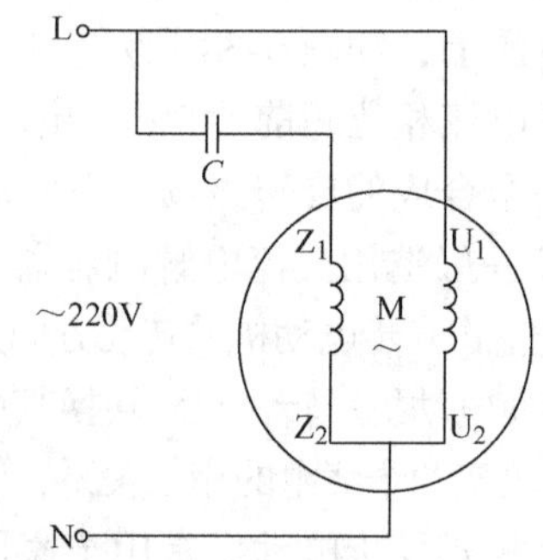

图6-37 罩极式异步电动机原理图

罩极式单相异步电动机的起动转矩小，效率、功率因数和过载能力等较差，但制造简单、维修方便，常用于小功率的电风扇和电唱机中。

【课堂限时习题】

6.4.1 单相异步电动机中的磁场是一个静止的脉动磁场。(　　)

A）对　　　　B）错

6.4.2 对于电容分相式异步电动机当两套绕组完全相同时，要使电动机反转，只要转换其中任意一相绕组的电源接线端，即调换电容器 C 的串联位置，就可以实现电动机的反转。(　　)

A）对　　　　B）错

6.4.3 电阻分相式单相异步电动机每次停机后，必须间隔 3～5min 后，才能重新起动运转。(　　)

A）对　　　　B）错

习题

【习题6-1】 有一线圈，其匝数 $N=1000$ 匝，绕在由铸钢制成的闭合铁心上，铁心的截

面积为 $S=10\text{cm}^2$，铁心的平均长度 $l=40\text{cm}$。如果要在铁心中产生磁通 $\Phi=0.001\text{Wb}$，试问线圈中应通入多大的直流电流？

【习题 6-2】　有一个闭合铁心磁路，铁心的截面积 $S=9\times10^{-4}\text{m}^2$，磁路的长度 $l=0.3\text{m}$，铁心的磁导率 $\mu=5000\mu_0$，套装在铁心上的励磁绕组匝数 $N=500$ 匝。试求在铁心中产生 1T 的磁通密度时，需要多少励磁磁通势和励磁电流？

【习题 6-3】　一台小型单相变压器，额定容量为 $S_N=U_NI_N=100\text{V}\cdot\text{A}$，电源电压 $U_1=220\text{V}$，频率 $f=50\text{Hz}$，铁心中最大主磁通 $\Phi_m=1.172\times10^{-3}\text{Wb}$。试求：(1) 空载电压 $U_{20}=12\text{V}$ 时，一次绕组、二次绕组各为多少匝？(2) 空载电压 $U_{20}=24\text{V}$ 时，一次绕组、二次绕组又各为多少匝？

【习题 6-4】　如图 6-38 所示电路中的交流信号源电压有效值 $U_S=120\text{V}$，内阻 $R_0=800\Omega$，负载电阻 $R_L=8\Omega$。试求：(1) 若负载电阻 R_L 折算到一次绕组的等效电阻 $R_L'=R_0$，求变压器的电压比和信号源的输出功率；(2) 如果将负载直接与信号源相接，信号源输出多大功率？

【习题 6-5】　单相变压器一次绕组匝数 $N_1=1000$ 匝，二次绕组匝数 $N_2=500$ 匝。当在一次绕组接入 $U_1=220\text{V}$、二次绕组接电阻性负载时，测得二次绕组电流 $I_2=4\text{A}$。忽略变压器的内阻抗及损耗。试求：(1) 二次绕组的电压 U_2；(2) 变压器一次绕组的等效负载电阻 R_L'；(3) 变压器输出功率 P_2。

【习题 6-6】　在图 6-39 所示的变压器电路中，已知电流信号源内阻 $R_0=45\Omega$，负载电阻 $R_L=5\Omega$。为了使负载电阻 R_L 获得最大功率，试求变压器的电压比应取多少？

【习题 6-7】　在图 6-40 所示的变压器电路中，为了使负载电阻 R_L 获得最大功率，试求变压器的电压比应取多少？

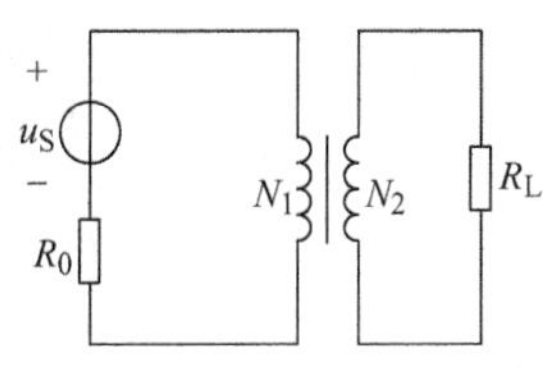

图 6-38　习题 6-4 的电路

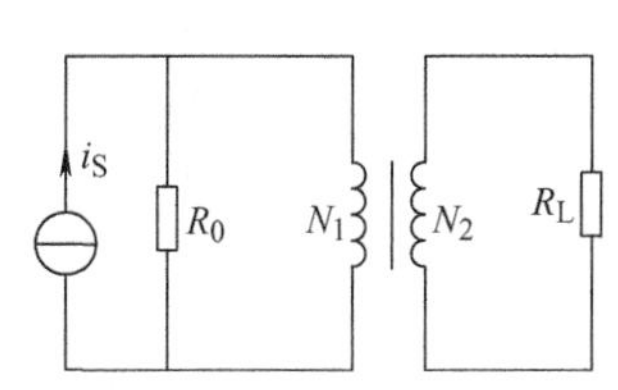

图 6-39　习题 6-6 的电路

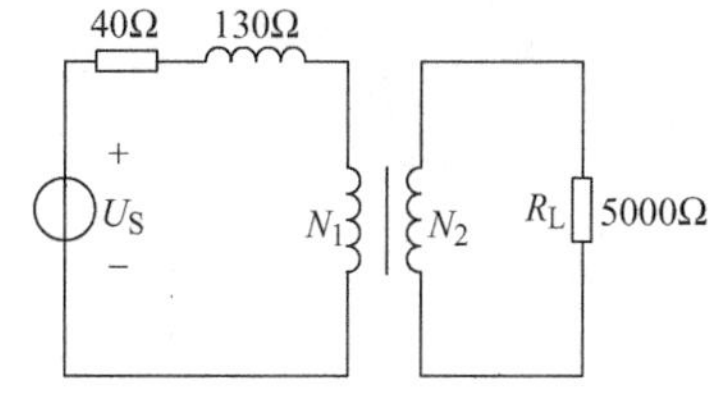

图 6-40　习题 6-7 的电路

【习题 6-8】　单相变压器一次绕组匝数 $N_1=460$ 匝，接在 220V 交流电源上，空载电流忽略不计。如果二次绕组需要得到三个电压 $U_{21}=110\text{V}$、$U_{22}=36\text{V}$、$U_{23}=6.3\text{V}$。电流分别对应为 $I_{21}=0.2\text{A}$、$I_{22}=0.5\text{A}$、$I_{23}=1\text{A}$，均为电阻性负载。试求：(1) 二次绕组的匝数 N_{21}、N_{22} 及 N_{23}；(2) 变压器容量 S 和一次电流 I_1。

【习题 6-9】　扩音机输出变压器的一次绕组匝数 $N_1=300$ 匝，二次绕组匝数 $N_2=100$ 匝，二次绕组接阻抗为 16Ω 的扬声器。如果二次绕组改接阻抗为 8Ω 的扬声器，要求一次绕组的等效阻抗保持不变，试问这时二次绕组的匝数是多少？

【习题 6-10】　一台三相异步电动机的额定转速为 $n_N=975\text{r/min}$、电源频率为 50Hz。确定该电动机极对数 p，并求额定转差率 s_N。

【习题 6-11】　Y180L-6 型的三相异步电动机的额定功率为 $P_N=15\text{kW}$，额定转速为 $n_N=970\text{r/min}$，电源频率为 50Hz，最大转矩为 $T_{max}=296\text{N}\cdot\text{m}$，试求电动机的过载系数 λ。

【习题6-12】 已知 Y100L1-4 型异步电动机的某些额定技术数据如下：

2.2kW　　380V　　Y联结　　1420r/min　　$\cos\varphi=0.82$　　$\eta=81\%$

试求：(1) 相电流和线电流的额定值以及额定转矩；

(2) 额定转差率。(设电源频率为50Hz)

【习题6-13】 已知 Y132S-4 型三相异步电动机的额定技术数据如下：

功率	转速	电压	效率	功率因数	I_{st}/I_N	T_{st}/T_N	T_{max}/T_N
5.5kW	1440r/min	380V	85.5%	0.84	7	2.2	2.3

电源频率为50Hz，试求在额定状态下的转差率 s_N、电流 I_N 和转矩 T_N，以及起动电流 I_{st}、起动转矩 T_{st} 以及最大转矩 T_{max}。

【习题6-14】 已知一台三相异步电动机的额定功率 $P_N=7.5\text{kW}$，额定电压为380V，额定功率因数为0.8，额定效率为0.94，试求该电动机的额定电流 I_N。

第7章　继电接触器控制系统

【章前预习提要】

(1) 了解常用电器的分类方式；了解控制按钮、转换开关、交流接触器、继电器、熔断器、低压断路器、行程开关等电气元件的工作原理和符号。

(2) 重点掌握电动机的点动、单向连续运动、正反转等基本控制电路。

(3) 学会看简单的继电接触器控制原理图。

在实际生产实践过程中，各种生产机械的运动部件大多是由电动机来带动的。因此，需要对电动机的起动、停止、正反转、调速、制动及顺序运行等过程进行自动控制，使生产机械各部件的动作按一定的顺序进行，才能保证生产过程和加工工艺合乎预定要求。

对电动机和生产机械实现控制和保护的电工设备叫作控制电器。控制电器的种类很多，按其动作方式可分为手动和自动两类。手动电器的动作是由工作人员手动操纵的，如组合开关、按钮等。自动电器的动作是根据指令、信号或某个物理量的变化自动进行的，如各种继电器、接触器、行程开关等。由电动机、接触器、继电器及其他控制电器元件，按一定的要求和方式连接起来，就组成了**继电接触器控制系统**，用来实现自动控制。

任何复杂的控制电路，都是由一些元器件和单元电路组成，因此，在本章中先介绍一些常用控制电器和基本控制电路，然后讨论其应用实例。

7.1　常用的控制电器

电器是接通、断开、调节、控制或保护电路及电气设备用的电工器具。电器的用途广泛、功能多样、种类繁多、结构各异。下面是几种常用的电器分类方式。

1. 按工作电压等级分类

(1) 高压电器　用于交流电压1200V及以上、直流电压1500V及以上电路中的电器。例如高压断路器、高压隔离开关、高压熔断器等。

(2) 低压电器　用于交流50Hz（或60Hz）、额定电压为1200V以下，直流额定电压1500V以下的电路中的电器。例如接触器、继电器等。

2. 按动作原理分类

(1) 手动电器　用手或依靠机械力进行操作的电器。例如手动开关、控制按钮、行程开关等。

(2) 自动电器　借助于电磁力或某个物理量的变化自动进行操作的电器。例如接触器、各种类型的继电器、电磁阀等。

3. 按用途分类

(1) 控制电器　用于各种控制电路和控制系统的电器。例如接触器、继电器、电动机起动器等。

(2) 主令电器 用于自动控制系统中发送动作指令的电器。例如按钮、行程开关、转换开关等。

(3) 保护电器 用于保护电路及用电设备的电器。例如熔断器、热继电器、各种保护继电器、避雷器等。

(4) 执行电器 用于完成某种动作或传动功能的电器。例如电磁铁、电磁离合器等。

(5) 配电电器 用于电能的输送和分配的电器。例如高压断路器、隔离开关、刀开关、低压断路器等。

4. 按工作原理分类

(1) 电磁式电器 依据电磁感应原理来工作。例如接触器、各种类型的电磁式继电器等。

(2) 非电量控制电器 依靠外力或某种非电物理量的变化而动作的电器。例如刀开关、行程开关、按钮、速度继电器、温度继电器等。

低压电器能够依据操作信号或外界现场信号的要求，自动或手动改变电路的状态、参数，实现对电路或被控对象的控制、保护、测量、指示、调节。随着科学技术的发展，新功能、新设备会不断出现，本章只介绍几种常用低压控制电器。

7.1.1 组合开关

组合开关（QS）又称为转换开关，是一种转动式的刀开关。主要用于接通、切断负荷或电路、切换电源、控制小型笼型三相异步电动机的起动、停止、正反转或局部照明。

组合开关的种类很多，常用的有HZ10等系列，图7-1所示是一种组合开关的外形图。其结构图如图7-2所示。在手柄1上连着转轴2，并装有弹簧3和凸轮4。有三对静触片8，每个触片的一端分别固定在绝缘垫板6上，另一端伸出盒外，连接在接线柱9上。三个动触

图7-1 组合开关的外形图

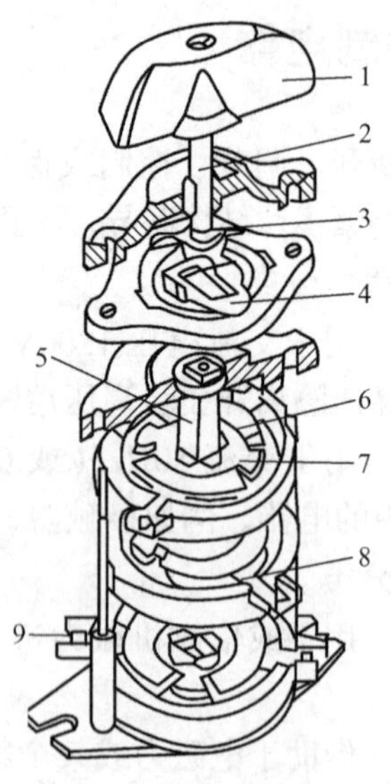

图7-2 组合开关的结构图

1—手柄 2—转轴 3—弹簧 4—凸轮 5—绝缘杆
6—绝缘垫板 7—动触片 8—静触片 9—接线柱

片7装在绝缘杆5上。组合开关沿转轴2自下而上分别安装了三层开关组件，每层上均有一个动触片7、一对静触片8及一对接线柱9，各层分别控制一条支路的通与断，形成组合开关的三极。当手柄1每转过一定角度，就带动固定在转轴上的三层开关组件中彼此相差一定角度的三个动触片同时转动至一个新位置，在新位置上分别与各层的静触片接通或断开。图7-3所示为用组合开关来起停异步电动机的接线图。

组合开关有单极、双极、3极和4极等几种，额定持续电流有10A、25A、60A和100A等多种。其图形和文字符号如图7-4所示。

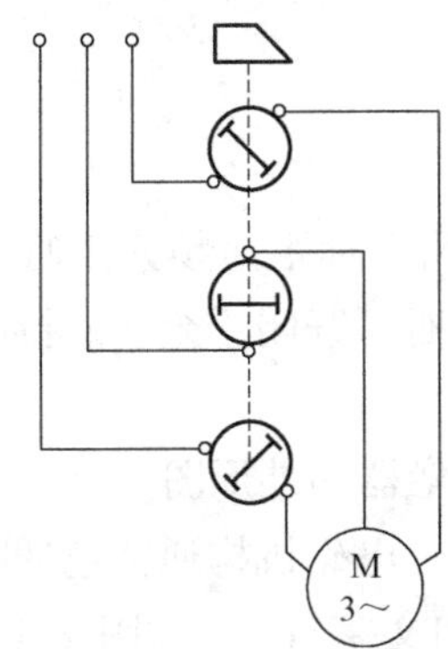

图7-3　用组合开关起停异步电动机的接线图

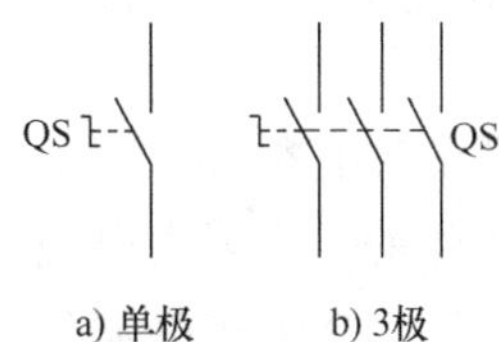

图7-4　组合开关的图形和文字符号

7.1.2　按钮

按钮（SB）是一种结构简单、使用广泛的手动主令电器，它可以与接触器或继电器配合，对电动机进行远距离自动控制，用于实现控制电路的电气联锁。

图7-5所示是一组按钮的外形图，其结构示意图如图7-6所示。控制按钮由按钮帽、复位弹簧、桥式触点和外壳等组成，通常做成复合式，即具有常闭触点和常开触点。

常闭触点是按钮未按下时闭合、按下后断开的触点，也称动断触点。常开触点是按钮未按下时断开、按下后闭合的触点，也称动合触点。按钮按下时，常闭触点先断开，然后常开触点闭合；按钮释放后，在复位弹簧的作用下，按钮触点自动复位的先后顺序相反，使触点恢复到原来的位置。通常，在无特殊说明的情况下，有触点电器的触点动作顺序均为“先断后合”。按钮内的触点对数及类型可根据需要组合，最少具有一对常闭触点或常开触点。按钮的图形和文字符号如图7-7所示。

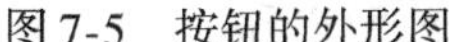

图7-5　按钮的外形图

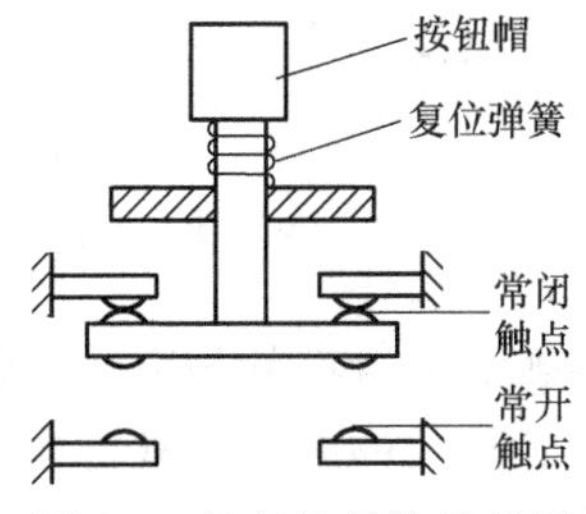

图7-6　按钮的结构示意图

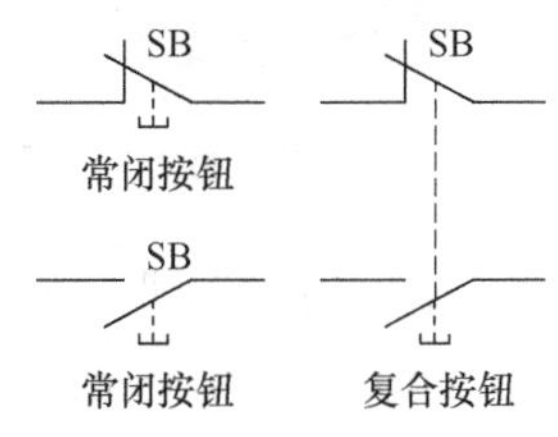

图7-7　按钮的图形和文字符号

在电器控制电路中，常开按钮常用来起动电动机，也称起动按钮，常闭按钮常用于控制电动机停车，也称停止按钮，复合按钮用于联锁控制电路中。

控制按钮的种类很多，在结构上有揿钮式、紧急式、钥匙式、旋钮式、带灯式和打碎玻璃按钮。常用的控制按钮有 LA2、LA18、LA20、LAY1 和 SFAN-1 型系列按钮。其中 SFAN-1 型为消防打碎玻璃按钮。LA2 系列为仍在使用的老产品，新产品有 LA18、LA19、LA20 等系列。其中 LA18 系列采用积木式结构，触点数目可按需要拼装至六常开六常闭，一般拼装成二常开二常闭。LA19、LA20 系列有带指示灯和不带指示灯两种，前者的按钮帽用透明塑料制成，兼作指示灯罩。

7.1.3 交流接触器

交流接触器（KM）是一种电磁式自动开关，主要用于远距离频繁接通和分断交流主电路及大容量控制电路。其主要控制对象是电动机，每小时可开闭千余次。接触器的动力来源是电磁机构。

交流接触器的种类很多，图 7-8 所示是一种交流接触器的外形图。交流接触器是利用电磁吸力的原理工作的。主要由电磁机构和触头系统组成。电磁机构通常包括吸引线圈、铁心和衔铁三部分。图 7-9 为接触器的结构示意图及图形和文字符号。图中，1、2、3、4 是静触点，5、6 是动触点，7、8 是吸引线圈，9、10 分别是静铁心和动铁心（衔铁），11 是复位弹簧。线圈通电后，在铁心中产生磁通及电磁吸力，此电磁吸力克服弹簧反力使得衔铁吸合，带动触点机构动作，常闭触点打开，常开触点闭合，互锁或接通线路。线圈失电或线圈两端电压显著降低时，电磁吸力小于弹簧反力，使得衔铁释放，触点机构复位，依靠弹簧使触点恢复到原来的状态，断开线路或解除互锁。

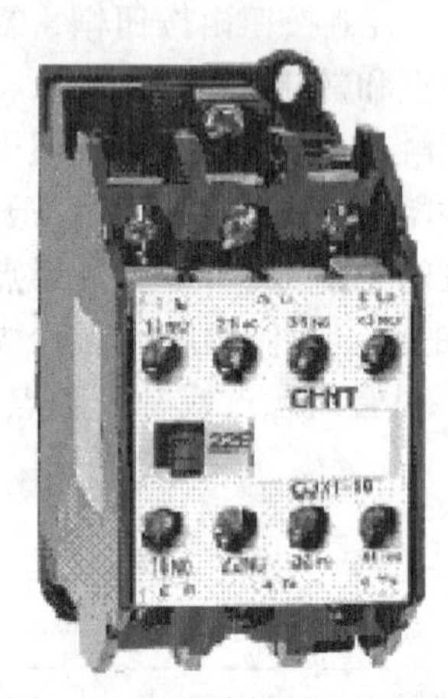

图 7-8 交流接触器的外形图

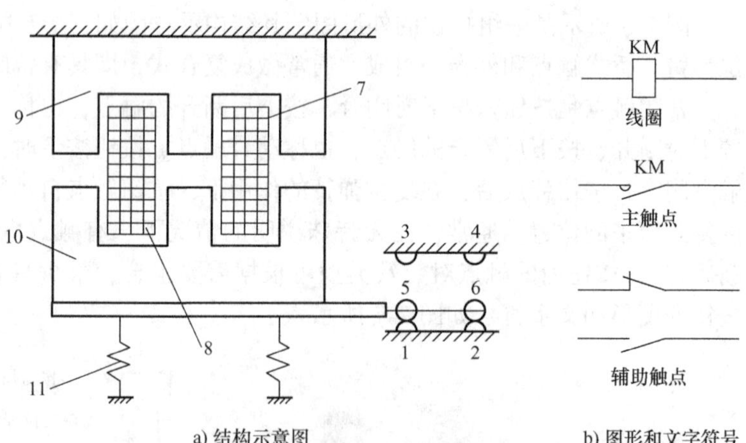

a) 结构示意图　　b) 图形和文字符号

图 7-9 交流接触器的结构示意图及图形和文字符号

根据用途不同，交流接触器的触点分为主触点和辅助触点两种。主触点一般比较大，接触电阻较小，用于接通或分断较大的电流，常接在主电路中；辅助触点一般比较小，接触电阻较大，用于接通或分断较小的电流，常接在控制电路（或称辅助电路）中。有时为了接通和分断较大的电流，在主触点上装有灭弧装置，以熄灭由于主触点断开而产生的电弧，防止烧坏触点。容量在 10A 以上的接触器都有灭弧装置，对于小容量的接触器，常采用双断口触点灭弧、电动力灭弧、相间弧板隔弧及陶土灭弧罩灭弧。对于大容量的接触器，采用纵缝灭弧罩及栅片灭弧。

接触器是电力拖动中最主要的控制电器之一。在设计它的触点时已考虑到接通负载时的起动电流问题，因此，选用接触器时主要应根据负载的额定电流来确定。除电流之外，还应满足接触器的额定电压不低于主电路额定电压。

7.1.4　继电器

继电器是一种根据特定输入信号而动作的自动控制电器，其种类很多，有中间继电器、热继电器、时间继电器等类型。

1. 中间继电器

中间继电器（KA）应用广泛、种类繁多。图 7-10 所示是一种中间继电器的外形图。

图 7-10　中间继电器的外形图

中间继电器的作用是将一个输入信号变成多个输出信号，当其他继电器的触点对数或触点容量不够时，可借助中间继电器来扩充它们，起到中间转换的作用。中间继电器通常用来传递信号和同时控制多个电路。中间继电器的结构和工作原理与交流接触器基本相同，也是由电磁机构和触点系统组成的，它根据输入量（如电压或电流），利用电磁原理，通过电磁机构使衔铁产生吸合动作，从而带动触点动作，实现触点状态的改变，使电路完成接通或分断控制。但中间继电器没有主触点和辅助触点之分，其触点不能用来接通和分断负载电路，而且均接于控制电路。中间继电器与交流接触器的主要区别是触点数目多些，且触点容量小，只允许通过小电流，且电流一般小于 5A，故不必设灭弧装置。在选用中间继电器时，主要是考虑电压等级和触点数目。图 7-11 为中间继电器的图形和文字符号。

2. 热继电器

热继电器（FR）主要用于电力拖动系统中电动机负载的过载保护。图 7-12 所示是一种热继电器的外形图。图 7-13 为热继电器的图形和文字符号。

电动机在实际运行中，常会遇到过载情况，但只要过载不严重、时间短，绕组不超过允许的温升，这种过载就是允许的。但如果过载情况严重、时间长，则会加速电动机绝缘的老化，缩短电动机的使用年限，甚至烧毁电动机，因此必须对电动机进行过载保护。

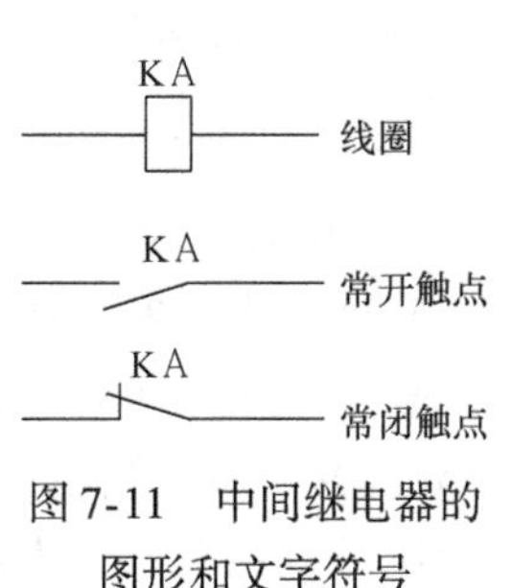

图 7-11　中间继电器的图形和文字符号

图 7-12　热继电器的外形图

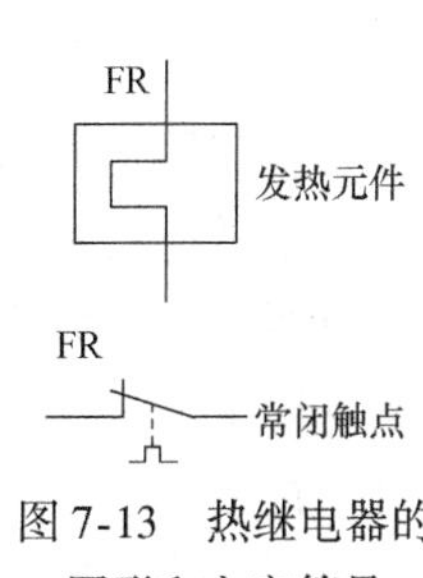

图 7-13　热继电器的图形和文字符号

热继电器主要由热元件、双金属片和触点组成，其结构示意图如图 7-14 所示。热元件由发热电阻丝做成。双金属片由两种热膨胀系数不同的金属辗压而成，当双金属片受热时，会出现弯曲变形。使用时，把热元件串接于电动机的主电路中，而常闭触点串接于电动机的控制电路中。下层金属膨胀系数大，上层的膨胀系数小。当电动机正常运行时，热元件产生的热量虽能使双金属片弯曲，但还不足以使热继电器的触点动作。当电动机过载时，主电路中电流超过容许值而使双金属片受热弯曲位移增大，双金属片的自由端便向上弯曲超出扣板，扣板在弹簧的拉力下将常闭触点断开。触点是接在电动机的控制电路中的，控制电路断开，使接触器的线圈断电，从而断开电动机的主电路。热继电器动作后一般不能自动复位，要等双金属片冷却后，按下复位按钮复位。

我国目前生产的热继电器主要有 JR0、JR1、JR2、JR9、R10、JR15、JR16 等系列，JR1、JR2 系列热继电器采用间接受热方式，其主要缺点是双金属片靠发热元件间接加热，热耦合较差；双金属片的弯曲程度受环境温度影响较大，不能正确反映负载的过电流情况。

3. 时间继电器

时间继电器（KT）是一种按时间原则进行控制的继电器。它利用电磁原理，配合机械动作机构实现在得到信号输入（线圈通电或断电）后的预定时间内的信号的延时输出（触点的闭合或断开）。时间继电器种类很多，常用的有电磁式、空气阻尼式、电动式和晶体管式等。图 7-15 所示是两种时间继电器的外形图。

（1）通电延时型　线圈通电，延时一定时间后延时触点才闭合或断开；线圈断电，触点瞬时复位。

（2）断电延时型　线圈通电，延时触点瞬时闭合或断开；线圈断电，延时一定时间后延时触点才复位。

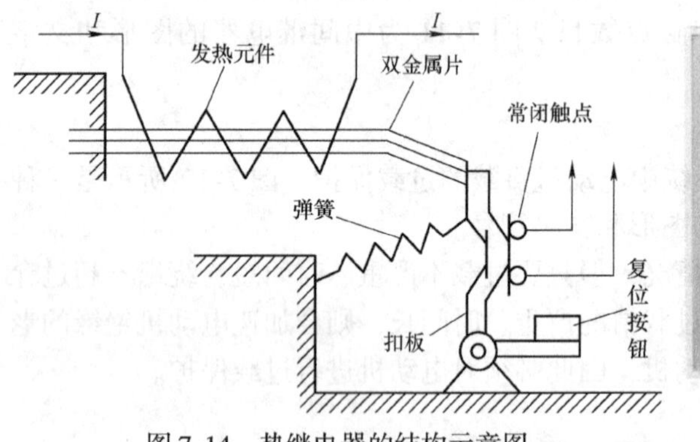

图 7-14　热继电器的结构示意图

图 7-15　时间继电器的外形图

下面以空气阻尼式时间继电器为例，说明时间继电器的工作原理。图 7-16 是空气阻尼式时间继电器的结构示意图。它是利用空气阻尼原理获得延时的，由电磁机构、工作触点、气室三部分组成，电磁机构为直动式双 E 形，触点系统是借用 LX5 型微动开关，延时机构采用气囊式阻尼器。空气阻尼式时间继电器，既具有由空气室中的气动机构带动的延时触点，也具有由电磁机构直接带动的瞬动触点，可以做成通电延时型，也可做成断电延时型。电磁机构可以是直流的，也可以是交流的。通电延时空气式时间继电器利用空气的阻尼作用达到动作延时的目的。吸引线圈通电后将衔铁吸下，使衔铁与活塞杆之间有一段距离。在释放弹簧作用下，活塞杆向下移动。在伞形活塞的表面固定有一层橡皮膜，活塞向下移动时，膜上面会造成空气稀薄的空间，活塞受到下面空气的压力，不能迅速下移。当空气由进气孔进入时，活塞才逐渐下移。移动到最后位置时，杠杆使微动开关动作。延时时间就是从电磁铁吸引线圈通电时刻起到微动开关动作时为止的这段时间。通过调节螺钉调节进气孔的大小就可调节延时时间。吸引线圈断电后，依靠复位弹簧的作用而复原，空气经出气孔被迅速排出。此时间继电器有两个延时触点，一个是延时断开的常闭触点，另一个是延时闭合的常开触点，此外还有两个瞬动触点。图7-16a中的微动开关16为时间继电器瞬动触点，线圈1通电或断电时，该触点在推板5的作用下均能瞬时动作。断电延时型时间继电器的原理与结构均与通电延时型时间继电器相同，只是电磁机构翻转180°安装。

图7-17为各类时间继电器的图形和文字符号。

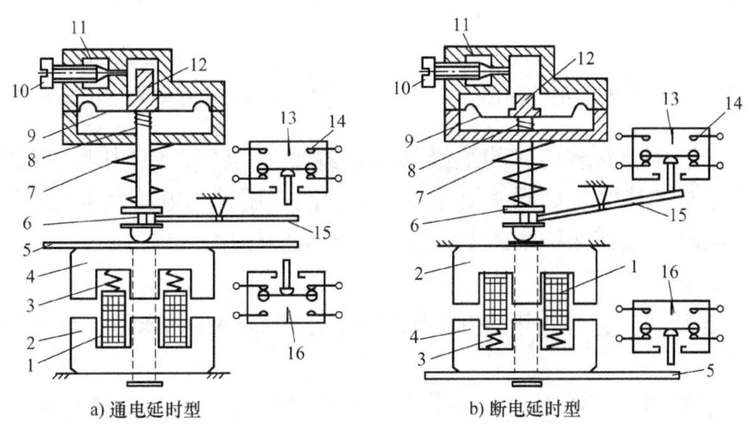

图7-16 空气阻尼式时间继电器的结构示意图

1—线圈 2—静铁心 3、7、8—弹簧 4—衔铁 5—推板 6—顶杆 9—橡皮膜 10—螺钉 11—进气孔 12—活塞 13、16—微动开关 14—延时触点 15—杠杆

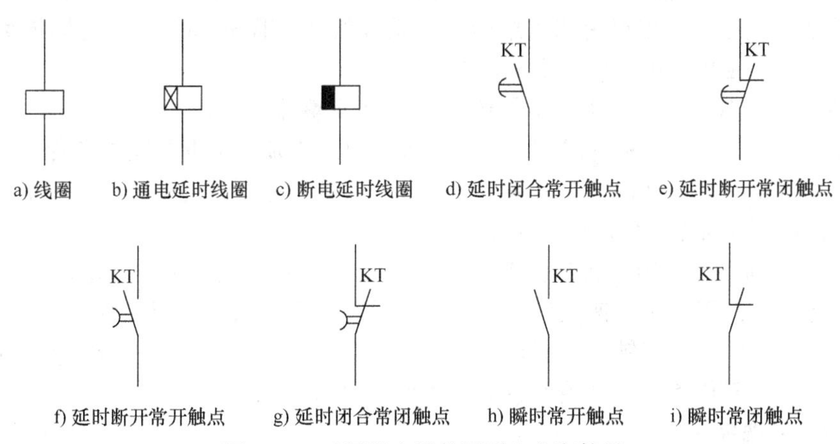

图7-17 时间继电器的图形和文字符号

选用时间继电器时应注意：其线圈（或电源）的电流种类和电压等级应与控制电路相同；按控制要求选择延时方式和触点型式；校核触点数量和容量，若不够时，可用中间继电器进行扩展。

7.1.5 熔断器

熔断器（FU）是一种简单而有效的保护电器。在电路中主要起短路保护作用。图7-18所示是两种熔断器的外形图。熔断器的图形和文字符号如图7-19所示。

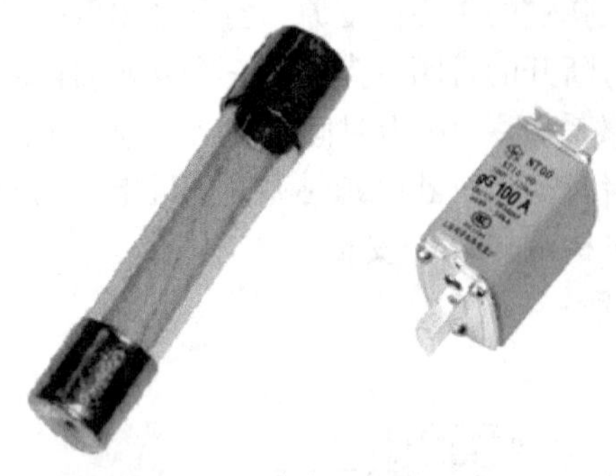

图7-18 熔断器的外形图

FU

图7-19 熔断器的图形和文字符号

熔断器主要由熔体和安装熔体的绝缘管（绝缘座）组成。使用时，熔体串接于被保护的电路中，线路正常工作时它如同一根导线，起通路作用。当电路发生短路故障时，熔体被瞬时熔断而分断电路，起到保护线路上其他电气设备的作用。

1. 常用的熔断器

（1）插入式熔断器　它常用于380V及以下电压等级的线路末端，作为配电支线或电气设备的短路保护。

（2）螺旋式熔断器　熔体上的上端盖有一熔断指示器，一旦熔体熔断，指示器马上弹出，可透过瓷帽上的玻璃孔观察到，它常用于机床电气控制设备中。螺旋式熔断器分断电流较大，可用于电压等级500V及其以下、电流等级200A以下的电路中，作短路保护。

（3）封闭式熔断器　封闭式熔断器分为有填料熔断器和无填料熔断器两种。有填料熔断器一般用方形瓷管，内装石英砂及熔体，分断能力强，用于电压等级500V以下、电流等级1kA以下的电路中。无填料密闭式熔断器将熔体装入密闭式圆筒中，分断能力稍弱，用于500V以下、600A以下电力网或配电设备中。

（4）快速熔断器　它主要用于半导体整流元件或整流装置的短路保护。由于半导体元件的过载能力很低，只能在极短时间内承受较大的过载电流，因此要求短路保护具有快速熔断的能力。快速熔断器的结构和有填料封闭式熔断器基本相同，但熔体材料和形状不同，它是以银片冲制的有V形深槽的变截面熔体。

（5）自复熔断器　采用金属钠作熔体，在常温下具有高电导率。当电路发生短路故障时，短路电流产生高温使钠迅速汽化，汽态钠呈现高阻态，从而限制了短路电流。当短路电流消失后，温度下降，金属钠恢复原来的良好导电性能。自复熔断器只能限制短路电流，不能真正分断电路。其优点是不必更换熔体，能重复使用。

2. 熔断器的选择

（1）熔断器的安秒特性　熔断器的动作是靠熔体的熔断来实现的，当电流较大时，熔体熔断所需的时间就较短；而当电流较小时，熔体熔断所需的时间就较长，甚至不会熔断。因此对熔体来说，其动作电流和动作时间特性即熔断器的安秒特性，为反时限特性。从这里可以看出，熔断器只能起到短路保护作用，不能起过载保护作用。如确需在过载保护中使用，必须降低其使用的额定电流，如8A的熔体用于10A的电路中，作短路保护兼作过载保护用，但此时的过载保护特性并不理想。

（2）选择依据　熔断器的类型主要依据负载的保护特性和短路电流的大小进行选择。对于容量小的电动机和照明支线，常采用熔断器作为过载及短路保护，因而希望熔体的熔化系数适当小些，通常选用铅锡合金熔体的RQA系列熔断器。对于较大容量的电动机和照明干线，则应着重考虑短路保护和分断能力。通常选用具有较高分断能力的RM10和RL1系列的熔断器；当短路电流很大时，宜采用具有限流作用的RT0和RT12系列熔断器。

熔体的额定电流可按以下方法选择：

1）保护无起动过程的平稳负载如照明线路、电阻、电炉等时，熔体额定电流略大于或等于负载电路中的额定电流。

2）保护单台长期工作的电动机时，熔体电流可按下式选取：

$$I_{RN} = (1.5 \sim 2.5)I_N$$

式中，I_{RN}为熔体额定电流；I_N为电动机的额定电流。

如果电动机频繁起动，式中系数可适当加大至（3～3.5），具体应根据实际情况而定。

3）保护多台长期工作的电动机（供电干线）时，按下式选取：

$$I_{RN} = (1.5 \sim 2.5)I_{Nmax} + \sum I_N$$

式中，I_{Nmax}为容量最大单台电动机的额定电流；$\sum I_N$为其余电动机额定电流之和。

常用的熔断器有管式熔断器R1系列、螺旋式熔断器RL1系列、填料封闭式熔断器RT0系列及快速熔断器RS0、RS3系列等。

7.1.6　低压断路器

低压断路器（QF）又叫自动开关或空气开关。它的主要特点是具有自保护功能，当发生短路、严重过载、欠电压等故障时，能自动切断电路，有效地保护串接在其后的电气设备。在正常条件下，也可用于不频繁地接通和断开电路及控制电动机。它相当于刀开关、过电流继电器、失电压继电器、热继电器及漏电保护器等电器部分或全部的功能总和。因此，低压断路器是低压电路中常用的具有较齐备保护功能的控制电器。由于低压断路器具有可以操作、动作值可调、分断能力较强以及动作后一般不需要更换部件等优点，因此得到了广泛应用。图7-20所示是一种低压断路器的外形图。低压断路器的图形和文字符号如图7-21所示。

图7-20　低压断路器的外形图

低压断路器主要由触点系统、操作机构和保护装置（各种脱扣器）等组成。其结构示意图如图7-22所示。通过手动操作或电动合闸来闭合主触点。开关的脱扣机构是一套连杆装置，有过电流脱扣器和欠电压脱扣器等，它们都是电磁铁。主触点闭合后就被锁钩锁住。正常情况下，过电流脱扣器的衔铁是释放着的，一旦发生严重过载或短路故障，线圈因流过大电流而产生较大的电磁吸力，把衔铁往下吸而顶开锁钩，使主触点断开，起到了过电流保护作用。欠电压脱扣器的工作情况与之相反，正常情况下吸住衔铁，主触点闭合，电压严重下降或断电时释放衔铁而使主触点断开，实现了欠电压保护。电源电压正常时，必须重新合闸才能工作。

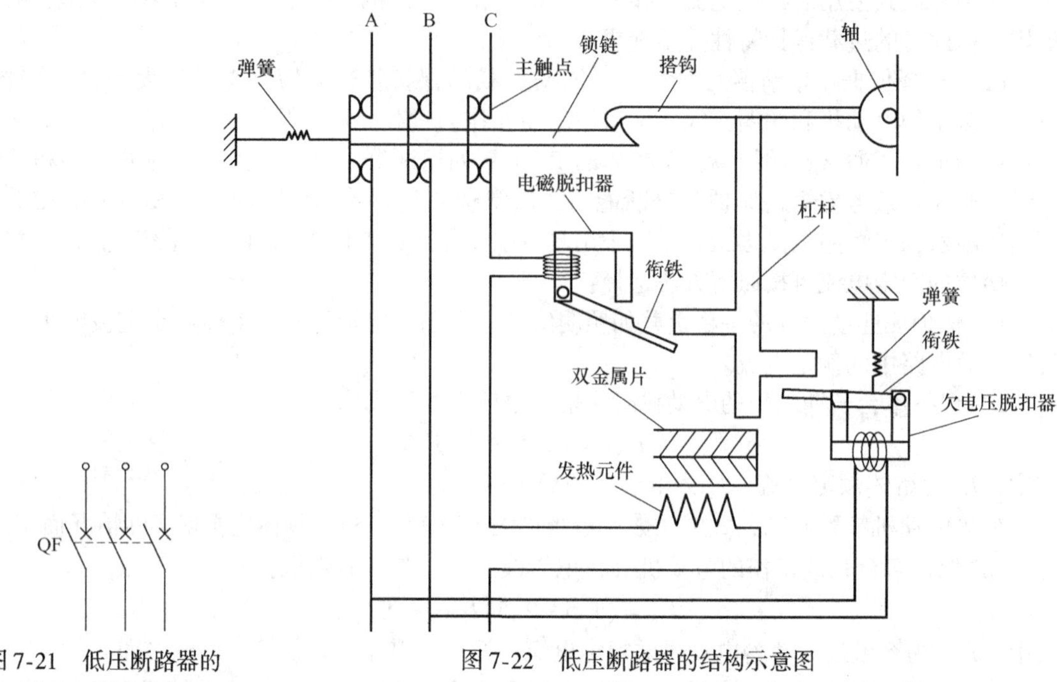

图 7-21 低压断路器的图形和文字符号

图 7-22 低压断路器的结构示意图

常用的低压断路器有 DZ、DW 和引进的 ME、AE、3WE 等系列。根据被保护电路的电压和电流选择低压断路器的额定电压和额定电流；根据被保护电路所要求的保护方式选择脱扣器种类，同时还需考虑脱扣器的额定电流等。

7.1.7 行程开关

行程开关（SQ）也称为限位开关，主要用于机械设备运动部件的位置检测，利用生产机械某些运动部件的碰撞来发出控制指令，将机械位移变为电信号，以实现对机械运动的电气控制。

行程开关的种类也很多，图 7-23 所示是一种行程开关的外形图。行程开关从结构上可分为操作机构、触点系统和外壳三部分。其结构示意图及图形和文字符号如图 7-24 所示。

图 7-23 行程开关的外形图

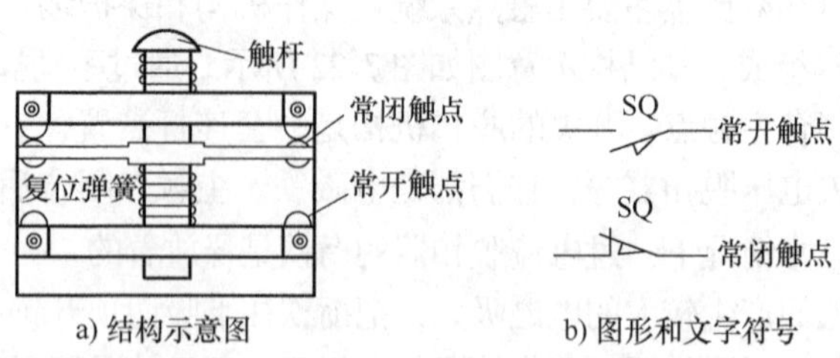

图 7-24 行程开关的结构示意图及图形和文字符号

当机械的运动部件撞击触杆时，触杆下移使常闭触点断开，常开触点闭合；当运动部件离开后，在复位弹簧的作用下，触杆回复到原来位置，各触点恢复常态，从而实现对电路的控制作用。

【课堂限时习题】

7.1.1　电动机的继电接触器控制系统中，行程开关的功能主要是（　　）。

A）电压检测　　B）电流检测　　C）位置检测　　D）时间检测

7.1.2　在继电接触器控制系统中，按用途分类，属于发送动作指令的主令电器有（　　）。

A）熔断器　　B）按钮　　C）行程开关　　D）转换开关

E）低压断路器

7.1.3　在电动机的继电接触器控制系统中，熔断器的功能主要是（　　）。

A）过载保护　　B）零电压保护　　C）欠电压保护　　D）短路保护

7.1.4　在电动机的继电接触器控制系统中，低压断路器的功能只能是过电压保护。（　　）

A）对　　B）错

7.2　三相异步电动机的基本控制电路

通过组合开关 QS、按钮 SB、继电器 KT、接触器 KM 等电器触点的接通或断开来实现的各种控制叫作继电接触器控制，这种方式构成的自动控制系统称为**继电接触器控制系统**。任何复杂的控制系统都是按照一定的控制原则，由基本的控制电路组成的。基本控制电路是学习继电接触器控制系统的基础。特别是对生产机械整个电气控制电路工作原理的分析与设计有很大的帮助。典型的基本控制电路有点动控制、单向自锁运行控制、正反转控制、行程控制、时间控制等。

电气控制电路根据电路通过电流的大小可分为主电路和控制电路。主电路包括从电源到电动机的电路，是强电流通过的部分。控制电路是通过弱电流的电路，一般由按钮、电气元件的线圈、接触器的辅助触点、继电器的触点等组成。控制电路的功率很小，因此可以通过小功率的控制电路来控制功率较大的电动机。

电动机在使用过程中由于各种原因可能会出现一些异常情况，如电源电压过低、电动机电流过大、电动机定子绕组相间短路或电动机绕组与外壳短路等，如不及时切断电源则可能会给设备或人身带来危险，因此必须采取保护措施。常用的保护环节有短路保护、过载保护、零电压保护和欠电压保护等。

电器控制电路的表示方法主要有结构图和原理图。各个电器都是按照其实际位置画出，属于同一电器的各部件都集中在一起，这样的图称为控制电路的**结构图**。这种画法比较容易识别电器，便于安装和检修。但当电路比较复杂和使用的电器比较多时，电路便不容易看明白。因为同一电器的各部件在机械上虽然连在一起，但是在电路上并不一定互相关联。因此，为了读图和分析研究、也为了设计电路的方便，控制电路常根据其作用原理画出，这样的图称为控制电路的**原理图**。在原理图中，各种电机、控制电器等电气元件的图形符号和文字符号必须符合最新的国家标准。在原理图中把控制电路和主电路清楚地分开，强电流通过的主电路部分，画在原理图的左侧，弱电流通过的控制电路，画在原理图的右侧。

在控制电路的原理图中，同一电气元件的各部件（例如接触器的线圈和触点）是分散的，可以不画在一起，为了识别起见，它们要用同一文字符号标出。若有多个同类电气元件，可在文字符号后加上数字序号，如 KM_1、KM_2 等。在不同的工作阶段，各个电气元件的动作不同，触点时闭时开，而在原理图中只能表示出一种情况。因此，规定所有按钮、触点均按没有外力作用和没有通电时的原始状态画出。控制电路的分支电路，原则上按照动作先后顺序排列。

控制电路的电气原理图是根据工作原理而绘制的，具有结构简单、层次分明、便于研究和分析电路的工作原理等优点。在各种生产机械的电器控制中，无论在设计部门或生产现场都得到广泛的应用。

7.2.1 三相笼型电动机直接起动控制

在电源容量足够大时，小容量笼型电动机可直接起动。直接起动的优点是电气设备少、电路简单；缺点是起动电流大，引起供电系统电压波动，干扰其他用电设备的正常工作。

1. 点动控制

如图 7-25a 所示是中、小容量笼型电动机点动控制电路的结构图，其电气控制原理图如图 7-25b 所示。主电路由组合开关 QS、熔断器 FU、交流接触器 KM 的主触点和笼型电动机 M 组成；控制电路由起动按钮 SB 和交流接触器线圈 KM 组成。

先将组合开关 QS 闭合，三相电源被引入控制电路，为电动机起动做好准备，但电动机还不能起动。当按下按钮 SB 时，交流接触器 KM 的线圈通电，衔铁吸合而将三个常开主触点闭合，电动机 M 接入三相电源起动运转。当松开按钮 SB 时，它在弹簧的作用下恢复到断开位置，接触器 KM 的线圈断电，衔铁松开，常开主触点断开，电动机因断电而停转，从而实现对电动机的点动控制。它能实现电动机短时转动，常用于机床的对刀调整和电动葫芦等。

2. 连续运行控制

在实际生产中往往要求电动机长时间连续转动，即所谓长动控制。图 7-26 所示为笼型电动机连续运行控制电路的原理图。主电路由组合开关 QS、熔断器 FU、交流接触器的主触点、热继电器 FR 的发热元件和笼型电动机 M 组成，控制电路由起动按钮 SB_1、停止按钮 SB_2、交流接触器 KM 的线圈和常开辅助触点、热继电器 FR 的常闭触点组成。

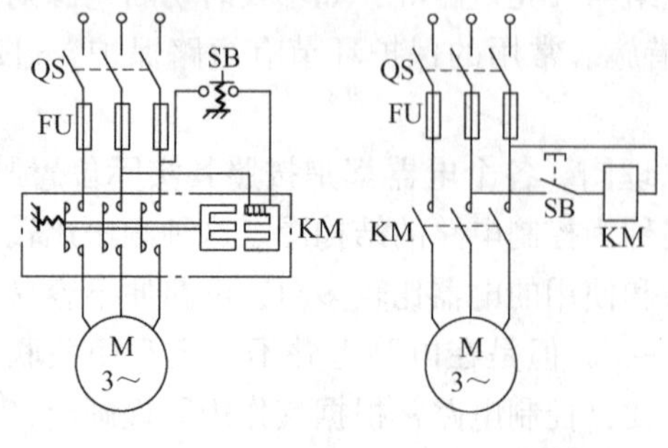

a) 点动控制电路的结构图　　b) 电气控制原理图

图 7-25 笼型电动机点动控制系统

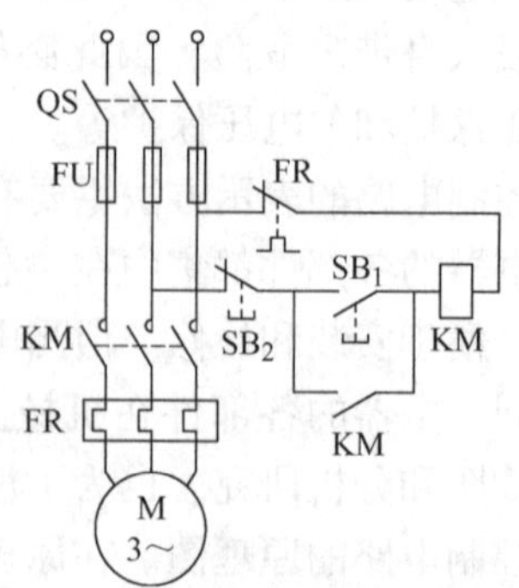

图 7-26 笼型电动机连续运行控制电路的原理图

（1）起动过程 合上组合开关QS，按下起动按钮SB_1，接触器KM线圈通电，与SB_1并联的KM辅助常开触点闭合，以保证松开按钮SB_1后KM线圈持续通电，串联在电动机回路中的KM的主触点持续闭合，电动机M连续运转，从而实现连续运转控制。

（2）停止过程 按下停止按钮SB_2，接触器KM线圈断电，与SB_1并联的KM的辅助常开触点断开，以保证松开按钮SB_2后KM线圈持续失电，串联在电动机回路中的KM的主触点持续断开，电动机停转。

在连续控制中，当起动按钮SB_1松开后，接触器KM的线圈通过其辅助常开触点的闭合来继续保持通电，从而保证电动机的连续运行。这种依靠接触器自身辅助常开触点的闭合而使线圈保持通电的控制方式，称为自锁或自保。起到自锁作用的辅助常开触点称为自锁触点。

图7-26所示的控制电路设有以下保护环节：

（1）短路保护 起短路保护的是串接在主电路中的熔断器FU。一旦电路发生短路故障，熔体立即熔断，电动机立即停转。

（2）过载保护 起过载保护的是热继电器FR。当过载时，热继电器的发热元件发热，将其常闭触点断开，使接触器KM线圈断电，串联在电动机回路中的KM的主触点断开，电动机停转。同时KM辅助触点也断开，解除自锁。故障排除后若要重新起动，需按下FR的复位按钮，使FR的常闭触点复位（闭合）即可。

（3）零电压（或欠电压）保护 所谓零电压（或欠电压）保护就是当电源暂时断电或电压严重下降时，接触器KM线圈的电磁吸力不足，衔铁自行释放，使主、辅触点自行复位，切断电源，电动机停转。当电源电压恢复正常时如不重按起动按钮，则电动机不能自行起动，因为自锁触点已断开。如果不是采用继电接触器控制而是用组合开关进行手动控制时，由于在停电时未及时断开开关，当电源电压恢复时，电动机即自行起动，可能造成事故。显然，零电压（或欠电压）保护是通过接触器KM的自锁环节来实现的。当电源电压恢复正常时，接触器线圈不会自行通电，电动机也不会自行起动，只有在操作人员重新按下起动按钮后，电动机才能起动。

7.2.2 三相笼型电动机正反转控制

在实际应用中，往往要求生产机械改变运动方向，如工作台前进、后退；电梯的上升、下降等，这就要求电动机能实现正反转。在学习三相异步电动机的工作原理时知道，只要改变接入定子绕组三相电源的相序，就可以改变电动机的转向。在控制电路中，利用两个接触器来改变电动机定子绕组的电源相序，从而实现对电动机转向的控制。笼型电动机正反转控制电路的原理图如图7-27所示，接触器KM_1为正向接触器，控制电动机M正转；接触器KM_2为反向接触器，控制电动机M反转。

如图7-27a所示为无互锁正反转控制电路，其工作过程如下：

（1）正转控制 合上组合开关QS，按下正向起动按钮SB_1，正向接触器线圈KM_1通电，与SB_1并联的KM_1的辅助常开触点闭合，以保证KM_1线圈持续通电，串联在电动机回路中的KM_1的常开主触点持续闭合，笼型电动机M连续正向运转。

（2）反转控制 合上组合开关QS，按下反向起动按钮SB_2，反向接触器线圈KM_2通电，与SB_2并联的KM_2的辅助常开触点闭合，以保证KM_2线圈持续通电，串联在电动机回路中

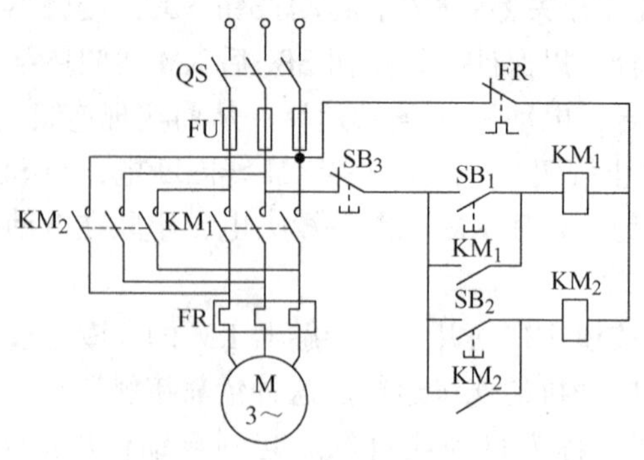

a) 无互锁控制电路

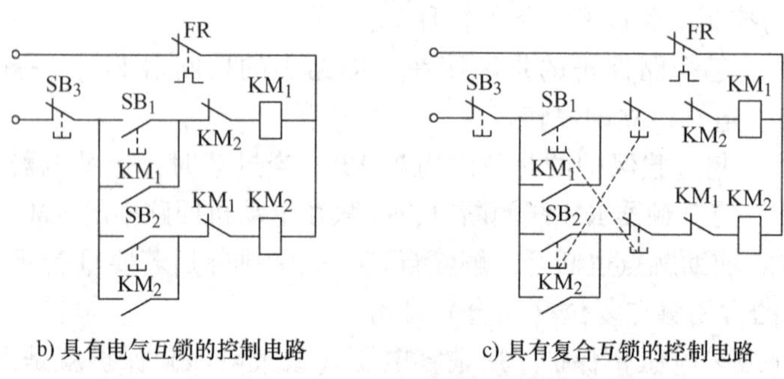

b) 具有电气互锁的控制电路　　c) 具有复合互锁的控制电路

图 7-27　笼型电动机正反转控制电路的原理图

的 KM_2 的常开主触点持续闭合，电动机 M 连续反向运转。

（3）停止过程　按下停止按钮 SB_3，接触器 KM_1（或 KM_2）线圈断电，与 SB_1（或 SB_2）并联的 KM_1（或 KM_2）的辅助触点断开，以保证 KM_1（或 KM_2）线圈持续失电，串联在电动机回路中的 KM_1（或 KM_2）的主触点持续断开，切断电动机定子电源，电动机 M 停转。

在图 7-27a 所示的控制电路中，如果同时按下正向起动按钮 SB_1 和反向起动按钮 SB_2，会使正向接触器线圈 KM_1 和反向接触器线圈 KM_2 同时通电，将有两根电源线通过它们的主触点而将主电路电源短路。因此，要求设置必要的联锁环节，避免主电路电源短路。

如图 7-27b 所示为带电气互锁的正反转控制电路。将接触器 KM_1 的辅助常闭触点串联在 KM_2 的线圈回路中，从而保证在 KM_1 线圈通电时 KM_2 线圈回路总是断开的；将接触器 KM_2 的辅助常闭触点串联在 KM_1 的线圈回路中，从而保证在 KM_2 线圈通电时 KM_1 线圈回路总是断开的。这样通过接触器的辅助常闭触点 KM_1 和 KM_2，使得即便按下相反方向的起动按钮，另一个接触器也无法通电，从而保证了两个接触器线圈不能同时通电。这种利用两个接触器的辅助常闭触点互相控制的方式叫作电气互锁，或叫**电气联锁**。起互锁作用的常闭触点叫作互锁或联锁触点。图 7-27b 所示电路虽然克服了可能由于误操作而引起主电路电源短路的问题，但在具体操作时，如果电动机处于正转状态要反转时，必须先按停止按钮 SB_3，使互锁触点 KM_1 闭合后按下反转起动按钮 SB_2 才能使电动机反转；同样，若电动机处于反转状态要正转时，也必须先按停止按钮 SB_3，使互锁触点 KM_2 闭合后按下正转起动按钮 SB_1 才能使电动机正转。也就是该电路只能实现“正→停→反”或者“反→停→正”控制顺序，要改变电动机的转向，必须先按下停止按钮。这对需要频繁改变电动机运转方向的设备来说，是很不方便的。

为了提高生产效率，直接正、反向操作，利用复合按钮组成“正→反→停”或“反→正→停”的互锁控制，如图7-27c所示为具有复合互锁的控制电路。采用复式按钮，将SB_1按钮的常闭触点串接在KM_2的线圈电路中。将SB_2的常闭触点串接在KM_1的线圈电路中。这样，电动机在正转时，只要按下反转起动按钮，在KM_2线圈通电之前就首先使KM_1断电，从而保证KM_1和KM_2不同时通电，而且能够直接进入反转工作状态；从反转到正转的情况也是一样。这种由机械按钮实现的联锁也叫**机械联锁**或按钮联锁。图7-27c所示控制电路中，既有接触器常闭触点的电气互锁，也有复合按钮常闭触点的机械互锁，即具有双重互锁。该电路操作方便，安全可靠，所以应用很广泛。

7.2.3 三相笼型电动机行程控制

所谓行程控制就是根据生产机械运动部件的位置或行程距离来进行控制，如起重机械和某种机床的直线运动部件，当到达边缘位置时，就要求自动停止或往复运动。

1. 限位控制

限位控制电路的原理图如图7-28所示。当生产机械的运动部件到达预定的位置时压下行程开关的触杆，将常闭触点SQ断开，接触器线圈KM断电，使电动机M断电而停止运行。

2. 自动往返控制

机床电气设备中，有些是通过工作台自动往返循环工作的，例如龙门刨床的工作台前进、后退。电动机的正反转是实现工作台自动往返循环的基本环节。往返运动图如图7-29a所示，自动往返控制电路的原理图如图7-29b所示。按下正向起动按钮SB_1，接触器KM_1通电，电动机M正向起动运转，带动工作台向前运动。当运行到SB_2位置时，撞块压下限位开关SQ_2，SQ_2常闭触点断开，KM_1断电，电动机M停止向前。同时，SQ_2常开触点闭合，KM_2通电吸合，改变电源相序，电动机M反转，使工作台后退。工作台退到SQ_1位置时，撞块压下SQ_1，SQ_1常闭触点断开，KM_2断电释放，电动机M停止后退。同时，SQ_1常开触点闭合，KM_1通电吸合，电动机M又正向起动运行，工作台又前进。这样一直循环下去，直到需要停止时按下SB_3，KM_1和KM_2线圈同时断电释放，电动机M脱离电源停止转动。

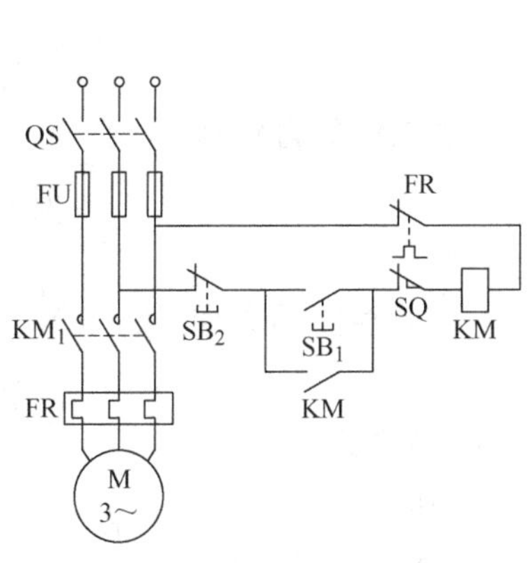

图7-28 限位控制电路原理图

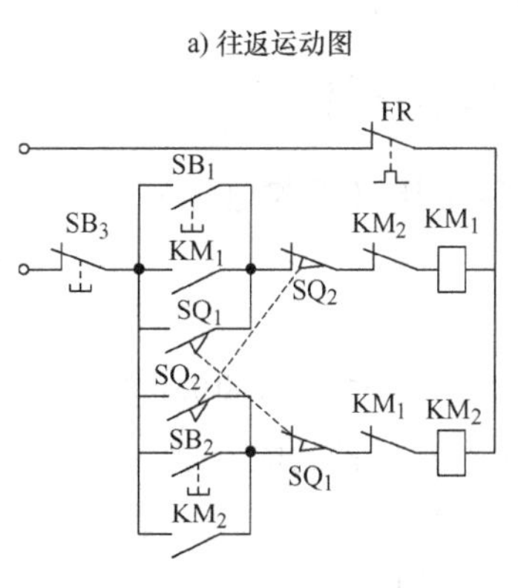

图7-29 自动往返控制电路

7.2.4 三相笼型电动机的时间控制

时间控制就是采用时间继电器，按时间顺序起动的控制电路。笼型电动机起动时，先将电动机定子绕组接成星形（Y），加在电动机每相绕组上的电压为额定电压的 $1/\sqrt{3}$，从而减小了起动电流。待起动后按预先整定的时间把电动机换成三角形（△）联结，使电动机在额定电压下运行。笼型电动机Y-△起动控制电路的原理图如图7-30所示。

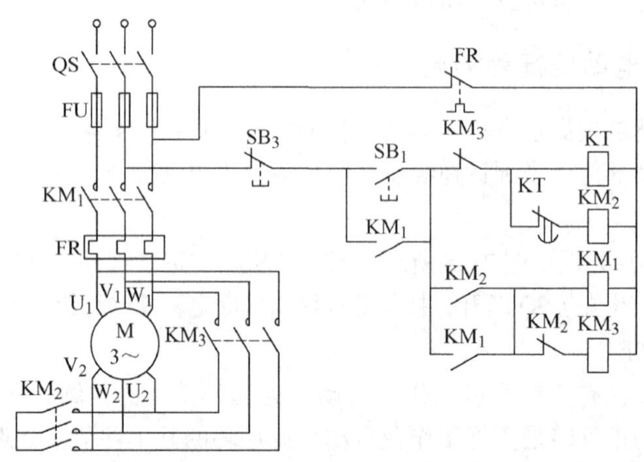

图7-30 笼型电动机Y-△起动控制电路的原理图

合上组合开关QS，按下起动按钮 SB_1，时间继电器KT和接触器 KM_2 同时通电吸合，KM_2 的常开主触点闭合，把定子绕组接成星形，其常开辅助触点闭合，接通接触器 KM_1。KM_1 的常开主触点闭合，将定子接入电源，电动机在星形联结下起动。KM_1 的一对常开辅助触点闭合，进行自锁。经一定延时，KT的常闭触点断开，KM_2 断电复位，接触器 KM_3 通电吸合。KM_3 的常开主触点将定子绕组接成三角形（△），使电动机在额定电压下正常运行。与按钮 SB_1 串联的 KM_3 的常闭辅助触点的作用是：当电动机正常运行时，该常闭触点断开，切断了KT、KM_2 的通路，即使误按 SB_1，KT和 KM_2 也不会通电，以免影响电路正常运行。若要停车，则按下停止按钮 SB_3，接触器 KM_1、KM_3（或 KM_2）同时断电释放，电动机脱离电源停止转动。

【课堂限时习题】

7.2.1 零电压（或欠电压）保护是通过接触器KM的自锁环节来实现的。（ ）

A）对　　B）错

7.2.2 在图7-26所示的笼型电动机连续运行控制线路的原理图中，可实现过载保护的电器是（ ）。

A）熔断器FU　　B）接触器KM

C）热继电器FR　　D）按钮 SB_1

7.2.3 如图7-31所示为电动机继电接触器控制电路的原理图，

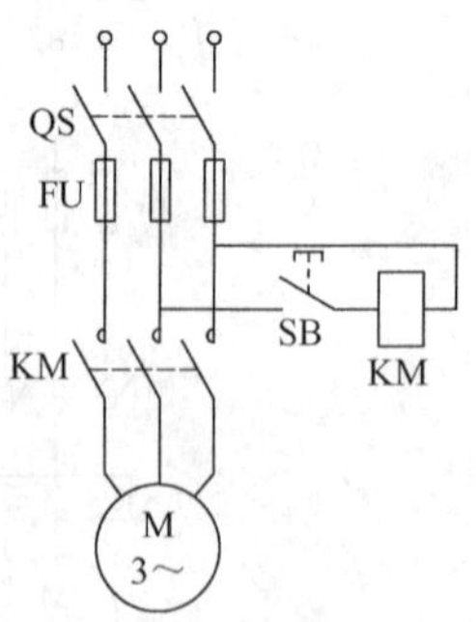

图7-31 课堂限时习题7.2.3的图

其能实现的控制功能是（ ）。

A）时间控制　　B）行程控制

C）点动控制　　D）连续运行控制

7.3 应用举例

任何一个复杂的控制系统都是在一些基本的控制环节（电路）的基础上，加上一些特殊要求的控制电路组成的。在三相异步电动机基本控制电路中，前面章节中重点介绍了点动、单向自锁运行控制、正反转互锁控制、行程控制、时间控制及短路、过载、欠电压保护等，这些都是构成异步电动机自动控制的最基本环节。

控制线路由主电路和控制电路两部分组成。阅读主电路时要了解有几台电动机，各有什么特点，了解其起动方法，是否有正反转、调速及制动等，为阅读控制电路提供依据。阅读控制电路时，从控制主电路的接触器线圈着手，由上而下对每一个电路按顺序进行跟踪分析。在分析复杂控制电路时，先分析各个基本环节，然后找出它们之间的联锁关系，以掌握整个电路的控制原理。

例 7-1 加热炉自动上料的控制线路如图 7-32 所示，以该控制线路为例，说明继电接触器控制系统在实际生产中的应用。通过对这个线路的学习，来提高对实际控制线路的综合分析能力。

在加热炉自动上料的控制系统中，采用两台三相笼型电动机 M_1 和 M_2。图 7-32a 所示为炉门开闭电动机，通过电动机 M_1 的正反转分别带动炉门开和闭。图 7-32b 所示为推料机进退电动机，通过电动机 M_2 的正反转分别带动推料机的进和退。加热炉自动上料控制过程的运动示意图如图 7-32c 所示。图 7-32d 为加热炉自动上料控制电路的原理图。

按下起动按钮 SB_2，接触器 KM_{F1} 的线圈通电，常开主触点闭合，电动机 M_1 正向起动运转，使炉门打开，炉门打开到 SQ_a 位置时，撞块压下限位开关 SQ_a，SQ_a 常闭触点断开，KM_{F1} 断电，电动机 M_1 停止转动，炉门不动。同时，SQ_a 常开触点闭合，KM_{F2} 通电吸合，电动机 M_2 正转，使推料机前进，送料到炉内，当送到炉内的材料达到一定的体积，即达到设定的料位 SQ_b 时，撞块压下限位开关 SQ_b，SQ_b 常闭触点断开，KM_{F2} 断电释放，电动机 M_2 停止转动，推料机停止送料。同时，SQ_b 常开触点闭合，KM_{R2} 通电吸合，电动机 M_2 反转，使推料机后退，当推料机退到原来的位置 SQ_c 时，撞块压下限位开关 SQ_c，SQ_c 常闭触点断开，KM_{R2} 断电，电动机 M_2 停止转动，推料机停止后退。同时，SQ_c 常开触点闭合，KM_{R1} 通电吸合，电动机 M_1 反转，使炉门关闭，当炉门关闭到位时，撞块压下限位开关 SQ_d，SQ_d 常闭触点断开，KM_{R1} 断电释放，电动机 M_1 停转，炉门关好。同时，SQ_d 常开触点闭合，为下一轮工作做准备。这样一直循环下去，直到需要停止时按下 SB_1，线圈断电释放，电动机 M_1 和 M_2 都脱离电源停止转动。

图 7-32d 中的动断触点 KM_{R1} 和 KM_{F1}，KM_{R2} 和 KM_{F2} 是电动机正反转控制的联锁触点，避免由于误操作引起电动机主回路的电源短路。此外，在此控制电路中还设有熔断器短路保护、热继电器过载保护以及零电压（或欠电压）保护等环节。

例 7-2 笼型电动机能耗制动的控制线路如图 7-33 所示，该制动方法是在断开三相电源的同时，接通直流电源，使直流通入定子绕组，产生制动转矩。

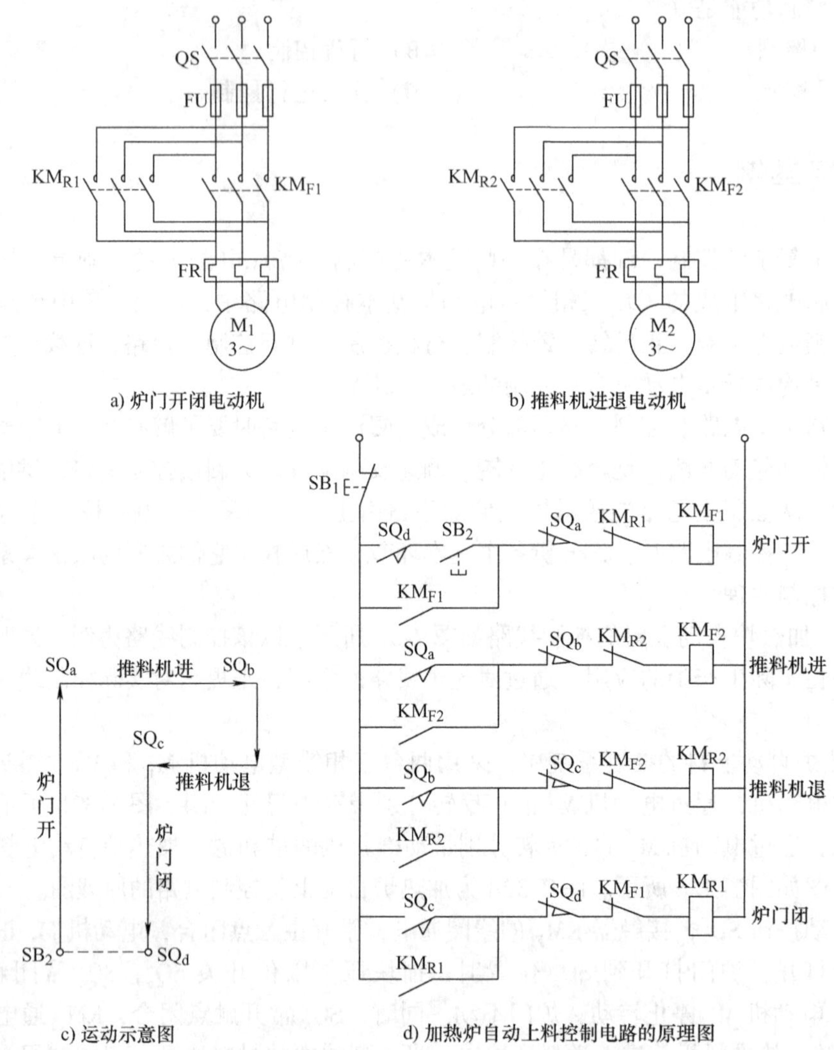

图 7-32 加热炉自动上料的控制线路

电动机起动时，按起动按钮 SB_2，接触器 KM_1 得电接入三相电源，笼型电动机运行，且时间继电器 KT 线圈得电，接触器 KM_2 断电；制动时，按停止按钮 SB_1，KM_1 断电，KT 断电开始计时，KM_2 得电，交流经整流后变成直流流入电动机，产生制动转矩。延时时间到，KT 延时断开的常开触点断开，KM_2 的线圈和主触点断开，电动机断电，制动结束。

从控制电路得出制动过程的动作顺序如下：

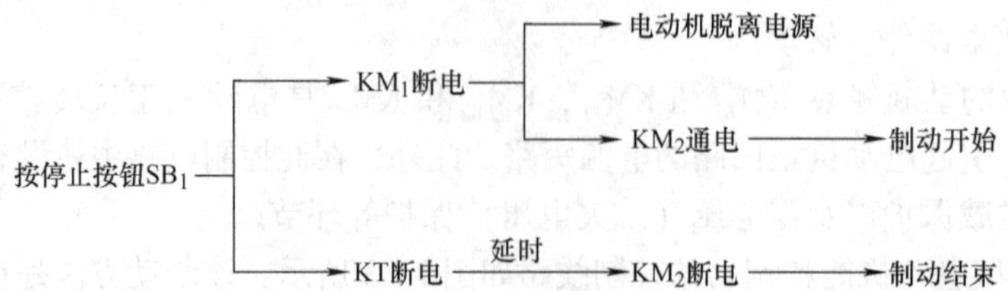

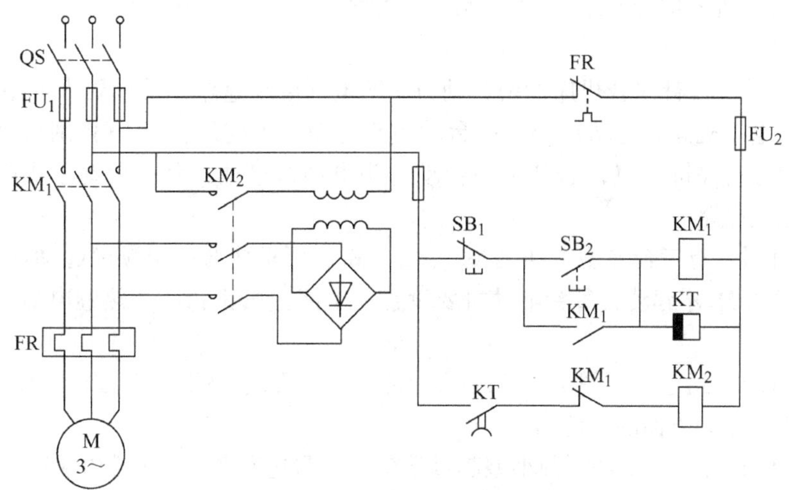

图7-33 笼型电动机能耗制动的控制线路

【课堂限时习题】

7.3.1 在图7-32所示的加热炉自动上料的控制线路原理图中，按下按钮SB_2，接触器KM_{F1}的线圈通电，常开主触点闭合，电动机（ ），使炉门打开。

A）M_1反向运转 B）M_1正向运转 C）M_2反向运转 D）M_2正向运转

7.3.2 在图7-32所示的加热炉自动上料的控制线路原理图中，当撞块压下限位开关SQ_b时，电动机（ ），推料机停止送料。

A）M_1停止转动 B）M_1正向运转 C）M_2停止转动 D）M_2反向运转

7.3.3 在图7-32所示的加热炉自动上料的控制线路原理图中，当撞块压下限位开关（ ）时，电动机M_1停转，炉门关好。

A）SQ_a B）SQ_b C）SQ_c D）SQ_d

习题

【习题7-1】 什么是低压电器？常用低压电器有哪些？

【习题7-2】 什么是接触器？接触器由哪几部分组成？各自的作用是什么？

【习题7-3】 为什么热继电器只能作电动机的过载保护而不能作短路保护？

【习题7-4】 低压断路器的工作原理是什么？有何特点？

【习题7-5】 电动机的短路保护、过电流保护、长期过载保护有什么区别？

【习题7-6】 电气控制电路设计常用的原则有哪些？

【习题7-7】 设计一个采用两地操作的既可点动又可连续运行的电动机控制电路。

【习题7-8】 画出能自动正反转且具有电气和机械双重互锁的控制电路。

【习题7-9】 设计一条由两台电动机拖动的装配车间的输送机控制电路，设计要求如下：（1）电动机M_1与电动机M_2均单向运转；（2）电动机M_1起动工作后，电动机M_2才能起动工作；（3）电动机M_2先停机后，电动机M_1才能停机；（4）电动机M_1过载时，两台电动机同时停机，电动机 M_2 过载时，仅电动机 M_2 停机；（5）要有必要的保护环节。

【习题7-10】 设计组合机床的两台动力头的电气控制电路。设计要求如下：（1）加工时两台动力头电动机同时起动；（2）两台动力头电动机单向运转；（3）两台动力头电动机在加工完成后各自停机；（4）若其中一台动力头电动机过载，另一台动力头电动机也应停机。画出其控制电路。

【习题7-11】 有三台笼型电动机 M_1、M_2、M_3，要求按照一定顺序起动：M_1起动后 M_2起动，M_2起动后 M_3才起动，每台电动机要设置一个停止按钮和一个热继电器。试设计出控制电路图。

【习题7-12】 通过分析图7-34所示笼型电动机控制电路中起动按钮 SB_2、SB_3的作用，试得出控制线路起动方面的功能。

【习题7-13】 图7-35是一种小型起重设备（俗称电葫芦）的控制电路，试分析其工作过程。

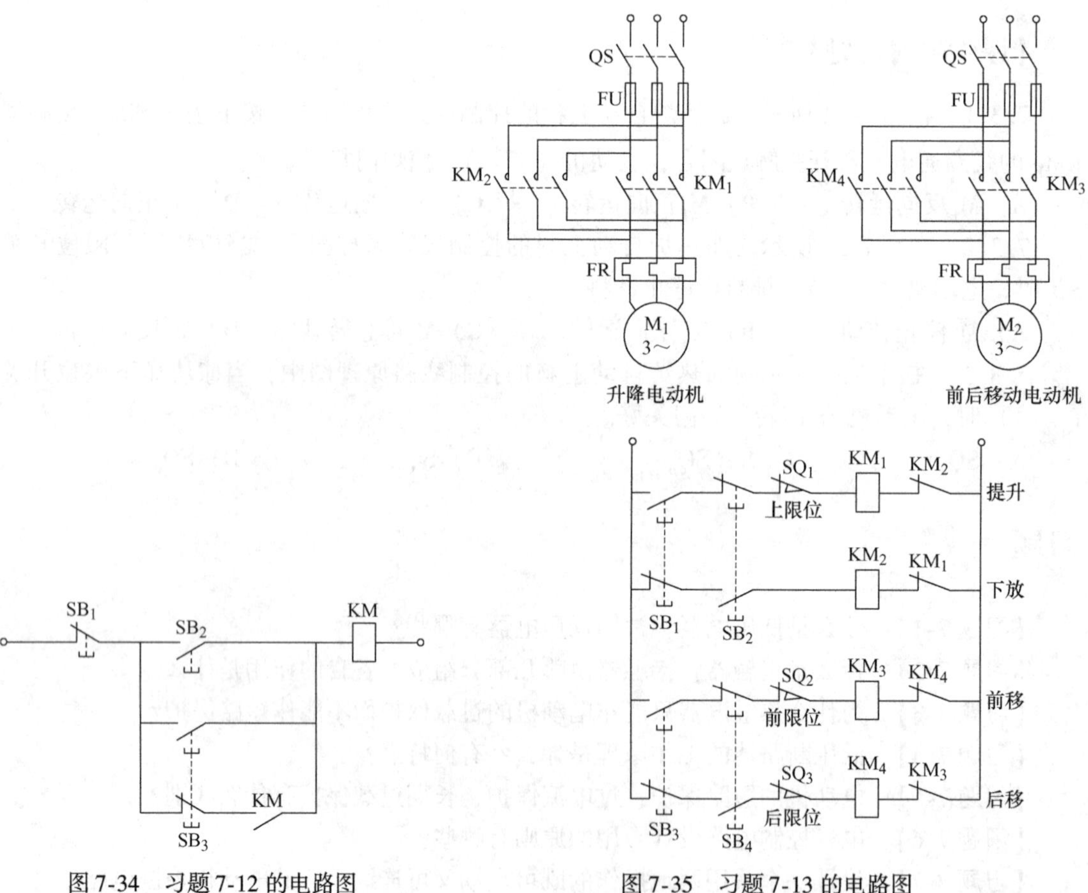

图7-34 习题7-12的电路图

图7-35 习题7-13的电路图

【习题7-14】 已知电动机 M_1由 KM_1控制，电动机 M_2由 KM_2控制。在图7-36所示的各个继电接触器控制电路图中，试分析各个控制电路中电动机 M_1和 M_2在起动和停止控制过程中的制约关系。

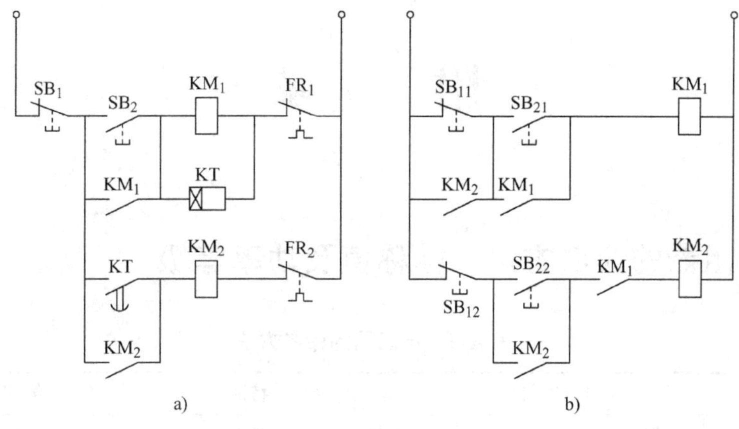

图7-36　习题7-14的电路图

附　　录

附录 A　电阻器的命名方法、标称值及功率等级

表 A-1　电阻器的命名方法

<table>
<tr><th colspan="2">第一部分　主称</th><th colspan="2">第二部分　材料</th><th colspan="2">第三部分　特征</th><th>第四部分</th></tr>
<tr><th>符号</th><th>意义</th><th>符号</th><th>意义</th><th>符号</th><th>意义</th><th>序号</th></tr>
<tr><td rowspan="16">R</td><td rowspan="16">电阻器</td><td>T</td><td>碳膜</td><td rowspan="10"></td><td rowspan="10"></td><td rowspan="16">用数字 1，2，3，…表示
说明：对主称、材料、特征相同，仅尺寸、性能指标略有差别，但基本上不影响互换的产品，则标同一序号</td></tr>
<tr><td>U</td><td>硅碳膜</td></tr>
<tr><td>P</td><td>硼碳膜</td></tr>
<tr><td>J</td><td>金属膜</td></tr>
<tr><td>H</td><td>合成膜</td></tr>
<tr><td>Y</td><td>氧化膜</td></tr>
<tr><td>S</td><td>实心</td></tr>
<tr><td>X</td><td>线绕</td></tr>
<tr><td>G</td><td>光敏</td></tr>
<tr><td>M</td><td>压敏</td></tr>
<tr><td rowspan="6">R</td><td rowspan="6">热敏</td><td>C</td><td>温度测量用</td></tr>
<tr><td>B</td><td>温度补偿用</td></tr>
<tr><td>G</td><td>功率测量用</td></tr>
<tr><td>W</td><td>稳压用</td></tr>
<tr><td>Z</td><td>正温度系数</td></tr>
<tr><td>P</td><td>旁热式</td></tr>
</table>

表 A-2　色标的基本色码及意义

<table>
<tr><th rowspan="2">色　别</th><th>左第一环</th><th>左第二环</th><th>左第三环</th><th>右第二环</th><th>右第一环</th></tr>
<tr><th>第一位数</th><th>第二位数</th><th>第三位数</th><th>应乘倍率</th><th>精度</th></tr>
<tr><td>棕</td><td>1</td><td>1</td><td>1</td><td>10^1</td><td>F +1%</td></tr>
<tr><td>红</td><td>2</td><td>2</td><td>2</td><td>10^2</td><td>G +2%</td></tr>
<tr><td>橙</td><td>3</td><td>3</td><td>3</td><td>10^3</td><td></td></tr>
<tr><td>黄</td><td>4</td><td>4</td><td>4</td><td>10^4</td><td></td></tr>
<tr><td>绿</td><td>5</td><td>5</td><td>5</td><td>10^5</td><td>D +0. 5%</td></tr>
<tr><td>蓝</td><td>6</td><td>6</td><td>6</td><td>10^6</td><td>C +0. 2%</td></tr>
</table>

（续）

色 别	左第一环	左第二环	左第三环	右第二环	右第一环
	第一位数	第二位数	第三位数	应乘倍率	精度
紫	7	7	7	10^7	B +0.1%
灰	8	8	8	10^8	
白	9	9	9	10^9	
黑	0	0	0	10^0	
金				10^{-1}	J +5%
银				10^{-2}	K +10%

色标电阻（又称色环电阻）可分三环、四环、五环共三种标法，含义如下：

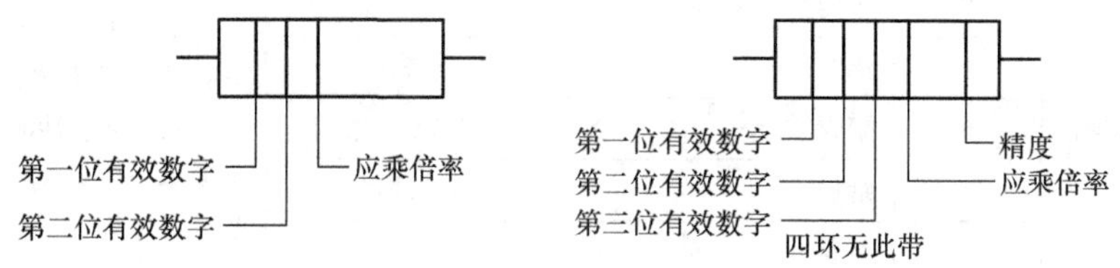

表 A-3 电阻器的标称值系列

标称值系列	精度	标称值											
E24	+5%	1.0	1.1	1.2	1.3	1.5	1.6	1.8	2.0	2.2	2.4	2.7	3.0
		3.3	3.6	3.9	4.3	4.7	5.1	5.6	6.2	6.8	7.5	8.2	9.1
E12	+10%	1.0	1.2	1.5	1.8	2.2	2.7	3.3	3.9	4.7	5.6	6.8	8.2
E6	+20%	1.0	1.5	2.2	3.3	4.7	6.8						

注：表中数值再乘以 10^n，其中 n 为正整数或负整数。

表 A-4 电阻器的功率等级

名 称	额定功率/W											
实心电阻器	0.25	0.5	1	2	5							
线绕电阻器	0.5	1	2	6	10	15	25	35	50	75	100	150
薄膜电阻器	0.025	0.05	0.125	0.25	0.5	1	2	5	10	25	50	100

附录B 电容器的命名方法及标称容量系列

表B-1 电容器的命名方法

<table>
<tr><th colspan="2">第一部分 主称</th><th colspan="2">第二部分 材料</th><th colspan="2">第三部分 特征</th><th>第四部分</th></tr>
<tr><th>符号</th><th>意义</th><th>符号</th><th>意义</th><th>符号</th><th>意义</th><th>序号</th></tr>
<tr><td rowspan="16">C</td><td rowspan="16">电容器</td><td>Y</td><td>云母</td><td>W</td><td>微调</td><td rowspan="16">用数字1，2，3，…表示
说明：对主称、材料、特征相同，仅尺寸、性能指标略有差别，但基本上不影响互换的产品，则标同一序号</td></tr>
<tr><td>C</td><td>瓷介</td><td>T
W</td><td>铁电
微调</td></tr>
<tr><td>O</td><td>玻璃（膜）</td><td>W</td><td>微调</td></tr>
<tr><td>B</td><td>聚苯乙烯</td><td>J</td><td>金属化</td></tr>
<tr><td>I</td><td>玻璃釉</td><td></td><td></td></tr>
<tr><td>F</td><td>聚四氟乙烯</td><td></td><td></td></tr>
<tr><td>L</td><td>涤纶</td><td>M</td><td>密封</td></tr>
<tr><td>S</td><td>聚碳酸酯</td><td>X</td><td>小型、微调</td></tr>
<tr><td>Z</td><td>纸质</td><td>T</td><td>筒形</td></tr>
<tr><td>Q</td><td>漆膜</td><td>G</td><td>管形</td></tr>
<tr><td>H</td><td>混合介质</td><td>L</td><td>立式矩形</td></tr>
<tr><td>D</td><td>（铝）电解</td><td>W</td><td>卧式矩形</td></tr>
<tr><td>A</td><td>钽</td><td>Y</td><td>圆形</td></tr>
<tr><td>M</td><td>压敏</td><td></td><td></td></tr>
<tr><td>T</td><td>钛</td><td></td><td></td></tr>
<tr><td>N</td><td>铌</td><td></td><td></td></tr>
</table>

表B-2 固定式电容器的标称容量系列

标称值系列	精度	标称值											
E24	+5%	1.0	1.1	1.2	1.3	1.5	1.6	1.8	2.0	2.2	2.4	2.7	3.0
		3.3	3.6	3.9	4.3	4.7	5.1	5.6	6.2	6.8	7.5	8.2	9.1
E12	+10%	1.0	1.2	1.5	1.8	2.2	2.7	3.3	3.9	4.7	5.6	6.8	8.2
E6	+20%	1.0	1.5	2.2	3.3	4.7	6.8						

注：表中数值再乘以10^n，其中n为正整数或负整数。

表B-3 电容器的工作电压系列 （单位：V）

1.6	4	6.3	10	16	25	32	40
50	63	100	125	160	250	300	400
450	500	630	1000	1600	2000	2500	3000
4000	5000	6300	8000	10000	15000	20000	25000
30000	35000	40000	45000	50000	60000	80000	100000

部分习题参考答案

第1章

【习题1-1】a）$P=-12W$（产生功率，电源） b）$P=32W$（吸收功率，负载）

c）$P=-27W$（产生功率，电源） d）$P=20W$（吸收功率，负载）

【习题1-2】（1）略

（2）$P_1=-560W$（电源）；$P_2=360W$（负载）；$P_3=200W$（负载）

（3）功率平衡

【习题1-3】$P=130W$（消耗功率，负载）

【习题1-4】$U=-4V$；$R=2\Omega$

【习题1-5】$I=0.5A$；$U=10V$

【习题1-6】$V_A>V_B>V_C$

【习题1-7】a）$P_{15V}=-30W$（提供功率）$P_{2A}=10W$（吸收功率） $P_{5\Omega}=20W$（吸收功率）

b）$P_{15V}=-15W$（提供功率）$P_{2A}=-30W$（提供功率） $P_{5\Omega}=45W$（吸收功率）

c）$P_{15V}=-75W$（提供功率）$P_{2A}=30W$（吸收功率）$P_{5\Omega}=45W$（吸收功率）

【习题1-8】a）2A；b）200V

【习题1-9】$I_2=4A$；$I_3=-2A$

【习题1-10】a）2个节点，4条支路，6个回路，3个网孔

b）3个节点，5条支路，6个回路，3个网孔

【习题1-11】14A

【习题1-12】$I_3=9A$；$I_4=1A$；$I_6=7A$

【习题1-13】$I_4=-6A$

【习题1-14】$U_1=-7V$；$U_2=-11V$

【习题1-15】S闭合前，$U_{ab}=U_{cd}=8V$；S闭合后，$U_{ab}=0V$；$U_{cd}=8V$

【习题1-16】$I_1=-1A$；$I_2=3A$

【习题1-17】（1）$U_2=32V$，$I_2=8mA$；（2）$U_2=0$，$I_2=0$

【习题1-18】S闭合时：$U_{ab}=0$；$I_1=-9A$；$I_2=2A$；$I_3=4.8A$

S断开时：$U_{ab}=-24V$；$I_1=-9A$；$I_2=2A$；$I_3=0A$

【习题1-19】$V_a=2V$

【习题1-20】S闭合时：$V_a=4V$；S断开时：$V_a=6V$

【习题1-21】$V_a=8V$

【习题1-22】$V_a=2.5V$

第2章

【习题2-1】$R_k=47k\Omega$

【习题2-2】$R_1=0.1778\Omega$；$R_2=17.6\Omega$；$R_3=160\Omega$

【习题2-3】a）$R_{ab}=9.5\Omega$　　b）$R_{ab}=4\Omega$

【习题2-4】$U_S=15V$；$P=-0.075W$

*【习题2-5】$I=0.75A$；$R=15\Omega$

【习题2-6】a）2A，3Ω；b）没有等效电流源模型　c）3A，2Ω；d）3A，2Ω

【习题2-7】a）12V，6Ω；b）没有等效电压源模型　c）12V，8Ω；d）12V，6Ω

【习题2-8】$I=2A$

【习题2-9】$U=18.75V$

【习题2-10】$I=0.9A$

【习题2-11】a）$I=1.33A$；b）$I=2A$

【习题2-12】a）14V，8Ω；b）23V，5Ω；c）没有；d）17V，6Ω

【习题2-13】$I=-1A$

【习题2-14】$R=12\Omega$

【习题2-15】$U=32V$

【习题2-16】$I=10A$

【习题2-17】（1）$P=1.5W$；（2）$R=2\Omega$ 时，$P=2W$

【习题2-18】（1）$I=1.2A$；（2）$R=3\Omega$ 时，$P=27W$

【习题2-19】$I=10A$

【习题2-20】$I_S=1A$

【习题2-21】a）$I_1=-10A$；$I_2=5A$；$I_3=5A$

b）$I_1=-0.2A$；$I_2=-1A$；$I_3=1.2A$

【习题2-22】$U_{1n}=20V$；$U_{2n}=6V$

【习题2-23】$I_1=11.8A$；$I_2=3.2A$；$I_3=0.2A$

【习题2-24】$I=4A$；$-1200W$（300V 电压源）；160W（40V 电压源）；$-640W$（受控源）；80W（5Ω 电阻）；1600W（100Ω 电阻）

【习题2-25】$I=0.5A$

【习题2-26】$U=15V$

【习题2-27】$I=14A$；$U=7.2V$

*【习题2-28】$U=1.71V$；$I=4.28A$；$I_1=5.14A$；$I_2=0.86A$

*【习题2-29】$U=3V$；$I=9A$

第3章

【习题3-1】$u(t)=0$；$u(t)=8\times10^{-3}V$

【习题3-2】$C_{串}=7.5\mu F$；$C_{并}=40\mu F$

$q_1=0.45mC$；$q_2=0.15mC$；$W_{C1}=3.37mJ$；$W_{C2}=1.12mJ$

【习题3-3】$u_C(0_+)=6V$；$i_C(0_+)=2A$；$u_1(0_+)=4V$；$u_2(0_+)=8V$

【习题3-4】$i_1(0_+)=2A$；$i_2(0_+)=-1A$；$u_L(0_+)=-6V$

【习题3-5】$i(0_+)=1A$；$i_C(0_+)=1A$；$u_C(0_+)=0$；$i_L(0_+)=0$；$u_L(0_+)=4V$

【习题3-6】$i_1(0_+)=0$，$i_2(0_+)=6mA$，$u_1(0_+)=0$，$u_2(0_+)=18V$，$u_L(0_+)=-18V$

【习题3-7】$i(0_+)=2.5mA$；$i_C(0_+)=0$；$u_C(0_+)=30V$

$i_1(0_+)=2.5\text{mA}$; $u_L(0_+)=-30\text{V}$

【习题3-8】$i=\left(\frac{9}{5}-\frac{8}{5}e^{-0.56t}\right)\text{A}$; $i_L=\left(\frac{6}{5}-\frac{12}{5}e^{-0.56t}\right)\text{A}$

【习题3-9】$u_C(t)=(3-e^{-500t})\text{V}$; $i_C(t)=2e^{-500t}\text{mA}$

【习题3-10】$u_C(t)=3e^{-1.7\times10^5t}\text{V}$; $i_C(t)=-2.5e^{-1.7\times10^5t}\text{A}$

$i_1(t)=-1.5e^{-1.7\times10^5t}\text{A}$; $i_2(t)=e^{-1.7\times10^5t}\text{A}$

【习题3-11】$i_L=3e^{-40t}\text{A}$, $u_L=-12e^{-40t}\text{V}$

【习题3-12】$u_C=(2-2e^{-22222t})\text{V}$, $u_R=\left(2+\frac{2}{3}e^{-22222t}\right)\text{V}$

【习题3-13】$i_L=1.2(1-e^{-10t})\text{A}$, $u_L=6e^{-10t}\text{V}$

【习题3-14】$u_C=(18+27e^{-\frac{t}{12}})\text{V}$, $i_C=-\frac{27}{6}e^{-\frac{t}{12}}\text{A}$

【习题3-15】$i_L=(3.8-1.8e^{-5t})\text{A}$, $i=(0.2-1.2e^{-5t})\text{A}$

【习题3-16】$i_L=(4-1.6e^{-2.5t})\text{A}$, $i=(4-1.333e^{-2.5t})\text{A}$

【习题3-17】0.1226s

【习题3-18】$u_C=(2+4e^{-0.5t})\text{V}$, $i=\left(\frac{1}{3}-\frac{2}{3}e^{-0.5t}\right)\text{A}$

第4章

【习题4-1】(1) $\omega=100\pi\text{rad/s}$; $f=50\text{Hz}$; $T=0.02\text{s}$; $U_m=141\text{V}$; $\varphi_0=60°$

(2) $u(0)=122\text{V}$; (3) $u(0.01)=-122\text{V}$; (4) 略

【习题4-2】(1) $\varphi=130°$; (2) $\varphi=10°$; (3) $\varphi=-90°$; (4) 频率不同不可比较相位差

【习题4-3】$A_1=5\angle143.13°$; $A_2=9.61\angle-73.19°$

$A_1\cdot A_2=48.05\angle69.94°$; $A_1/A_2=0.52\angle216.32°$

【习题4-4】$A_1=2.92-j9.56$; $A_2=-5$

$A_1+A_2=-2.08-j9.56$; $-A_1+A_2=-7.92+j9.56$

【习题4-5】(1)、(3) 图略

(2) $U_1=U_2=220\text{V}$; $f=50\text{Hz}$; $T=0.02\text{s}$; $\varphi=\varphi_1-\varphi_2=-150°$

(3) $\dot{U}_1=220\angle-120°\text{V}$; $\dot{U}_2=220\angle30°\text{V}$

【习题4-6】(1) $u_1(t)=50\sqrt{2}\sin(628t+30°)\text{V}$; $u_2(t)=100\sqrt{2}\cos(628t+30°)\text{V}$

(2) $\varphi=\psi_1-\psi_2=0°$

【习题4-7】$\dot{I}_1+\dot{I}_2=7.07\text{A}$; $i_1(t)+i_2(t)=10\sin\omega t\text{A}$

【习题4-8】(1) $\varphi=0°$, $R=5\Omega$, 电阻; (2) $\varphi=-90°$, $C=2\times10^{-4}\text{F}$, 电容;

(3) $\varphi=90°$, $L=10\text{H}$, 电感; (4) $\varphi=45°$, 非单一的元件, 可能是 RL 电路

【习题4-9】(1) $f=50\text{Hz}$; (2) $X_L=44.71\Omega$; (3) $L=0.142\text{H}$

【习题4-10】(1) $\varphi=90°$; (2) $X_C=30\Omega$; (3) $C=0.132\mu\text{F}$

【习题4-11】(1) $i_R(t)=3\sin(1000t+30°)\text{mA}$

(2) $i_L(t)=0.6\sin(1000t-60°)\text{A}$

(3) $i_C(t)=12\sin(1000t+120°)\text{mA}$

【习题4-12】a) $I=2\text{A}$; b) $U=14.14\text{V}$; c) $I=10\text{A}$; $U=141.4\text{V}$

【习题4-13】$\dot{U}=3.16\angle 18.43°\text{V}$

【习题4-14】$\dot{I}=10\sqrt{2}\angle 45°\text{A}$; $\dot{U}_\text{S}=\text{j}100\text{V}$

【习题4-15】$\dot{I}=10\angle 0°\text{A}$; $\dot{U}=100\sqrt{2}\angle -45°\text{V}$

【习题4-16】$\dot{U}=\sqrt{2}\angle -45°\text{V}$ 容性电路

【习题4-17】$I=28.28\text{A}$

【习题4-18】$i_1(t)=44\sqrt{2}\sin(314t-53.13°)\text{A}$

$i_2(t)=22\sqrt{2}\sin(314t-36.86°)\text{A}$

$i(t)=65.4\sqrt{2}\sin(314t-47.7°)\text{A}$

【习题4-19】$\dot{I}=6.325\angle 71.57°\text{A}$

【习题4-20】$i_1(t)=1.30\sin(5t+2.49°)\text{A}$; $i_2(t)=1.24\sin(5t-15.95°)\text{A}$

【习题4-21】略

【习题4-22】$u(t)=49.6\sqrt{2}\sin 5000t\text{V}$

【习题4-23】$\dot{U}=1.6\angle 36.87°\text{V}$

【习题4-24】a) $\dot{U}_\text{OC}=10\angle -53.13°\text{V}$, $Z_\text{eq}=15.7\angle 39.43°\Omega$

b) $\dot{U}_\text{OC}=2.6\angle 11°\text{V}$, $Z_\text{eq}=1.74\angle -8.2°\Omega$

【习题4-25】$P=10\text{W}$; $Q=0$; $S=10\text{V}\cdot\text{A}$; $\lambda=\cos\varphi=1$

【习题4-26】(1) $P_\text{R}=7519\text{W}$

(2) $P_\text{CCVS}=-6996\text{W}$; $Q=1757\text{var}$

【习题4-27】$C=559\mu\text{F}$; $I_\text{前}=75.76\text{A}$; $I_\text{后}=50.5\text{A}$

【习题4-28】(1) $L=159\mu\text{H}$; $C=430\text{pF}$; (2) $I_0=10\mu\text{A}$; $U_\text{C0}=0.01\text{V}$

【习题4-29】$R=10\sqrt{2}\Omega$; $X_\text{C}=10\sqrt{2}\Omega$; $U_\text{L}=100\text{V}$

【习题4-30】$f_0=1.59\times 10^4\text{Hz}$

【习题4-31】$U=1.22\text{V}$; $I=3.81\text{A}$; $P=0$

【习题4-32】$U=101.3\text{V}$; $P=683.93\text{W}$

【习题4-33】$i_\text{L}(t)=[0.1\sin(100t-90°)+6\times 10^{-3}\sin(500t-90°)]\text{A}$

$i_\text{C}(t)=[0.1\sin(100t+90°)+0.15\sin(500t+90°)]\text{A}$

【习题4-34】$u(t)=[2+0.99\sin(t-29.74°)+1.34\sin(2t+26.56°)]\text{V}$

【习题4-35】$u(t)=[0.312\sin(t-51.33°)+0.188\sin(3t-72.3°)]\text{V}$

【习题4-36】$I=1.22\text{A}$; $P_{I_\text{S}}=12\text{W}$; $P_{U_\text{S}}=2\text{W}$

【习题4-37】$I=11.4\text{A}$; $U_1=79.9\text{V}$; $U_2=224\text{V}$; $P=782\text{W}$

【习题4-38】$i_1(t)=\sqrt{2}\sin(3\omega t+60°)\text{A}$; $i_2(t)=2\sqrt{2}\sin\omega t\text{A}$; $P=100\text{W}$

【习题4-39】$I=2.4\text{A}$; $i_\text{L}(t)=[3.2\sqrt{2}\sin\omega t+0.2\sqrt{2}\sin(2\omega t-90°)]\text{A}$; $I_\text{L}=3.21\text{A}$

第5章

【习题5-1】 $\dot{I}_C=2.4\angle-20°A$；$\dot{I}_B=2.4\angle100°A$；$\dot{I}_A=2.4\angle-140°A$

【习题5-2】(1) $I_p=I_l=2.2A$；(2) 略；(3) $I_p=I_l=2.07A$

【习题5-3】 $\dot{I}_a=46.19\angle0°A$；$\dot{I}_b=34.64\angle-180°A$；$\dot{I}_c=27.71\angle30°A$

$\dot{I}_N=38.15\angle21.3°A$

【习题5-4】(1) $\dot{U}_a=288.1\angle-10.9°V$；$\dot{U}_b=249.3\angle-100.9°V$；$\dot{U}_c=144.1\angle109.1°V$

$\dot{I}_a=14.4\angle-10.9°A$；$\dot{I}_b=24.9\angle-100.9°A$；$\dot{I}_c=28.82\angle109.1°A$

(2) 不能正常工作

【习题5-5】(1) $U_a=U_b=U_c=220V$

(2) $\dot{U}_a=266.80\angle-8.25°V$；$\dot{U}_b=238.01\angle-106.1°V$；$\dot{U}_c=165.9\angle66.57°V$

(3) $U_b=U_c=220V$

(4) $U_b=U_c=380V$　可能被烧坏

【习题5-6】(1) $I_p=15.2A$，$I_l=\sqrt{3}I_p=26.3A$；(2) 略；(3) $I_l=20.87A$，$I_p=I_l/\sqrt{3}=12A$

【习题5-7】(1) $P=3.2kW$；(2) $P=3.2kW$

【习题5-8】(1) $I_l=10A$，$I_p=I_l/\sqrt{3}\approx5.77A$；(2) $P=1671W$

【习题5-9】$P=500W$

【习题5-10】 $\dot{I}_A=0.3\angle-53.13°A$；$\dot{I}_B=0.3\angle-173.13°A$；$\dot{I}_C=0.42\angle87.3°A$

$\dot{I}_N=0.18\angle120°A$

【习题5-11】$P_2=479.8W$

【习题5-12】$P_1=-0.3873kW$；$P_2=2.7875kW$

【习题5-13】(1) $\dot{I}_A=3.11\angle-45°A$；$\dot{I}_B=3.11\angle-165°A$；$\dot{I}_C=3.11\angle75°A$

(2) $P_1=1028.67W$；$P_2=1144.53W$

(有不同答案)

第6章

【习题6-1】$I=0.28A$

【习题6-2】$F=47.7A$；$I=9.54\times10^{-2}A$

【习题6-3】(1) $N_1=846$；$N_2=46$

(2) $N_1=846$；$N_2=92$

【习题6-4】(1) $K=10$；$P=4.5W$

(2) $P=0.176W$

【习题6-5】(1) $U_2=110V$；(2) $R'_L=110\Omega$；(3) $P_2=440W$

【习题6-6】$K=3$

【习题6-7】$K=0.1$

【习题6-8】(1) $N_{21}=74.5$，$N_{22}=74.5$，$N_{23}=13.1$；(2) $S=46.3kV\cdot A$，$I_1=0.21A$

【习题6-9】70匝

【习题6-10】$p=3$；$s_N=0.027$

【习题6-11】$\lambda=2.0$

【习题6-12】（1）$I_p=I_l=5A$，$T_N=14.8N \cdot m$；（2）$s_N=0.053$，$f_2=2.67Hz$

【习题6-13】$s_N=0.04$，$I_N=11.64A$，$T_N=36.5N \cdot m$，$I_{st}=81.48A$，$T_{st}=80.3N \cdot m$，$T_{max}=80.3N \cdot m$

【习题6-14】$I_N=15.15A$

第7章

【习题7-1】 低压电器是指工作在交流电压为1000V及以下电路中的电气设备。这与电业安全工作规程上规定的对地电压为250V及以下的设备为低压设备的概念有所不同。前者是从制造角度考虑，后者是从安全角度来考虑的，但二者并不矛盾，因为在发配电系统中，低压电器是指380V配电系统，因此，在实际工作中，低压电器是指380V及以下电压等级中使用的电气设备。常用低压电器有：熔断器、热继电器、中间继电器、接触器、开关、按钮、低压断路器等。

【习题7-2】 接触器是工业中用按钮来控制电路通断以达到控制负载的自动开关。因为可快速切断交流与直流主回路和可频繁地接通大电流控制（某些型别可达800A）电路的装置，所以经常运用于电动机作为控制对象，也可用作控制工厂设备、电热器、工作母机和各种电力机组等电力负载，并作为远距离控制装置。

组成及各自的作用：

（1）电磁机构：电磁机构由线圈、动铁心（衔铁）和静铁心组成，其作用是将电磁能转换成机械能，产生电磁吸力带动触点动作。

（2）触点系统：包括主触点和辅助触点。主触点用于通断主电路，通常为三对常开触点。辅助触点用于控制电路，起电气联锁作用，故又称联锁触点，一般常开、常闭各两对。

（3）灭弧装置：容量在10A以上的接触器都有灭弧装置，对于小容量的接触器，常采用双断口触点灭弧、电动力灭弧、相间弧板隔弧及陶土灭弧罩灭弧。对于大容量的接触器，采用纵缝灭弧罩及栅片灭弧。

（4）其他部件：包括反作用弹簧、缓冲弹簧、触点压力弹簧、传动机构及外壳等。

【习题7-3】 过载电流是指在电路中流过高于正常工作时的电流。如果不能及时切断过载电流，则有可能会破坏电路中其他设备。短路电流则是指电路中局部或全部短路而产生的电流，短路电流通常很大，且比过载电流要大。

热继电器是根据电流流过双金属片而动作的电器，它的保护特性为反时限，在出现短路大电流时需要一定的时间才会动作，不会立刻动作，所以不能作为短路保护。短路时电流瞬间变得很大，热继电器还来不及动作，已经对电路造成了很大的危害。

【习题7-4】 略

【习题7-5】 过电流保护：当负载的实际电流超过额定电流一定程度时，保护装置能在一定时间以后将电路切断，以防止设备因长时间过电流运行而损坏，这种保护称为过电流保护或过载保护。

短路保护：当供电线路或用电设备发生短路时，短路电流往往非常大，保护装置应能在极短的时间（如不超过1s）内将电源切断，时间稍长会造成严重事故，这种保护称为短路保护。

长期过载保护：为了防止电动机超负荷运转所做的保护为过载保护，通常用的是热继电器。

【习题7-6】 电气控制设计的原则：

(1) 最大限度满足生产机械和生产工艺对电气控制的要求。

(2) 在满足要求的前提下，使控制系统简单、经济、合理、便于操作、维修方便、安全可靠。

(3) 电气元件选用合理、正确，使系统能正常工作。

(4) 为适应工艺的改进，设备能力应留有裕量。

【习题7-7】 习答见图1

【习题7-8】 习答见图2

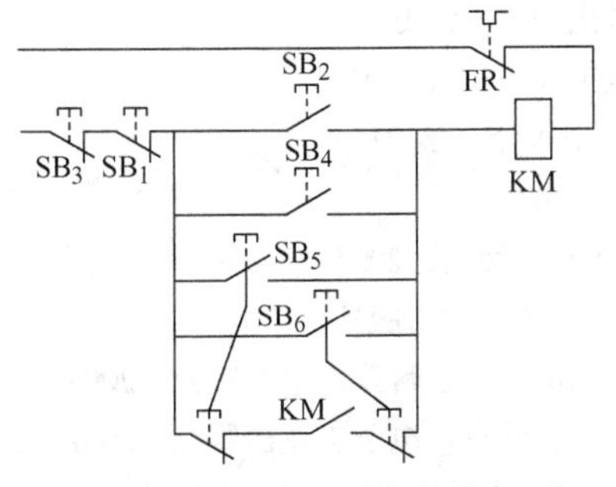

图1 习题7-7的参考答案

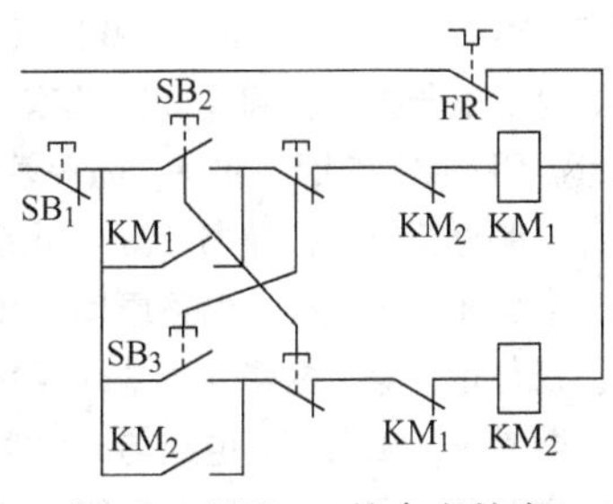

图2 习题7-8的参考答案

【习题7-9】 习答见图3

【习题7-10】 习答见图4

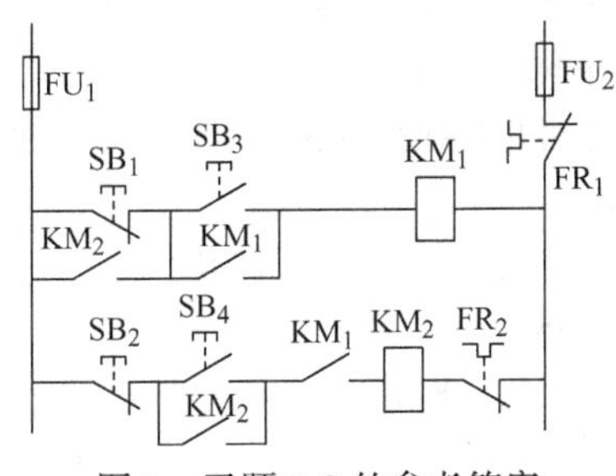

图3 习题7-9的参考答案

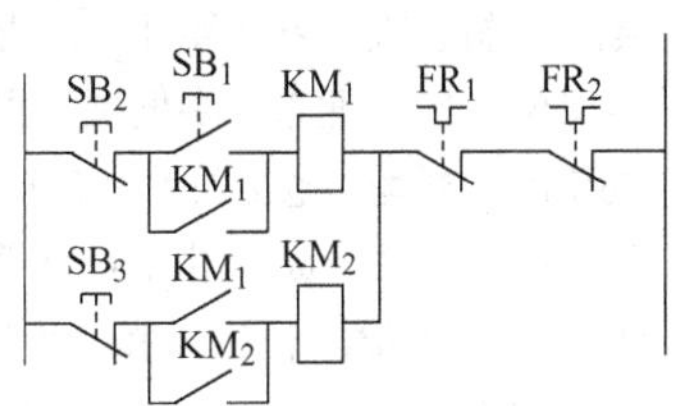

图4 习题7-10的参考答案

【习题7-11】~【习题7-14】 略

参考文献

[1] 林珊．电路［M］．北京：机械工业出版社，2016.
[2] 林珊，陈国鼎．电工学：上册　电工技术［M］．北京：机械工业出版社，2009.
[3] 秦曾煌．电工学：上册［M］．6 版．北京：高等教育出版社，2003.
[4] 周元兴．电工与电子技术基础［M］．2 版．北京：机械工业出版社，2009.
[5] 郑雪梅．电工学：双语版［M］．北京：清华大学出版社，2013.
[6] 江蜀华，高德欣．电工电子学［M］．北京：清华大学出版社，2016.
[7] 田慕琴，陈惠英．电工电子技术［M］．北京：机械工业出版社，2016.
[8] 周永金．电工电子技术基础［M］．西安：西北大学出版社，2005.
[9] 王卫．电工学：上册　电工技术［M］．北京：机械工业出版社，2008.
[10] 申凤琴．电工电子技术基础［M］．北京：机械工业出版社，2007.
[11] 邱关源．电路［M］．5 版．北京：高等教育出版社，2006.
[12] 吴锡龙．电路分析教学指导书［M］．北京：高等教育出版社，2004.
[13] 于歆杰，朱桂萍，陆文娟．电路原理［M］．北京：清华大学出版社，2007.
[14] 张永瑞，杨林耀，等．电路分析基础［M］．2 版．成都：电子科技大学出版社，2001.
[15] 刘淑英，蔡胜乐，王文辉．电路与电子学［M］．2 版．北京：电子工业出版社，2002.
[16] 蔡元宇，朱晓萍，霍龙．电路与磁路［M］．3 版．北京：高等教育出版社，2008.
[17] 陈希有．电路理论基础［M］．3 版．北京：高等教育出版社，2004.
[18] 周守昌．电路原理：下册［M］．2 版．北京：高等教育出版社，2004.
[19] 刘耀年，翟龙．电路［M］．北京：中国电力出版社，2005.
[20] 朱晓萍，王洪彩．电路基础［M］．北京：北京师范大学出版社，2005.
[21] 李瀚荪．简明电路分析基础［M］．北京：高等教育出版社，2002.
[22] 毕淑娥．电路分析基础学习指导［M］．北京：机械工业出版社，2013.
[23] 曾令全．电机学［M］．北京：中国电力出版社，2007.
[24] 杨振坤，刘晓晖，刘晔．电工技术［M］．西安：西安交通大学出版社，2002.
[25] 郁建平．机电控制技术［M］．北京：科学出版社，2006.
[26] 李发海，朱东起．电机学［M］．4 版．北京：科学出版社，2007.
[27] 林育兹．电工技术［M］．北京：科学出版社，2006.
[28] 李春茂．电工学学习指南［M］．北京：气象出版社，2003.
[29] 潘双来．电路学习指导与习题精解［M］．北京：清华大学出版社，2004.
[30] 窦建华．电路分析实用教程［M］．北京：机械工业出版社，2012.
[31] 刘崇新，罗先觉．电路学习指导与习题分析［M］．北京：高等教育出版社，2006.
[32] 陈洪亮，田社平．电路分析基础教学指导书［M］．北京：清华大学出版社，2010.
[33] 黄元峰．电工电子技术疑难指导与习题全解［M］．武汉：华中科技大学出版社，2007.
[34] 齐怀琴．电工技术知识要点与习题解析［M］．哈尔滨：哈尔滨工程大学出版社，2005.
[35] 孙旭东，冯大军．电机学习题与题解［M］．北京：科学出版社，2001.
[36] 龚世缨，熊永前．电机学实例解析［M］．武汉：华中科技大学出版社，2007.
[37] 于歆杰．以学生为中心的教与学：利用慕课资源实施翻转课堂的实践［M］．2 版．北京：清华大学出

版社，2017.

[38] ALEXANDER C K, SADIKU M N O. Fundamentals of Electric Circuits [M]. New York: McGraw-Hill, 2000.

[39] FLOYD T L. Principles of Electric Circuits [M]. 5th ed. Upper Saddle River, NJ: Prentice Hall, 1997.

[40] CARLSON B A. Circuit: Engineering Concepts and Analysis of Linear Electric Circuits [M]. New York: John Wiley & Sons, 1997.

[41] STANLEY W D. Transform Circuit Analysis for Engineering and Technology [M]. 3rd ed. Upper Saddle River, NJ: Prentice Hall, 1997.